本书配有电子课件及仿真软件

普通高等教育电气电子类工程应用型系列教材

电气控制系统与 S7-200 系列 PLC

潘海鹏　张益波　编著

机械工业出版社

本书以实际工程应用为主线，以西门子 S7-200 可编程序控制器（PLC）为主要机型，重点介绍了 PLC 的工作原理、系统配置、指令系统、编程软件、设计方法等内容；同时根据项目设计的需要，增加了外围电器元件的原理、继电器电气电路的设计、网络与通信协议等内容。此外还以作者实际参与并完成的冲压自动化改造项目为实例，详细介绍了以可编程序控制器为核心的电气电路设计、应用软件设计以及现场安装调试等项目完成的全过程。相信通过对本书的学习，将为读者带来一种与众不同的工程学习体验。

全书共分为 7 章，包括常用低压电器元件、电气电路基础设计入门、PLC 与西门子 S7 系列产品简介、S7-200 系列 PLC 的结构与工作方式、S7-200 系列 PLC 的指令与程序设计、通信与网络、典型 PLC 系统设计，每章均配置了习题，以帮助读者深入的思考与学习。

本书内容相互衔接、逻辑条理、工程实用性强，所有实例均经过作者调试运行或得到实际工程项目的验证。本书可作为高等学校自动化、电气工程及其自动化、机电一体化、计算机应用等本科专业的教材，也可供相关工程技术人员参考。

本书配有免费电子课件，欢迎选用本书作教材的老师发邮件到 jinacmp@163.com 索取，或登录 www.cmpedu.com 注册下载。

图书在版编目（CIP）数据

电气控制系统与 S7-200 系列 PLC/潘海鹏，张益波编著．—北京：机械工业出版社，2014.1（2024.1 重印）
普通高等教育电气电子类工程应用型系列教材
ISBN 978-7-111-45202-7

Ⅰ.①电… Ⅱ.①潘… ②张… Ⅲ.①电气控制系统—高等学校—教材②PLC 技术—高等学校—教材 Ⅳ.①TM921.5②TM571.6

中国版本图书馆 CIP 数据核字（2013）第 304440 号

机械工业出版社（北京市百万庄大街 22 号 邮政编码 100037）
策划编辑：吉 玲 责任编辑：吉 玲 韩 静 卢若薇
版式设计：霍永明 责任校对：陈 越
封面设计：张 静 责任印制：刘 媛
涿州市般润文化传播有限公司印刷
2024 年 1 月第 1 版第 8 次印刷
184mm×260mm · 16.5 印张 · 404 千字
标准书号：ISBN 978-7-111-45202-7
定价：35.00 元

电话服务	网络服务
客服电话：010-88361066	机 工 官 网：www.cmpbook.com
010-88379833	机 工 官 博：weibo.com/cmp1952
010-68326294	金 书 网：www.golden-book.com
封底无防伪标均为盗版	机工教育服务网：www.cmpedu.com

前　言

电气控制技术是高等学校电类专业的一门传统课程，主要介绍继电器、接触器、按钮、行程开关等电器构成的控制系统。由于其结构简单，价格低廉，至今仍是机床和其他机械设备、拖动系统广泛采用的基本电气控制形式。但随着科学技术的发展，传统电气控制的内容已经发生了很大的变化，特别是可编程序控制器（PLC）的出现，对电气控制技术产生了重大影响。它融合了计算机、自动控制、网络通信等先进技术，具有可靠性高、通用性强、组合灵活、简单易学等优点，已广泛应用于工业生产控制的各个领域。我国高校普遍在自动化、电气工程及其自动化等专业设立了该课程，并且逐步向相关专业普及。

根据教育部对我国高校各专业课程设置的改革以及社会对高校人才培养的需求，编写过程中对部分传统电气控制内容进行了压缩，对新型电气控制技术尤其是 PLC 控制技术进行了内容更新与调整，结合多数高校教学大纲内容与课程体系设置，将以上两门课程合并为“电气控制与可编程序控制”一门课程，本书正是基于这个前提编写的。

本书以实际工程项目为背景，以满足工程设计与应用为目的，详细讲述了电气控制技术与 PLC 应用技术，系统阐述了电气控制系统的分析与设计方法；以 SIMATIC S7 - 200 系列小型控制器为主，着重讲述了 PLC 的工作原理、指令系统；以冲压自动化控制系统设计为例，详细介绍了电气电路设计原则、应用软件编程方法以及现场安装调试的步骤，给出了控制柜接线图、应用软件框图及源程序清单，旨在培养学生的独立分析设计和工程实践能力。全书内容编排由浅入深、由简入繁，力求理论联系实际，充分体现了教材的实用性和先进性，是作者多年来从事工程实践和教学经验的积累。

全书共分 7 章，每章的主要内容如下：

第 1 章介绍了工业现场中常见的低压电器元件。

第 2 章以实例讲述了常见电气控制电路的设计思路与方法。

第 3 章介绍了可编程序逻辑控制器的发展历史以及西门子 S7 系列产品及其特点。

第 4 章阐述了 PLC 的结构、工作原理与工作方式等。

第 5 章结合大量实例对软件编程指令进行了详细的讲解，同时给出了一类具有特色的软件编程方法。

第 6 章介绍了通信与网络系统，并详细阐述了 S7 - 200 网络的使用方法。

第 7 章以两个实例分析了完整电气控制系统的电气电路、控制柜设计方法，给出了相应的设计图纸、软件清单及说明。

全书在每章后安排了与章节内容相关的习题和思考题，便于学生课后复习掌握。

本书由潘海鹏、张益波共同编著，其中第 1、2、7 章由潘海鹏编写，第 3、4、5、6 章由张益波编写。潘海鹏对全书各章进行了修改并统稿。

感谢在本书完成过程中给予帮助的同事与相关专家，特别感谢机械工业出版社高教分社吉玲编辑给出宝贵的修改意见以及大力帮助。书中部分内容参考了相关的文献资料，在此也向参考文献作者表示衷心的感谢。

由于编者水平有限，书中难免有疏漏和不当之处，敬请各位专家与读者批评指正。

编　者

目　录

第 1 章　常用低压电器元件

工业现场中连接的外部设备信号类型很多，常见的有地址信号、控制类信号和数据信号三大类。由于西门子 PLC 通常采用 PPI 通信或 Ethernet（以太网）通信进行连接，而地址分配设定大部分可直接采用系统默认配置或在相关软件中手动配置，因此 PLC 系统的信号分配与设定主要针对控制与数据类。

一般来说，数据类信号指的是 PLC 与外部设备间传输的模拟量或开关量数据信息，传输数据长度通常以字节（Byte）或位（Bit）为单位；控制类信号是 PLC 和外部设备间传输的控制与状态信号，大部分为开关量与模拟量，此外，部分为采用 RS485、RS232 等接口通信的信号。需要说明的是，由于现场信号使用的多样性，控制类信号与数据类信号并没有严格的区分界限，在实际使用中要灵活运用。

本章以 PLC 为核心，重点介绍用于接收或发送以上信号的常见外围低压设备。其中，第 1.1 节主要介绍以开关、按键、行程开关以及继电器等元器件为主的开关量设备以及旋转编码器等元器件的脉冲数字信号；第 1.2 节主要介绍电位器与变送器等模拟量输入信号与电动阀门等模拟量输出信号；第 1.3 节介绍常用的规模化集成电气设备，包括西门子公司型号为 MicroMaster440 的变频器、可在 Micro Win 软件中组态的 TD 系列文本型触摸屏等。

1.1　常用继电类电气控制与保护设备

在电气控制系统现场中，设备最常见的有两种状态，如电动机的起动与停止、开关的接通与关断、指示灯的点亮与熄灭等，通常可采用一位的布尔型数据表示，通常在 PLC 中用“1”（或“True”、“On”）代表接通，用“0”（或“False”或“Off”）代表关断，根据现场实际要求也可以正好相反。

1.1.1　熔断器

熔断器与断路器通常接在设备的电源端，广泛用于配电系统和控制系统，用于防止由于短路或过载等原因导致的电流过高而引起设备损坏或人身事故。

熔断器（见图 1-1）也被称为熔丝或熔断体（Fuse-Link），当通过的电流超过其规定电流一定时间后，自身产生的热量会使熔断器熔化导致电路断开，从而起到对设备的保护作

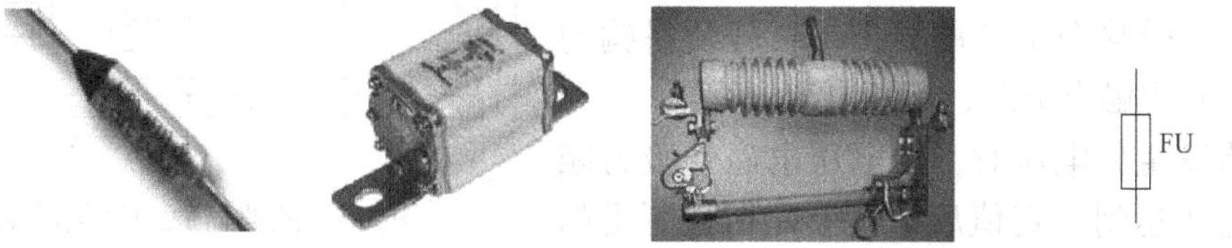

a) 熔断器实物图　　b) 熔断器电气符号

图 1-1　熔断器实物图及其电气符号

用。熔断器通常采用铅锡合金、镀银铜片、锌、银等高阻值金属作为熔体（即熔断的主体材料），并加装外壳以消除熔体熔断电路时产生的电弧。

熔断器具有结构简单、价格低廉、使用方便等特点，目前常在低压控制系统、配电变压器、电动机以及整流元件中使用。熔断器在选择时最重要的指标为熔体额定电流，一般为总额定电流的 1～2.5 倍，应根据现场设备的情况进行适当的选择，例如，在纯照明电路中，熔体额定电流应为总额定电流的 1～1.2 倍，如电路中存在单台直接起动电动机，熔体额定电流应为电动机额定电流的 1.5～2.5 倍，绕线转子电动机则为 1.2～1.5 倍，并联电容器组应为 1.43～1.55 倍等。

1.1.2　断路器

一般情况下熔断器的熔断不可修复，在发生熔断与故障排除后需要进行人工更换，因此通常应用于大型设备或高电压设备中，在低压设备中常采用断路器作为主供电电路过电流保护装置。图 1-2 是常见的断路器及其电气符号。

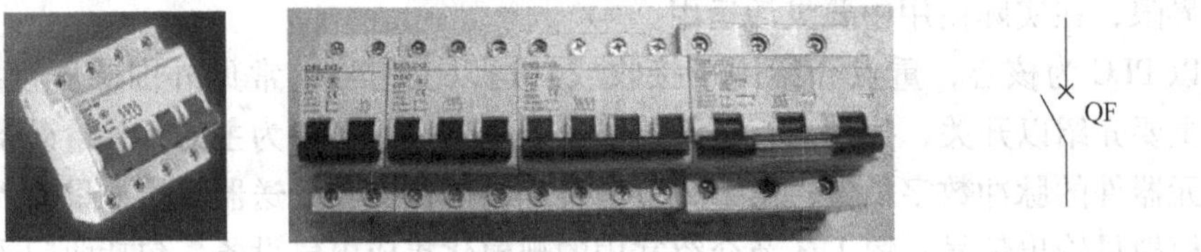

a) 断路器实物图　　b) 断路器电气符号

图 1-2　断路器实物图及其电气符号

断路器俗称空气开关，在主供电电路中接通、分断和承载额定工作电流，并能在线路和电动机发生过载、短路或欠电压等情况下进行可靠的保护。断路器主要利用脱扣器实现电路分断的作用，脱扣方式包括热动、电磁和复式三种。下面以复式脱扣器为例，简单介绍其工作原理。

图 1-3 为断路器原理简化示意图。

当线路发生短路或严重过载电流时，短路电流超过瞬时脱扣整定电流值，电磁脱扣器产生足够大的吸力，将衔铁吸合并撞击杠杆，使搭钩绕转轴座向上转动与锁扣脱开，锁扣在反力弹簧的作用下将三副主触点分断，切断电源。

当线路发生一般性过载时，过载电流虽不能使电磁脱扣器动作，但能使热元件产生一定热量，促使双金属片受热向上弯曲，推动杠杆使搭钩与锁扣脱开，将主触点分断，切断电源。

当线路发生欠电压时，欠电压电磁铁吸力减弱，当欠电压达到一定值后，其上端衔铁所受的弹簧力将大于电磁铁的吸力，衔铁将推动杠杆使搭钩与锁扣脱开，切断电源。

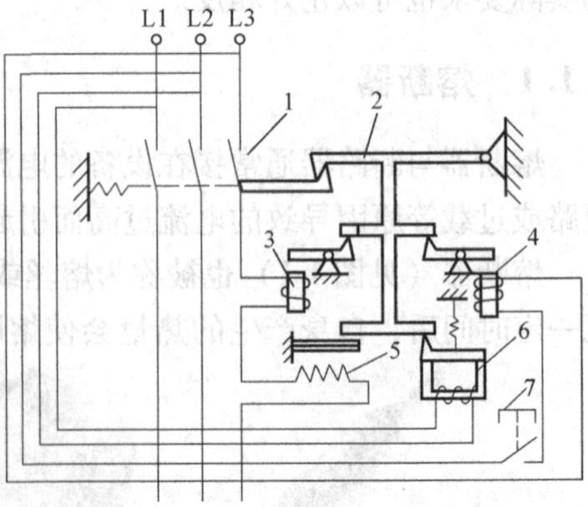

图 1-3　断路器原理简化示意图

1—主触点　2—搭钩（锁扣）　3，4—衔铁

5—热元件　6—欠压电磁铁　7—手动复位端

为防止工业现场中的设备发生漏电，可能还需要采用剩余电流断路器。剩余电流断路器可以认为是增加了漏电保护功能的断路器，其原理与断路器类似。

选取断路器与剩余电流断路器最重要的指标同样是额定电流，其选取规则与熔断器类似。

1.1.3 按键、旋钮与指示灯

按键是现场最常见的设备，主要用于控制电路中人为进行信号的接通与关断，实现简单的人机交互功能。

按键的原理非常简单，当按键按下时，上方的触点断开，与下方的触点接通，当按键被松开后会在弹簧的作用下回归原位。如果仅下方触点外接，那么对外的两个引脚为常开型；如仅上方触点外接，那么对外的两个引脚为常闭型；如上、下触点均有外部接线头，则为双向型。

图 1-4 是典型的手动按键的示意图与电气符号，手动按键有带两个引脚的常开型或常闭型，也有带四个引脚的常开常闭型按键。其最大特点是：在按键被按下后触点间电路接通（或断开），在松开后电路断开（或接通），因此按键也被称为瞬动触点。由于按键的主要作用是向设备发送接通或断开的动作信号，因此在使用中通常会出现正向或负向的跳变信号，因此在 PLC 程序中经常检测其边沿信号以判断对应的动作。

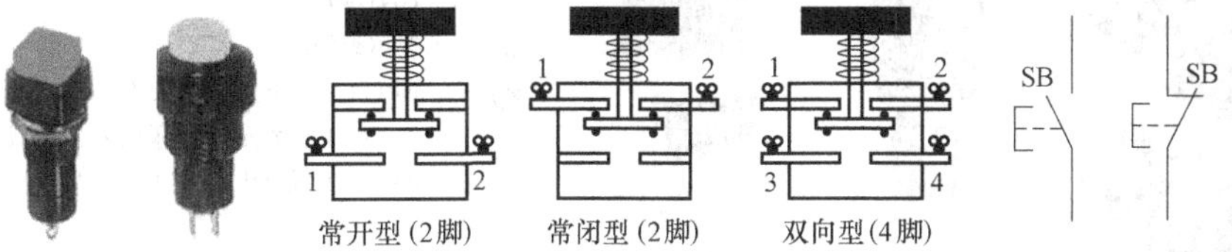

常开型 (2脚)　常闭型 (2脚)　双向型 (4脚)

a) 按键实物图　b) 按键电气原理图　c) 按键电气符号

图 1-4 按键实物图、电气原理图及其电气符号

在现场进行手动操作时经常使用双向按键，用于实现电动机的手动正反转；或使用多用按键实现电动机的手动速度选择等，如图 1-5 所示。

厂家在制造以上设备时一般会在按键中增加机械结构的硬件互锁电路，以确保在多个按键同时按下时仅有一个有效，通常先按下的按键优先。

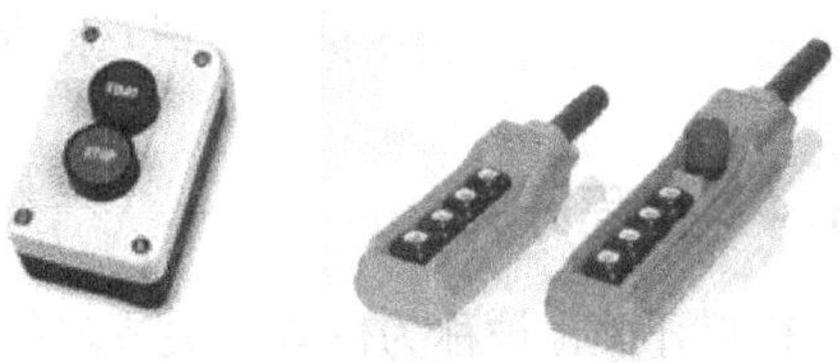

a) 双向按键　b) 多用按键(行车开关)

图 1-5 双向按键与多用按键

此外，如需保持操作的状态，可选择旋钮或自锁式按键，其特点在于被操作的状态会始终保持，直至再次操作使其状态发生改变。图 1-6 中列出了几类工业现场中常见的旋钮与自锁式按键。

a) 旋钮　b)自锁式按键　c) 自锁式旋钮　d) 开关电气符号

图 1-6 常见开关实物图及其电气符号

图 1-6a 所示的旋钮是最常见的开关型设备，旋钮通过人工旋转实现信号的变化，例如在数控机床中实现使系统完成手动工进与步进切换等。在实际应用中可以根据需要的状态数选取相应的旋钮，例如在工业现场中需要实现手、自动切换时可选择两位旋钮，与 PLC 连接时使用 1 位开关量的 0、1 即可分别表示手动和自动两种状态，但当需要实现手动、半自动与全自动状态切换时可选取 3 位旋钮，这时需用 2 位开关量，可分别取 00、01、1X（X 表示可为 0 或 1 的任意值）进行表示。

图 1-6b 所示的自锁式按键在被按下后会自动自锁，保持按下的状态直到再次被按下，在使用中可用 1 位开关量表示两种状态。该器件常用于工业现场中实现人工锁定的场合。

图 1-6c 所示的自锁式旋钮是另一种典型的开关器件，其最大的特点是：该旋钮在正常情况下是接通状态，被按下后会使电路断开并自动锁定，仅当手动旋转上端的蘑菇形开关 90°或 180°后才会解除。该设备常用于发生紧急故障或危险时实现设备的紧急停车，其旋转解除锁定的方式有利于保护设备在故障未排除时意外起动。

指示灯是工业现场中用于指示简单信号的设备，可用于电源通断、设备运行状态或报警指示。指示灯的样式与颜色很多，可承受电压从交流 220V 到直流 24V 或 5V，图 1-7 是工业现场中常用的几种指示灯以及指示灯的电气符号。

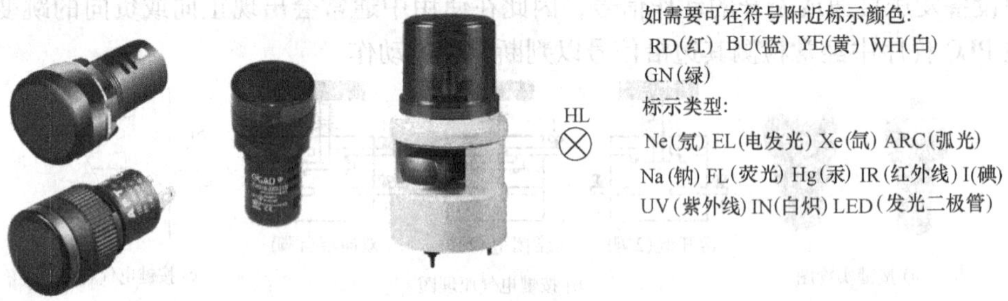

HL
如需要可在符号附近标示颜色:
RD(红) BU(蓝) YE(黄) WH(白)
GN(绿)
标示类型:
Ne(氖) EL(电发光) Xe(氙) ARC(弧光)
Na(钠) FL(荧光) Hg(汞) IR(红外线) I(碘)
UV(紫外线) IN(白炽) LED(发光二极管)

a) 指示灯实物图　　b) 指示灯电气符号

图 1-7　指示灯实物图及其电气符号

1.1.4 行程开关

行程开关也被称为位置开关或限位开关，是一种利用物理碰撞或接触使触头动作完成电路的接通或分断，达到检测运动物体位置的电气元器件。图 1-8 中是市场上一些行程开关的实物及电气符号图。

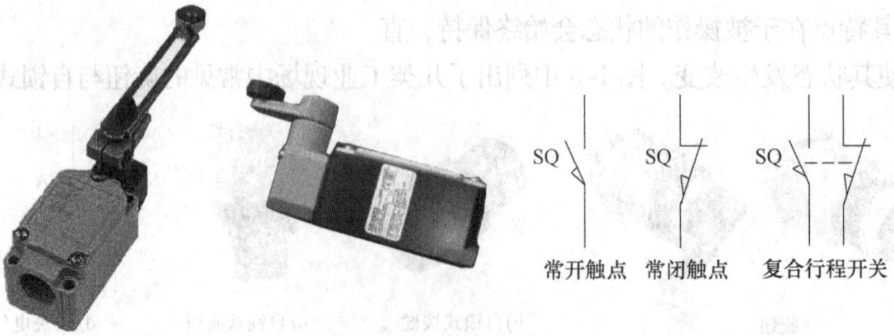

a) 行程开关　　b) 西门子行程开关　　c) 行程开关电气符号

图 1-8　行程开关实物图及其电气符号

在实际生产中，将行程开关放置在特定位置，当运动部件到达该位置时，通过机械碰撞行程开关的触点，实现电路的通断，其内部结构如图 1-9 所示。

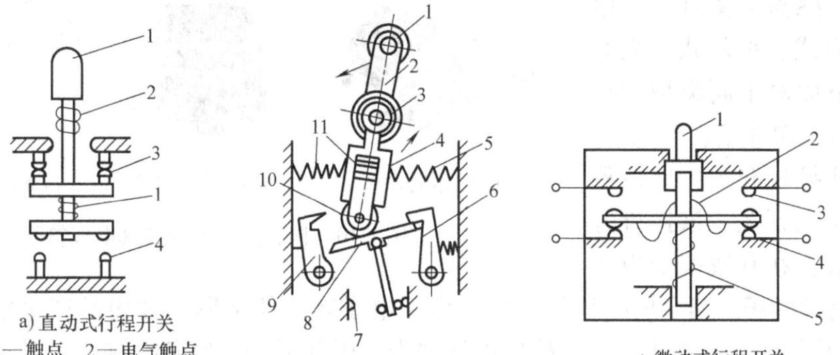

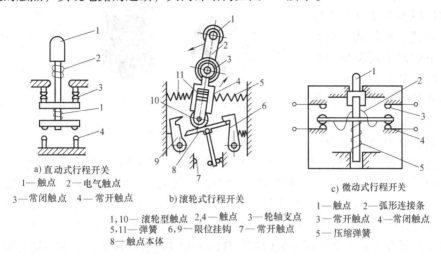

a) 直动式行程开关
1—触点　2—电气触点
3—常闭触点　4—常开触点

b) 滚轮式行程开关
1,10—滚轮型触点　2,4—触点　3—轮轴支点
5,11—弹簧　6,9—限位挂钩　7—常开触点
8—触点本体

c) 微动式行程开关
1—触点　2—弧形连接条
3—常开触点　4—常闭触点
5—压缩弹簧

图 1-9　行程开关内部结构

行程开关主要分为直动式、滚轮式与微动式三大类，其功能与按键类似。

直动式行程开关的工作原理：当运动部件到达行程开关触头所在位置时，触头受到机械力作用向下运动，从而使触点 1 与常闭触点 3 分离，与常开触点 4 连接；当运动部件反向运动离开后，触头在弹簧作用下与常开触点分离，重新与触点 3 闭合。如触点 2 接电源的一端，在触头运动过程中，可以分别在常开触点 3 与常闭触点 4 接收到相关的信号。直动式行程开关常与运动部件的平面进行挤压式接触，起限位作用。例如，将其安装在墙壁的垂直面上用于截断电气控制的运动部件电源，以避免部件继续运动碰撞墙壁，从而起到保护作用。

滚轮式行程开关的工作原理：假设运动部件由右向左运动，当其与触点 1 接触时会使触点另一侧的滚轮在杠杆力作用下向右方运动，从而带动触点本体 8 产生顺时针方向的旋转并与触点 7 接通；当运动部件离开后，触点在弹簧作用下回到原始位置，从而使触点与 7 分离。由于滚轮可以在运动部件经过时减少摩擦，因此滚轮式行程开关通常安装在运动部件的运动路径中，以检测是否到达相应位置。

微动式行程开关的工作原理与直动式行程开关原理类似，由于微动式行程开关的触点本体采用一体式注塑且触点距离较近，因此当运动部件离开后，触点本体在弧形连接条 2 的弹性作用下可自动复位，无需安装复位弹簧，使行程开关的制造与装配更加方便，同时也延长了使用寿命。

当采用行程开关检测运动部件的位置时，需要二者接触才能产生相应的信号，存在一定程度的机械碰撞与摩擦，因此不宜应用于接触或碰撞力量偏大或过于频繁的场合。

1.1.5　接近开关

接近开关是一类开关型传感器，可在无接触的条件下检测运动部件。它既有行程开关、微动开关的特点，又具有传感器的性能，检测信号稳定可靠，响应速度快。由于无需与被检测部件接触，因此与行程开关相比，减少了机械磨损，具有使用寿命长的特点，图 1-10 是接近开关外观及其电气符号。

目前接近开关的类型很多，根据传感器类型可分为电感式、电容式、霍尔式、交直流式等，下面对不同类型的接近开关进行简单介绍。

a) 霍尼韦尔接近开关　b) 欧姆龙接近开关　c) 接近开关电气符号

图 1-10　接近开关外观及其电气符号

电感式接近开关：也被称为涡流式接近开关，该接近开关在通电后会在有效范围内产生振荡的高频磁场。当金属物体接近时，由于电磁效应使金属物体内部产生感应电流（涡流），随着目标物体的逐步接近，感应电流增强，引起振荡电路负载加大，从而使振荡减弱直至停止。接近开关内部电路将振荡信号整流为标准的电信号，进而控制开关通断。该类接近开关检测的物体必须是金属等导电体，并且应用现场无电磁信号隔离等要求。

电容式接近开关：该类接近开关内部包含两个构成电容的极板，其中一端与被安装设备连接或直接接地，另一端通过内部电路与电源相连，并通过调频振荡器与放大器形成振荡电流。当有物体移动至接近开关附近时，会使电容介电常数发生变化，导致电容的容量发生变化，进而引起电路电流变化。由于金属和绝缘体均能影响电容介电常数，因此该类接近开关检测的设备不限于导体。

霍尔接近开关：当电流垂直于外磁场方向通过导体时，在垂直于磁场和电流方向的导体的两个端面之间出现电势差的现象称为霍尔效应，该电势差称为霍尔电势差（霍尔电压）。霍尔接近开关内部包含霍尔元件，当磁性物件移近霍尔开关时，开关检测面上的霍尔元件因霍尔效应影响接近开关的内部电路，进而控制开关的通或断，由此识别磁性物体的存在。此类接近开关的被检测物体必须具有磁性。

接近开关根据供电方式可分为直流型与交流型，按输出形式可进一步分为直流两线制、直流三线制、交流两线制和交流三线制，通常为交流 220V 或直流 24V 供电。两线制接近开关通常包含棕、蓝两种颜色电线，在接线时将棕色端与直流电源的正极或交流电源的相线相连，蓝色端接信号接收端（例如接继电器或 PLC 的输入端子）。三线制接近开关包含棕、蓝、黑三种颜色电线，在接线时棕色端接直流电源的正极或交流电源的相线，蓝色端接直流电源的负极或交流电源的零线，黑色端接信号的接收端（根据直流三线制接近开关的晶体管结构有 PNP 型或 NPN 型，因此在接线时需注意二者间的区别）。

接近开关有测量距离的区别，在选型时需特别注意。

1.1.6　光电开关

光电开关也被称为光耦合器、光电传感器，是一类以光源为介质感应被测对象，并以光电效应控制内部电路通断的开关元件。光电开关与接近开关本质上均属于行程开关的范畴，有时光电开关也归为接近开关的一种，因此也被称为光电接近开关。鉴于光电开关与电磁感应型的接近开关在感应方式上的区别，在本书中对光电开关与接近开关分别进行介绍。

目前市场上光电开关的类型很多，多数自带发光源，少数利用被测物体自身光线或自然光进行检测。由于自带光源的光电开关可靠性高，应用面广，因此这里主要介绍自带光源型的光电开关。图 1-11 为几种光电开关实物图及其电气符号。

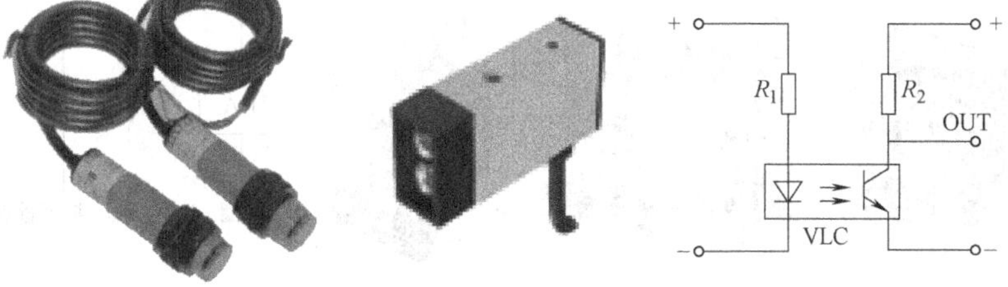

a) 对射式光电开关　　b) 漫射式光电开关　　c) 光电开关电气符号

图 1-11　光电开关实物图及其电气符号

光电开关自带光源的类型有灯泡、发光二极管、激光管等，发射的光线有紫外线、可见光、红外线以及激光等。光电开关包含发射端与接收端，发射端通过光源将电信号转换成光信号，接收端将光信号转换成电信号对开关进行控制。发射端与接收端分别独立制作与安装的称为分体式或对射式光电开关，一般安装在生产线两端，发射端发出的光线在无物体时会被接收端接收；当被检测物体从二者之间通过时光线被遮挡，使接收端的信号发生变化。发射端与接收端集成于一体的被称为一体式或漫射式光电开关，发射端发射的光线在前方无物体时发生漫射，接收端接收不到反射光线；当光电开关前方有物体遮挡时，发射端的光线会发生折射与反射，被接收端接收后影响内部电路，使接收端开关发生变化。

光电开关与行程开关、接近开关相比，具有以下特点：

1）检测范围宽：与接近开关相比检测距离较长，例如对射式开关检测距离可达几十米到上百米，反射式开关的检测距离可从 1cm 到 10m。

2）被测对象广：由于采用光线检测，因此无论被检测物是金属、玻璃、橡胶、木材还是液体、气体等几乎均可检测。

3）响应速度快：检测介质本身是高速的，由此除开关的执行部分外不含机械动作，因而可以获得非常高的检测速度。

4）分辨能力高：因为光是直线传播，且波长可控，分辨率高，适用于微小物体和高准确度位置检测。

5）扩展能力强：当采用了透镜等光学系统后，可以通过调整实现光线的聚光、扩散和折射，检测范围易于测定，扩展方便。

6）抗扰性强：由于光线几乎不受电磁场与振动的影响，因此可以安装在具有较强磁场和振动的场所，抗扰能力强。

7）光线特性测试：可对被测物色彩或形状进行选择与判定检测。

8）寿命长：由于采用非接触检测，机械部件较少，因此使用寿命较长。当光源采用发光二极管时，控制输出采用无接点方式，耐用性更强。

1.1.7　电磁继电器

继电器是工业现场中最常用的控制器件，包含控制回路（又称输入回路或线圈）和被控回路（又称输出回路或触点），通常应用于控制电路中，用于实现信号切换与控制、电气隔离或安全保护。目前市场上产品类型种类繁多，根据其原理可大致分为电磁继电器、热继电器与时间继电器等几大类，继电器实物图及其电气符号如图 1-12 所示。

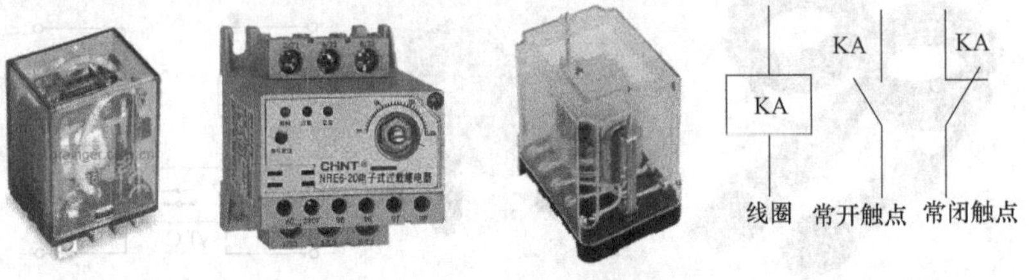

a) 电磁继电器　　b) 热继电器　　c) 时间继电器　　d) 继电器电气符号

图 1-12　继电器实物图及其电气符号

需要说明的是，由于继电器功能与类型各不相同，其电气符号也分为 KA（中间继电器）、KR（干簧继电器）、KV（电压继电器）、KT（时间继电器）等，图 1-12d 中 KA 继电器符号仅为示意图。

电磁继电器通常在弱电控制强电或电磁隔离的场合中应用，具有价格低廉、体积小巧、使用方便等特点，其内部结构如图 1-13 所示。

当电磁继电器在控制回路接通（交流或直流电）后，电磁铁通电后产生磁力，吸引衔铁向顺时针方向运动，使其触点与常闭触点分离，与常开触点接通；当控制回路断开、电磁铁失电后，衔铁在弹簧的作用下沿轴点逆时针方向运动，与常开触点分离，与常闭触点接通。

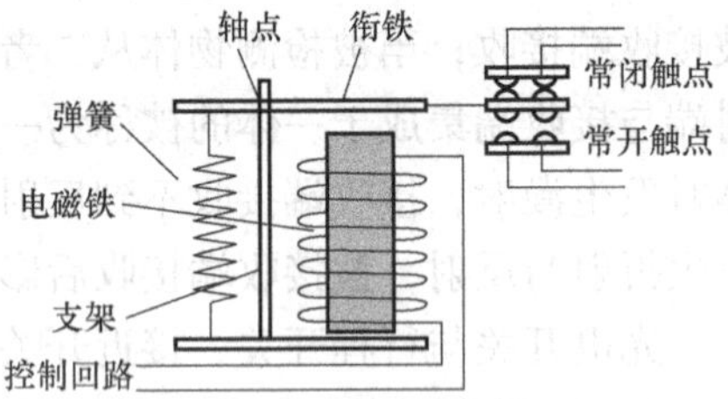

图 1-13　电磁继电器内部结构

由电磁继电器的原理可以看出，无论通电与否，电磁继电器总会与常闭触点或常开触点之一接通，如果用 0 代表与常闭触点接通、1 代表与常开触点接通，继电器即成为一个开关，常开触点与常闭触点（也被称为动合触点与动断触点）分别代表开关的闭合与断开两种状态，此概念经常在 PLC 相关设备中出现。

此外，有的继电器中由一个线圈同时控制几组相互独立的常开常闭触点动作，这种继电器被称为组继电器。根据常开常闭触点的个数不同，继电器也有 6 脚（1 组）、8 脚（2 组）、11 脚（3 组）的区别。

小贴士

继电器引脚的判断方式

通常在继电器本体上会印制引脚编号以及对应的电路图，但如因某些原因没有，可用万用表及有效电源测试获得。以 6 脚继电器为例，具体测试方法如下：

6 脚继电器仅有一组常开常闭触点，其中两个触点为线圈的两个引脚，另外四个引脚，其中两个为公共端，另两个分别为常开与常闭触点。可采用万用表测量每两个引脚间的电阻值，阻值为几百欧姆到上千欧姆的是线圈引脚。始终导通的三个触点中两个为公共端，一个为常闭触点端。在线圈引脚上增加有效电压使继电器动作（有的继电器线圈有正负极之分，反接不会损坏线圈，但继电器无动作，需注意），原先断开现在接通的为常开触点，原先接通现在断开的为常闭触点，始终接通的为公共端。

8 脚继电器和 11 脚继电器的测试方法与 6 脚继电器基本相同，但每组仅包含 3 个触点（公共触点仅有 1 个）。

由于电磁继电器采用弹簧与触点等机械设备实现触点的变化，因此也被称为机械继电器；当触点状态发生变化时，由于线圈电流上升与下降均需一定的时间，同时物理触点离开一个位置向另一位置运动也需要一定的时间，因此电磁继电器的状态转换在电气性能上存在比较明显的滞后现象，滞后时间通常从几毫秒到十几毫秒，所以继电器不宜用于接收或发射高频脉冲信号，这一点在电气设备设计与应用时需要格外注意。

1.1.8 热继电器

当电动机在运行时，由于机械或电气故障可能会出现过载状态，即电动机转速下降，绕组中电流增大，温度升高；当电流过大且持续时间过长时会使电动机绕组老化，缩短电动机的使用寿命，严重时会使绕组烧毁，此时需采用热继电器对电动机进行保护。

热继电器主要用于电动机或电气设备、电气线路的过载保护，它利用电流的热效应原理，在电气设备长时间过载或短路时切断电路，从而起到保护作用。热继电器根据热金属片的类型可分为热金属片式、热敏电阻式和易熔合金式。在上述三种类型中，双金属片式热继电器应用最多，并且常与接触器一起构成磁力起动器，因此下面以双金属片式热继电器为例，介绍热继电器的基本原理。

图 1-14a 是热继电器的原理图，由电阻值较小的电阻丝做成热元件，工作时将其串接在电动机主电路中，电阻丝围绕的双金属片由两片热膨胀系数不同的金属片压合而成，且左端固定，常闭触点串接在控制电路中。当热元件中通过的电流超过其额定值时，电阻丝的热量传导至双金属片。由于金属片受热后，上层膨胀系数相对较小，金属片受热后向上弯曲，扣板受力向上运动，使其与常闭触点端子脱扣，常闭触点连接的控制电路断电，进而切断电动机主电路。在脱扣后，如果故障已经排除，可按下复位按键使扣板回归原位，重新接通常闭触点。

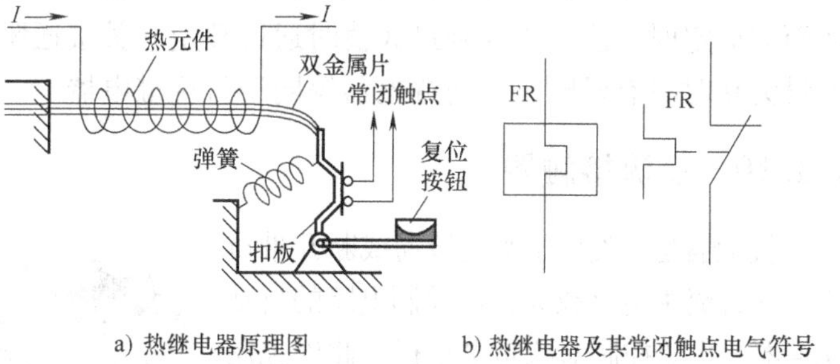

a) 热继电器原理图　b) 热继电器及其常闭触点电气符号

图 1-14　热继电器原理图及其电气符号

热继电器将电磁与热学、机械原理相结合，既实现了继电器的功能，又可以在电流过大时实现电磁保护，同时又可迅速复位，因此广泛应用于电动机、水泵等电气设备的保护场合。

1.1.9 时间继电器

大功率交流电动机在未接变频设备的条件下直接连接额定电压起动时，绕组的瞬间电流会接近额定电流的 5 ~6 倍，长期频繁进行起动操作可能会使绕组线圈老化，极端条件下可能还会使绕组烧毁。为解决此类问题，一般采用星形-三角形切换以实现电动机的软性起动（简称软起），即在起动时对电动机采用星形接法，在起动一段时间后采用三角形接法。在实际应用中，通常将电动机分别采用星形、三角形连接，然后采用时间继电器实现从星形到三角形的延时切换。

与常规电磁继电器以及热继电器不同，时间继电器采用小规模集成电路，可以完成常规电磁继电器与时间继电器的功能。时间继电器有通电延时和断电延时两种，图 1-15 为时间继电器的原理图与电气符号。

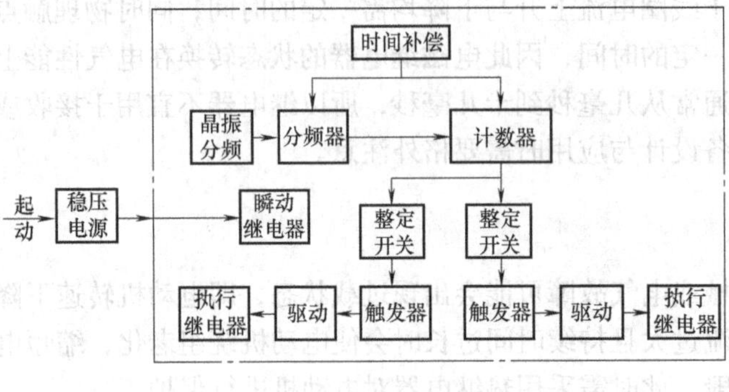

a) 时间继电器原理图

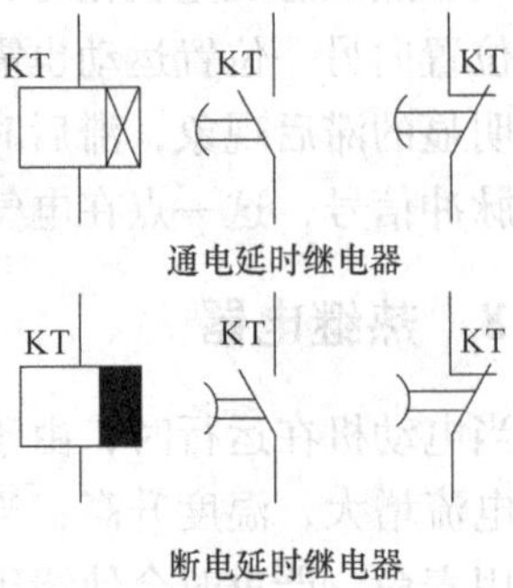

b) 时间继电器电气符号

图 1-15　时间继电器原理图与电气符号

时间继电器内部包含晶体振荡器（简称晶振）、分频器、计数器、整定开关与驱动等设备，其中分频器与计数器用于实现时间补偿（时间延时）功能。时间继电器外围含 LED 数码管与按键，可以设定计数最大值。分频器向计数器发送定时脉冲，计数器对脉冲进行计数从而完成定时功能，当计到最大值时通过整定开关接通驱动电路，接通执行继电器。当定时值设为 0 时没有延时，时间继电器等同于常规继电器。

1.1.10　交流接触器

接触器是一类用于实现接通或断开带负载的交直流主电路或大容量控制电路的自动切换器，主要控制对象是电动机，此外也用于其他电力负载，如电热器、电焊机、照明设备。接触器不仅能接通和切断电路，还具有低电压释放保护作用。接触器控制容量大，适用于频繁操作和远距离控制，是自动控制系统中的重要元器件之一。通用接触器可大致分为交流接触器与直流接触器两类，其实物图如图 1-16 所示。

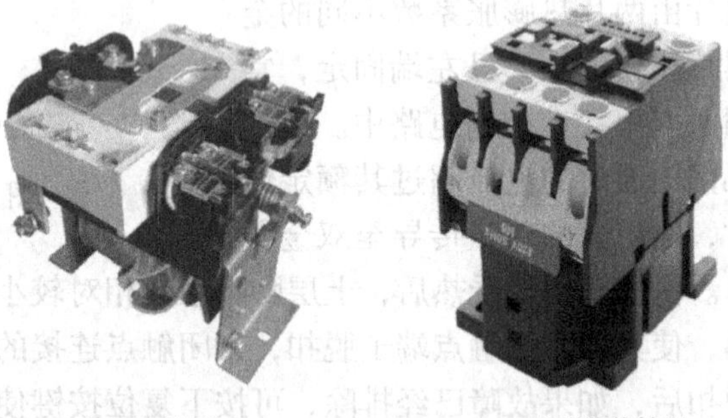

a) 直流接触器　　b) 交流接触器

图 1-16　接触器实物图

交流接触器由于常用于控制三相电动机而得到了广泛应用。为适应不同场合的要求，接触器类型也多种多样，图 1-17 为电磁类接触器简化原理图与电气符号。

交流接触器内部包括三组主触点和一或两组常开、常闭辅助触点，当静铁心上电产生磁力后，吸引动铁心带动触点连杆实现联动，从而使主触点闭合，使三相电路接通，同时使辅助常开触点接通、常闭触点断开；当静铁心断电后，动铁心与触点连杆在弹簧的作用下分离，使主触点断开。为消除接触器触点断开电路时产生的电弧，在大功率交流接触器中还常常采用灭弧罩等设备。

根据动铁心产生磁力的原因，交流接触器可分为电磁式和永磁式两种。电磁式交流接触器的动铁心采用交流电产生与静铁心磁性相异的磁极，从而产生磁力。永磁式交流接触器则直接采用永磁体铁心，由于具有节能、无噪声、无温升、稳定可靠、寿命长等诸多优点，目

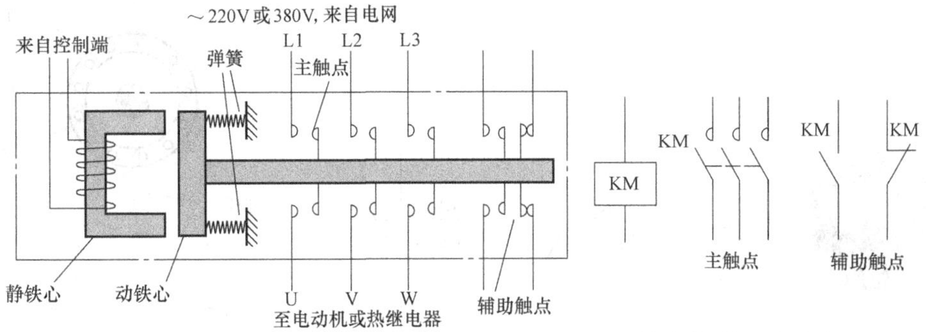

a) 交流接触器简化原理图　　b) 交流接触器电气符号

图 1-17　交流接触器简化原理图与电气符号

前得到更加广泛的使用。

三相接触器通常有 8 或 9 个点，三路输入三路输出，控制点（线圈）一个，辅助触点 1 或 2 个，均为两两对应。接触器选型的主要指标是主触点的额定电流与负载电压，但辅助触点的数量及通断电流也是需要考虑的因素。

1.1.11　中间继电器

中间继电器是电气电路中用于在控制电路中传递中间信号、增加触点数量与容量的设备，原理与交流接触器基本相同，主要区别在于中间继电器用于控制电路，相当于交流接触器的辅助触点。图 1-18 是中间继电器的实物图与电气符号。

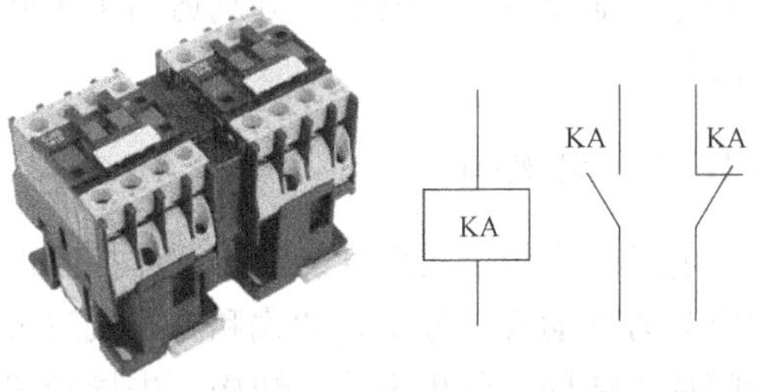

a) 中间继电器实物图　　b) 中间继电器电气符号

图 1-18　中间继电器实物图与电气符号

根据结构与性能，中间继电器可分为电磁中间继电器与静态中间继电器两类。电磁中间继电器采用机械与电磁力，实现电流通断或触点切换；静态中间继电器则由多个小型继电器组合，可靠性高，功耗小，克服了电磁中间继电器导线过细易断线的缺点。

1.1.12　速度继电器

速度继电器主要用于三相异步电动机反接制动，其实物图与电气符号如图 1-19 所示。

速度继电器由转子、定子与触点三部分组成，转子为永久磁铁，与电动机同轴连接同步旋转。定子与笼型转子类似，有短路条，并可围绕转轴转动。定子下端触点左右两端相隔一定距离分别安装两组触点，如图 1-20 所示。

当转子随电动机转动时，磁场与定子短路条切割产生感应电流与感应磁场，产生的转矩使定子随转子转动。定子转动时带动杠杆向左或右方转动一定角度，推动对应触点闭合或分断。电动机旋转方向改变时，转子与定子转向也改变，定子将触发另一组触点闭合或分断。当电动机接近于静止（100r/min 左右）时，由于笼型绕组电磁力不足，杠杆返回中间位置，触点复位。由于继电器的触点动作与电动机转速相关，所以被称为速度继电器。

a) 速度继电器实物图

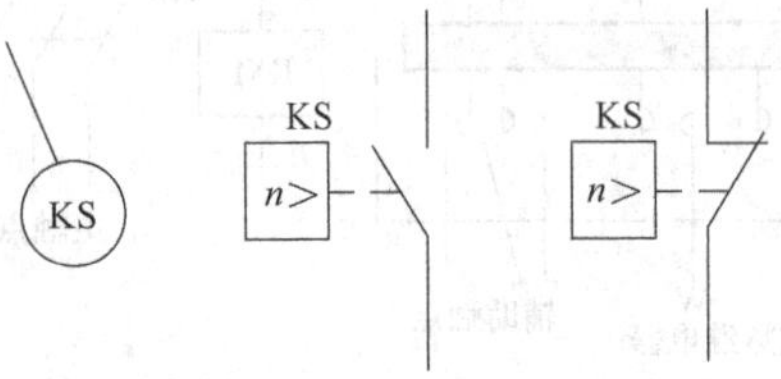

b) 速度继电器电气符号

图 1-19　速度继电器实物图与电气符号

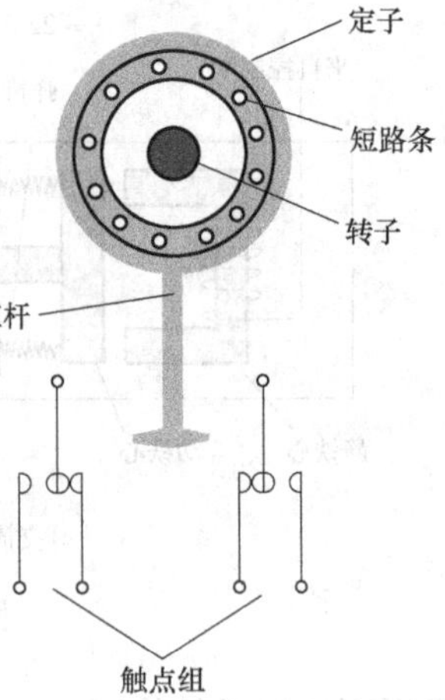

图 1-20　速度继电器原理图

通常情况下，速度继电器的触点常与外部电路的触点形成电动机的反相电路，使电动机在反接制动下停车。当电动机速度接近于零时，速度继电器的常开触点分断，结束制动状态。因为速度继电器用于电动机的反接制动，因此也被称为反接制动继电器。

此外，还有温度继电器、高频继电器、极化继电器、光继电器、声继电器、霍尔效应继电器等其他类型的继电器，分别适用于不同的场合，在实际应用时可查阅相关资料，这里不再叙述。

1.1.13　电磁阀

电磁阀是用于实现气、液等流体控制的自动化基础元件，属于执行器。电磁阀从原理上主要分为直动式、分步直动式和先导式三大类，从阀瓣结构与材料上的不同可进一步分为直动膜片式结构、分步重片式结构、先导膜式结构、直动活塞结构、分步直动活塞结构和先导活塞结构六类，按照气路数分为 2 位 2 通、2 位 3 通、2 位 4 通与 2 位 5 通。图 1-21 是直动式电磁阀的外观与原理图。

a) 直动式电磁阀外观图

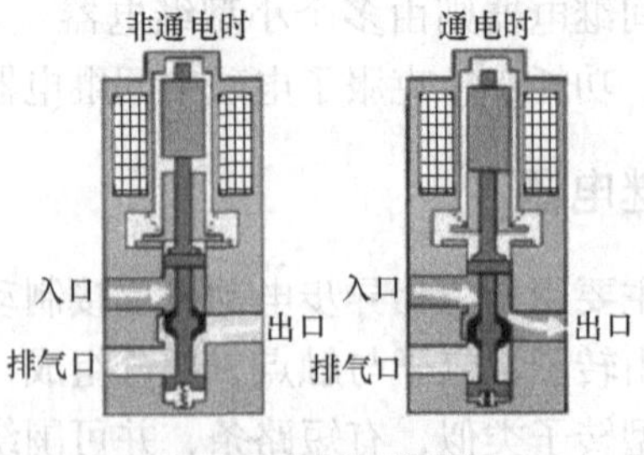

b) 直动式电磁阀原理图

图 1-21　直动式电磁阀外观图与原理图

电磁阀的原理通常比较简单，当通电时，电磁阀受电磁力将阀门放下，这时关闭件从阀座上放下，阀门打开；当断电时，电磁力消失，这时关闭件受弹簧力作用提起，阀门关闭。直动式电磁阀不受真空、负压、零压等影响，在上述情况下均可正常工作，但由于电磁阀电磁力不能过大，因此阀门通径一般不能超过25mm。

分步直动式电磁阀与先导式电磁阀通过流体与气体作用，详细原理可查询相关资料，这里不再赘述。关于电磁阀的选型需根据工作电压及口径选择，电磁阀工作电压有交流与直流两大类，一般常用电压为交流220V与直流24V，电磁阀由外部信号进行开关量控制。

1.1.14 气缸

气缸是控制系统中的运动执行机构，可在电磁开关控制时实现直线运动。图1-22是气缸的外观与简化原理图。

a) 单作用气缸外观图

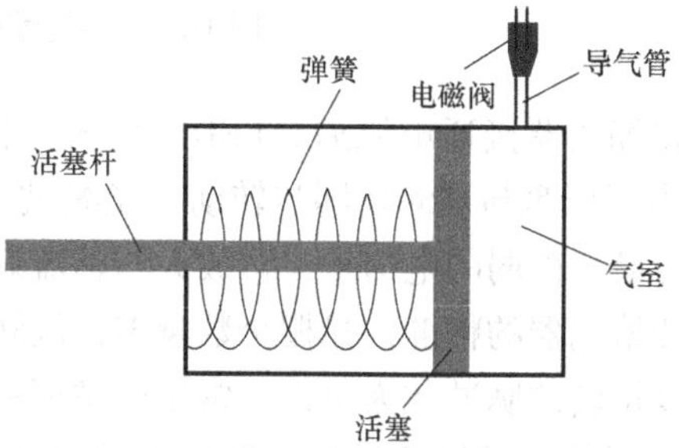

b) 单作用气缸简化原理图

图1-22 单作用气缸外观图与简化原理图

单作用气缸是气缸中最简单的一类设备，主要由活塞、弹簧、气室组成。当导气管向气室充气并使气室内气体压力大于弹簧压缩的压力时，活塞受力向左运动；当导气管停止向气室供气时，由于气体释放，弹簧压力大于气室内气体压力，活塞向右运动。气缸在工作时需要由外部提供固定压力的气源，常用于防爆或对电动设备有限制的场合。通常在导气管上连接电磁阀，以达到对活塞进行电气控制的目的。

单作用气缸结构简单，多用于短行程、对活塞杆推力与速度要求不高的场合。此外，还有可向活塞两侧分别输入压缩空气、可双向运动的双作用气缸以及液压与气压组合而成的组合气缸等。以上气缸各有特点，可实现活塞杆的高推力或高速运动，但与单作用气缸仅存在工艺与机械上的区别，而电气上均为开关量控制，因此本书不再进行详细的介绍。

1.1.15 旋转编码器

旋转编码器（也被称为光电编码器），是集光电技术于一体的速度位移传感器，常用于将圆周运动物体的机械转速或位移转换成脉冲或数字量。图1-23是旋转编码器和联轴器的

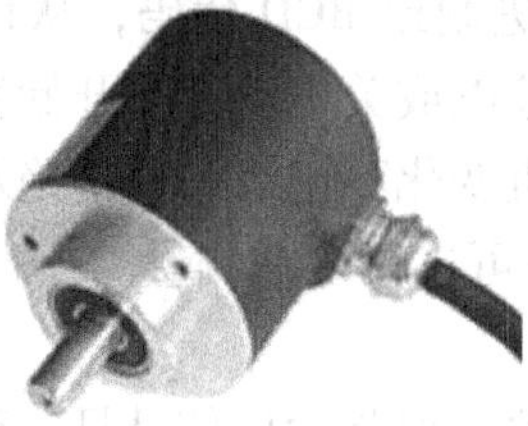

a) 旋转编码器

b) 联轴器

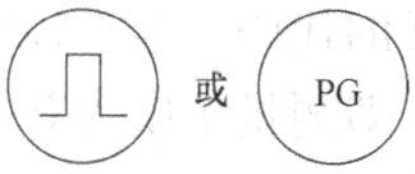

c) 旋转编码器电气符号

图1-23 旋转编码器、联轴器外观图与旋转编码器电气符号

外观图及旋转编码器的电气符号图。

根据计数方式与输出信号的不同，旋转编码器主要分为增量式、绝对值型和正弦波编码器三种，但检测原理基本相同。图 1-24 为旋转编码器检测原理图。

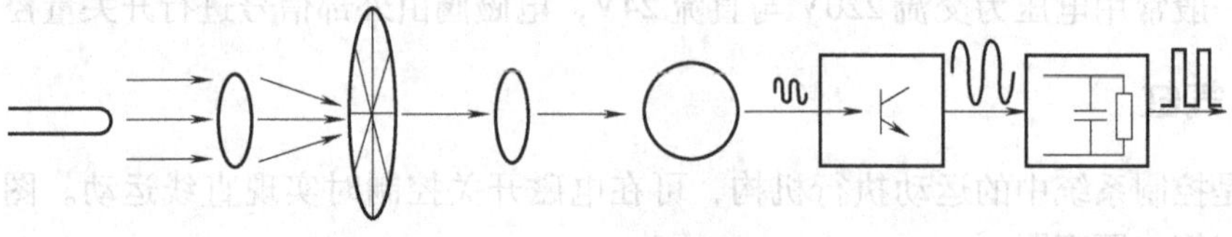

图 1-24　旋转编码器检测原理图

当旋转编码器接通电源后，LED（发光二极管）发出可见光，经透镜聚焦后投射至码盘（光栅）。由于码盘与被测物同步转动，光线被光栅切割成断续光线，经过透镜聚焦后由光敏元件将其转换为微弱的电信号，再放大与整流调制为标准的脉冲或代码信号。码盘上光栅的个数决定旋转编码器的精度，光栅个数越多，旋转一圈得到的脉冲信号越多，精度也就越高。编码器精度以每转的脉冲数为单位，常用的精度有 1000、1024、2000、2048 到 10000 等。

旋转编码器常通过联轴器与旋转电动机的轴相连进行同步运动，根据旋转编码器的精度与发出的脉冲数量计算设备的位移，或结合时间计算运动的角速度或线速度。例如：当电动机的转速为 3000r/min（转/每分）时，每秒的转速为 50 转，如选择精度为 1000 的编码器并安装在电动机主轴上，那么每秒获得的脉冲信号为 1000 × 50 = 50000 个，即频率为 50kHz。需要注意的是，当使用的是减速电动机时，经过减速箱变速，电动机实际转速需根据电动机标称速度除以减速比后得到。当上例采用变速比为 5 : 1 的齿轮箱且编码器安装在电动机输出轴上时，电动机的实际转速为 50/5 = 10 转，每秒获得的脉冲信号为 1000 × 10 = 10000 个，即频率为 10kHz。

下面就各类编码器的特点分别进行简单的介绍。

1. 增量式编码器

增量式编码器是目前应用最多的一类编码器，在前述编码器中增加一个码盘，两码盘的光栅相差一定角度，从而使生成的 A、B 两个脉冲相位相差 90°。当电动机旋转时，如 A 相信号的脉冲超前于 B 相，代表电动机正转，编码器的值增加；反之则减少。也可以将每转发出一个脉冲的 Z 信号，作为参考机械的零位。在需要提高分辨率时，可利用 A、B 两相对原脉冲数进行倍频。如电动机仅需向一个方向旋转，可只接 A、B 中的一相线进行计数。

2. 绝对值编码器

绝对值编码器运行时，可输出与位置相对应的二进制或 BCD 代码，从代码大小变更即可判别正反向及其位移。该设备有绝对零位代码，当停电或关机后重新开始测量时，仍可准确读出上次测量的代码，但在停电与关机期间的电动机变化不记录。通常绝对值编码器仅可实现单圈测量，即测量角度为 0 ~ 360°，但特殊型号也可进行多圈测量。

3. 正弦波编码器

正弦波编码器从工作特点上划分属于增量式编码器，但其输出信号是正弦波信号而非脉冲信号。该类编码器主要用做电动机的反馈测量元件，用该类测量元件可以大大提高控制的动态特性。

为了保证良好的电动机控制性能，通常需选用精度较高的旋转编码器，从而使设备在每秒产生大量的脉冲信号，但当电动机在高速旋转时，会产生很高频率的脉冲信号，如上例中电动机转速为1500r/min、增量编码器精度为10000时，脉冲信号的频率为250kHz，已经超出一般PLC接收高速脉冲的频率极限，这时需考虑采用正弦波编码器，并采用内插法使频率实现倍频输入。

通常旋转编码器为四线制或五线制，供电电压也有直流24V与交流220V两大类，当采用直流24V供电时，由于内部采用晶体管特性有PNP型与NPN型的区别，在使用前需仔细阅读相关说明，并注意硬件的接线方式。

1.2　常用模拟类信号设备

模拟类信号指一定范围内逐步变化的信号，常用于表示工业现场中的压力、流量、液位、温度等物理量。由于PLC主要接收标准电压或电流，因此本书中提到的模拟量均为电压或电流信号。

1.2.1　电位器

电位器是通过手动改变电阻值对输出电压或电流进行调整的设备，常用于需要手动调节变频器输入电压（或电流）的场合。图1-25是电位器的外观图与电气符号。

常见的电位器有三个引出端，由电阻体与电刷组成。在使用时，电阻体的固定触点之间外加电压（通常为低直流电压），通过手动调节上端的转轴或滑片，使电刷沿电阻体移动时，在输出端获得与位移成一定关系的电压；如只接两端，电位器即成为一个电阻器。

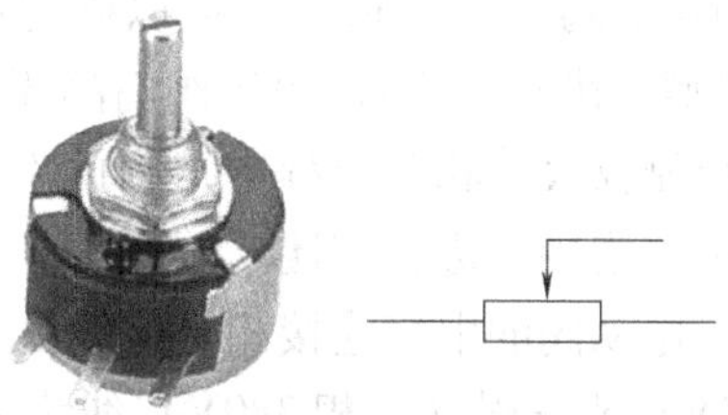

a) 电位器外观图　　b) 电位器电气符号

图1-25　电位器的外观图与电气符号

电位器按材料分线绕、碳膜、实芯式电位器；按输入与输出电压比与转轴的关系分直线式电位器（呈线性关系）、函数电位器等。在实际应用时，在转轴上安装一个塑料端帽，可屏蔽静电且方便操作。

1.2.2　变送器

变送器是利用传感器将相关物理量（如温度、压力、液位、流量等）转换为电压或电流信号，并通过整流调制成标准电信号的设备。变送器的原理与使用方法在过程控制与自动化仪表、传感器等课程中已有详细叙述，这里仅就与本书相关的内容进行简单的介绍。

变送器将被测量的物理量转换成对应的电信号，通常输出0～20mA或4～20mA电流信号或－10～10V、0～10V或1～5V等电压信号。PLC或其扩展模块中带有A-D转换模块，可自动将标准电流或电压转换为16位数字量。西门子S7系列PLC可将接收到的电流或电压转换为对应范围的数字量。例如当接收电流信号时，电流范围为0～20mA，数字量对应范围为0～32000，则分辨率为（20－0）mA/（32000－0）=0.000625mA；可知当电流为4～20mA时，其数字量对应范围为6400～32000。

对于 PLC 使用者来说，可无需了解变送器进行 A-D 转换的原理，但必须熟悉物理量、模拟量与数字量转换间的换算关系，以确保模拟量控制的正确使用。例如：假设压力变送器测量压力范围为 0 ~ 1000kPa，对应电流范围为 4 ~ 20mA，当被测压力为 400kPa 时，对应的电流为(20 - 4)mA/(1000 - 0)kPa × (400 - 0)kPa + 4mA = 10.4mA，对应的 A-D 转换数字量为(32000 - 6400)/(1000 - 0)kPa × (400 - 0)kPa + 6400 = 16640。反之，当得到一个数字量为 15000 时，可知其对应的模拟量电流为(15000 - 6400)/(32000 - 6400) × (20 - 4)mA + 4mA = 9.375mA，对应的实测压力为(15000 - 6400)/(32000 - 6400) × (1000 - 0)kPa + 0kPa = 335.9375kPa。

1.2.3　电动阀

电动阀是用于实现对管道介质流体进行模拟量调节的设备，上半部分为电动执行机构，下半部分为阀门，如果是气动阀门还需要有气源，上节中的电磁阀从广义范围上可以看做一类特殊的电动阀。图 1-26 是电动阀的外观图。

电动阀大体分两种，一种为角行程电动阀，由电动执行器控制角行程阀，可使阀门在 0 ~ 90°内旋转控制管道流体通断；另一种为直行程电动阀，由电动执行器配合直行程阀，通过控制阀板上下动作控制管道流体通断，同时根据阀门形状（如蝶形阀、三角阀等）可以确定阀的基本特性（线型、快开型等）。由于阀门的原理已包含在过程控制仪表等相关课程中，因此本书仅对电动阀的电气连接等进行叙述。

图 1-26　电动阀的外观图

电动阀的电气连接相对比较复杂，最常见的电动阀包含 4 或 5 根线，其中两根（单相 220V）或三根（三相 380V）线为交流电源线，另外两根为信号线，接收 4 ~ 20mA 控制信号以调节阀门开度；如果为气动阀，则仅有两根信号线，相对高级的阀门还有 2 ~ 4 根信号反馈线，用于指示阀门开度或故障。

在连接电动阀时需要根据操作力矩、推力、阀杆直径、阀门口径与特性等进行仔细选择。在连接时需要根据说明书严格操作，如果采用电动机驱动阀门，还需注意对电动机进行过载保护。

1.3　规模集成类设备

规模集成设备指的是自身带有 CPU 与相应外围设备，可以完成特定功能的电气设备，该类设备具有集成度高、功能独立以及可操作性强等特点。在本节中，主要介绍与本书相关的两类规模集成设备：变频器和文本显示屏。

1.3.1　变频器

由于感应式交流电动机具有成本低廉、使用方便等特点，因此广泛应用于工业现场。在我国，工业电网提供的电压为 220V、50Hz 的三相交流电，被称为工频电源；对应地，直接与工频电源连接、在额定电压与额定频率下以额定转速工作的电动机被称为工频工作电动机。但在大部分情况下，要求电动机在低于额定转速的条件下工作，此时需要对电源进行转换后才能输入电动机。由于三相电动机转速与输入的电压、电流间的相互影响，使电动机调速方式非常复杂，采用简单的电气设备无法获得期望的精确速度，因此在对控制要求较高的场合通常采用变频器对电动机进行调速。

变频器是利用集成电路调节电动机转速的设备，由于其对输入交流电信号频率进行调节和变换后输出至感应式交流电动机，用于实现电动机的调速，因此被称为变频器。变频器通过逆变电路将电网的固定电压与固定频率的交流电信号转换为直流电并进行整流，然后将直流电信号转换为需要的电压与对应频率的交流电信号，达到实现控制电动机转速的目的，因此变频器也被称为逆变器。通过变频器调整后的电源被称为变频电源，由变频器控制工作的电动机被称为变频工作电动机。

变频器电路一般由整流（交流变直流）、滤波、逆变（直流变交流）和控制四部分组成。由于变频器采用微处理器与外部交换控制信号以达到高精度控制电动机的目的，具备完善的外部功能，因此对于用户来说，仅需具备设备的选型、使用以及维护等知识即可。本书中仅对变频器的通用功能进行介绍，具体使用时还需仔细阅读相关说明书，确保变频器的正常使用与维护。

图 1-27 是西门子 MicroMaster 系列变频器的外观图与电气示意图。

下面以 MicroMaster440（简写为 MM440）通用型变频器为例简要说明使用方法，由于其功能及对应设置参数较多，这里仅做一般介绍，详细的使用方法可查阅使用说明书。

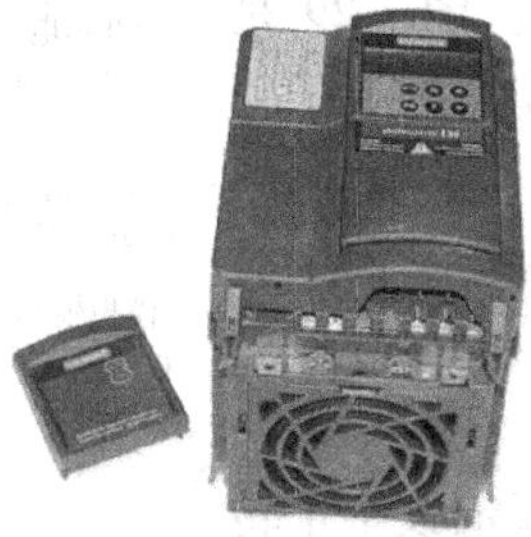

a) 变频器外观图

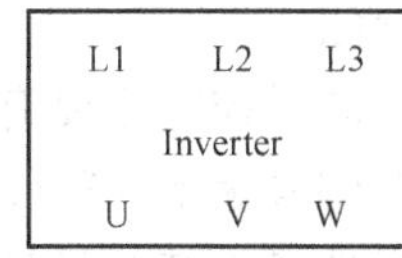

b) 变频器电气示意图

图 1-27 变频器外观图与电气示意图

MM440 是适用于三相电动机速度控制和转矩控制的系列变频器，功率范围涵盖 120W 至 200kW（恒转矩（CT）方式）或 250kW（变转矩（VT）方式）的多种型号，包含多继电器输出、6 个带隔离的数字输入、2 个模拟输入、内置 RS485 串行通信接口，拥有矢量控制、电压/频率（V/f）控制、转矩控制、转差补偿、抱闸制动、PID 控制等功能，具有易于安装调试、快速响应、脉宽调制频率高、运行噪声低等特点。

变频器选型时应以被控电动机电流与负载类型为主，变频器电流应大于或等于电动机的过载电流，同时根据负载为恒转矩或平方转矩等类型选择适合的变频器。

变频器在使用前需首先进行必要的强弱电硬件连接。

强电部分可根据变频器的输入类型进行连接，如果为单相变频器，其输入端 L 与 N 分别接电网的任一相相线与零线；如果为三相变频器，其输入端 L1、L2 与 L3 分别接电网的三相。变频器输出三相为 U、V、W，通常接三相电动机的对应相。

变频器进行强电连接时需要格外注意以下几点：当电动机功率较大时尽量使用三相变频器，如采用单相变频器可能由于连接相的电流偏大导致电网三相不平衡；不能在同一时间使用一台变频器拖动多台电动机，否则可能损坏变频器；如非必要，尽量采用一拖一的方式使用变频器，如确需利用继电器实现对多台电动机的分时控制，继电器的额定功率应至少大于电动机额定功率的 30%，否则易于出现电动机断单相或断三相故障。

弱电的连接方式由变频器的命令源（即变频器的控制信号来源）所决定，通常包含通过变频器外部的端子、AOP 或 BOP 面板和采用 USS 或 PROFIBUS 通信进行控制三种方式，采用的硬件如图 1-28 所示。

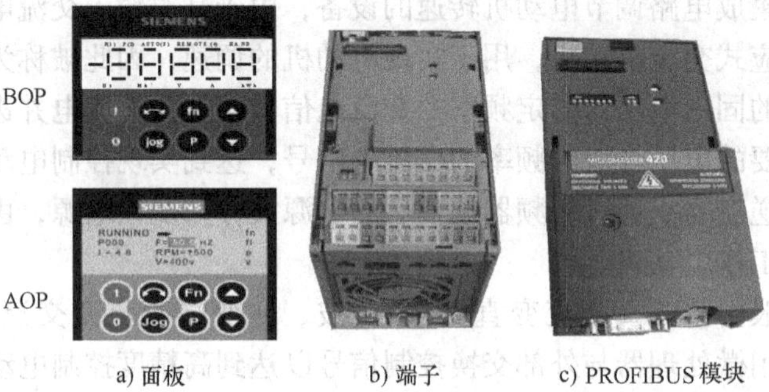

a) 面板　　b) 端子　　c) PROFIBUS 模块

图 1-28　变频器的命令源

由于端子控制是变频器最常用的命令源，因此下面以端子的接线方法为例介绍端子控制方法。图 1-29 是变频器端子中用于进行控制的端子功能介绍。

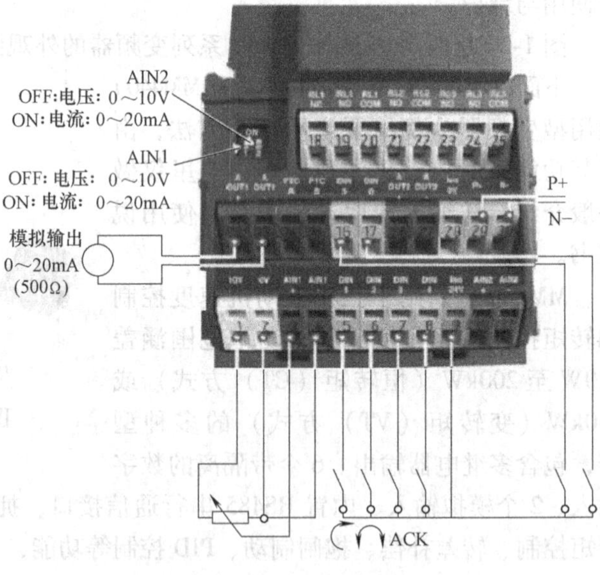

图 1-29　变频器控制端子功能

端子控制主要有三大类。第一类包含编号为 5 ~ 8 和 14 ~ 17 的端子，该类端子为开关量控制，在某一端子接通后便会使电动机以预定频率正转或反转，正反转方式与运行频率对应参数可事先采用 BOP 面板进行设定。第二类为手动模拟量控制，由 1 ~ 4 号端子接收外部电位器输入的电压信号进行手动调整。第三类为自动模拟量控制，由 AIN1 与 AIN2 两端子接收由 PLC 发送的电压或电流信号进行自动控制。

1. 3. 2　TD400C 文本显示屏

为了实现在工业现场中向操作员显示相关数据、进行相应的人工操作，需利用人机界面（Human Machine Interface，HMI）以完成以上功能。工业上位机通常采用工控计算机或个人计算机完成，但在工业现场的下位机操作中，受环境、条件等各方面的限制，如需完成相对简单的数据显示与操作等人机交互功能，文本或图形显示屏是应用最为常见的一类设备。显示屏在完成硬件连接后，还需采用相应的软件对设备进行组态（Configuration）后方可在现场应用。目前三菱、ABB等公司均有相应的产品，通信方式与使用方法基本相同。

西门子公司显示屏有TD、TP、MP等多个系列，除TD系列的文本显示屏可采用Step7 Micro/Win软件直接进行组态以外，其他系列显示屏均需使用WinCC Flexible软件进行组态，完成显示屏需要显示的数据和操作元件。图1-30为部分西门子公司TD、TP系列触摸屏外观图。

a) 西门子MP270触摸屏　　b) 西门子TD400C文本屏

图1-30　西门子触摸屏外观图

限于篇幅，本书仅以西门子TD400C文本显示屏为例简要介绍该产品及其硬件连接，组态方法将在后续章节中详细介绍，涉及其他显示屏时读者可查阅相关的说明书或文献资料。

TD400C是一种小型紧凑型设备，属于低成本人机界面，可以和用户以及应用程序间进行交互。TD400C本身并不存储交互数据，也不能进行运算，所显示的均为PLC内部数据。TD400C的特点如下：

1）供电电流小，可由PLC供电，也可单独供电。

2）与PLC之间通过485通信接口进行连接。

3）背光液晶显示，分辨率为192×64像素。

4）自带方向键、回车键与回退键，具有8个功能键，可扩展为16个。

5）组建菜单与界面显示，使过程信息以层级式显示。

6）以2行大字体或4行小字体方式显示PLC中的整型、浮点型过程变量，在组态允许的前提下也可以修改过程变量。

7）可由PLC的特定位触发报警信息，报警信息可局部或全局显示。

TD400C的连接方式非常简单，采用RS485电缆将TD400C与PLC的对应端口直接连接即可，如图1-31所示。

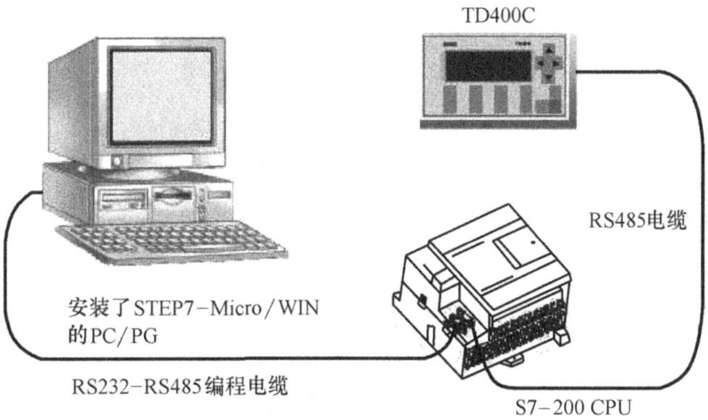

图1-31　TD400C接线图

本章小结

在设计集成系统电路时，通过品牌与型号等即可完成产品选型，但对产品特性的了解程度对电气设备的选型、使用尤其是故障排除有很大影响，因此熟悉产品的基本原理能够缩短电气系统的调试时间，降低事故风险，提高故障排除的效率。

由于目前电气产品种类繁多，本章中介绍的仅为 PLC 在工业现场中常用的几种外围电气设备，当遇到新的设备产品时，需要通过说明书、参考文献或网络进行查询，尽可能了解其原理、特性以及适用范围等，掌握正确的使用、保养与维护方法，以确保设备正常运行，延长其使用寿命。

习　题

1. 简述断路器的原理与选型原则。

2. 试画出按键与开关的通断信号示意图。

3. 分别简述行程开关、接近开关与光电开关的原理与应用场合。

4. 详细说明继电器的原理与应用方法。

5. 分别简述电磁阀与气缸的原理。

6. 某减速电动机最高转速为 1500r/min，减速齿轮的减速比为 10∶1。现在用光电编码器输出脉冲，接收端设备可接收的最大脉冲数为 2000 个/s，试问可选的光电编码器精度最大为多少？

7. 某减速电动机最高转速为 1000r/min，减速齿轮的减速比为 5∶1，电动机带动直径为 20cm 的轮轴转动；同时轮轴连接精度为 1024 的光电编码器对轮轴进行检测，试计算光电编码器的每个脉冲代表轮轴外表面旋转的长度。

8. 采用热电偶进行测量，测温范围是 −100 ~ 1200℃，热电偶变送器对应的输出电压为 −10 ~ +10V，经 PLC 模块进行 A-D 转换后的数字量为 −32000 ~ 32000。当被测温度为 25℃时，变送器输出及对应的数字量为多少？如果 PLC 的数字量为 15000，表示被测温度为多少？

9. 试述变频器强弱电接线方式。

10. 试绘制 PC、PLC 与 TD400C 间的接线图。

第 2 章　电气电路基础设计入门

本章以前述的继电器、接近开关等电气设备为基础，介绍简单的电气电路设计方法。通过本章的学习，掌握基本的电气电路设计思想与方法，完成基本的设备选型，设计全手动电路与简单自动控制电路。

电气控制原理图是电气工程设计的通用语言。为便于阅读和分析电路，电路的设计应简明、清晰、易懂。绘制电气控制原理图应遵循以下原则：

1）国家标准局参照国际电工委员会（IEC）的制定标准，颁布了我国电气设备设计的国家标准，分别有 GB/T 4728—2008《电气简图用图形符号》和 GB/T 6988—2008《电气技术用文件的编制》，制图时应符合以上标准。

2）导线、信号连接线等应尽可能采用直线绘制，制图时应减少交叉与弯折。

3）电路或元器件应按输入功能、输出功能、电流流向或设备工作顺序进行布置，布局为从左到右或从上到下。

4）突出或区分电路及其功能，其电路或元器件可采用不同线型表示。

5）元器件与触点应表示为自然或非激励状态，即未受外力状态，例如继电器的触点应为线圈未通电时的状态，按键为未按下状态。

6）同一元器件或设备的不同部分，如接触器线圈、主触点与辅助触点，均应采用统一的文字符号表示。

7）如采用多个同一种类元器件，可在其文字标号后增加数字以示区别，如 KM1、KM2 或 SB1、SB2 等。

电气电路设计是自动化、机电一体化等本科专业人员所必须掌握的内容，通过应用各类电气设备，形成一个完整的电路系统，完成特定的控制功能。在设计中，在完成所要求功能的基础上，需要充分考虑完全性与可靠性，本节通过若干实例介绍简单电气电路的设计方法。

在本书中，所有电路的接线方式如无特殊说明，均如图 2-1 中所示。

图 2-1　本书中电气设计图接线连接说明

2.1　基本继电器逻辑电路设计

正确进行电路设计是电气工程师必备的技能，本节中将通过实例介绍电气电路的使用与设计方法。

2.1.1　继电器弱电控制强电功能

当采用继电器控制电流较大的大功率设备时，为保障安全不能将手动按键连接在主电路中，这时可使用弱电（24V 以下直流）控制继电器（或接触器），然后用其触点连接大功率设备。用弱电开关控制的接触器（或继电器）实现高电压设备的起动与停止，如图 2-2 所示。

在进行电气设计时，继电器/接触器线圈（控制端）一端必须直接连接电压的 0V，另一端除开关、按键以及（自身或其他）继电器/接触器的常开或常闭触点外一般不连接其他设备，而触点则无此限制。

利用继电器进行控制的特点是：控制端连接继电器/接触器的线圈，被控点连接继电器/接触器的触点。

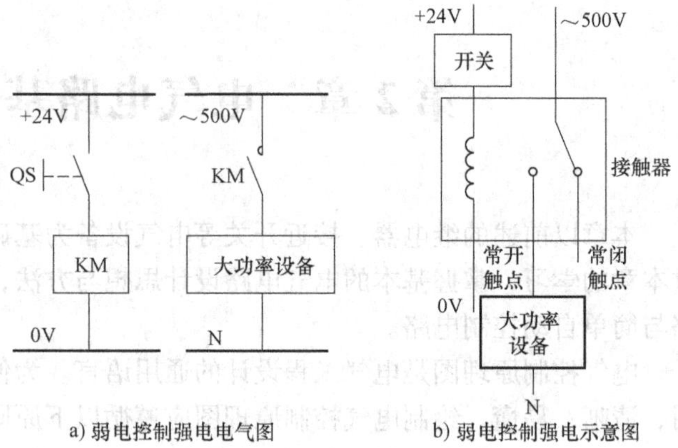

图 2-2　采用低电压元件控制大功率设备电气图与示意图

2.1.2　自锁功能

例 2-1　使用常开型按键设计一套供电电路，要求能够完成自锁功能。

自锁通常位于电源或起动电路中，用于在按下代表起动的按键后接通电路，并自动保持，此后电路运行状态不受起动按键的影响。该实例中假设电路供电电源为 220V 三相交流电中的任一相，电路设计如图 2-3 所示。

图 2-3b 为图 2-3a 简化后的实物等效图，当按键按下时，接触器控制端的线圈接通，使被控端开关切换至常开触点。此后，即使按键断开，电流仍然可以经接触器辅助常开触点端通过接触器线圈，使接触器线圈得电状态始终保持。接触器完成以上操作的时间通常在 8～80ms 之间。

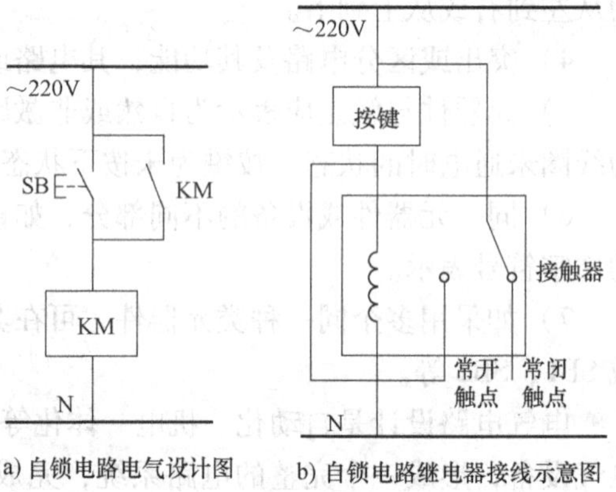

图 2-3　自锁电路电气设计图与继电器接线示意图

自锁功能的特点是：用于完成自锁功能的元器件常开触点与接触器常开触点并联后与接触器线圈串联。

2.1.3　自锁-解锁功能

例 2-2　例 2-1 中的电路在自锁后无法断开，要求增加一个按键，使其成为可解锁自锁电路。

图 2-3 中的电路在自锁后，除非供电端断开，否则电路始终保持接通，可在电路中增加一个常闭型按键使自锁解除，电气设计图如图 2-4 所示。

SB2 在正常情况下是常闭状态，SB1 按下后接触器控制端接通，使接触器辅助常开触点接通，电流通过 SB2 后使接触器保持在接通状态。需要断电时，按下 SB2 后，接触器控制端电路断开，触点开关回到常闭触点位置，电路解锁。

实际上，在例 2-3 中也可采用一个开关代替两个按键以及接触器完成电路接通与关断的功能。此处采用按键演示该实例的目的在于：一方面，在硬件连接中必须使用接触器辅助触点连接其他逻辑电气设备；另一方面体现二者之间的逻辑关系，便于与 PLC 程序的逻辑关系进行比较。

自锁-解锁功能的特点是：解锁元器件的常闭触点与继电器线圈串联。

思考题： 在例 2-1 中，如何采用按键实现对大功率设备的起停？

例 2-3　由电动机带动传送工件的过程中，按下按键时，电动机带动工件到达指定位置后自动停止，采用行程开关实现该功能。

由题目可知，按下按键后接触器自锁，起动电动机使工件移动，当到达指定位置时通过工件的碰撞接通行程开关，使自锁解除。该控制电路与图 2-4 基本相同，如图 2-5 所示。

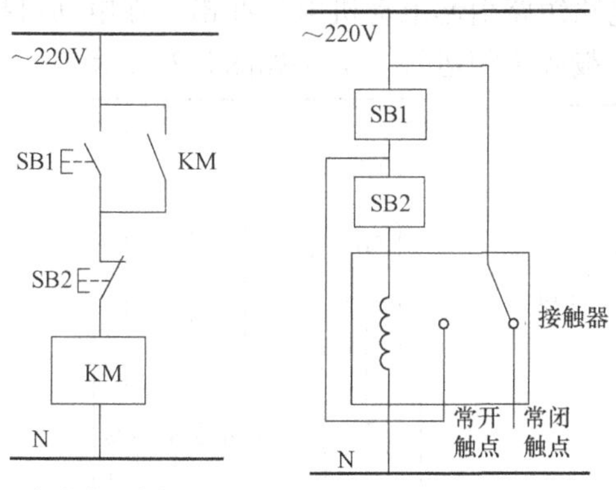

a) 解锁电路电气图　b) 解锁电路示意图

图 2-4　自锁、解锁电路电气图与示意图

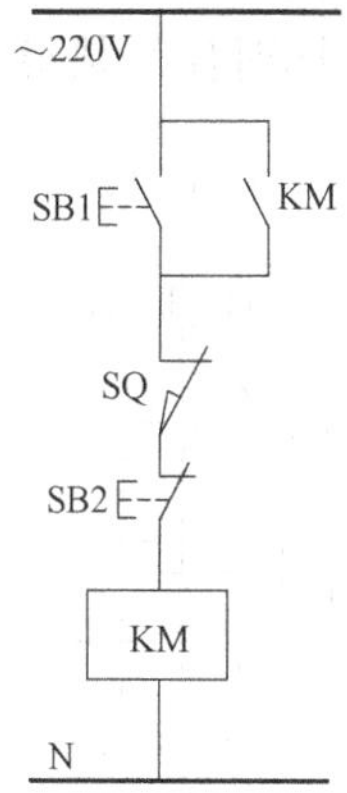

图 2-5　电动机定位控制电路图

2.1.4　互锁功能

例 2-4　设计互锁电路实现两接触器不能同时接通。

互锁常见于防止设备同时起动的保护电路，采用具有多组辅助触点的接触器。两组触点分别用于判断当前电路的通断状态，一组用于起动设备，另一组用于互锁，如图 2-6 所示。

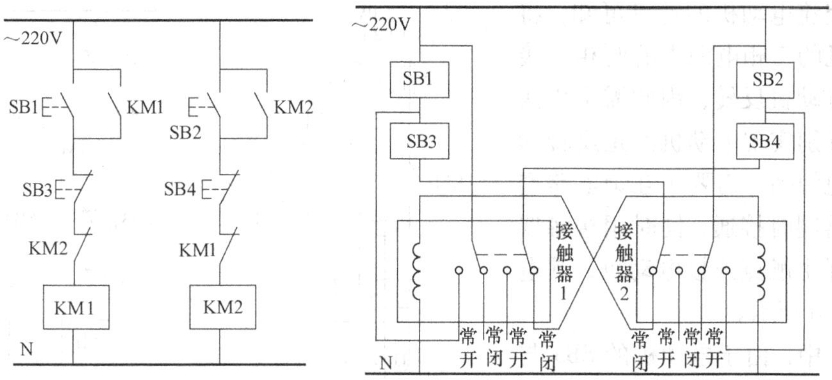

a) 互锁电气图　b) 互锁示意图

图 2-6　互锁电气图与示意图

互锁的特点是：将一个接触器的常闭触点与另一接触器的线圈串联。

思考题： 为什么必须采用两组触点？如需将接触器分别连接指示灯，应当如何实现？

2.2　电动机起停与保护电路

三相异步电动机是工业生产现场中使用最为广泛的驱动设备，为保障电动机的正常工作，减少故障与意外，电动机的使用与保护是非常重要的环节。本节将以接触器控制电动机电路实例为主，介绍电动机的起动、停止及过热过载保护等内容。

例 2-5　三相异步电动机起动与停止控制电路。

三相异步电动机采用三相电路，因此需使用接触器串接在三相主电路中，同时利用辅助触点实现电动机的自锁持续运行。为防止主电路短路引起电动机电流冲击，在电动机接线处连接熔断器；同时使用热继电器防止电动机过载或单相运行，电路如图 2-7 所示。

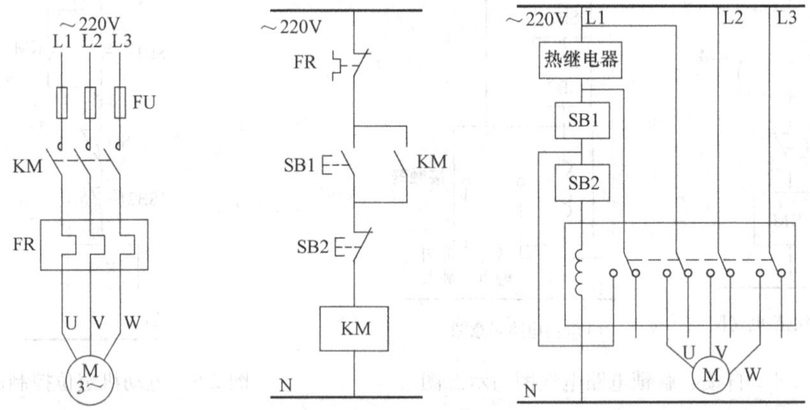

a) 三相电动机起保停主电路　b) 三相电动机起保停控制电路　c) 三相电动机起保停电路示意图

图 2-7　三相电动机起保停电路

思考题： 在例 2-7 中如将主触点的触点 1、2 或 3 用于接触器的自锁是否可以？如果不可以，可能会出现何种故障？

例 2-6　用互锁电路实现手动电动机正反转。

根据交流电动机的特点可知，将交流电动机的三相电源中的两相反接即可实现电动机反转，因此需采用两个接触器分别实现电动机的正反转功能。为避免短路，需要用互锁电路避免两接触器同时接通，同时用接触器的三个常开主触点连接电动机，其电气图如图 2-8 所示。

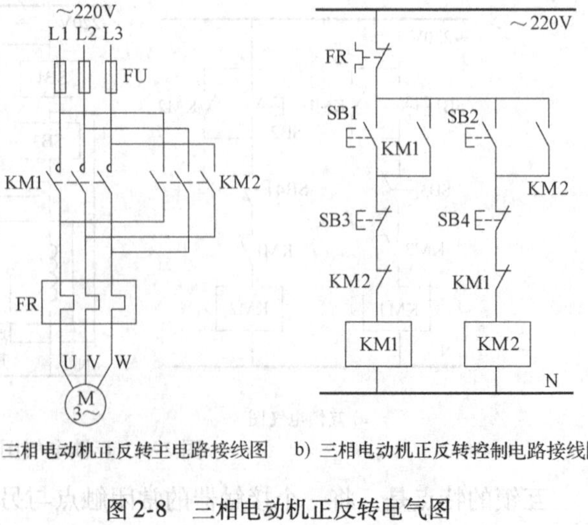

a) 三相电动机正反转主电路接线图　b) 三相电动机正反转控制电路接线图

图 2-8　三相电动机正反转电气图

例 2-6 中，由于电动机的 SB3 与 SB4 均代表使电动机停止，因此可采用一个按键（SB3）代替上述两个按键完成该功能以节省元器件，控制电路如图 2-9所示。

在上例中，需要按下 SB3 使电动机停止后才可以起动电动机反向转动。如果电动机本身的电流与负载较小，允许直接反向起动，可采用如图 2-10 所示的控制电路，用于实现断开电动机停转并直接起动反向转动。

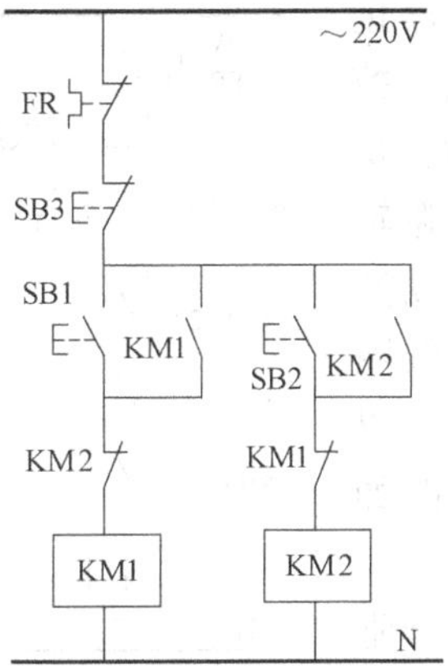

图 2-9　电动机正反转互锁优化电路

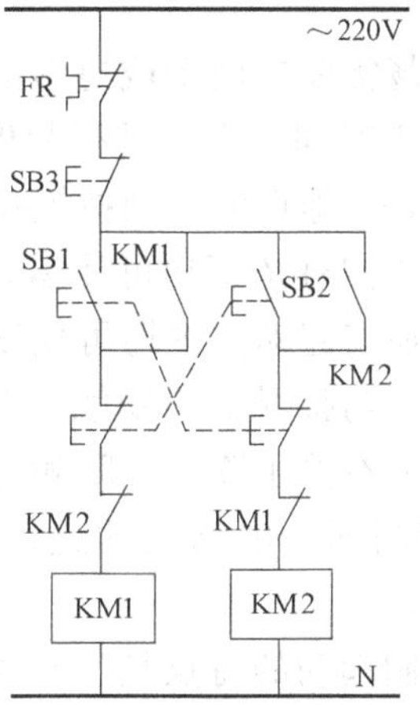

图 2-10　电动机正反转制动与切换电路

当 SB1 按下时，KM1 自锁使电动机正转；当 SB2 按下时，第一条支路 KM1 解锁使电动机主电路正转电路断开，第二条支路中 KM1 常闭触点由于 KM1 继电器失电而闭合，同时由于 SB2 为按下状态，KM2 自锁，主电路中反转支路接通。在上述过程中，电动机正转电路断开时，电动机由于惯性仍会保持正向转动，而同时接通电动机反转电路起到了制动的作用。电动机反转切换原理类似。需要注意的是，采用该方法时会使电动机中产生较大的制动电流，易于对电动机造成损伤；同时，电动机功率较大时，接触器的主触点脱扣可能出现拉弧现象，即已经分离的常开触点之间仍有电弧，而常闭触点已经连接，此时可能导致短路，因此前述电路仅适用于小功率电动机。

例 2-7　使用自锁-互锁电路实现对三角形联结笼型异步电动机的手动星形-三角形切换。

由于电动机直接采用工频电源起动会在电动机绕组上产生较大的起动电流（额定电流的 1.3 ~3 倍），为降低电动机的起动电流对绕组与电网造成的冲击，可对电动机采用星形转三角形的减压起动，即电动机起动时采用星形联结以降低起动电流，在一段时间后切换为三角形联结使其达到额定转速，该方法可以使绕组电流降低到直接起动的 1/3。

在三相电动机上共有 6 个引出端，分别代表定子绕组的两组接头。当电动机采用星形联结时，需要将其中一组接头短接；当电动机采用三角形联结时，则需将各绕组串接。为实现二者之间的切换，可用两个接触器实现线路的转接，同时为防止短路需对两接触器进行互锁，其控制电路图与图 2-8b 相同，电动机接线如图 2-11所示。

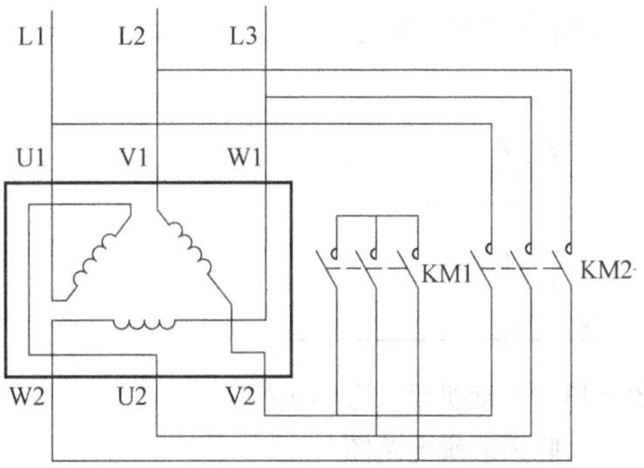

图 2-11　电动机星形-三角形转换电路图

2.3 典型控制电路

2.3.1 多地控制

生产现场需要在两个或更多的地点同时安装起动与停止按键，以便于对同一设备进行起停控制，称为多地控制。控制逻辑是：每一地点的起动按键按下均可以使设备起动，每一地点的停止按键按下均可使运行中的设备停止。经过逻辑分析可知，所有起动按键均可使线圈自锁，因此所有起动按键常开触点需与接触器辅助触点并联；停止按键均可使线圈解锁，因此所有停止按键常闭触点需与接触器线圈串联。以三地同时控制同一电动机的起停为例，多地控制电路图如图2-12所示。

多地控制起动的特点是：起动按键常开触点与接触器常开辅助触点并联，停止按键常闭触点与接触器线圈串联。

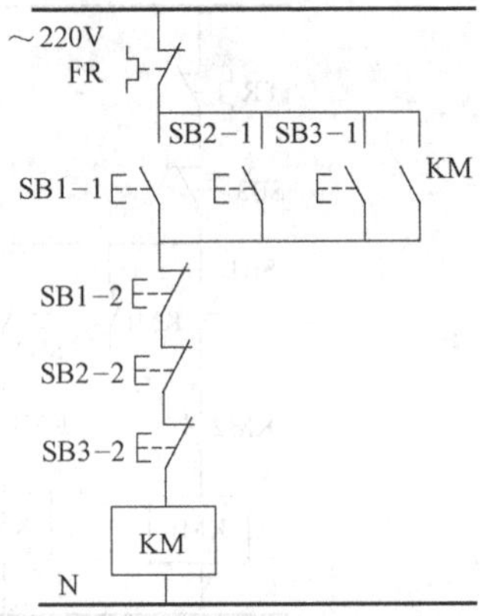

图2-12　多地控制电路图

2.3.2 电动机手、自动运行联锁

在对电动机进行控制时，有时需要实现既能长时间连续自动运行，又需要能够实现手动调整的点动控制（即按下按键电动机转动，松开时立即停止）。类似于多地控制电路，首先可设计出如图2-13所示的控制电路。

图2-13所示的电路是一个瑕疵电路，由于SB3按下的时候KM接触器得电，KM常开触点闭合，使KM完成了自锁，此后SB3断开也不能使KM断开，因此不能实现点动功能。为防止出现以上情况，可将SB3的常闭触点与SB2或KM串联，如图2-14所示。

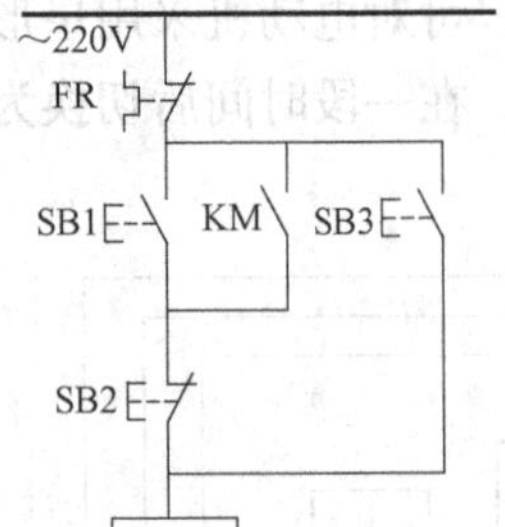

图2-13　电动机手、自动运行联锁瑕疵电路图

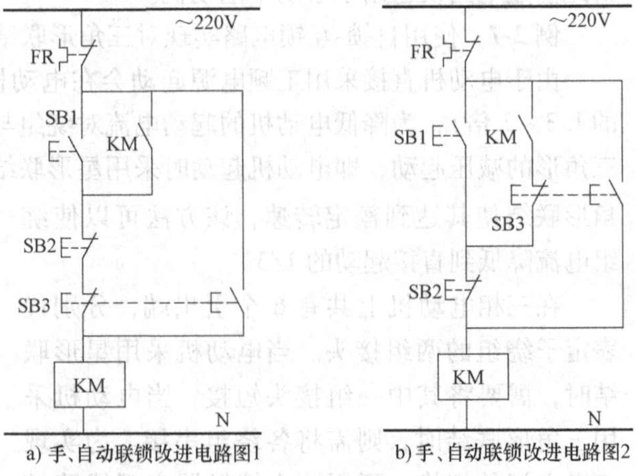

图2-14　手、自动联锁改进电路图

当SB3按下时，KM得电使电动机转动，同时由于SB3常闭触点断开，确保KM无法自

锁，从而防止接触器自锁。通常情况下，解锁或隔离功能触点应串联在主电路中以增加可靠性，因此建议使用图 2-14a 中的电路。

需要注意的是，上述电路仍存在一定的隐患。因为如 SB3 两次断开的时间间隔短于接触器的释放时间（即接触器线圈在失电后消磁与触点动作时间之和）或接触器功率较大导致出现拉弧现象，则有可能出现 SB3 常闭触点已重新闭合但 KM 触点尚未断开的情况，此时接触器将会重新自锁。类似现象被称为电路触点的“时序竞争”或“逻辑冒险”。具有竞争-冒险的电路是不可靠的，因此在电路设计时应尽量避免出现此类问题。因此需将上述电路进一步改造，使用切换开关实现手、自动选择与转换，或引入中间继电器代替 KM 接触器完成自动运行的自锁与解锁功能，从而避免上述问题，对应的电路如图 2-15 所示。

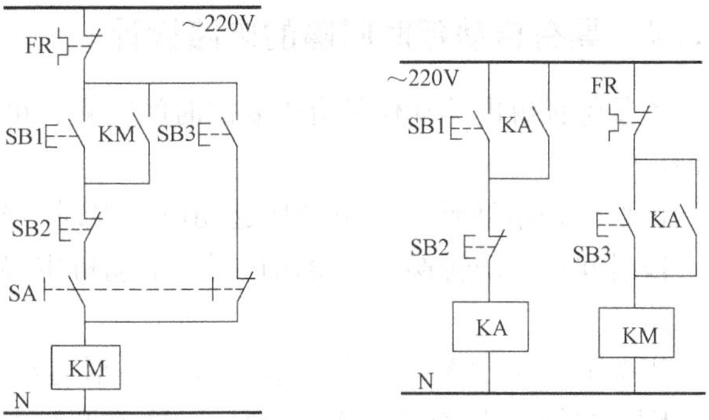

a) 手、自动联锁选择电路图　　b) 切换开关手、自动联锁电路图

图 2-15　手、自动联锁电路图

2.3.3　顺序联锁起停电路

在工业现场中，有时需要实现设备顺序起停的操作，例如在造纸工业的流浆箱需要先起动气泵电动机，后起动浆泵电动机。假设两个电动机均为手动起动，接触器 KM1 控制气泵电动机，KM2 控制浆泵电动机。为保证气泵电动机起动后浆泵电动机才能起动，设计电路如图 2-16 所示。

当 SB1 按下时，KM1 自锁使气泵电动机 M1 起动；当 KM1 触点闭合后，SB2 按下才能使浆泵电动机起动；当 SB3 按下时两电动机同时停止。

起动联锁的特点是：已接通的接触器触点（如本例中的 KM1）与其起动按键并联后，再与时序延后的接触器触点（如本例中的 KM2）串联。

在流浆箱生产停止时，需要先停止浆泵电动机，再停止气泵电动机。假设两电动机均手动顺序起动与停止，电路图如图 2-17 所示。

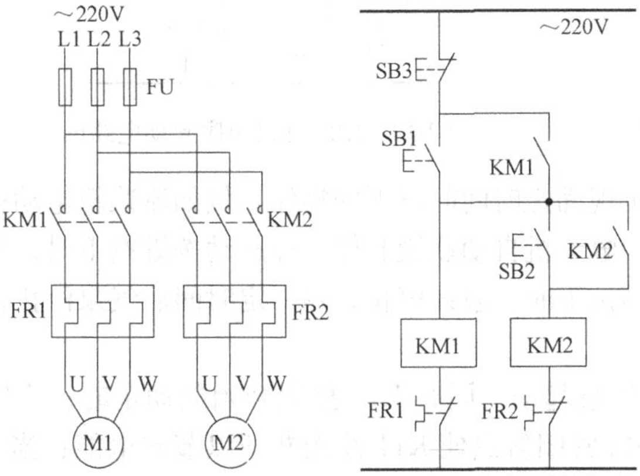

a) 电动机起动联锁主电路图　　b) 电动机起动联锁控制电路图

图 2-16　电动机起动联锁电路图

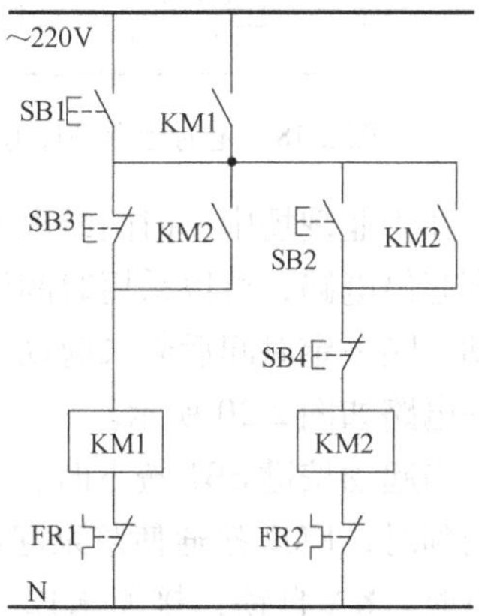

图 2-17　电动机起停联锁电路图

该电路中，电动机起动逻辑与上例相同。电动机停止时，按下 SB4 使 KM2 解锁；SB3 按下时，KM1 解锁；如果在 KM2 未解锁的条件下按下 SB3，由于 KM2 常开触点仍然接通，KM1 线圈始终得电，不能解锁，从而实现了 KM2 未断开时 KM1 无法断开的功能。

停止联锁的特点是：先断开接触器常开触点与后断开接触器的操作按键常闭触点并联。

2.3.4 具有自动延时间隔的电路设计

为了保证继电器动作具有需要的时间间隔，可以使用时间继电器完成延时后自动起停等功能。

例如当采用星形-三角形减压起动电动机时，当按下按键时电动机先采用星形起动，经过一段时间后自动转换为三角形运行。电动机主接线图如图 2-11 所示，设计如图 2-18 所示的电路。

当按下 SB1 时 KM1 自锁，使电动机星形起动，同时起动 KT 开始定时；当定时时间到时，KT 常开触点闭合使 KM2 自锁，KM2 常开触点接通后使 KM1 解锁断开；由于 KM2 接通后 KT 无需再接通，可将其线圈断开以节省电能，因此当 KM2 接通后也可以使 KT 线圈断开；当按下 SB3 时，所有的接触器解锁。该电路也可用于正反转延时或类似控制功能的现场。

上述电路存在瑕疵，由于 KM2 接通后才使 KM1 解锁，如果电动机功率较大，由于拉弧可能导致两接触器同时接通，从而导致电路短路，因此需将解锁的 KM2 常闭触点换为 KT 的常闭触点，如图 2-19 所示。

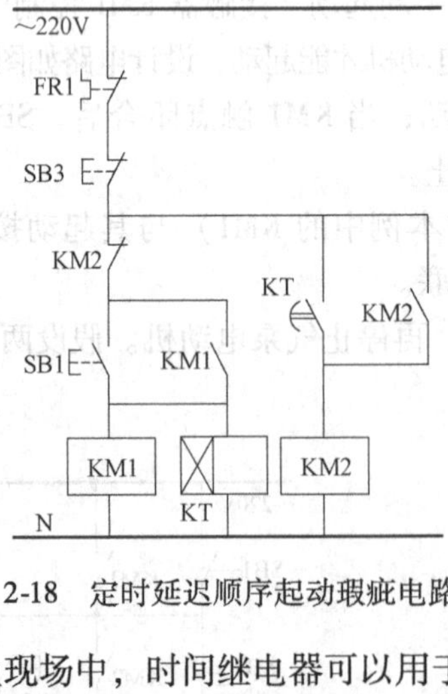

图 2-18 定时延迟顺序起动瑕疵电路图

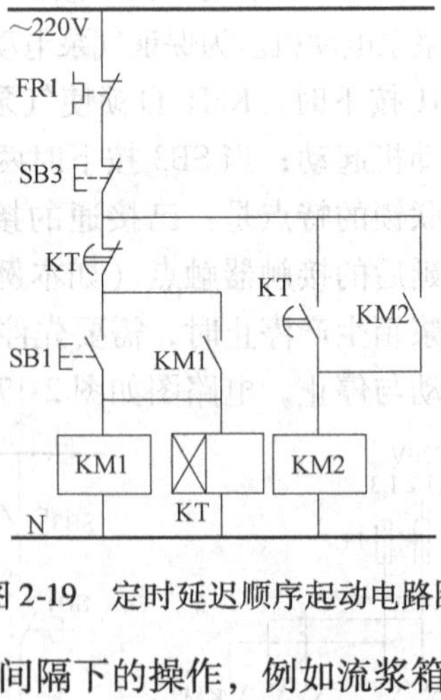

图 2-19 定时延迟顺序起动电路图

在工业现场中，时间继电器可以用于实现固定时间间隔下的操作，例如流浆箱电动机的顺序起停电路，可以采用时间继电器实现两电动机自动联锁起停，即起动按键按下时，气泵起动，隔一定时间后浆泵起动；当停止按键按下时，浆泵停止，隔一定时间后气泵停止，对应的电路如图 2-20 所示。

当起动按键 SB1 按下时，KM1 自锁使气泵起动，同时 KT1 接通开始起动定时；当定时时间到时，KM2 接通使浆泵起动，同时 KM2 常闭触点使 KT1 线圈断开以节省电能；当 SB2 按下时，KA 自锁，接通 KT2 开始定时并使 KM2 解锁浆泵停止；当 KT2 定时时间到时，KM1 解锁使气泵停止。KT1 线圈前同时串联 KA 的常闭触点用于防止在停机过程中使 KT1

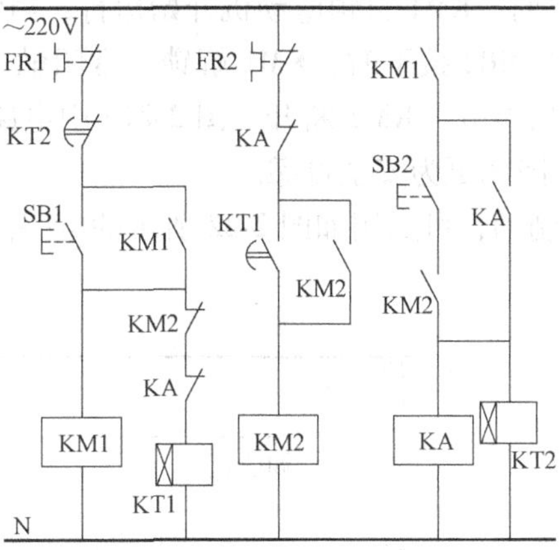

图 2-20　定时联锁起停电路

意外接通；SB2 与 KM2 的常开触点串联用于防止系统在起动过程中意外按下 SB2 导致 KA 与 KT2 起动。

2.3.5　电动机制动

电动机在转动过程中，可直接切断电动机供电电源，使其在负载作用下停止运行，但如果希望电动机能在短时间内尽快停止，则需对电动机进行制动。电动机制动的方法很多，例如可对电动机采用如图 2-9 所示的反接制动的方式；但为了防止电动机停止后反转，最好使用速度继电器实现电动机制动，同时在反接制动电路中串接电阻以降低反接制动时的电流。实现电动机单向运行制动电路如图 2-21 所示。

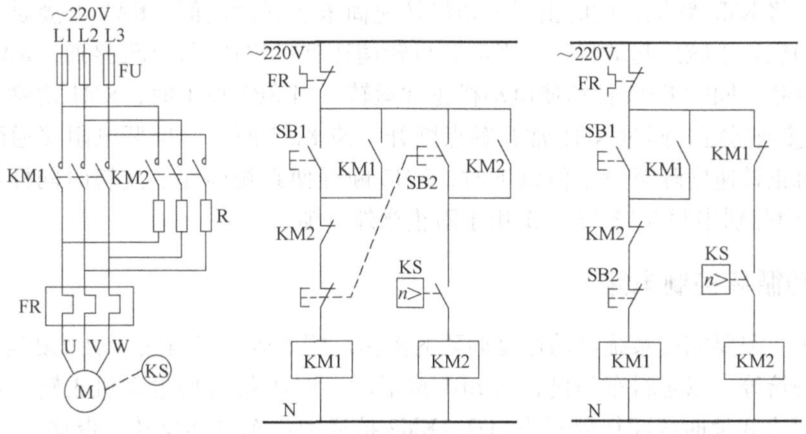

a) 单向运行反接制动主电路图　b) 单向运行反接制动控制电路图1　c) 单向运行反接制动控制电路图2

图 2-21　单向运行反接制动电路图

图 2-21b 中，当 SB1 按下时，KM1 自锁，电动机开始运行；当转速超过一定值(100r/min)时，速度继电器触点接通；当 SB2 按下时，KM1 解锁，同时使 KM2 自锁开始制动；当电动机的速度低于一定值时，速度继电器断开使 KM2 解锁，电动机在负载作用下减速停止。

图 2-21c 中，当 SB1 按下时，KM1 自锁电动机开始运行；当转速超过一定值（100r/min）时，速度继电器触点接通；当 SB2 按下时，KM1 解锁，常闭触点闭合后使 KM2 接通；当速度低于一定值时，速度继电器断开，KM2 断开。图 2-21c 中电路简单，且避免了 KM1 功率过大导致的竞争-冒险问题，因此更为安全可靠。

若电动机需要实现双向制动，可采用如图 2-22 所示的电路。

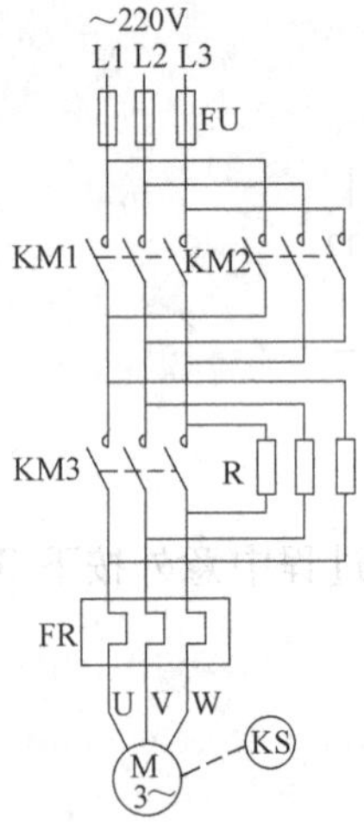

a) 电动机双向减压制动主电路图

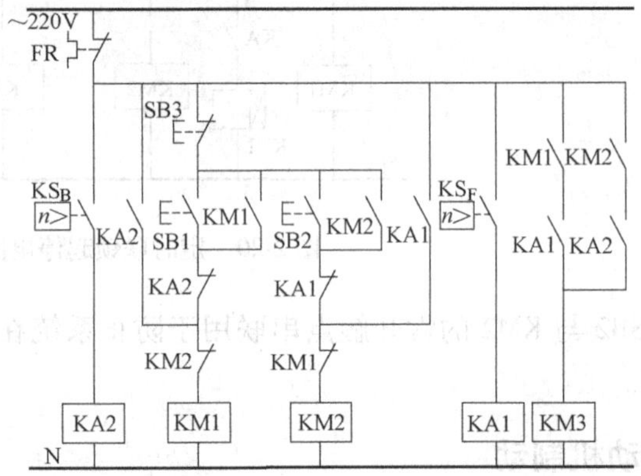

b) 电动机双向减压制动控制电路图

图 2-22　电动机双向减压制动控制电路图

主电路中 KM3 接通可使电阻短接，KM3 断开时可使电阻接通降低电路制动电流。控制电路中，电动机正转时速度继电器 KS_F 接通，反转时 KS_B 接通。当 SB1 按下时，使 KM1 自锁接通正转，将 KM2 解锁；此时由于电动机转速尚未达到设定值，KA1 未接通，因此 KM3 未接通，电动机处于减压起动状态；当电动机转速达到设定值时，KS_F 接通，KA1 接通，为反接制动做准备，同时 KM3 接通使电动机正常运转。当 SB3 按下时，KM1 解锁常闭触点闭合，使 KM2 接通运行，同时 KM1 常开触点断开，使 KM3 断开，串联电阻接通降低制动电流。当电动机正转速度降至设定值以下时，KM2 断开使系统停止。反转时同样如此。其中 KM1 与 KM2 中分别串联 KA2 与 KA1 用于防止意外自锁。

2.3.6　自动循环控制电路

在现场中，需要完成系统自动往复循环的操作。例如运料车两地自动反复运动，切削机床自动前后进给等。以运料车为例，当 SB1 按下时，KM1 接通使电动机正转，带动小车向右运动；当到达 B 地时接通行程开关 SQ2，KM2 接通使小车自动反转，带动小车向左运动；当到达 A 地时，接通行程开关 SQ1 使小车重新向右，如图 2-23a 所示。主电路图如图 2-8a 所示，假设电动机功率较小，无需反接制动，控制电路如图 2-23b 所示。

在上例中，当 SB1 按下时，KM1 自锁使电动机正转，小车向右运动；当到达 B 地时，SQ2 接通使 KM1 解锁，同时使 KM2 自锁，电动机反转，使小车向左运动；当小车回到 A 地时，SQ1 接通使 KM2 解锁，同时使 KM1 重新自锁，实现了小车的自动往返。当按下 SB2 时，电路断开，小车停止。

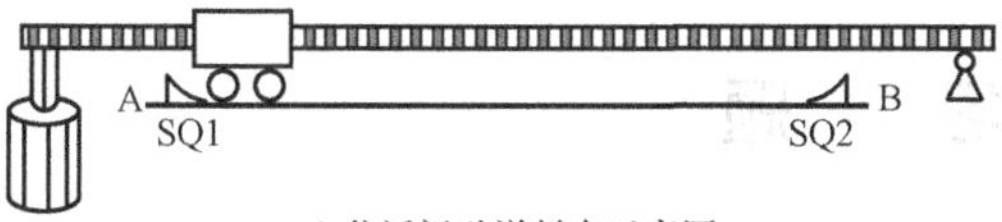

a) 往返运动送料车示意图

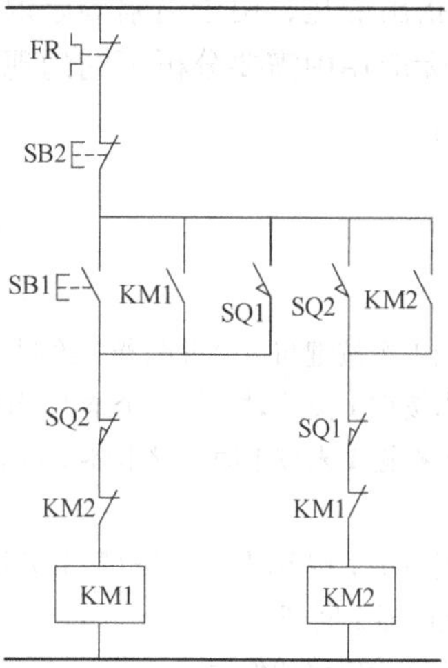

b) 往返运动控制电路图

图 2-23 往返运动送料车示意图与控制电路图

思考题 1：在上例中，如果小车到达 B 地后需停止 2s 后再向左运动，电路应当如何设计？如自动返回 A 地后也需停止 3s 后再向右运动，电路应当如何设计？

思考题 2：为保证在按下 SB2 后使小车可以自动回到 A 地，电路应当如何设计？

2.3.7 电路参数计算

在一个完整功能的电路中，所有元器件的规格与选型均会对电路的整体功率产生影响，因此在设计电路时，需要事先了解整个电路中运行设备的个数、功率，计算出整个电路的最大额定电流，并在留出 10% ~20% 裕量的前提下选取对应的电气元器件。这里假设电路中仅有一台交流电动机，额定电流为 4A，控制电路总电流小于 2A。电路图如图 2-24 所示。

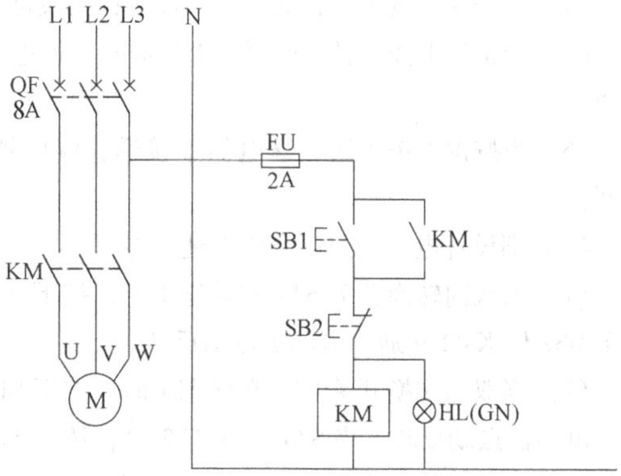

图 2-24 电路参数计算图

在图 2-24 所示的电路中，由于电动机额定电流为 4A，控制电路电流为 2A，因此总电路电流为 6A，附加预留 20% 的裕量后可知为 7.2A，这里选择最接近该值的额定电流 8A 为断路器的选型电流。

本章小结

本章介绍了简单的电工电路设计方法，以继电器、接触器的用法介绍为主。在学习了本章后，学习者应当掌握基本电气设备的使用方法，能够根据实际系统的需要完成常用电路的基本设计。

需要指出的是，由于篇幅等原因，本章中仅就常用的电气元器件及其电路设计进行了介绍，在实际应用中需要分析不同的现场情况（如工艺、控制要求等），设计出具有针对性的设计电路。

习　题

1. 试用 1 个按键与 2 个继电器，绘制电路图分别完成如下功能：

（1）当按键 1 按下时，使两个继电器同时接通；按键 1 松开时，两个继电器同时断开。

（2）当按键 1 未按下时，继电器 1 接通，继电器 2 断开；当按键 1 按下时，继电器 1 断开，继电器 2 接通。

（3）当按键 1 按下时，使继电器 1 接通，继电器 1 接通后使继电器 2 接通；当按键 1 松开时，继电器 1 断开，使继电器 2 断开。

2. 分析下面电路的作用。

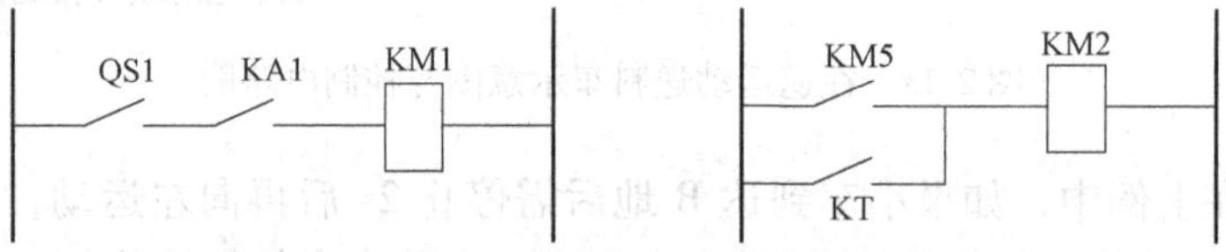

3. 试用 2 个按键与 2 个继电器，绘制电路图分别完成如下功能：

（1）当按键 1 按下时，继电器 1 接通；当按键 2 按下时，继电器 2 接通。

（2）当按键 1 按下且按键 2 也按下时，继电器 1 接通；当按键 1 按下或按键 2 按下时，继电器 2 接通。

（3）当按键 1 按下时，继电器 1 接通；当按键 2 按下且继电器 1 接通时，继电器 2 接通。

（4）当按键 1 按下时，继电器 1 接通；当按键 2 按下且继电器 1 未接通时，继电器 2 接通。

（5）当按键 1 按下且继电器 2 未接通时，继电器 1 接通；当按键 2 按下且继电器 1 未接通时，继电器 2 接通。

（6）当按键 1 按下时，继电器 1 接通，继电器 2 断开；当按键 2 按下时，继电器 2 接通，继电器 1 断开。

4. 分别设计电气电路以完成下述功能：

（1）当双向转换开关 SA1 在状态 1 时，按下 SB1 使 KM1 接通，电动机点动正转；当 SA1 在状态 2 时，按下 SB2 使 KM2 接通，电动机点动反转。

（2）当双向转换开关 SA1 在状态 1 时，按下 SB1 使 KM1 接通，电动机点动正转；按下 SB2 时 KM2 接通，电动机点动反转。当 SA1 在状态 2 时，按下 SB1 使 KM1 接通且自锁，电动机持续正转；按下 SB2 使 KM1 解锁，电动机停止。

（3）当双向转换开关 SA1 在状态 1 时，按下 SB1 使 KM1 接通，电动机点动正转；按下 SB2 时 KM2 接通，电动机点动反转。当 SA1 在状态 2 时，按下 SB1 使 KM1 接通且自锁，电动机持续正转，按下 SB3 使 KM1 解锁；按下 SB2 使 KM2 接通且自锁，电动机反转；按下 SB3 使 KM2 解锁。

（4）在上题中增加互锁以避免逻辑冲突。

以下题目需自选元器件完成主电路与控制电路的设计。

5. 为实现电动机的减压起动，可将电动机定子绕组串联电阻起动，运行一段时间后自动切换为无电阻电路，试设计电路完成该功能。

6. 设计自动循环控制电路，使工作台在位置 1 人工起动，运行至位置 2 后立即返回，循环往复，直至按下手动停止按键。

7. 试设计两台电动机 M1、M2 的电路，要求能同时实现如下功能：

（1）M1、M2 能顺序起动（即 M1 起动 5s 后自动起动 M2）。

（2）M1 点动，M2 可单独停止。

（3）M1 与 M2 可同时停止。

8. 有三台电动机 M1、M2 与 M3，控制要求如下：

（1）M1 在按下按键后起动，5s 后 M2 自动起动。

（2）M2 起动 10s 后 M1 停止，同时 M3 自动起动。

（3）M3 在按下按键后停止，5s 后 M2 自动停止。

9. 要求对一小型行车设计其主电路与控制电路。小型行车的动作过程为：小型行车有 3 台电动机，横梁电动机 M1 带动横梁在车间前后移动，小车电动机 M2 带动提升机构在横梁上左右移动，提升电动机 M3 升降重物。3 台电动机都采用直接起动，自由停车。要求：

（1）3 台电动机都能正常起停。

（2）在升降过程中，横梁与小车不能移动。

（3）横梁具有前后极限保护，提升有上下极限保护。

10. 试设计一个工作台前进-退回控制电路：工作台由电动机带动：

（1）工作台在手动起动后前进至终点，停止 1s 后自动退回原位。

（2）工作台在前进中可人工取消，电动机能立即后退至原位。

（3）工作台在前进与后退时有终端保护。

第3章　PLC与西门子S7系列产品简介

可编程序逻辑控制器（Programmable Logic Controller，PLC）是基于工业现场继电器控制与计算机控制技术发展起来的一种工业自动控制设备，该类设备以微处理器为核心，可以实现工业现场开关量、模拟量数据的收集与控制，同时集通信、检测等功能于一体。由于具有硬件连接方便、软件简单易学以及便于维护等特点，被广泛应用于设备的自动化改造和性能提升等场合，因此是自动化专业系统集成领域必须熟练掌握的电气控制设备。

3.1　PLC的产生及其特点

在20世纪50年代以前，工业现场广泛采用继电器与接触器配合手工操作完成对生产设备的控制。由于当时的电子技术并不发达，设备运行主要以机械动作为主，因此存在反应速度较慢、控制精度低等现象；而且在动作频繁的场合还可能因机械碰撞频繁，系统硬件易于损坏；当系统中包含大量的继电器时，故障定位与维护变得更加困难，进而影响生产效率，维护时间与费用较高。

20世纪60年代，计算机技术的快速发展为工业自动化提供了实现的前提条件。但是由于当时计算机的集成度低、价格昂贵以及环境耐受力差等原因，无法在工业现场中广泛应用。1968年，美国的通用汽车制造公司为解决由于汽车型号频繁变化导致的系统设计与硬件更换问题，提出设计一类适用于工业环境的通用控制设备的设想，该类设备不仅需要具有硬件接线简单方便、可靠性高、维护方便等特点，而且可以采用计算机中的存储单元（软元件）模拟现场的实际元件，从而确保减少中间继电器的数量，还需要具有计算机程序设计的针对性强、易于掌握等特点。

1969年，美国数字设备公司（GEC）研制成功第一台可编程序逻辑控制器，并在通用公司的汽车装配线上投用，随后日本、欧洲与我国也相继开始了可编程序逻辑控制器的研制与应用。随着微电子技术的飞速发展，可编程序逻辑控制器开始采用通用微处理器，其中以美国Intel公司生产的MCS51系列单片机为代表。由于微处理器强大的数字计算功能，使PLC不再局限于进行逻辑运算以及简单的存储，还具备了数据运算、定时、计数等功能，因此被称为可编程序控制器（Programmable Controller，PC），但为了与个人计算机（Personal Computer）相区别，仍沿用仅可用于逻辑运算时的名称，即PLC。

1987年，国际电工协会（IEC）对可编程序控制器的定义为："可编程序控制器是一种集数字运算与控制操作于一体的电子控制系统，为工业环境下应用而设计，采用PLC存储器用于完成程序存储，执行逻辑控制、顺序控制、定时、计数和算术运算等操作指令，并通过数字式输入输出控制各种类型的机械或生产过程。可编程序逻辑控制器及其有关的外部设备，都按易于与工业控制系统连成一个整体，并易于扩充功能的原则设计。"

PLC经过多年的发展，已经在各方面得到了广泛的突破，成为面向过程系统的主要设备，在工业自动化三大支柱（PLC、计算机辅助设计CAD与计算机辅助制造CAM、机器人）

中居于首位，其自身规模不断扩展，产品也日趋多样化。从规模与结构上，系统输入/输出（I/O）点数在64以下的微型PLC或256以下的小型PLC通常采用整体式结构，即电源、CPU与I/O部件均集成于一个机体，适用于分散控制的小型设备；点数在256~2048的中型PLC与点数在2048以上的大型PLC则采用模块式结构，即厂家将PLC电源、CPU、I/O部件、通信部件等分别设计为独立的模块，客户可以分别通过在同一类产品中选取所需型号的模块，并将其安装在机架或导轨上进行使用，具有配置灵活、便于扩展的特点。

PLC的主要特点有：

（1）抗干扰能力强，可靠性高　工业现场的环境非常复杂，除电磁干扰、电压波动大等常见问题外，还可能有高粉尘、温度高或温差大、湿度过大或过小等现象。为适应大部分恶劣的工业环境，PLC在设计时采用了信号隔离与电磁屏蔽、选取高性能元器件等多种抗干扰措施；此外，集成电路的设计使设备具备了工作寿命长、平均无故障时间长等特点。目前PLC硬件的理论寿命在10年以上，实际使用寿命最少可达到5年。

（2）通用性强，可适应大部分工业设计　PLC的集成化设计使用户只需在考虑PLC输入/输出信号的基础上，增加少量继电器、接触器等外部元器件完成控制系统的硬件连接，再编制相应程序即可实现控制。PLC中包含与大多数外部电气设备的接口，因此连接非常方便。当设备硬件连接不变而功能发生改变时，仅需修改程序即可完成功能修改，使用非常方便。由于软、硬件设计相对独立，因此简单易行，设计周期也大大缩短。

（3）运行与维护简便　由于PLC的硬件故障率极低且具有自诊断能力，因此当设备发生故障时，可优先检查外部电路的问题，从而使故障检测效率得到了提高。即使当PLC设备发生故障时，仅需更换相应的整体式设备或模块，故障恢复时间短。

（4）编程简单易学　PLC的编程以梯形图为主，由于该语言基于继电器控制电路为模型进行设计，具有直观、易学等特点，即使初学者没有其他编程语言的基础，只要具备基本的电气常识，了解PLC的工作原理，也可在短时间内熟练掌握。

正是由于PLC具有以上特点，使其在工业领域具有其他类型微处理器产品无法比拟的优势，从而在各类工业领域得到了广泛的应用。目前生产制造PLC的厂家很多，比较知名的有德国西门子公司的S7系列、日本三菱公司的F和FX系列、欧姆龙公司的CX系列等，不同厂家生产的PLC在硬件性能与软件功能上基本相同，仅在产品应用与编程环境等方面略有差别。

3.2 西门子S7系列产品简介

德国西门子公司是欧洲最早研发PLC设备的公司之一，由于产品的开放性与通用性，使其在中国的PLC市场中占有较高的销售份额。西门子S7系列主要包含LOGO!、200、300、400、1200以及1500等多个种类PLC，每个种类均包含若干型号产品。其中S7-200属于小型整体式的一体机，本土生产的S7-200CN系列小型化PLC更是广泛应用于国内电力、冶金、汽车等行业，与之比较还有更加小型化的LOGO！系列一体机和大型的300、400系列模块式PLC。2009年6月，西门子公司又推出了S7-1200系列的PLC，其规模与定位主要介于200与300之间。2013年3月推出了S7-1500系列PLC，为S7-300、400的升级类产品。

S7系列PLC均采用Step7编程软件，但针对不同种类PLC具体使用软件有一定的区别，该软件具有极高的可靠性、丰富的指令集、实时特性好、通信能力强、扩展模块丰富、易于掌握与使用便捷等主要特点。本书将以西门子公司 S7-200 系列 PLC 为例，在后续章节中介绍该系列 PLC 的特点及使用方法。

3.2.1　LOGO!

LOGO! 于 1996 年开发生产，是一类小型通用逻辑控制模块，它将 I/O 点、控制器、操作面板以及带背光的显示器以及电源集成为一体，同时支持对应的扩展模块。图 3-1 是 LOGO! 及其扩展模块实物图。

与 S7-200 系列 PLC 相比，LOGO! 的最大优势在于占据空间更小，同时支持在面板与计算机上软件编程，而且带有简单的模拟量输入/输出功能。该设备中内置了 8 个基本功能、26 个特殊功能、常量和连接器以及由线路组态并可再使用的功能块，还可通过通信端口连接专用的 LOGO! TD 文本屏实现人机交互，图 3-2 是 LOGO! 与 LOGO! TD 文本屏连接后的实物图。

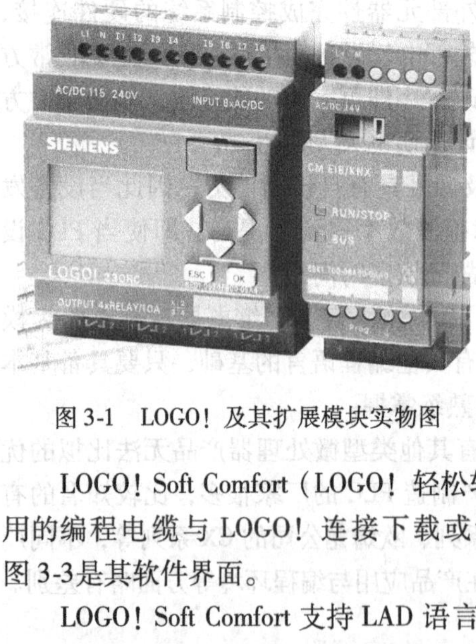

图 3-1　LOGO! 及其扩展模块实物图

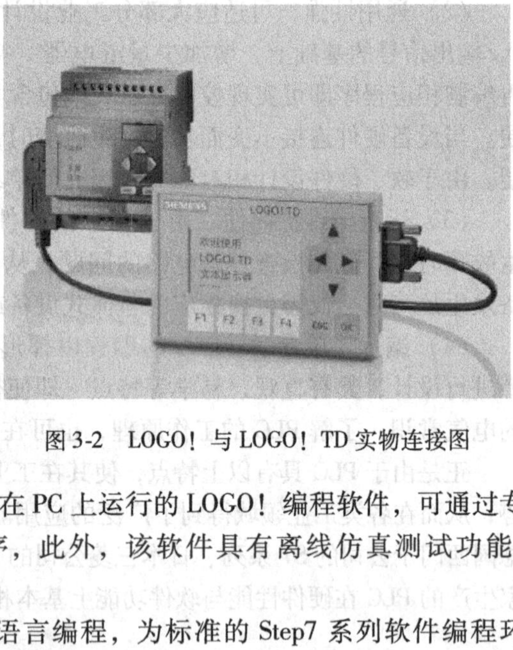

图 3-2　LOGO! 与 LOGO! TD 实物连接图

LOGO! Soft Comfort（LOGO! 轻松软件）是在 PC 上运行的 LOGO! 编程软件，可通过专用的编程电缆与 LOGO! 连接下载或调试程序，此外，该软件具有离线仿真测试功能。图 3-3是其软件界面。

LOGO! Soft Comfort 支持 LAD 语言与 FBD 语言编程，为标准的 Step7 系列软件编程环境，利用编程电缆将程序下载至设备。同时用户还可通过操作面板在 LOGO! 上进行编程，但仅可使用 FBD 语言，如果用户没有编程电缆，可在 PC 上运行软件，编制 FBD 程序块并仿真调试无误后通过操作面板对设备进行编程操作。

目前 LOGO! 已经广泛应用于住宅与商业建筑的灯光照明和加热/防尘/通风设备的控制、百叶窗等民用以及门控、装瓶、污水处理等各种工业场合。

3.2.2　S7-300/400 系列 PLC

S7-300/400 系列 PLC 是面向中高端工厂自动化系统解决方案的通用控制器。300 系列 PLC 主要面向中小型工业现场，400 系列 PLC 则主要在中高端自动化系统，但从系统结构、选型及其软件的使用方法上没有本质的区别。

与 S7-200 系列 PLC 不同，S7-300/400 硬件采用了模块式结构，厂家提供了大量丰富的

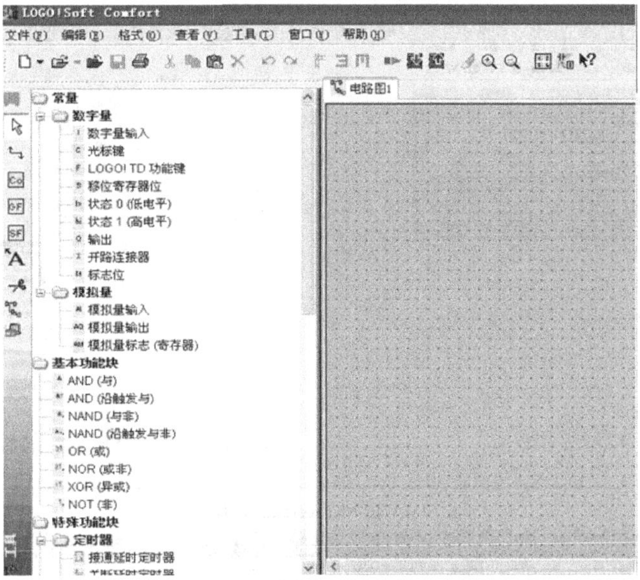

图 3-3　LOGO! Soft Comfort 软件界面

图 3-4　S7-300 实物图

功能及模块，用户可以根据需要选取适合的中央处理器（CPU）、电源单元（PS）、信号模块（SM）、接口模块（IM）、功能模块（FM）、通信模块（CP）、专用模块（仿真模块 SM374，占位模块 DM370）等，从而使设备配置更加灵活。图 3-4 是 CPU 模块、电源模块与 I/O 模块等的组装图。

在安装时，所有的模块均安装在柜体中，柜体中可安装多层机架，模块可通过导轨安装在机架上，结构紧凑。每个机架上最多可以插入 8 个模块（SM、CP、FM），每个柜体必备一个主控机架，当模块较多时可以选用扩展机架。

同时，用户还可以使用专用的网络模块，根据自动化层级的不同需求（工厂控制、工段、现场以及执行器/传感器级），SIMATIC 提供多点接口（MPI、PROFIBUS、工业以太网、PROFINET）、端到端连接（PtP）等子网络。

S7-300/400 使用功能强大的 Step7 软件，软件中自带大量功能已定义的 OB（组织块）、FB（带背景数据的功能块）、FC（功能块）与数据块（DB）等，可以帮助用户完成常用功能。用户还可自行定义以上块，完成特定的数据与功能处理。用户可以在 SIMATIC Manager 中对机架分别进行组态，并在不同的设备中分别编制功能，从而实现了软件功能的集成。图 3-5是 Step7 组态与编程的界面。

Step7 软件要求必须在进行设备组态后方可进入相关设备进行编程，这样可以确保将所有配置与程序作为一个完整的工程进行下载、调试与编译。Step7 支持 LAD、STL 与 FBD 语言，与 S7-200 的软件 Step7 Micro/Win 相比，Step7 中模块更加丰富，数据处理位数增加，编程更加灵活，尤其在通信等扩展功能上更加强大。

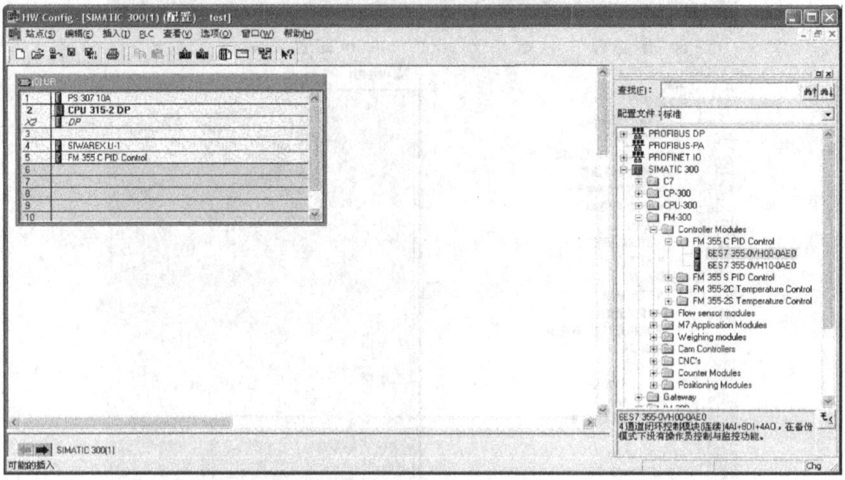

a) SIMATIC Manager组态界面

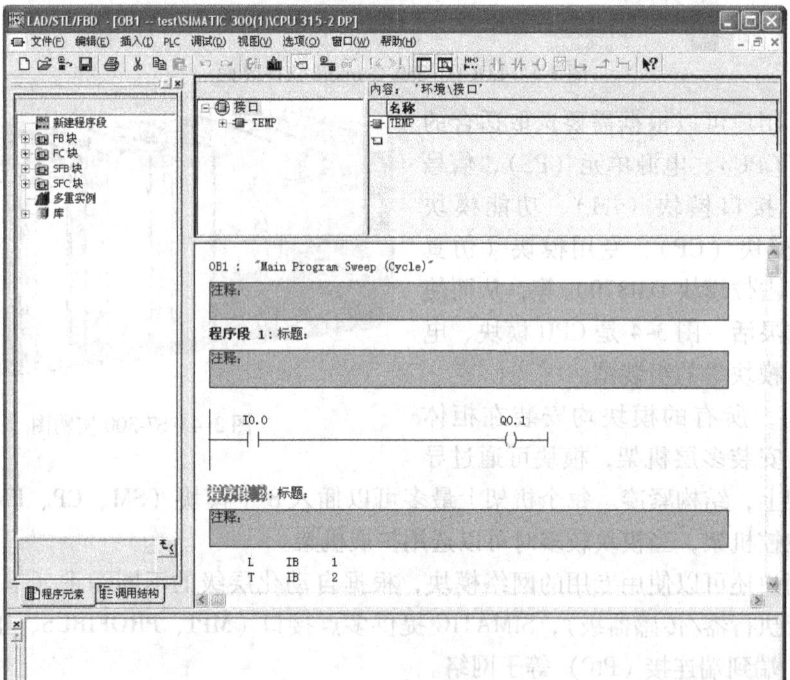

b) Step7编程界面

图 3-5　Step7 软件界面

3.2.3　S7-1200 系列 PLC

SIMATIC S7-1200 小型可编程序控制器由西门子公司于 2009 年 6 月推出，主要面向中小型自动化的 PLC 产品，定位介于 S7-200 与 S7-300 之间，在研发过程中充分考虑了系统、控制器、人机界面和软件的无缝整合和高效协调的需求。图 3-6 是 S7-1200 产品及其模块的外观图。

图 3-6　S7-1200 产品及其模块的外观图

虽然产品定位为中低端工业需求，但 S7-1200 的设备选件均为高端配件，且具有 300 与 400 同样丰富的组网等扩展功能，使其各方面功能并不逊于 300/400 系列产品。S7-1200 与 S7-200 相比，具有以下特点：

（1）通信功能得到了极大的提高　SIMATIC S7-1200 CPU 最多可以添加 3 个通信模块。RS485 和 RS232 通信模块为点到点的串行通信提供连接。对该通信的组态和编程采用了扩展指令或库功能、USS 驱动协议、Modbus RTU 主站和从站协议。

（2）集成了高速输入与高速输出端口　SIMATIC S7-1200 控制器集成了 6 个高速计数器，其中 3 个输入为 100kHz，3 个输入为 30kHz，用于计数和测量；集成了两个 100 kHz 的高速脉冲输出，可以输出脉宽调制信号来控制电动机速度、阀位置或加热元件的占空比，用于步进电动机或伺服驱动器的速度和位置控制。

（3）集成了多类端口　集成的 PROFINET 接口用于编程、HMI 通信和 PLC 间的通信。此外它还通过开放的以太网协议支持与第三方设备的通信。该接口带一个具有自动交叉网线（Auto-cross-over）功能的 RJ45 连接器，提供 10/100Mbit/s 的数据传输速率，支持 TCP/IP native、ISO-on-TCP 和 S7 通信协议。

此外，S7-1200 中提供了 16 路带自动调节功能的 PID 控制电路，较 S7-200 系列 PLC 增加了一倍。

S7-1200 使用 Step7 Basic 软件，该软件除了支持编程以外，SIMATIC STEP 7 Basic 还为硬件和网络配置、诊断等提供通用的项目组态框架。该软件可以为项目的不同阶段提供支持，如指定的通信、运用 LAD（梯形图语言）和 FBD（功能块图语言）编程、可视化组态、测试、试运行和维护等。STEP 7 Basic 软件具有以下特点：

1）库的应用使重复使用项目单元变得非常容易。

2）在集成的项目框架（PLC、HMI）编辑器之间进行智能的拖拽。

3）具有共同数据存储和同一符号（单一的入口点）。

4）任务入口视图为初学者和维修人员提供快速入门。

5）设备和网络可在一个编辑器中进行清晰的图形化配置。

6）所有的视图和编辑器都有清晰、直观的友好界面。

7）高性能程序编辑器创造高效率工程。

3.2.4　S7-1500 系列 PLC

S7-1500 由西门子公司于 2013 年 3 月推出，面向中高型自动化集成系统，是目前 S7-300、400 的升级换代产品，图 3-7 是 S7-1500 系列产品的 CPU 外观图。

新一代控制器除了卓越的系统性能外，该控制器还能集成一系列功能，包括运动控制、工业信息安全，以及可实现便捷安全应用的故障安全功能，尤其体现在创新的设计使调试和安全操作简单便捷，而集成于 TIA 博途的诊断功能通过简单配置即可实现对设备运行状态的诊断，简化工程组态，并降低项目成本。

图 3-7 S7-1500 产品 CPU 外观图

（1）系统性能　高水平的系统性能和快速信号处理能够极大地缩短响应时间，加强控制能力。为达到这一目的，SIMATIC S7-1500 设计有高速背板总线，具有高波特率和高效的传输协议。点到点的反应时间不到 500μs，位指令的运算时间最快可达 10ns 之内（因 CPU 而异）。CPU 1511 和 CPU 1513 控制器设置有两个 Profinet 端口，CPU 1516 控制器设置有三个端口：其中两个与现场级通信，第三个用于整合至企业网络。Profinet IO IRT 可以保证确定的反应时间和高精度的系统响应。此外，集成 Web 服务器支持非本地系统和过程数据查询，以实现诊断的目的。

（2）工艺　在现场工艺方面，SIMATIC S7-1500 标准化的运动控制功能使其与众不同。模拟量和 Profidrive 兼容驱动不需要其他模块就可以实现直接连接，支持速度和定位轴以及编码器。按照 PLCopen 进行标准化的块简化了 Profidrive 兼容驱动的连接。为使驱动和控制器实现高效快速调试，用户可以执行 Trace 功能，对程序和动作应用进行实时诊断，从而优化驱动。另一个集成工艺功能是 PID 控制，可用方便配置的块确保控制质量，控制参数可以自整定。

（3）工业信息安全　SIMATIC S7-1500 工业信息安全集成的概念从块保护延伸至通信完整性，帮助用户确保应用安全。它还具有集成的专有知识保护功能，如防止机器复制，能够防止未授权的访问和修改。SIMATIC 存储卡用于防复制保护，将单个块绑定至原存储卡的序列号，从而确保程序仅能通过配置过的存储卡运行，而不能被复制。访问保护功能防止对应用进行未经授权的配置修改，可以通过给不同的用户组分配不同的授权级别来实现这一功能。专有的数据校验机制可识别修改过的工程数据，从而实现例如保护通过未授权操作传输到控制器的数据等功能。

（4）故障安全　SIMATIC S7-1500 集成了故障安全功能。为实现故障安全自动化，用户配置了 F 型（故障安全型）的控制器，对标准和故障安全程序使用同样的工程设计和操作理念。用户在定义、修改安全参数的时候可以借助安全管理编辑器。例如，当使用到故障安全型驱动技术提供服务的时候，用户可以得到图形化支持。新控制器在功能安全性方面通过了 EN 61508，符合 IEC62061 中 SIL 3 级安全应用标准，以及 ISO 13849 中 PL e 级安全应用标准。

（5）设计处理　SIMATIC S7-1500 的设计和处理以方便操作为前提，最大限度地实现用户友好性（对许多细节都进行了创新，例如，SIMATIC 控制器第一次安装了显示装置），并能显示普通文本信息，从而实现全工厂透明化。标准化的前连接器节省了用户接线时间，简化了配件存储。集成短接片使电位组的桥接更加简单灵活。辅助配件如自动断路器或继电器迅速便捷地安装到集成 DIN 导轨。可扩展的电缆存储空间能够方便地关闭前盖板，即便使用带有绝缘层的电缆，也可以通过两个预定义的闭锁位轻松关闭前盖板。预接线位置的设计简化了初始接线过程以及端子的重新连接的复杂性。集成屏蔽保证了模拟信号能够屏蔽良好，从而获得良好的信号接收质量，以及抗外部电磁干扰的鲁棒性。该产品的另一个优点是扩展性：SIMATIC S7-1500 CPU 可以扩展至每个底板 32 个模块，用户可以根据自动化任务的需要选择模块。

（6）系统诊断　SIMATIC S7-1500 的集成系统诊断具有强大的诊断功能，不需要额外编程。只需配置，无需编程即可实现诊断。另外，显示功能实现了标准化，各种信息，比如来自于驱动器的信息或者相关的错误信息，都以普通文本信息的形式在 CPU 显示器上显示出来，在各种设备上，诸如 TIA 博途、人机界面（HMI）、Web 服务器看到的信息都是一致的。接线端子和标签 1∶1 的分配以及 LED 指示灯的使用可以帮助用户在调试、测试、诊断以及操作过程中节省时间。另外，通过离散通道单独显示，用户可以快速检测到并分配相应的通道，对解决故障十分有益。

（7）使用 TIA 博途进行工程设计　西门子新的自动化设备都要集成到 TIA 博途工程设计软件平台中，新品 SIMATIC S7-1500 控制器也不例外。该设计为控制器、HMI 和驱动产品在整个项目中共享数据存储和自动保持数据一致性提供了标准操作的概念，同时提供了涵盖所有自动化对象的强大的库。新版 TIA 博途 V12 不仅有更强的性能，还涵盖自动系统诊断功能、集成故障安全功能、强大的 PROFINET 通信，集成工业信息安全和优化的编程语言。编辑器以任务为导向且操作直观，使得新软件产品易学易用。此外，产品在快速编程、调试、维修方面具有很强的性能。产品在设计过程中特别重视对目前项目和软件的再利用和兼容性：例如，从 S7-300/400 转向 S7-1500，项目可以重复利用，S7-1200 的程序可以通过复制的功能将程序转换到 S7-1500。

本章小结

本章主要介绍了 PLC 的产生及特点，并对西门子公司的 S7 系列 PLC 产品的软硬件进行了简要的介绍。

习　题

1. 国际电工协会（IEC）对可编程序逻辑控制器的定义是什么？
2. 第一台 PLC 于何年由哪个厂家研制成功？
3. PLC 的主要特点有哪些？
4. 西门子公司的 PLC 分别有哪些？如何分类？

第4章 S7-200系列PLC的结构与工作方式

本章以S7-200系列PLC为主要对象，介绍一体式PLC的硬件组成与结构、工作原理及其特点。

本章的主要结构如下：第4.1节介绍PLC的硬件组成与基本结构，第4.2节介绍PLC的基本工作方式，第4.3节介绍S7-200中包含的一体机和扩展模块以及硬件连接方法。

4.1 PLC的硬件组成与基本结构

由于PLC采用的CPU与单片机完全相同，因此结构与工作原理均与计算机类似，但硬件接口与编程语言更适用于工业环境。图4-1是PLC的外观与接口的说明。

从硬件结构上看，它由中央处理器（CPU）、存储器（ROM/RAM）、输入/输出（I/O）单元、通信接口、电源等部件组成，如图4-2所示。

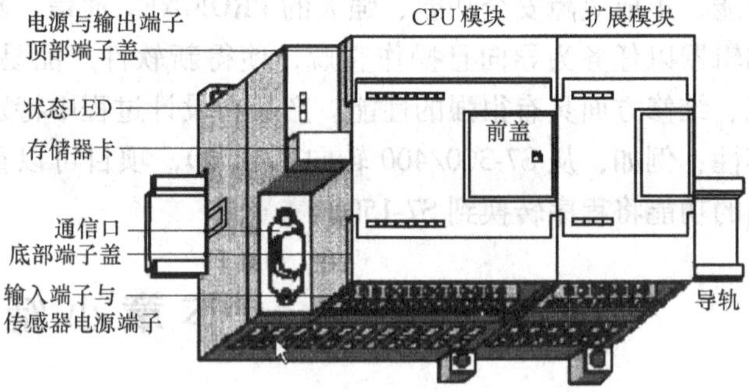

图4-1 S7-200的外观与接口说明

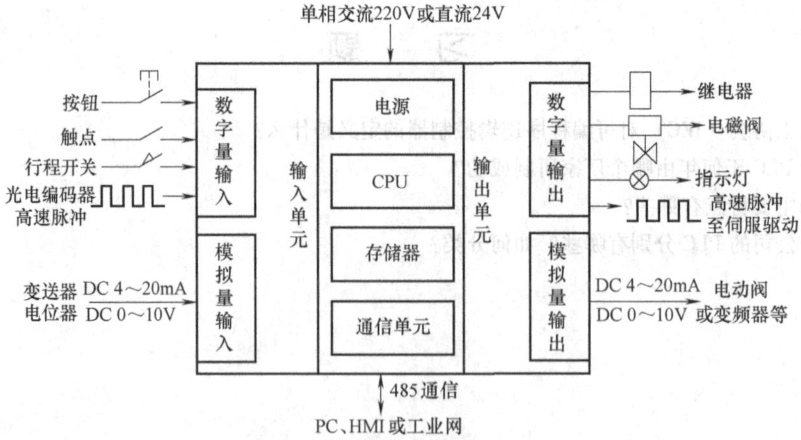

图4-2 PLC的基本构成

PLC由外部单相交流220V或直流24V供电，经电源一方面向内部各单元提供工作电源，另一方面向外部元器件（通常为小功率低电流输入元器件）提供24V直流电源。CPU实现数据接收、处理（执行程序）、发送以及故障诊断等功能。存储器中包含系统与用户两大分区，其中系统存储器存储系统程序，用于完成系统管理、程序译码以及用户程序管理等功能；用户存储器用于存储用户程序及其工作数据，根据存储数据单元类型可分为可读写存储（RAM），EPROM 和 EEPROM。通信单元的 485 端口通过编程电缆实现与 PC 的 232 端口协议转换与通信，用于在 PC 上完成程序编制、下载与上传、数据在线监视与修改、输入/输出端口强制、程序监控等功能。输入/输出单元用于接收或发送开关量、高速脉冲以及标准模型信号（可自动实现 16 位 A-D、D-A 转换功能）。此外，PLC 还包含扩展输入/输出端口的 I/O 模块接口等。

输入/输出端口是 PLC 与工业现场信号连接的重要部分，为适应工业现场信号的复杂性，端口需要具有广泛的适用性与较强的抗干扰能力，由于熟悉 PLC 的 I/O 端子特点是实现 PLC 在工业现场应用的重要前提，因此本书中将对其原理与特点进行详细叙述。

（1）开关量输入电路　PLC 的开关量输入电路主要用于将外界的开关量信号处理后输入内部电路进行处理，根据输入信号性质可分为直流输入与交流输入两大类。图 4-3 是直流开关量输入电路的示意图。

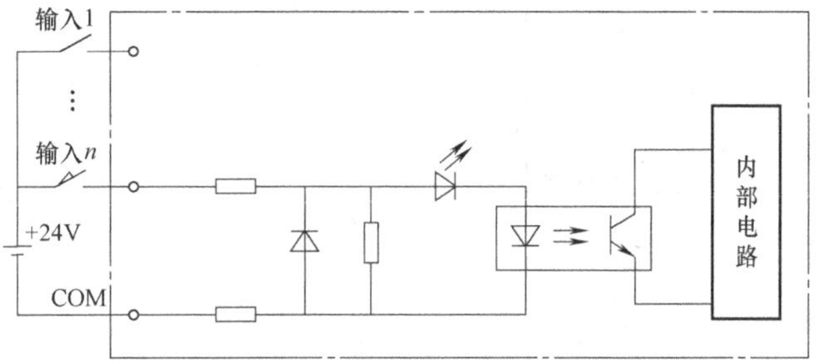

图 4-3　直流开关量输入电路的示意图

当外部开关接通时，经过二极管与电阻等元器件去除干扰信号，通过发光二极管与光敏晶体管实现电流-光-电流的光电耦合转换，从而实现去除干扰、电信号隔离以及信号标准化的作用。S7-200 系列 PLC 的电源模块中均含有直流供电输出，直接将其与开关、按键、行程开关、光电开关等外部元器件连接即可使用，无需外接电源。

图 4-4 是交流开关量输入电路的示意图。

交流开关量的外部开关接通，经二极管阻隔直流后通过光电隔离实现抗干扰与电信号隔离输入内部电路，该类输入虽然是交流输入信号，但仅指示输入交流信号的通断状态，该类电路通常需要外接交流电源。

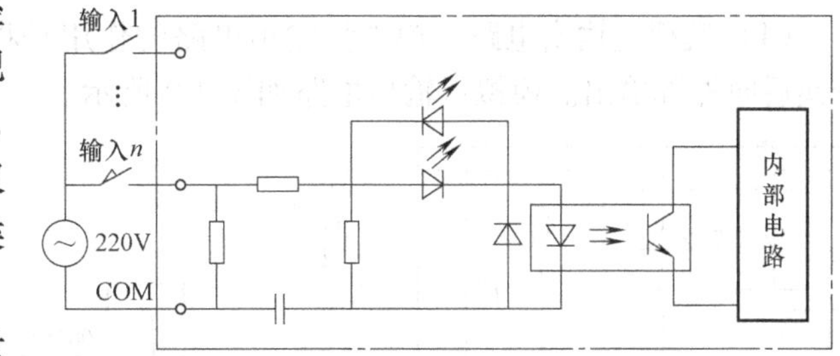

图 4-4　交流开关量输入电路的示意图

（2）模拟量输入电路　模拟量输入电路是将现场的仪表设备连续变化的标准电压或电流信号转化为相应精度数字量的设备。该电路中包含滤波、放大、A-D 转换、光电隔离等电路，可自动将外部 4～20mA/0～10V 的电信号转换为相应的数字量，如图 4-5 所示。

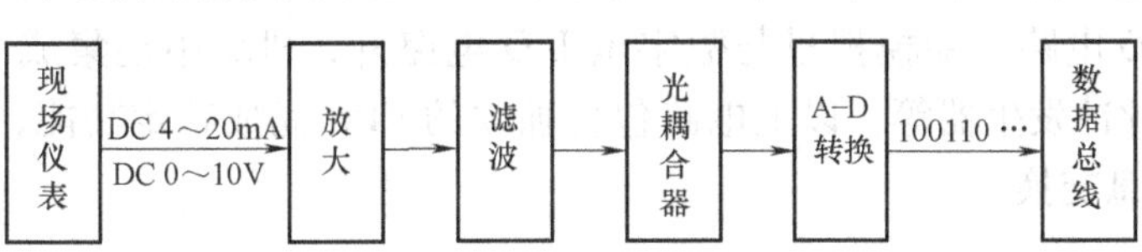

图 4-5　模拟输入电路

（3）开关量输出电路　开关量输出电路是将PLC内部存储器位逻辑（或称软继电器）状态转换为向外部发送的开关量信号。根据输出信号驱动电路元器件类型可分为继电器型、晶体管型和晶闸管（俗称可控硅）型。继电器开关量输出电路如图4-6所示。

继电器开关量输出电路通过将PLC内部的弱信号进行放大，利用光耦合器将控制信号传送至输出端。一般情况下，该输出端可以承受最高250V的电压，可将其视为干节点，在负载外接供电电源（直流或交流）的情况下起到开关的作用。从输出电路可以看出，由于继电器切换时间较长，因此仅可应用于通断频率较低的场合。

晶体管开关量输出电路如图4-7所示。

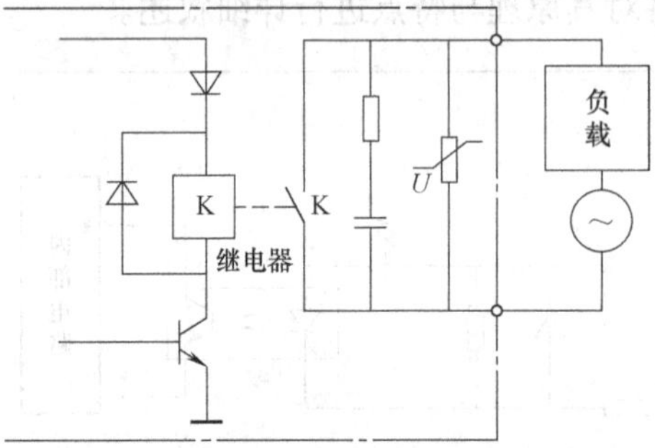

图4-6　继电器开关量输出电路

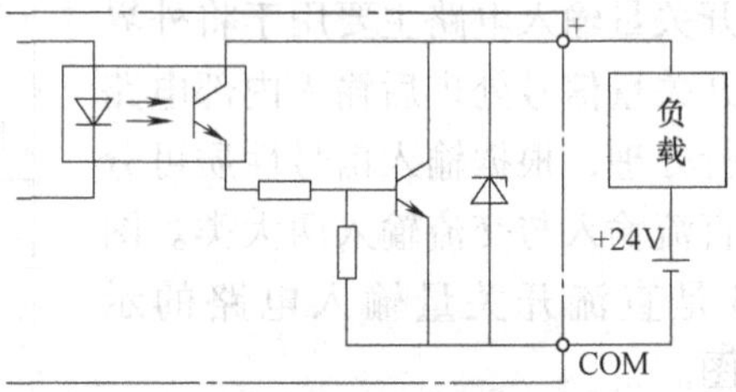

图4-7　晶体管开关量输出电路

晶体管输出电路将PLC内部信号通过光电耦合将信号经两个晶体管两级放大，利用稳压管稳定输出端电压。晶体管开关量输出电路仅可外接直流电源与负载，但由于采用晶体管电路，因此通断频率较高。

晶闸管开关量输出电路与继电器型类似，最大区别在于采用了晶闸管，从而使电路可承受最高电压可接近500V，通断频率相对较低，且仅可接收交流信号。晶闸管开关量输出电路如图4-8所示。

（4）模拟量输出电路　模拟量输出电路的作用是将PLC内部数字量信号自动进行D-A转换后向外部输出。模拟量输出电路如图4-9所示。

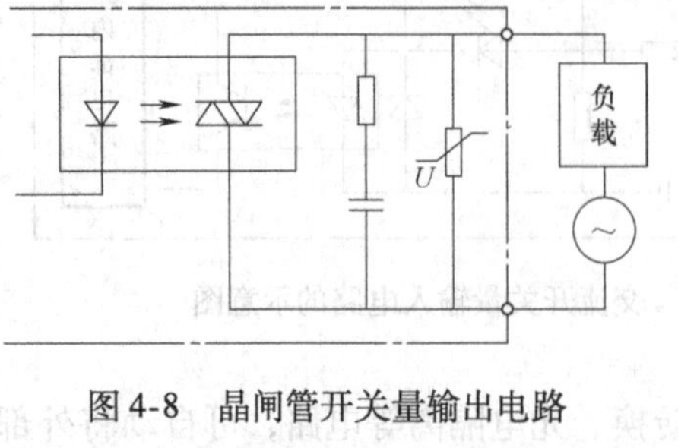

图4-8　晶闸管开关量输出电路

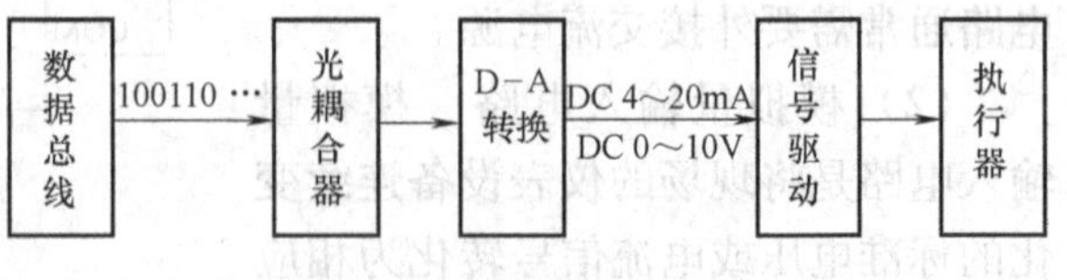

图4-9　模拟量输出电路

模拟量采用光电耦合进行信号隔离，再进行D-A转换后采用信号驱动外部执行器。

（5）智能I/O电路　除模拟量与数字量I/O电路外，PLC中还集成了智能I/O单元，如高速计数器、脉冲发生器等，以上电路包含独立的CPU完成特定功能，在每个扫描周期与主CPU进行信息交换。

4.2　PLC 的基本工作方式

由于 PLC 主要处理开关电路，为确保逻辑与运算的一致性，PLC 在硬件结构上增加了与输入/输出相对应的映像寄存器，同时采用分时扫描方式，从而避免了硬件电路中存在的竞争冒险与时序混乱问题。

与传统计算机程序采用流程运行方式不同，PLC 采用循环扫描方式，即 PLC 在一定的时间内依次完成必要的诊断、运行程序等工作，然后自动从程序开始重新运行，仅在扫描出现故障或掉电时才会停止。PLC 扫描方式如图 4-10 所示。

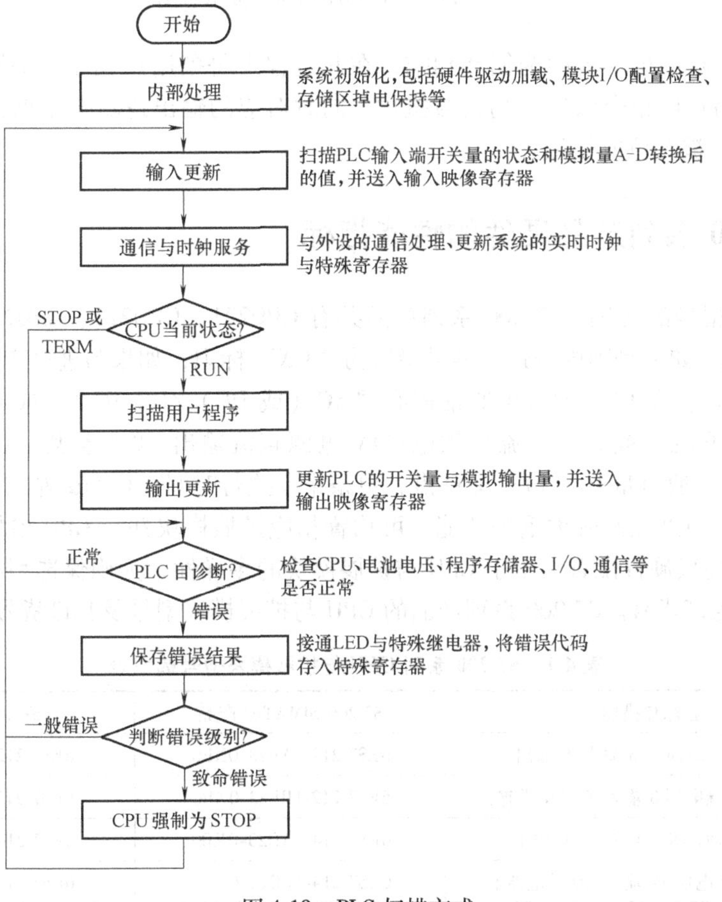

图 4-10　PLC 扫描方式

PLC 在正常运行时完成一次扫描的时间为扫描周期，其时间长短与 CPU 运算速度、用户程序、I/O 点数多少有关，一般以微秒/条、毫秒/千条为单位。每个扫描周期中，系统在用户程序执行前对 PLC 的输入端子进行采样，并将状态存入输入映像寄存器中，用户程序在执行时引用的输入端子状态实际是输入映像寄存器中的值，即使在此期间输入状态发生变化，也只能在下一扫描周期的输入采样阶段更新输入映像寄存器的值后才被采用。在程序执行过程中，对系统输出进行修改时，实际修改的是输出映像寄存器的值，当所有程序执行完成后，才将输出映像寄存器的值送至输出端子。该类运行方式称为集中输入、集中输出方式，如图 4-11 所示。

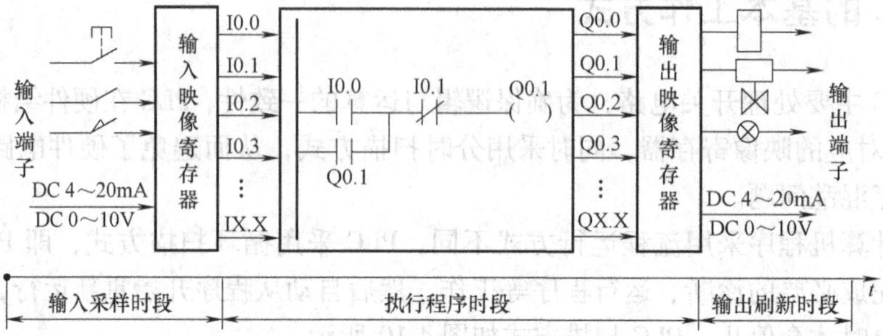

图 4-11　PLC 用户程序扫描阶段示意图

PLC 反复进行的过程被称为循环扫描，在此过程中每条用户程序（除跳转、顺控等少数具有程序段特征的指令以外）均会被执行，同时对应的输出逻辑会根据输入的状态（如位逻辑的通断）被置位或复位。

4.3　S7-200 系列产品硬件的性能指标

根据 CPU 型号的区别，S7-200 系列产品共有 CPU221、CPU222、CPU224、CPU224XP、CPU226 等五款，如果是国内制造，型号最后为“CN”标识；如果为进口产品，型号后则为“SIMATIC”标识。在 CPU 型号中通常还有“AC（或 DC）/DC/RLY（或 DC）”字样，分别代表“220V 交流（或 24V 直流）供电/24V 电源直流输出/继电器型（或晶体管型）输出”。CPU 模块一般自带 10～40 个 I/O 点，单条指令执行时间在 0.1μs 左右。如点数不够或需要增加通信、温度控制或称重等功能，可购置相应扩展模块并与 CPU 模块直接连接，并且由 CPU 自动完成硬件配置。由于 CPU 与扩展模块的多样性，为确保选型准确，在订货时需要提供相应的订货号。S7-200 系列产品的 CPU 与扩展模块型号及其订货号见表 4-1。

表 4-1　S7-200 系列 CPU 与扩展模块型号选型表

型号名称和描述	S7-200 SIMATIC 产品	S7-200 CN 产品
CPU222 DC/DC/DC，8 输入/6 输出	6ES7 212-1AB23-0XB0	6ES7 212-1AB23-0XB8
CPU222 AC/DC/继电器 8 输入/6 继电器输出	6ES7 212-1BB23-0XB0	6ES7 212-1BB23-0XB8
CPU224 DC/DC/DC 14 输入/10 输出	6ES7 214-1AD23-0XB0	6ES7 214-1AD23-0XB8
CPU224 AC/DC/继电器 14 输入/10 继电器输出	6ES7 214-1BD23-0XB0	6ES7 214-1BD23-0XB8
CPU224XP DC/DC/DC 14 输入/10 输出	6ES7 214-2AD23-0XB0	6ES7 214-2AD23-0XB8
CPU224XPsi DC/DC/DC 14 输入/10 输出	6ES7 214-2AS23-0XB0	6ES7 214-2AS23-0XB8
CPU224XP AC/DC/继电器 14 输入/10 继电器输出	6ES7 214-2BD23-0XB0	6ES7 214-2BD23-0XB8
CPU226 DC/DC/DC 24 输入/16 输出	6ES7 216-2AD23-0XB0	6ES7 216-2AD23-0XB8
CPU226 AC/DC/继电器 24 输入/16 继电器输出	6ES7 216-2BD23-0XB0	6ES7 216-2BD23-0XB8
EM221 数字量输入 8×DC24V	6ES7 221-1BF22-0XA0	6ES7 221-1BF22-0XA8
EM 221 数字量输入 16×DC24V	6ES7 221-1BH22-0XA0	6ES7 221-1BH22-0XA8

（续）

型号名称和描述	S7-200 SIMATIC 产品	S7-200 CN 产品
EM222 数字量输出 8 × DC24V	6ES7 222-1BF22-0XA0	6ES7 222-1BF22-0XA8
EM222 数字量输出 8 × 继电器	6ES7 222-1HF22-0XA0	6ES7 222-1HF22-0XA8
EM223 24VDC 数字组合 4 输入/4 输出	6ES7 223-1BF22-0XA0	6ES7 223-1BF22-0XA8
EM223 24VDC 数字组合 4 输入/4 继电器输出	6ES7 223-1HF22-0XA0	6ES7 223-1HF22-0XA8
EM223 24VDC 数字组合 8 输入/8 输出	6ES7 223-1BH22-0XA0	6ES7 223-1BH22-0XA8
EM223 24VDC 数字组合 8 输入/8 继电器输出	6ES7 223-1PH22-0XA0	6ES7 223-1PH22-0XA8
EM223 24VDC 数字组合 16 输入/16 输出	6ES7 223-1BL22-0XA0	6ES7 223-1BL22-0XA8
EM223 24VDC 数字组合 16 输入/16 继电器输出	6ES7 223-1PL22-0XA0	6ES7 223-1PL22-0XA8
EM223 24 VDC 数字组合 32 输入/32 输出	6ES7 223-1BM22-0XA0	6ES7 223-1BM22-0XA8
EM223 24 VDC 数字组合 32 输入/32 继电器输出	6ES7 223-1PM22-0XA0	6ES7 223-1PM22-0XA8
EM231 模拟量输入，4 输入	6ES7 231-0HC22-0XA0	6ES7 231-0HC22-0XA8
EM235 模拟量组合 4 输入/1 输出	6ES7 235-0KD22-0XA0	6ES7 235-0KD22-0XA8
EM232 模拟量输出，2 输出	6ES7 232-0HB22-0XA0	6ES7 232-0HB22-0XA8
EM231 模拟量输入 RTD，2 输入	6ES7 231-7PB22-0XA0	6ES7 231-7PB22-0XA8
EM231 模拟量输入热电偶，4 输入	6ES7 231-7PD22-0XA0	6ES7 231-7PD22-0XA8

除以上模块以外，S7-200 系列产品的附件如 PPI 电缆（用于与 PC 连接）、存储卡等设备的订货号可参考相关选型手册。

不同的 CPU 除输入/输出点数不同外，在数据存储空间、高速计数器、脉冲发生器等的配置上也有区别，见表 4-2。

表 4-2　S7-200 CPU 的产品系列规范

	CPU 221	CPU 222	CPU 224	CPU 224XP CPU 224XPsi	CPU 226
存储器					
用户程序长度/B 在运行模式下编辑 不在运行模式下编辑	4096 4096		8192 12288	12288 16384	16384 24576
用户数据/B	2048		8192	10240	10240
掉电保持（超级电容） （可选电池）	50h 典型 （最少 8h，40℃） 200 日典型		100h 典型 （最少 70h，40℃） 200 日典型	100h 典型（最少 70h，40℃） 200 日典型	
I/O					
数字量 I/O	6 输入/4 输出	8 输入/6 输出	14 输入/10 输出	14 输入/10 输出	24 输入/16 输出
模拟量 I/O	无			2 输入/1 输出	无
数字 I/O 映像大小	256（128 输入/128 输出）				
模拟 I/O 映像区	无	32（16 输入 /16 输出）	64（32 输入/32 输出）		
最多允许的扩展模块	无	2 个模块	7 个模块		

（续）

	CPU 221	CPU 222	CPU 224	CPU 224XP CPU 224XPsi	CPU 226
最多允许的智能模块	无	2个模块	7个模块		
脉冲捕捉输入	6	8	14		24
高速计数 单相 两相	总共4个计数器 4个，30kHz时 2个，20kHz时		总共6个计数器 6个，30kHz时 4个，20kHz时	总共6个计数器 4个，30kHz时 2个，200kHz时 3个，20kHz时 1个，100kHz时	总共6个计数器 6个，30kHz时 4个，20kHz时
脉冲输出	2个，20kHz时（仅限于DC输出）			2个，100kHz时 （仅限于DC输出）	2个，20kHz时 （仅限于DC输出）
常规					
定时器	总共256个定时器，4个定时器（1ms）；16个定时器（10ms）；236个定时器（100ms）				
计数器	256（由超级电容或电池备份）				
内部存储器位 掉电保存	256（由超级电容或电池备份） 112（存储在EEPROM）				
时间中断	2个，1ms分辨率时				
边沿中断	4个上升沿和/或4个下降沿				
模拟电位计	1个，8位分辨率时		2个，8位分辨率时		
布尔型执行速度	0.22μs/指令				
实时时钟	可选卡件		内置		
卡件选项	存储器、电池和实时时钟		存储卡和电池卡		
集成的通信功能					
端口（受限电源）	一个RS485口			两个RS485口	
PPI，MPI（从站） 波特率/（bit/s）	9.6、19.2、187.5k				
自由端口波特率/（bit/s）	1.2k～115.2k				
每段最大电缆长度	带隔离中继器：187.5kbit/s时最多1000m，38.4kbit/s时最多1200m 不带隔离中继器：50m				
最大站点数	每段32个站，每个网络126个站				
最大主站数	32				
点到点（PPI主站模式）	是（NETR/NETW）				
MPI连接	共4个，2个保留（1个给PG，1个给OP）				

PLC的I/O端子连接方式需根据PLC类型确定。如果为AC/DC/继电器输出型，接线方式如图4-12所示。

输入端的公共端M需连接24V直流电源的负极，按键等输入设备的一端连接电源正极，另一端接入对应端子，确保在输入设备接通时可使电源正、负极间形成一个完整的回路；由于继电器输出型PLC的输出端为开关（干节点），因此其公共端可接直流电源的正极或负极，也可接交流电源。连接时将负载的一端与端子连接，另一端与电源未连接的一端连接，从而确保在输出端有效、开关连接时，电源与输出负载形成一个完整的回路。

当 PLC 为 DC/DC/DC 晶体管输出型时，其接线方式如图 4-13 所示。

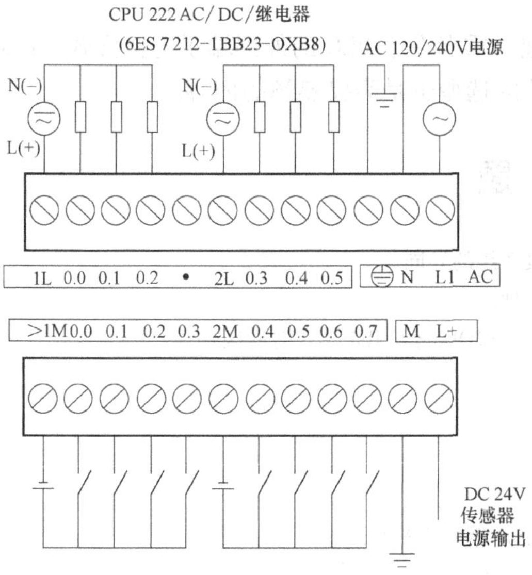

图 4-12 继电器输出型 PLC 接线图

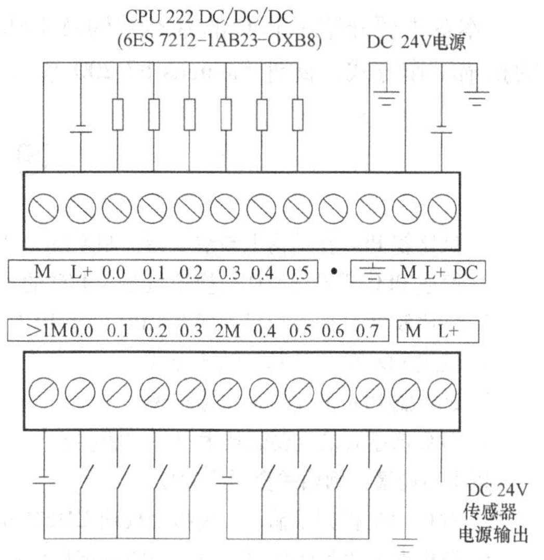

图 4-13 晶体管输出型 PLC 接线图

晶体管输出型 PLC 的接线方式与继电器型基本相同，需要注意的是，在输出侧需要外接直流电源为具有公共端的设备供电（M 与 L + 端）；同时，由于晶体管输出端子为光敏晶体管，有正、负极之分，因此接线时需要注意极性，极性接反时不会发生事故，但该端子连接的负载将没有电流。

PC 与 PLC 的 CPU 连接，需要采用 PCI/PPI 电缆（支持 PLC CPU485 和 PC 的 232 通信转换接口）或 USB/PPI 电缆（支持 PLC CPU485 和 PC 的 USB 通信转换接口）；PLC CPU 与扩展模块之间采用扩展模块自带的扁平电缆连接；与触摸屏之间直接用 485 电缆连接即可，如图 4-14 所示。

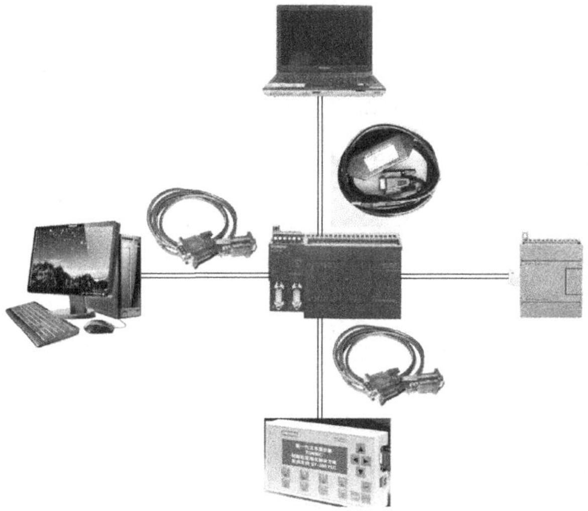

图 4-14 PLC 硬件连接图

本章小结

本章主要介绍了 PLC 的基本结构及工作原理，重点在于 PLC 的外部端子连接方式、PLC 的扫描工作方式，此外 Siemens S7-200 系列 PLC 的选型也是需要熟悉的内容。

习　题

1. 试比较 PLC 在结构上与继电器控制系统、计算机系统的异同。
2. 简述 PLC 开关量 I/O 与模拟量输入 I/O 的基本原理。
3. 试比较 PLC 循环扫描方式在 CPU 处于 RUN 模式与 STOP 或 TERM 模式时的区别。
4. 试述 PLC 的几种基本结构形式。
5. 试绘制 PLC 的输入输出接线图。
6. PLC 选型时最重要的技术指标有哪些？

以下习题请查阅相关资料后完成

7. 对 0～5V 模拟量输入，模拟量模块 EM235 的最小分辨率是多少？
8. 请根据下述条件分别选择适合的数字量模块：

(1) 系统中需增加 6 个 DC24V 输入的数字量；

(2) 系统中需增加 5 个 AC220V 输入的数字量；

(3) 系统中需增加 2 个继电器输出的数字量。

9. 试给出称重扩展模块的特点与应用场合。

第 5 章　S7-200 系列 PLC 的指令与程序设计

西门子 S7-200 系列 PLC 使用 STEP7-Micro/WIN 系列软件完成编程，该软件目前最高版本为 4.0SP9，软件功能随版本增加而增强，但基本编程规则与使用方法完全相同。本文中以 STEP7-MicroWIN4.0.6.35 中文版为例，讲解 PLC 指令与工具的使用以及人机界面的组态方法。

本章的主要内容如下：第 5.1 节介绍软件的基本操作方法与数据类型；第 5.2 节介绍常用位逻辑指令；第 5.3 节介绍常用字节、字和双字操作指令；第 5.4 节介绍其他指令；第 5.5 节介绍子程序与中断程序；第 5.6 节与第 5.7 节分别介绍向导工具与程序调试运行；第 5.8 节介绍采用列表法进行程序设计的过程。

5.1　软件的基本操作与数据类型

5.1.1　软件的基本操作

中文版软件在安装和第一次运行时，界面为英文，用户可在工具栏的“Tools”下拉菜单中选择“Options”，并在弹出的窗口“General”选项卡的“Language”框中选择“Chinese”。在单击“OK”后软件会自动退出，并在用户再次运行该软件后界面语言用中文显示。图 5-1 是该软件的中文工作界面。

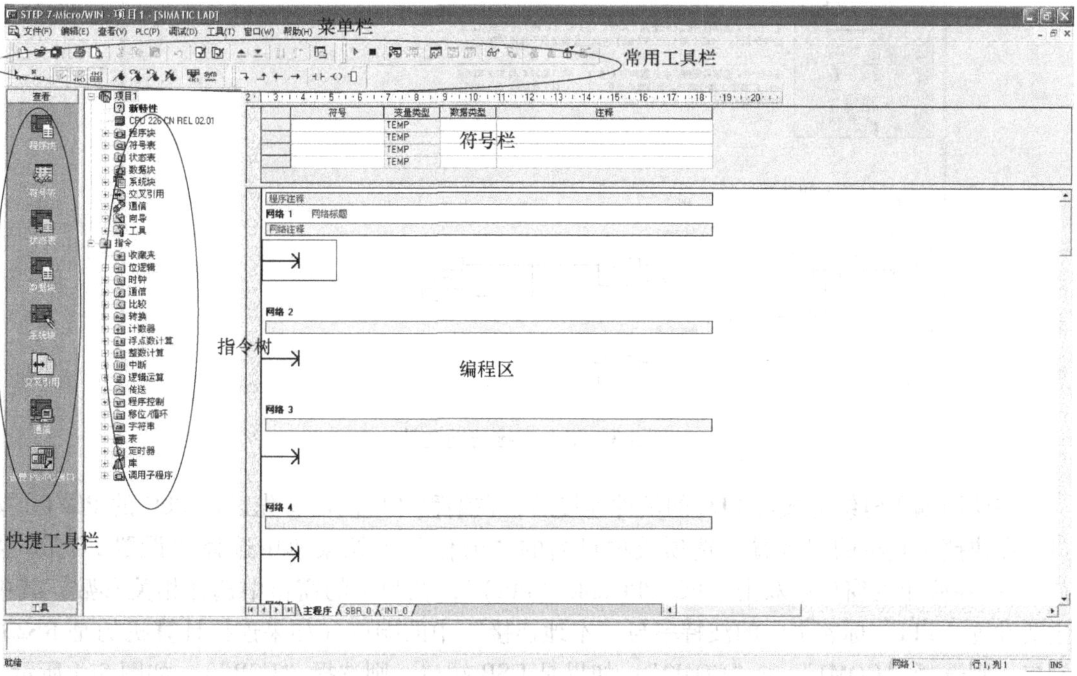

图 5-1　STEP7-Micro/WIN 编程界面

STEP7-Micro/WIN 软件具有简单易懂的编程界面，同时具有完善的使用支持系统，用户除采用软件的帮助文档外，还可以从西门子自动化与驱动集团的网站上获取软件说明书和相关应用文档。用户可以通过单击菜单栏“帮助”下的“目录和索引”选项或在未选中任何元器件时按下键盘上的“F1”键，均可弹出如图 5-2 所示的本地帮助界面。

此外，用户在使用某条指令时，还可通过选中该指令后按下键盘上的“F1”键直接获取本地帮助文档中关于该指令的使用说明与示例程序，如图 5-3 所示。

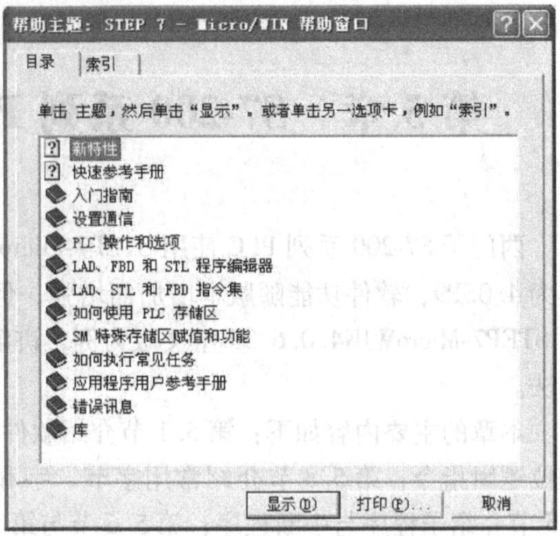

图 5-2　STEP7-Micro/WIN 本地帮助界面

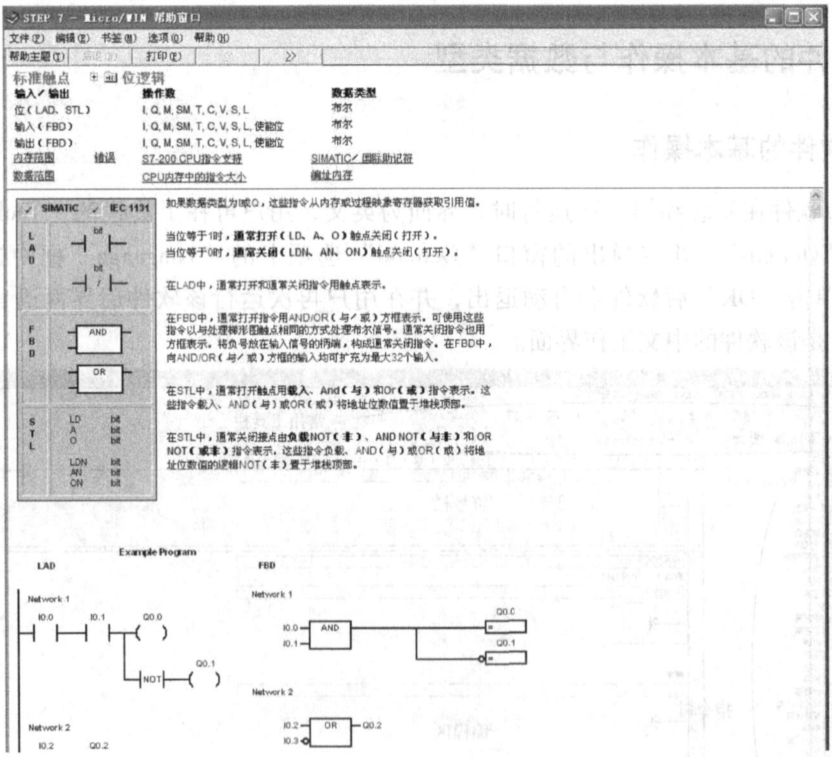

图 5-3　指令直接帮助文档

在使用编程电缆完成与 PLC 的硬件连接后，在编程开始前需首先设定 PLC 的 PG/PC 接口。在快捷工具栏的“查看”选项或项目名的“通信”下拉菜单中选择“设置 PG/PC 接口”，并在弹出的窗口中双击“PC/PPIcable（PPI）”，在弹出的窗口中选择相关参数，其中主要设置“PPI”标签页中的波特率与“本地连接”中的端口（如果连接计算机的是 RS232 端口，则选择“COM1”或“COM2”；如果是 USB 端口，则选择“USB”），如图 5-4 所示。

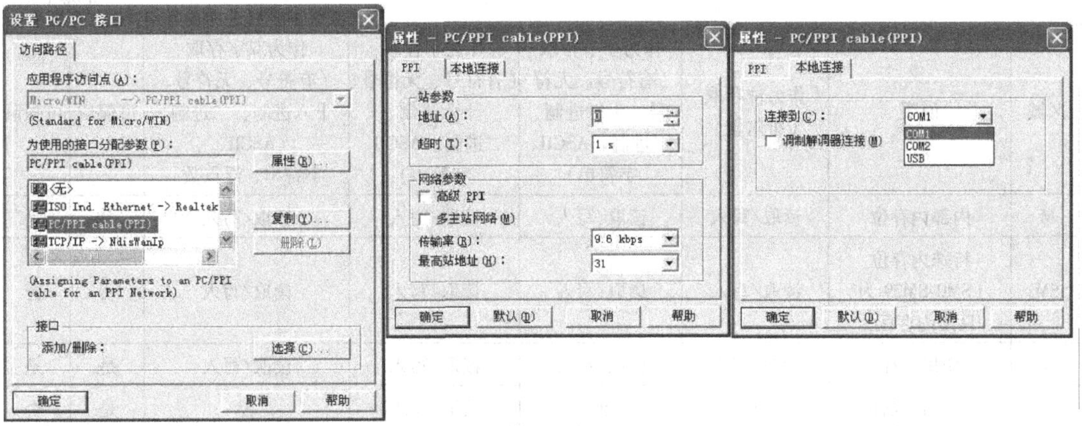

图 5-4 PLC 通信端口设置

由于 PLC 不同 CPU 的硬件配置各不相同，存储空间与可用的指令也有区别，因此还需在软件中选定正确的 CPU 型号，否则可能出现错误。例如 CPU 226 的 V 存储区最大范围是 10240B，而 CPU 224 则仅有 8192B（见表 4-2），如程序编制时使用 CPU 226 的编程型号并使用了 V 区大于 8192B 后的地址，当程序下载至 CPU 224 系统中时会出现寻址错误；同样地，很多指令如扩展读取实时时钟指令（READ_RTCX）和扩展设置实时时钟指令（SET_RTCX）等无法在除 CPU 224XP 和 CPU 226 型号的 PLC 中使用。选择菜单栏中“PLC”下的“类型”选项，会弹出图 5-5 所示的界面，在“PLC 类型”与“CPU 版本”后的下拉菜单中选取对应的 CPU 型号，如果已将 PC 与 PLC 连接且正确设置端口，可直接单击“读取 PLC”按钮自动获取相关参数。

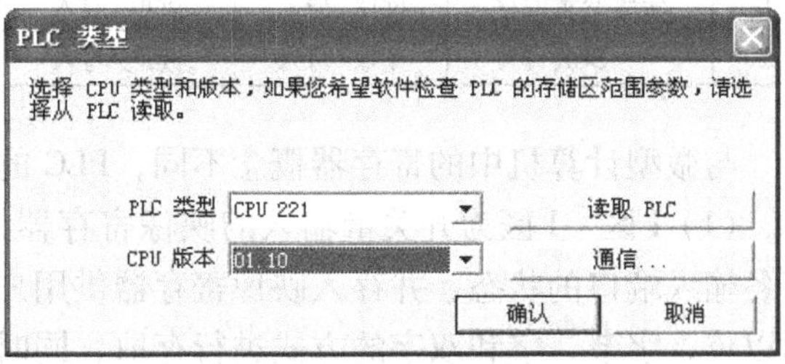

图 5-5 PLC 类型设置

5.1.2 S7-200 的数据类型

S7-200 中共有 13 个数据区域（可通过帮助文档中“存储区类型和属性”选项查看），对应 8 种数据类型，分别为布尔量、有符号、无符号、十六进制、二进制、ASCII、字符串与浮点数，可采用的数据类型与存取方式见表 5-1。

表 5-1 S7-200 的数据区域与存取方式

区域	说明	作为位存取（布尔量）	作为字节存取（有符号、无符号、十六进制、二进制、ASCII、字符串）	作为字存取（有符号、无符号、十六进制、二进制、ASCII、字符串）	作为双字存取（有符号、无符号、十六进制、二进制、ASCII、字符串、浮点数）	可保留	可强制
I	离散输入和映像寄存器	读取/写入	读取/写入	读取/写入	读取/写入	否	是
Q	离散输出和映像寄存器	读取/写入	读取/写入	读取/写入	读取/写入	否	是

（续）

区域	说明	作为位存取（布尔量）	作为字节存取（有符号、无符号、十六进制、二进制、ASCII、字符串）	作为字存取（有符号、无符号、十六进制、二进制、ASCII、字符串）	作为双字存取（有符号、无符号、十六进制、二进制、ASCII、字符串、浮点数）	可保留	可强制
M	内部内存位	读取/写入	读取/写入	读取/写入	读取/写入	是	是
SM	特殊内存位（SM0-SM29为只读内存区）	读取/写入	读取/写入	读取/写入	读取/写入	否	否
V	变量内存	读取/写入	读取/写入	读取/写入	读取/写入	是	是
T	定时器当前值	否	否	读取/写入	否	是	否
	定时器位	读取/写入	否	否	否	否	否
C	计数器当前值	否	否	读取/写入	否	是	否
	计数器位	读取/写入	否	否	否	否	否
HC	高速计数器当前值	否	否	否	只读	否	否
AI	模拟输入	否	否	只读	否	否	否
AQ	模拟输出	否	否	只写	否	否	是
AC	累加器寄存器	否	读取/写入	读取/写入	读取/写入	否	否
L	局部变量内存	读取/写入	读取/写入	读取/写入	读取/写入	否	否
S	SCR	读取/写入	读取/写入	读取/写入	读取/写入	否	否

与微型计算机中的寄存器概念不同，PLC的寄存器均为内存区域中的单元。

（1）I区　I区为开关量输入的映像寄存器，在每次扫描用户程序前，系统自动采样外部各输入端口的状态，并存入映像寄存器供用户程序使用。在满足位数要求的前提下，可采用以位、字节、字和双字的方式进行存取，同时可在程序监控或状态表中对对应的值进行强制（即在外界输入状态未变化的情况下，对其对应映像寄存器的内容强制进行修改或保持在某一状态）。但I区的内容在掉电后无法保留，即掉电重新上电后该区的内容会全部重置。

（2）Q区　Q区为开关量输出的映像寄存器，在每次扫描用户程序后，系统根据输出映像寄存器的最终状态刷新外部输出。在满足位数要求的前提下，可采用以位、字节、字和双字的方式进行存取，同时可在程序监控或状态表中对其值进行强制（即强制使映像寄存器的值为某一状态并保持，此时由于被锁定，因此用户程序执行结果不能修改其状态）。该区内容在掉电后无法保留。

（3）M区　M区为PLC的内部寄存器，该区用于存放用户程序运行的中间结果，由于常用于进行位操作，因此也被称为中间继电器或辅助继电器。该区域数据在位数允许的前提下可采用位、字节、字以及双字等数据类型。系统掉电时，可使M区的所有或部分数据在断电后保持（需在快捷工具栏“系统块”的“断电数据保持”中进行设置），也可在程序监控或状态表中进行修改。

（4）SM区　SM区为特殊的内部寄存器，该区主要是对系统自动产生的信号（分脉冲、秒脉冲等）、存放系统运算结果（如移位运算中移出位）、高速计数器、脉冲发生器等进行运行方式设置等，其中SMB0～SMB29为只读区，其他为可读写区，但不能断电保持与数据强制。下面对 SM 区中部分常用的位值进行简单的介绍。

1）SMB0：

SM0.0 该位在 PLC 扫描程序开始后始终接通，通常位于需始终运行的程序或指令盒（如 PID 块或运算块）前以避免其与母线直接连接。

SM0.1 该位在首次扫描时接通一次，其后始终断开，通常用于数据的初始化。

SM0.2 如果保留性数据丢失，该位接通一个扫描周期，用于错误内存位或激活特殊起动顺序机制。

SM0.3 该位在电源开启后，有条件进入 RUN（运行）模式时首次扫描周期接通，通常用于在起动操作前提供机器预热时间。

SM0.4 该位为分钟脉冲，即在 1min 的周期时间内断开 30s，接通 30s。

SM0.5 该位为秒脉冲，即在 1min 的周期时间内断开 0.5s，接通 0.5s。

SM0.6 该位为扫描周期时钟，每个扫描周期取反。

SM0.7 该位表示“模式”开关的当前位置，断开代表“停止”，接通代表“运行”。

2）SMB1：

SM1.0 当操作结果为零时该位接通。

SM1.1 当溢出结果或检测到非法数字数值时该位接通。

SM1.2 结果为负时该位接通。

SM1.3 尝试除以零时该位接通。

SM1.4“增加至表格”指令尝试过度填充表格时，该位接通。

SM1.5 LIFO 或 FIFO 指令尝试从空表读取时该位接通。

SM1.6 尝试将非 BCD 数值转换为二进制数值时该位接通。

SM1.7 当 ASCII 数值无法转换成有效的十六进制数值时该位接通。

（5）V 区　V 区为存放数据的内存单元，用于大批量保存用户程序运行中产生的数据，该区可采用所有的数据类型，该区数据可被用户强制或修改，在断电后可以保持（需在“断电数据保持”选项中进行设置）。

（6）T 区　T 区用于存放所有定时器的运行状态与结果，T 区主要有两类数据，第一类为定时器当前值，用于记录定时器对应的时基个数，为字型数据；第二类为布尔量，表示定时器当前值是否到达设定值。定时器当前值可以断电保持，不能强制为定值，但可以在状态表中进行修改；定时器的位值不能保持，也不能进行强制或修改。

（7）C 区　C 区用于存放所有计数器的运行状态与结果，与 T 区类似，C 区也包含当前值与对应的布尔值两类数据，保持和强制的类型与 T 区相同。

（8）HC 区　HC 区用于存放 PLC 中高速计数器的值，为双字型只读数据，该区数据根据外部输入的脉冲个数在每个扫描周期进行更新，该区数据不能断电保持，也不能强制或修改。

（9）AI 与 AQ 区　AI 与 AQ 区分别为模拟量输入与输出寄存区，用于存放经 A-D 转换后和 D-A 转换前的模拟量，均为字型数据。以上两区的数据不能进行断电保持与修改，但可进行强制。

（10）AC 累加寄存器　AC 用于存放字节、字或双字型数据或地址，为 32 位寄存器，共有 4 个，分别为 AC0 ~ AC3。其中 AC0 为累加器，可用于数据的运算与暂存，但不能用于指针寻址；AC1 ~ AC3 可用于数据运算与暂存，也可作为指针进行寻址。累加寄存器无法通过状态表观测、强制或修改。

(11) L 区　L 区为局部变量存储区，主要用于为子程序提供需要的临时变量，该区在子程序开始时自动创建，在子程序结束时自动释放。该区数据不能保持也不能强制，无法通过状态表观测。

(12) S 区　S 为顺控变量区，该区数据主要用于存放顺控程序使用的变量，该区可采用所有数据类型使用，但不能保持也不能强制。

以上每个区的访问范围随 PLC 的型号而有区别，其取值范围与访问方式见表 5-2。

表 5-2　数据存取类型与范围

被存取	内存类型	CPU 221	CPU 222	CPU 224	CPU 226
位	V	0.0～2047.7	0.0～2047.7	0.0～5119.7V1.22 0.0～8191.7V2.00 0.0～10239.7XP	0.0～5119.7V1.23 0.0～10239.7V2.00
	I	0.0～15.7	0.0～15.7	0.0～15.7	0.0～15.7
	Q	0.0～15.7	0.0～15.7	0.0～15.7	0.0～15.7
	M	0.0～31.7	0.0～31.7	0.0～31.7	0.0～31.7
	SM	0.0～179.7	0.0～299.7	0.0～549.7	0.0～549.7
	S	0.0～31.7	0.0～31.7	0.0～31.7	0.0～31.7
	T	0～255	0～255	0～255	0～255
	C	0～255	0～255	0～255	0～255
	L	0.0～59.7	0.0～59.7	0.0～59.7	0.0～59.7
字节	VB	0～2047	0～2047	0～5119V1.22 0～8191V2.00 0～10239XP	0～5119V1.23 0～10239V2.00
	IB	0～15	0～15	0～15	0～15
	QB	0～15	0～15	0～15	0～15
	MB	0～31	0～31	0～31	0～31
	SMB	0～179	0～299	0～549	0～549
	SB	0～31	0～31	0～31	0～31
	LB	0～59	0～59	0～59	0～59
	AC	0～3	0～3	0～3	0～3
字	VW	0～2046	0～2046	0～5118V1.22 0～8190V2.00 0～10238XP	0～5118V1.23 0～10238V2.00
	IW	0～14	0～14	0～14	0～14
	QW	0～14	0～14	0～14	0～14
	MW	0～30	0～30	0～30	0～30
	SMW	0～178	0～298	0～548	0～548
	SW	0～30	0～30	0～30	0～30
	T	0～255	0～255	0～255	0～255
	C	0～255	0～255	0～255	0～255
	LW	0～58	0～58	0～58	0～58
	AC	0～3	0～3	0～3	0～3
	AIW	0～30	0～30	0～62	0～62
	AQW	0～30	0～30	0～62	0～62

（续）

被 存 取	内 存 类 型	CPU 221	CPU 222	CPU 224	CPU 226
双字	VD	0 ~ 2044	0 ~ 2044	0 ~ 5116V1. 22 0 ~ 8188V2. 00 0 ~ 10236XP	0 ~ 5116V1. 23 0 ~ 10236V2. 00
	ID	0 ~ 12	0 ~ 12	0 ~ 12	0 ~ 12
	QD	0 ~ 12	0 ~ 12	0 ~ 12	0 ~ 12
	MD	0 ~ 28	0 ~ 28	0 ~ 28	0 ~ 28
	SMD	0 ~ 176	0 ~ 296	0 ~ 546	0 ~ 546
	SD	0 ~ 28	0 ~ 28	0 ~ 28	0 ~ 28
	LD	0 ~ 56	0 ~ 56	0 ~ 56	0 ~ 56
	AC	0 ~ 3	0 ~ 3	0 ~ 3	0 ~ 3
	HC	0 ~ 5	0 ~ 5	0 ~ 5	0 ~ 5

5. 1. 3　数据的寻址方式

PLC 中的数据有直接寻址、符号寻址、间接寻址三种寻址方式。

（1）直接寻址　在直接寻址方式中，如访问数据的布尔量（I、Q、M、SM、V、L 等区域），需标明数据的区域名、数据在区域中的字节编号和带句点的位号，如 I0. 5、SM0. 7、V101. 2 等，符号名及其在内存中的位置如图 5-6 所示。

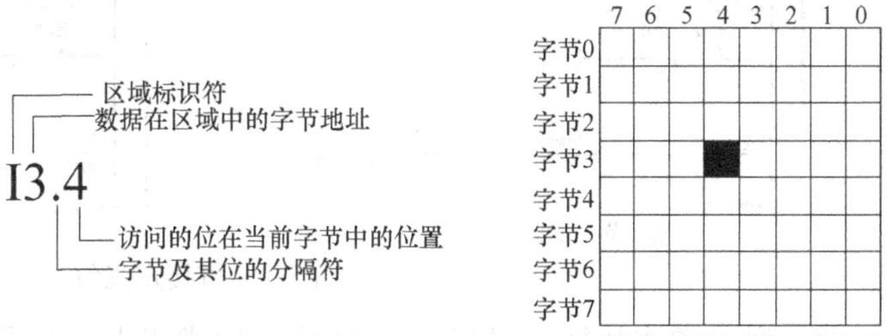

a) 标识符定义　　b) 符号在区域中的对应位置

图 5-6　布尔量直接寻址方式

对字节、字或双字数据直接寻址时需要标明数据的区域名、数据类型和数据在区域中的字节编号，如 MB2、VW300 或 T37 等。需要注意的是，PLC 中数据区域是以字节地址的编号进行编址的，类型不同而地址相同的数据，在地址上有重叠部分。以 VB100、VW100 与 VD100 为例，三者在内存中的关系如图 5-7 所示。

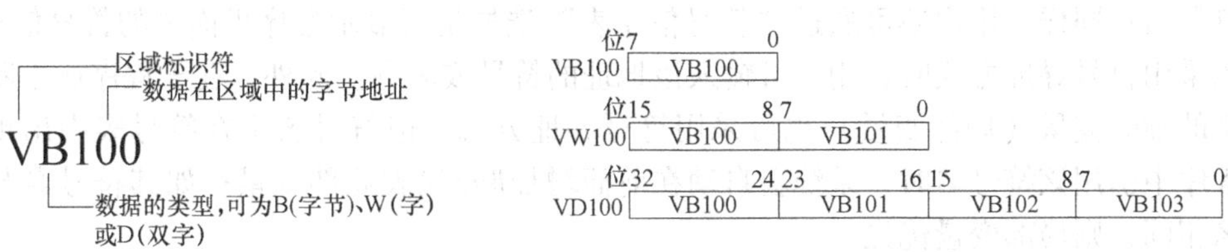

a) 标识符定义　　b) 数据间关系

图 5-7　字节、字与双字数据直接寻址方式

需要特别说明的是，S7-200 系列 PLC 的扩展模块需外接供电电源方可使用，使用自带的扁平电缆与 CPU 本体连接后，对应的数字量地址以字节为单位进行扩展，模拟量地址则

以字为单位进行扩展。例如 S7-224XP CPU 共有 14 个数字量输入，地址为 I0.0 ~ I0.7 与 I1.0 ~ I1.5，自带的 2 个模拟量输入地址为 AIW0 与 AIW2，如果 CPU 连接了 8 个数字量输入扩展模块 EM223，则 EM223 的数字量输入地址为 I2.0 ~ I2.7（并非从 I1.6 开始）；如连接了模拟量输入扩展模块 EM231，则其输入量的地址从 AIW4 开始（224XP 自带输入地址为 AIW0 与 AIW2）。

（2）符号寻址　用户可在软件中对某些常用符号定义，定义方式有两种：一种是在程序界面需要定义的符号上单击鼠标右键，在弹出的快捷菜单中选择“定义符号”，并在弹出的窗口中填写符号的名称和注释，名称可以为中文或英文，如图 5-8 所示。

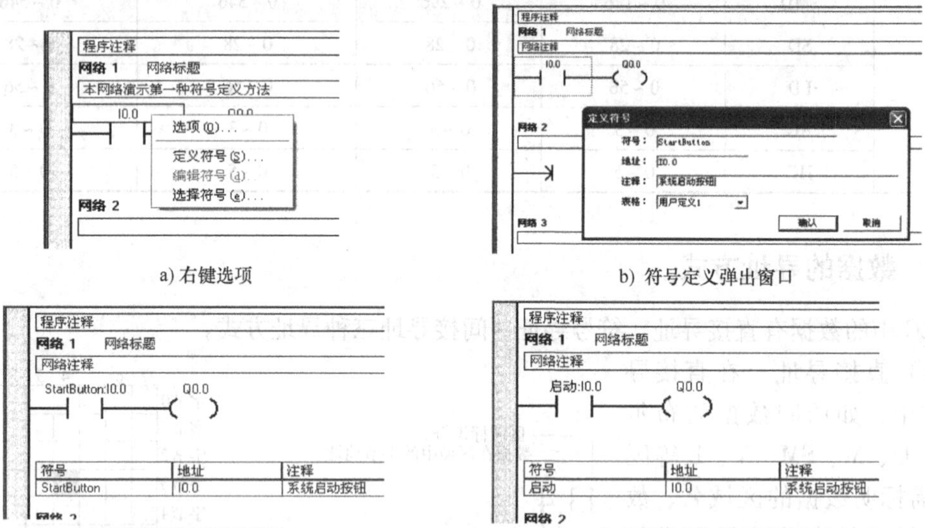

a) 右键选项　b) 符号定义弹出窗口

c) 采用英文定义后的符号　d) 采用中文定义后的符号

图 5-8　直接定义符号

另一种是单击快捷工具栏的“符号表”或双击“符号表”指令树下的“用户定义 1”，并在右侧的状态表窗口中直接对符号进行定义，如图 5-9 所示。

需要注意的是，当采用符号表进行符号定义时，可能会出现符号未定义地址或符号定义重复的现象，这时符号所在行的对应列中会出现相应的提示。此外，无论采用哪种方法对符号进行定义，当需要对符号进行修改或删除时，均需在符号表中进行操作。

符号名称可以采用大小写英文字符开始的英文和数字的混合名称，或采用汉字进行标识。用户可通过菜单栏中的“查看”菜单下的“符号寻址”，选择是否在程序界面中显示地址的符号名；同样，用户还可通过“符号信息表”选择是否显示程序界面中的符号信息。

当采用符号寻址方式时，用户可输入该地址的符号或名称。此外，在子程序或中断程序中定义的临时变量（局部变量）也可采用符号寻址方式，但符号名不在符号表中出现。当在子程序中引用该符号名时，系统会自动在前面增加#号代表局部变量；如其符号名与全局变量名相同，则局部变量优先。

（3）间接寻址　与 C 语言类似，PLC 中允许采用间接寻址即指针的方法进行数据访问。在 S7-200 中，指针必须为 32 位无符号数（双字型），可作为指针的变量区域为 V、L 或累加寄存器（除 AC0 外的 AC1、AC2 和 AC3），可以被指针访问的变量区域有 I、Q、V、M、S、T（仅限当前值）和 C（仅限当前值），不能用指针访问 AI、AQ、HC、SM 等区域，被访问的变量最小单位为字节（即不能访问布尔量）。

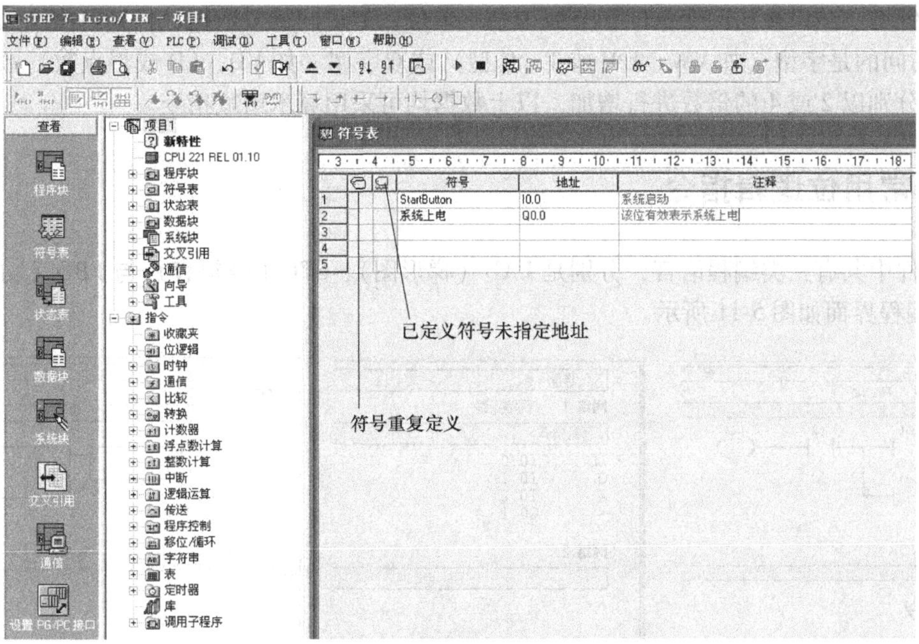

a) 符号定义界面

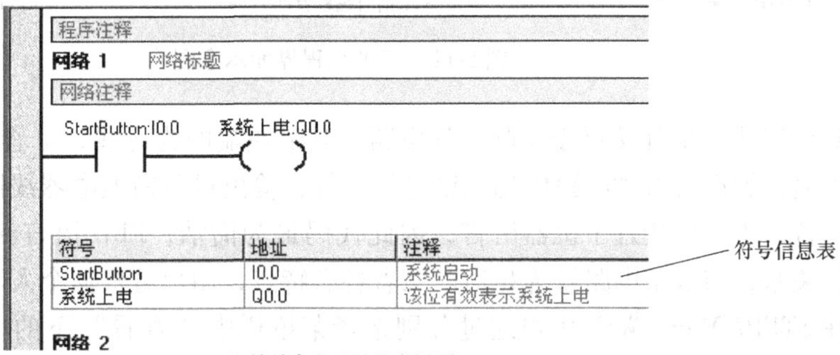

b) 符号定义后的程序界面

图 5-9　符号表定义

建立位置的指针，可用双字移位指令将某内存区变量地址存入一个 V、L 或 AC1 ~ AC3 的双字变量中，且需在地址前加 & 符号；访问指针所指位置的数据，需在指针前加 * 号，如图 5-10 所示。

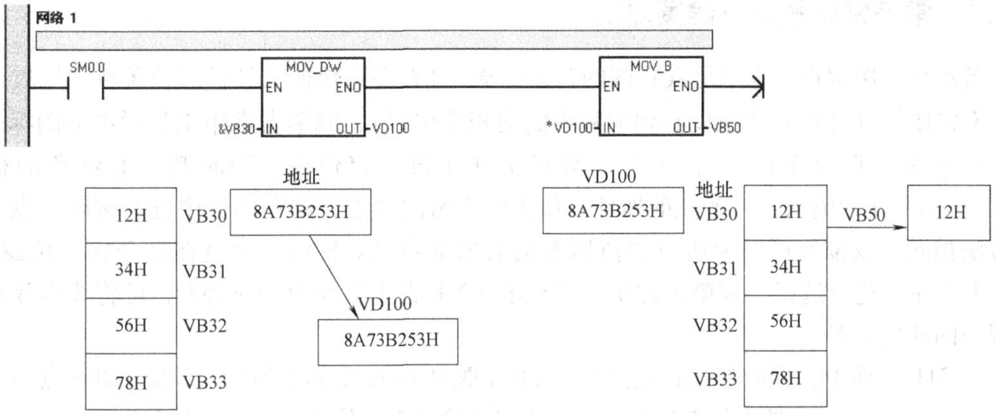

图 5-10　地址建立与访问方式

指针增、减以被访问变量的字节数为基本单位，如访问字节数据，指针每次增加或减少 1；如访问的是字型（如 VW、LW 或 T、C 型）或双字型（如 VD、LD 或浮点数）数据，则指针需分别以 2 或 4 的倍数进行增加，以上数据均可采用算术增减指令。

5.2　常用位逻辑指令

软件中共有三类编程语言，分别是 LAD（梯形图）、STL（语句表）与 FBD（功能图语言），编程界面如图 5-11 所示。

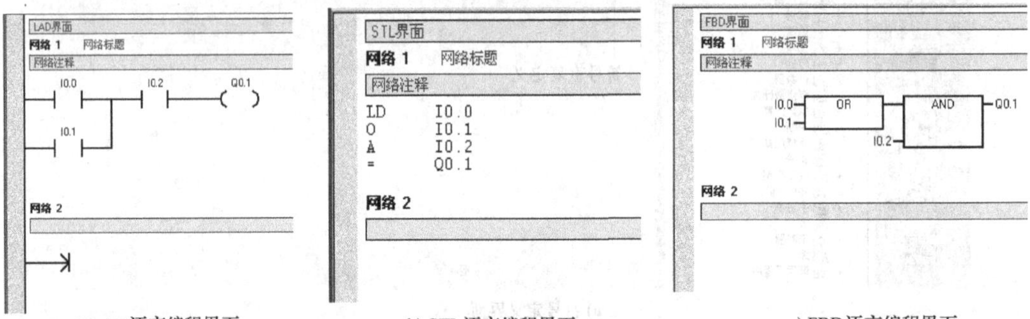

a) LAD 语言编程界面　　b) STL 语言编程界面　　c) FBD 语言编程界面

图 5-11　三种编程界面示意图

LAD 语言界面更加接近于实际电气电路，其最左端的为母线，可看做电路中的供电端，右侧为支路，触点可看做电路中的按键等元器件，输出可看做继电器线圈；STL 编程则类似于汇编语言，由于更接近于机器语言，因此代码最为简洁；FBD 语言侧重于体现各元器件间的逻辑关系，与数字电路较为相似。三者各有特点，用户可根据个人习惯或实际需要进行选择。在 STEP7-Micro/WIN 中可通过分别选择菜单栏中“查看”下的“STL”、“梯形图”和“FBD”选项，使编程语言在正确编译的前提下自动转换（部分采用 STL 语言编制的代码可能无法转换成另外两种语言）。

STEP7-Micro/WIN4.0 共有指令约 170 条，其中常用的指令有位、逻辑、数据传送、比较、定时器、计数器等，可用软件自带的帮助文档查看使用方法。

5.2.1　常开常闭触点与线圈输出

若用梯形图编程，选中母线右端的符号├→|，并在左边快捷工具栏“位逻辑”⊣⊢展开菜单中双击图标（亦可直接拖曳其到编程界面的相应位置），或单击常用工具栏中的图标⊣⊢，在下拉菜单中选择图标⊣⊢，则常开触点出现在被选定位置，同时其上有红色的标记“??.?”，等待用户输入常开触点的地址。如果输入常闭触点，则在图标中选择常闭触点，操作方法相同，该位值可以为所有数值区域的有效变量名。同时，通过在指令树“位逻辑”的展开菜单中进行选择，或单击常用工具栏的-( )并在下拉菜单中选择-( )，可将线圈放在编程界面的相应位置。

在 STL 界面中，读取常开触点指令为 LD（取自 Load 中的字符），读取常闭触点指令为 LDN（Load Not），线圈输出指令为 = 号，如同时输出多个线圈，可反复使用。

在 FBD 语言界面中，取方框内部为 = 的线圈输出框，在左端输入常开触点名，上方为输出线圈名，如输入常闭触点名，可单击左端短线使其成为红色，然后单击鼠标右键，在弹出的菜单中选择“切换取反”或在常用工具栏中选择，对应短线变为“○”符号，代表读取输入信号的常闭触点或前导信号的反状态。如有多个输出，需在线圈输出前增加“与”操作符号，可在左端指令树的“位逻辑”下选择 AND 符号。在选中对应输入后通过单击常用工具栏的图标，即可删除多余的输入。

与实际电路的控制电路类似，软件中的触点可看做按键、开关或继电器触点，而线圈输出则可看做继电器的线圈。在程序编制中，触点既可以直接与母线连接，又可以与其他触点连接，而线圈则为一行程序的终点，不能在其后连接任何元器件，但允许有多个线圈输出。图 5-12 是触点输入直接线圈输出的实例。

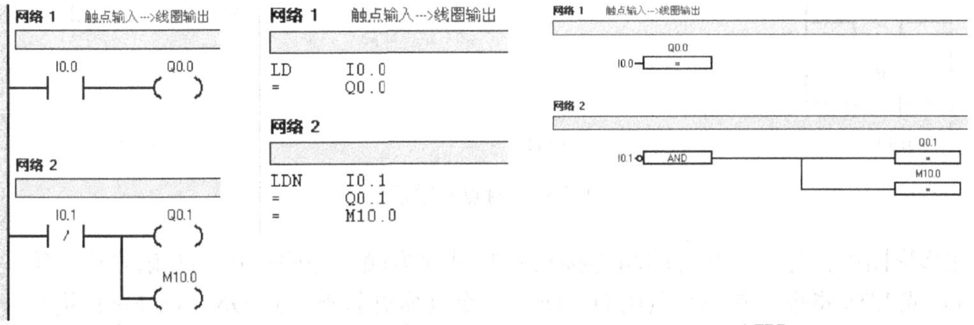

a) 梯形图　　b) STL　　c) FBD

图 5-12　触点输入直接线圈输出

在图 5-12a 所示的网络 1 中，I0. 0 的常开触点直接向 Q0. 0 线圈输出，因此 Q0. 0 的状态始终与 I0. 0 相同；而在网络 2 中，I0. 1 的常闭触点（I0. 1 的反状态）直接向 Q0. 1 与 M10. 0 的线圈输出，因此 Q0. 1 与 M10. 0 的状态始终与 I0. 1 相反。

例 5-1　设计手动进行的点动程序。

PLC 的 I0. 0 端子连接按键 SB1，表示使电动机正转；Q0. 0 端子连接继电器 KM1 使电动机正转。编制 PLC 程序，实现当按键按下时，电动机转动；松开后电动机停止。当手动按下按键时电动机可实现点动，图 5-13 为点动程序。

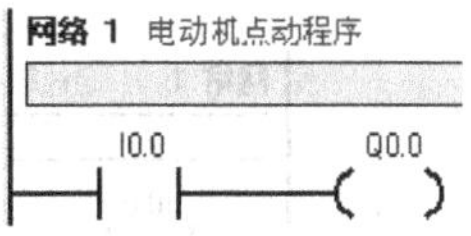

图 5-13　电动机点动程序

5. 2. 2　触点串联和并联

多个触点可进行连接以实现相对较复杂的逻辑，当多个触点在电路上表现为串联方式、在逻辑上表现为“与”的关系时，为触点串联指令，此时每个触点均为“接通”状态时输出有效，图 5-14 为触点串联的程序图。

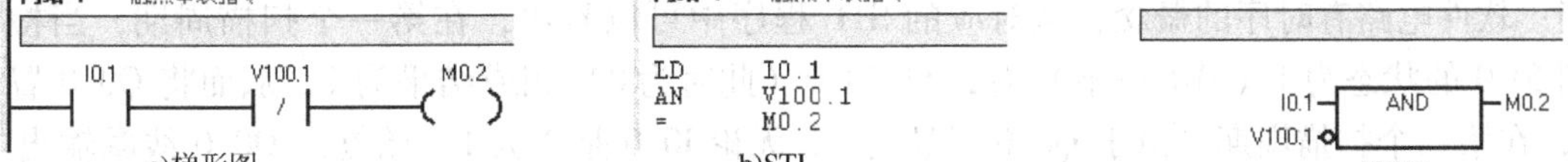

a)梯形图　　b)STL　　c)FBD

图 5-14　触点串联指令

在梯形图中，触点串联与电路类似，多个触点可用连线连接；在 STL 语言中，第一个触点用 LD 或 LDN 指令，串联触点用 A（And）指令（串联常开触点）或 AN（And Not）指令（串联常闭触点），如有多个触点连接则重复上述过程；在 FBD 界面中，多个触点串联可用一个 AND 模块，可用常用工具栏中的符号删除输入或用符号增加输入。

当触点在电路上表现为并联方式、在逻辑上表现为“或”的关系时，使用触点并联指令，此时只要有一个触点为“接通”状态时则输出有效。图 5-15 为触点并联程序图。

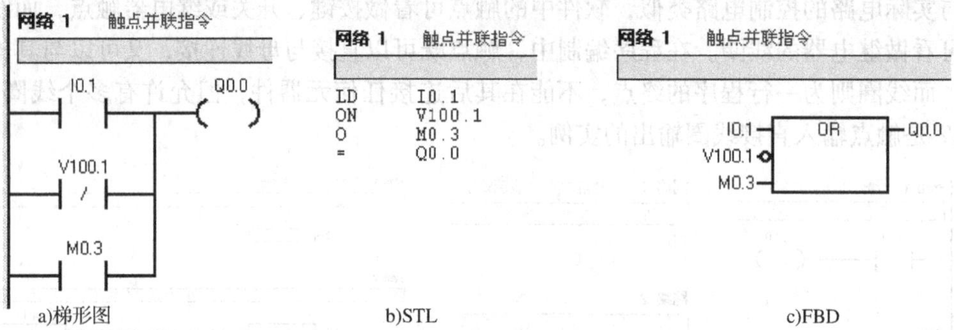

a)梯形图　　b)STL　　c)FBD

图 5-15　触点并联指令

在梯形图中，每个触点两端均连接在一起时即为触点并联；在 STL 语言中，第一个触点用 LD 或 LDN 指令，其他触点用 O（Or）指令（常开触点）或 ON（Or Not）指令（常闭触点）表示触点的并联关系；在 FBD 界面中，则需选择 OR 模块，操作方式与 AND 指令相同。

例 5-2　设计自锁（起动保持）程序。

按键 SB1 连接 PLC 的 I0.0 端子，Q0.0 端子连接 KM1，用于控制电动机旋转，当 SB1 按下后电动机即开始旋转，此后按键无论是否保持在按下的状态，电动机始终旋转，该类程序被称为自锁，图 5-16 为自锁程序。

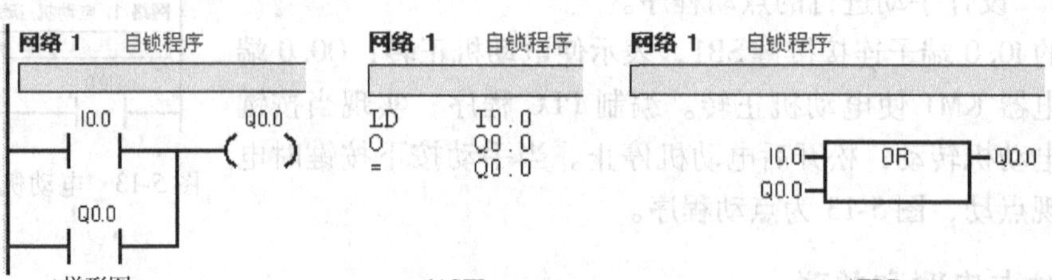

a)梯形图　　b)STL　　c)FBD

图 5-16　自锁程序

从梯形图可以看出，上述程序与硬件电路图的结构基本类似，但二者之间有一定的区别。硬件电路没有时序，当按键按下时继电器线圈得电，当常开触点闭合后，线路即实现自锁；软件电路有时序的概念，从对应的 STL 程序中可以看出，在第一个扫描周期，当检测到 I0.0 的状态为 1（SB1 按下）时，与 Q0.0（此时为 0）相或结果为 1，从而将 Q0.0 置为 1；在第二个扫描周期，由于 Q0.0 已置为 1，无论 I0.0 是否为 1，始终向 Q0.0 线圈输出 1，实现自锁。可以看出，自锁功能是在第二个扫描周期实现的。

例 5-3　设计自锁-解锁程序。

例 5-2 中的程序自锁后无法自动解除，为此需增加一个按键 SB2，以实现对自锁程序的解锁，该按键的常开触点与 PLC 的 I0.1 端子连接，图 5-17 为自锁-解锁程序。

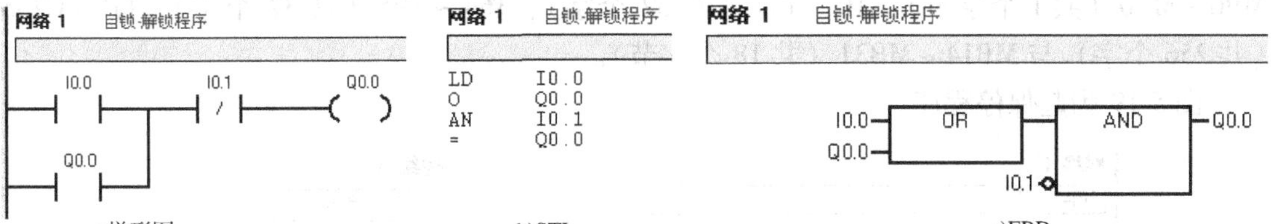

a)梯形图　b)STL　c)FBD

图 5-17　自锁-解锁程序

思考题：例 5-3 中，如果解锁按键的常闭触点与 I0.1 端子连接，信号逻辑会发生怎样的变化？程序应如何修改？

例 5-4　设计起保停电路。

在例 5-3 的基础上设计起保停电路，即 SB1 按键按下时设备起动（Q0.0 线圈接通）并保持，SB2 按键按下时停止，当系统掉电时保持当时的运行状态并在上电时恢复，此类电路被称为起保停电路。为实现该功能，采用中间继电器保存掉电时的状态，为此需事先设定掉电保持的区域。方法如下：单击快捷工具栏左侧的“系统块”或在当前项目名的指令树下单击“系统块”，在展开菜单中双击“断电数据保持”，弹出的窗口如图 5-18 所示。

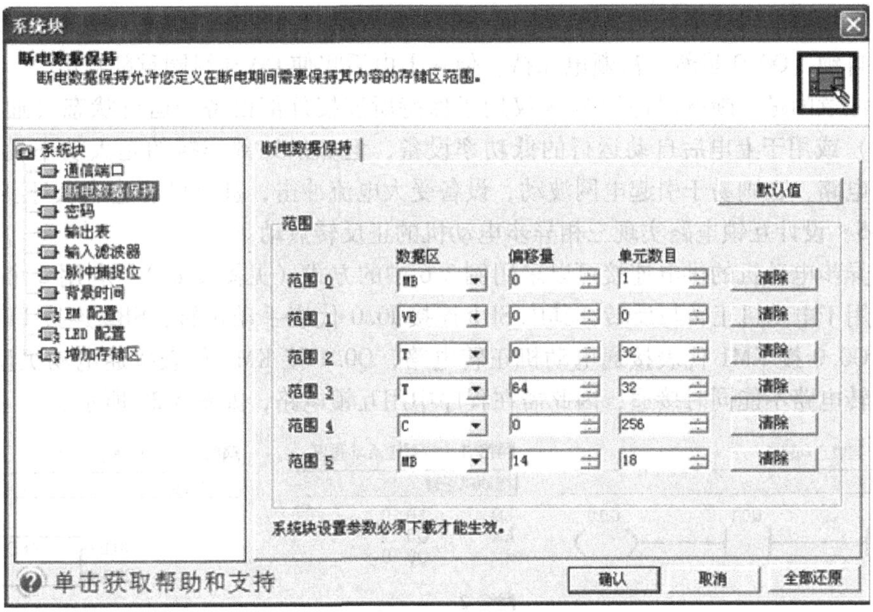

图 5-18　断电数据保持设置窗口

在“范围0”所在行的“数据区”选择要保持数据的区域与类型，在“偏移量”中输入要保持数据的起始位置，并输入要保持的数据个数（偏移量），确认后该范围的数据即可实现断电保持。其中，“数据区”代表需掉电保持的数据区域及类型，“偏移量”代表需保持的第一个变量开始的位置，“单元数目”代表需保持的变量数量。本例中，在“范围0”

对应的“数据区”中选择 MB，“偏移量”为 0，“单元数目”为 1，从而使 MB0（即 M0.0 ~ M0.7）在断电后状态仍然能够保持。按照图 5-18 中的设置，可以断电保持的数据区有：MB0 ~ MB0（共 1 个字节）、T0 ~ T31（共 32 个字）、T64 ~ T95（共 32 个字）、C0 ~ C255（共 256 个字）与 MB14 ~ MB31（共 18 个字节）。

图 5-19 为起保停程序。

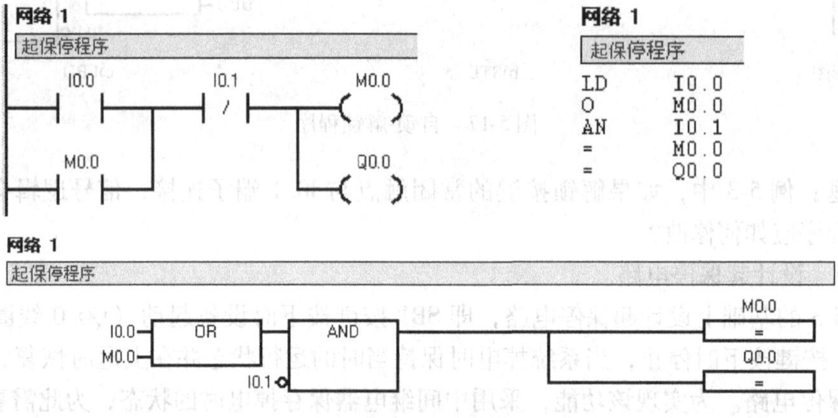

图 5-19　起保停程序

程序中，采用可断电保持的中间继电器 M0.0 替换自锁-解锁程序中的 Q0.0 触点，输出线圈增加中间继电器线圈。当系统断电时 M0.0 保持原来的状态，在重新上电后 M0.0 使该电路重新自锁，Q0.0 虽然无法断电保持，但在上电后将使 Q0.0 线圈重新得电。

需要注意的是，断电保持的 M 区仅用于保持所连接外部设备的运行状态（通常为直流电压信号）或用于上电后自动运行的低功率设备，但如果外部连接的是大功率设备，不建议使用该电路，否则易于引起电网波动，设备受大电流冲击，甚至可能造成人身事故。

例 5-5　设计互锁电路实现三相异步电动机的正反转点动。

三相异步电动机的供电连接可以采用例 2-6 中的方式（见图 2-8a），利用 2 个按键连接 PLC 分别用于电动机正转与反转，其中 SB1 连接 I0.0 代表手动正转，SB2 连接 I0.1 代表手动反转，Q0.0 接 KM1 代表接通电动机正转电路，Q0.1 接 KM2 代表接通电动机反转电路。由于正反转电路不能同时接通，因此需在程序中用互锁电路，如图 5-20 所示。

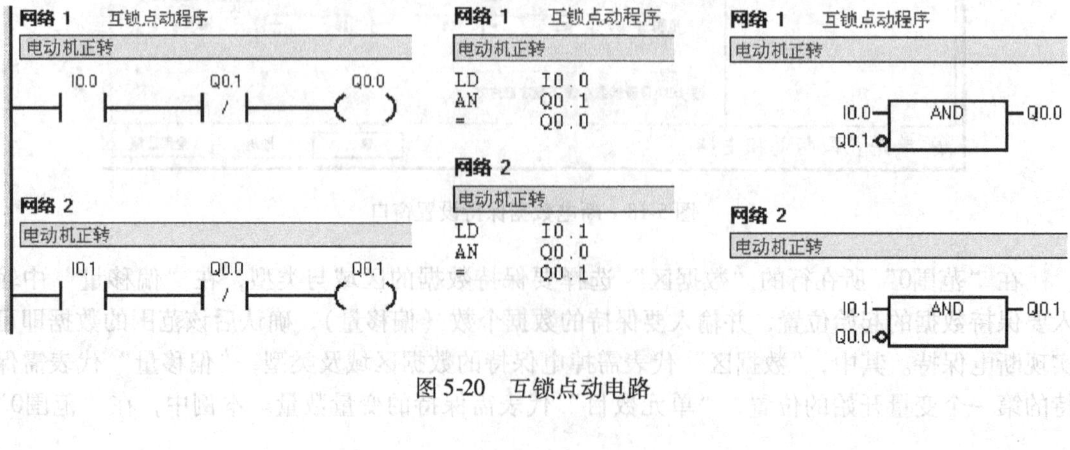

图 5-20　互锁点动电路

当两个按键中仅有其中一个按下时，对应的输出线圈接通，使相应 PLC 外部的继电器接通，电动机正转或反转；同时对应的常闭触点断开，使另一线路无法接通，从而避免电动机正反转电路同时接通。

例 5-6　设计自锁-解锁-互锁电路（见图 5-21）。

为实现电动机正反转自动自锁、解锁与互锁电路，其中 SB1_1 接 I0.0，按下时电动机正转并保持；SB1_2 接 I0.1，按下时电动机正转停止；SB2_1 接 I0.2，按下时电动机反转并保持，SB2_2 接 I0.3，按下时电动机反转停止，Q0.0 接继电器 KM1 使电动机正转电路接通，Q0.1 接继电器 KM2 使电动机反转电路接通。

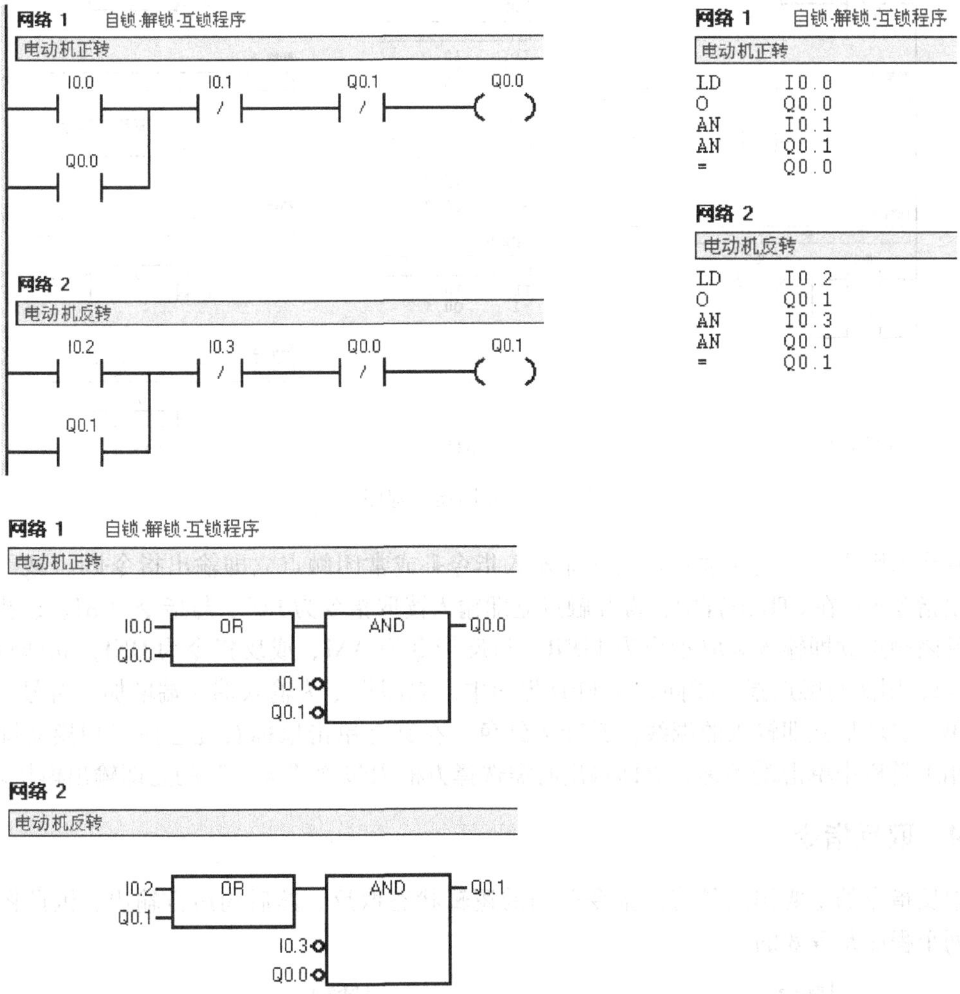

图 5-21　自锁-解锁-互锁电路

5.2.3　立即指令

立即指令包含立即输入和立即输出指令，其功能与触点输入和线圈输出指令类似，区别在于立即输入指令可立即读取 PLC 对应输入端点状态用于用户程序，立即输出指令可将输出状态立即向 PLC 输出端点输出。立即指令可跳过扫描方式在执行用户前的输入更新和输出更新阶段，直接对 PLC 的输入输出端点进行处理。需要注意的是，立即输入指令的操作数只能是 I 区域变量，立即输出指令的操作数只能是 Q 区域变量。图 5-22 为立即指令的程序。

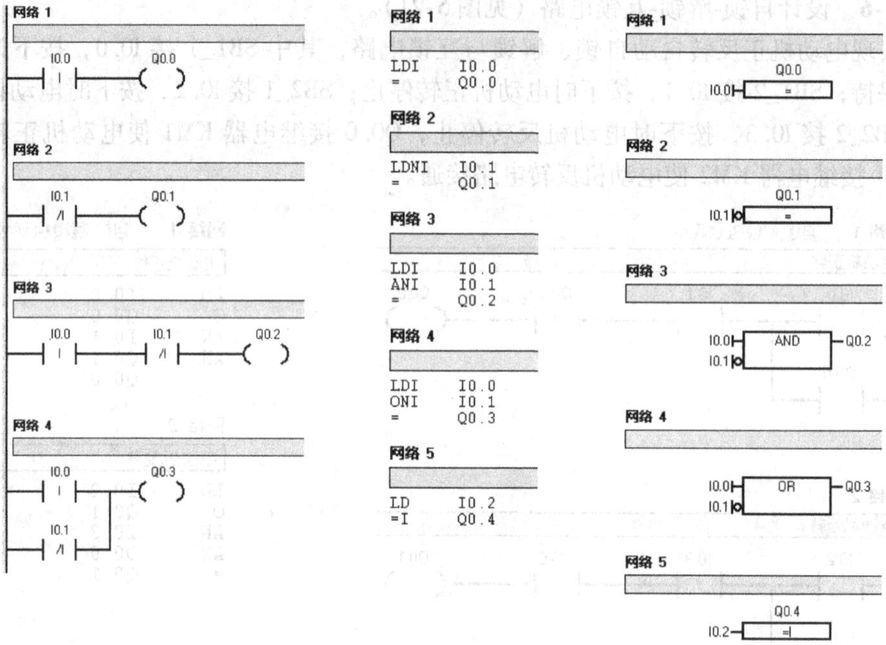

a)梯形图　　　　b)STL　　　　c)FBD

图 5-22　立即指令程序

在梯形图中，可选择常开触点立即输入指令-|I|-或常闭触点立即输出指令-|/I|-，或线圈立即输出指令-(I)；在 STL 语言中，常开触点立即输入读取指令为 LDI、与指令为 AI、或指令为 OI，常闭触点立即输入读取指令为 LDNI、与反指令为 ANI、或反指令为 ONI，立即输出指令为 =I，用法与触点指令相同；在 FBD 界面中，立即指令为输入端左端增加｜符号，方法为：单击要增加立即输入的端线使其变为红色，在其上单击鼠标右键选择“切换立即”或在常用工具栏中单击图标，立即输出时需选择方框内包含“ =｜”的立即输出模块。

5.2.4　取反指令

取反指令的主要作用是将该指令前面的逻辑状态取反，然后向后方输出，因此图 5-23 中，两个程序是等效的。

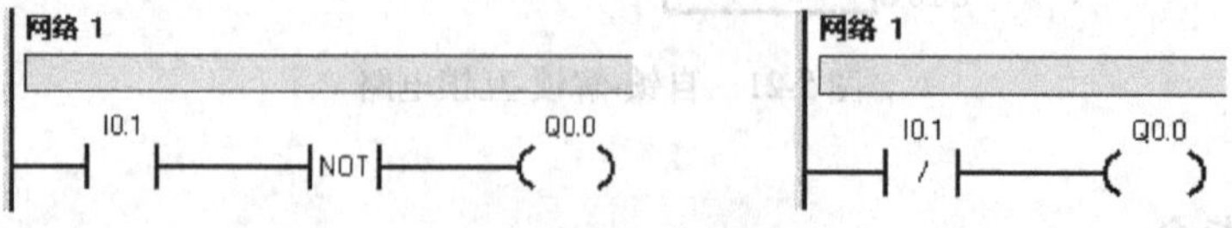

图 5-23　取反等效程序

在梯形图中，取反指令为-|NOT|-，将需要取反的两端分别连接输入与输出；STL 语句中为 NOT，无操作数；FBD 语句中则直接在下一模块前用“切换取反”即可（参考“常开常

闭触点与线圈输出”中的操作)，图 5-24 为取反指令的示例程序。

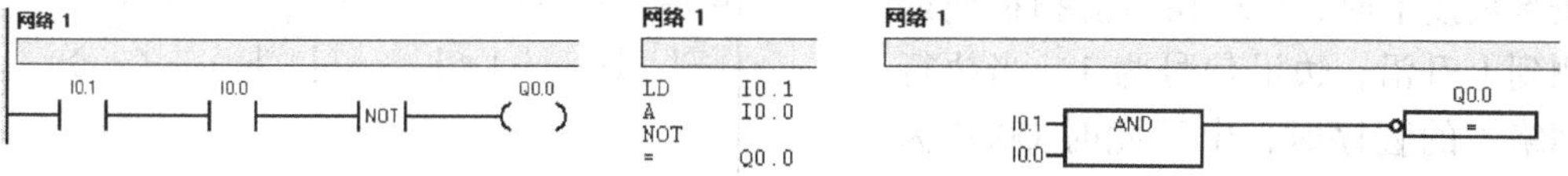

a)梯形图　　b)STL　　c)FBD

图 5-24　取反指令示例

思考题：如果图 5-24 所示的程序中将 I0.1 的常开触点与 I0.0 的常闭触点串联后向 Q0.0 输出，该功能与图 5-24 中的程序是否相同？如不同则二者的差异在何处？

5.2.5　边沿指令

边沿指令也被称为微分指令，是用于检测信号电平变化的指令。该类指令包含上升沿指令 EU（Edge Up）与下降沿指令 ED（Edge Down），当使用此类指令时，系统每次都比较被检测信号的当前值与上一周期的测量值，如果发生了由低电平（0）向高电平（1）的跳变，则上升沿指令有效；如果发生了由高电平（1）向低电平（0）的跳变，则下降沿指令有效。由于每个扫描周期均会进行检测，因此如被检测信号仅接通或断开一次，则边沿指令仅在一个扫描周期内有效，边沿指令程序及其时序如图 5-25 所示。

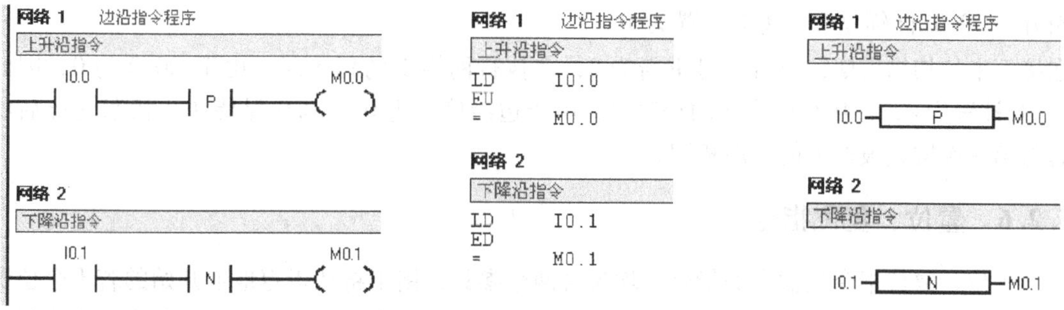

a) 边沿指令示例程序

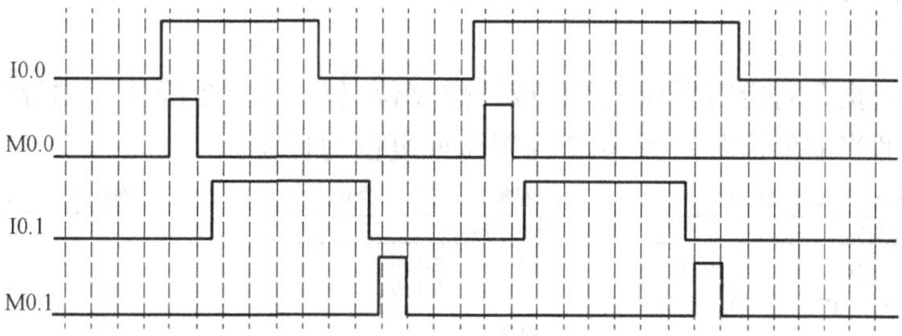

b) 边沿指令时序图(虚线代表每个扫描周期)

图 5-25　边沿指令程序与时序图

在梯形图与 FBD 界面下，有带有 P（上升沿）和 N（下降沿）的模块，在两端分别输入对应的地址即可；在 STL 语句中，则在读取被检测触点后采用 EU、ED 指令，无操作数。

根据边沿指令的逻辑，用一个按键亦可实现系统起动与停止（即每次按键按下时输出均取反)，如图 5-26 所示（为简便起见，仅列出梯形图程序)。

假设此时 Q0.0 为 0，当 I0.0 连接的按键被按下时，PLC 在当前扫描周期检测到上升沿，边沿信号为 1。当执行到网络 1 的程序时，由于此时 Q0.0 为 0，因此 M0.0 也为 0；执行网络 2 的程序时，由于 M0.0 为 0，因此 Q0.0 线圈接通并自锁，其状态为 1。在接下来的扫描周期，当程序执行网络 1 时，由于 I0.0 无上升沿，边沿信号输出为 0，因此虽然 Q0.0 为 1，M0.0 仍被置为 0；在执行网络 2 的程序时，由于 M0.0 为 0，因此 Q0.0 的状态仍保持自锁。

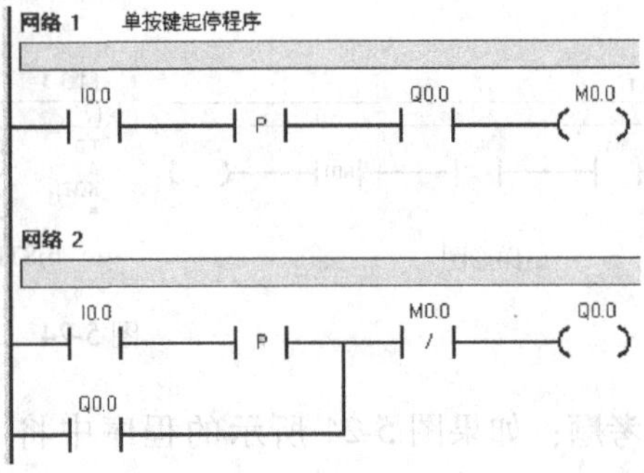

a）单按键控制起停程序

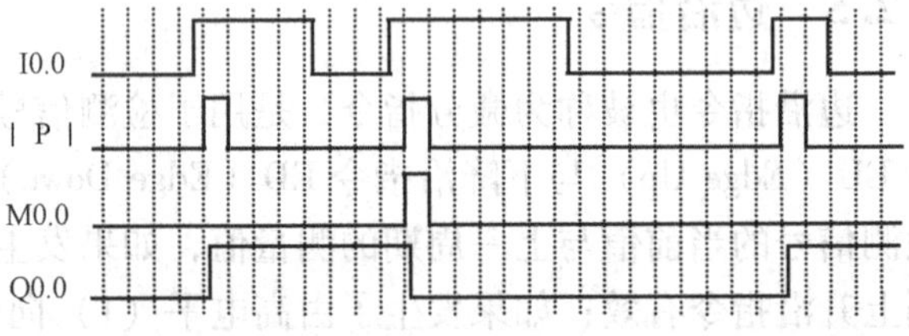

b）单按键控制起停时序图

图 5-26　单按键控制起停的程序与时序图

当 I0.0 的按键再次被按下时，当前扫描周期检测到上升沿，边沿信号为 1。在执行网络 1 的程序时，由于 Q0.0 也为 1，因此 M0.0 置 1；在执行网络 2 的程序时，由于 M0.0 为 1，其常闭触点断开，Q0.0 自锁解除，Q0.0 置为 0。在接下来的扫描周期，边沿信号重新为 0，在执行网络 1 的程序时，由于 Q0.0 为 0，因此 M0.0 被置为 0；在执行网络 2 的程序时，由于边沿信号为 0，Q0.0 保持在 0 状态（此后状态与第一次按键被按下前状态相同)。

5.2.6　置位、复位指令

置位、复位指令是输出类指令，均包含两个参数，用于将从指定地址开始的若干个位置位或复位，前一个参数为开始置位或复位的地址值，以位为单位；另一个参数为置位或复位的个数，该值可以为常数（1～255）或 I、Q、V、M、SM、S、L、AC、*VD、*LD、*AC等字节型变量。

如果复位指令对定时器位（T）或计数器位（C)，指令除将定时器或计数器位复位外，还会将对应的当前值清零。图 5-27 为置位或复位的程序。

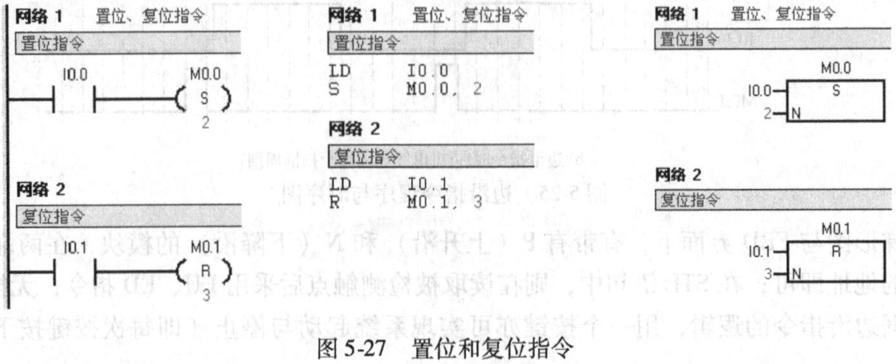

图 5-27　置位和复位指令

在梯形图与 FBD 界面中，可分别取带有 S 或 R 的块，第一个参数为起始地址，第二个参数为操作的个数；在 STL 语句中为 S 或 R 指令，两参数间用逗号隔开。在图 5-27 所示的例子中，当 I0.0 按下时，M0.0 开始的 2 位即 M0.0 与 M0.1 被置位为 1；当 I0.1 按下时，M0.1 开始的 3 位即 M0.0、M0.1 与 M0.2 被复位为 0。置位指令（S）在前导触点失效后仍具有置位效果，只有复位指令（R）才能使其复位。当 I0.0 有效时，M0.0 与 M0.1 置位为 1；当 I0.0 无效后，M0.0 与 M0.1 仍为 1；只有 I0.1 有效时，才能使 M0.1 复位为 0。

根据置位或复位的特点，可知置位指令与例 5-2 中的保持电路效果相同，如图 5-28a 所示；同时例 5-3 中的自锁-解锁程序与图 5-28b 中的程序等效。

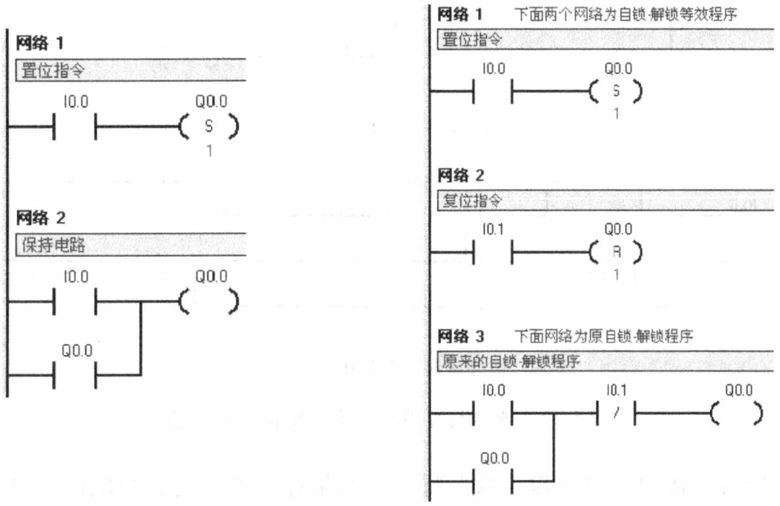

a) 保持电路和置位指令等效程序　　b) 自锁-解锁等效程序

图 5-28　保持电路和自锁-解锁等效程序

编制程序的方法很多，因此对同一问题常常有不同的解决方式。例如使用置位与复位指令也可完成单键起停程序，如图 5-29 所示。

思考题： 在上例中，M0.0 的作用是什么？为什么不能取消 M0.0，将网络 2 中分支线路后的两个输出点直接连接在网络 1 的输出端上？

类似地，起保停程序、互锁程序和点动程序（提示：可采用边沿指令）均可采用置位与复位指令实现，读者可自行完成。

与继电器输出类似，置位与复位程序也有立即置位（SI）与立即复位（RI）指令，运行效果与使用方法相同，这里不再赘述。

5.2.7　堆栈操作

PLC 中的所有操作均采用堆栈完成，因此堆栈操作指令经常在 STL 语言中出现；而 LAD 与 FBD 语言由于采用仿电路型设计，没有直接的堆栈操作指令。但由于堆栈在 PLC 指令执行中必不可少，因此了解堆栈的使用方法，不仅可以实现 STL 语言的编程，而且对于了解 PLC 程序运行方式、简化编程语言具有很大的帮助。

与计算机中的堆栈基本存储单位为字节不同，PLC 的逻辑堆栈基本单位为布尔量，在

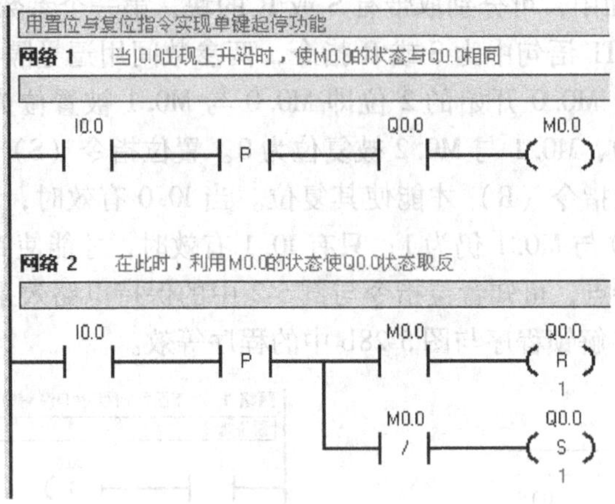

a) 单键起停功能程序

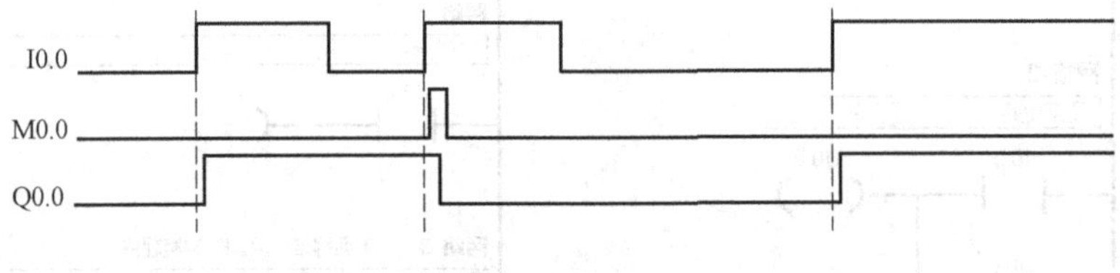

b) 单键起停功能时序

图 5-29 置位与复位指令实现单键起停功能

PLC 语句中，所有的逻辑运算均以堆栈为操作与结果存储的单元，每次运算得到的结果均被自动送入堆栈顶部，已输出的运算结果在新的运算或网络开始时被自动清除。其操作方式如图 5-30 所示（其中 Null 代表空）。

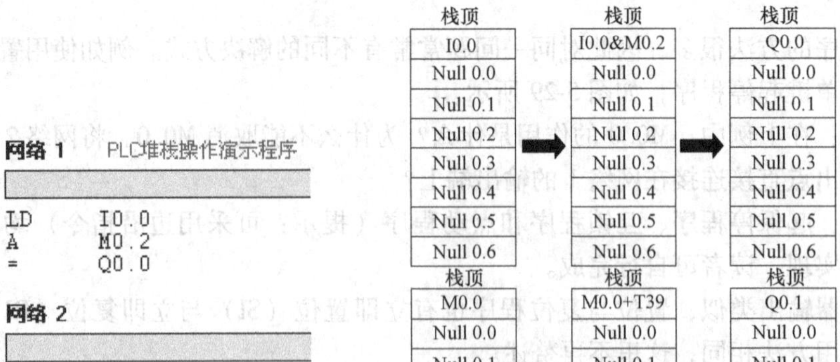

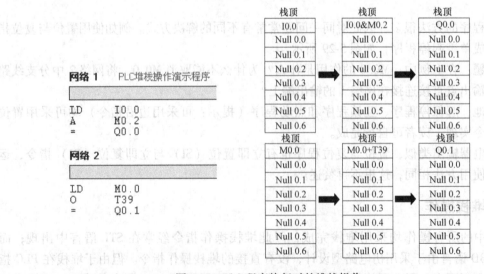

图 5-30 PLC 程序执行时的堆栈操作

（1）块操作指令 多个触点分别串联或并联的块，再进行并联或串联的操作被称为块操作指令。多组触点在各自串联后再进行并联的操作被称为块并联。图 5-31 为块并联的一个实例。

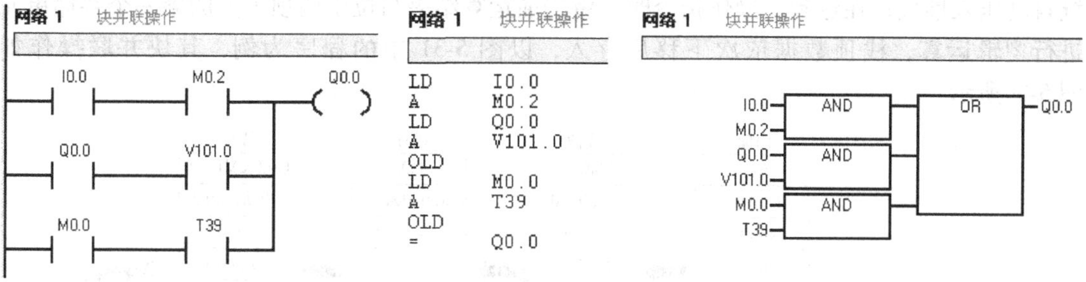

a)梯形图　　b)STL　　c)FBD

图 5-31　块并联操作示例

在梯形图中，块并联操作与电路类似，将多个块用连线连接即可；STL 语言中，每个块均与前述指令相同，块并联均以无操作数的块并联指令 OLD 进行连接，OLD 语句的个数等于并联块个数减 1；FBD 的并联块操作相对简单，引用或关系模块将多个块输出连接即可。

多组触点各自并联后再分别串联的操作被称为块串联，在 STL 中为 ALD 指令。图 5-32 为块串联的一个实例，其操作与并联操作类似，这里不再赘述。

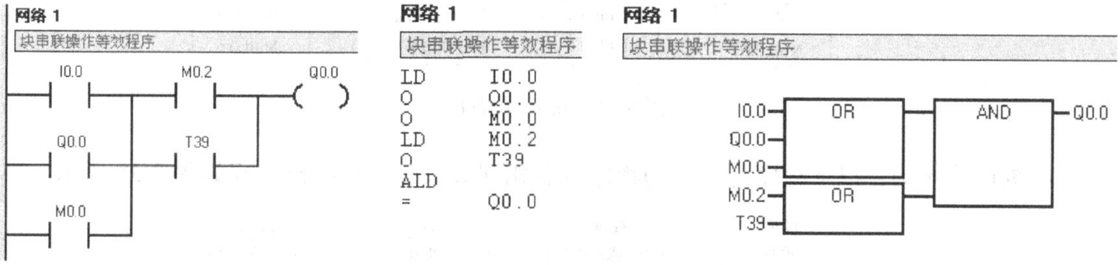

图 5-32　块串联程序示例

同样地，块串联与块并联操作均在堆栈中完成，OLD 与 ALD 指令进行堆栈操作的方式分别如图 5-33a 与 b 所示。

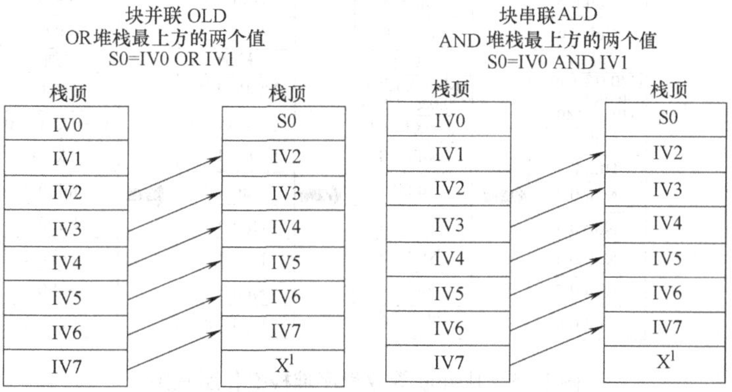

a) 块并联指令堆栈示意图　　b) 块串联指令堆栈示意图

图 5-33　块指令堆栈示意图

在同一网络中，在遇到新的读取指令时，如前面的逻辑运算结果未输出，该结果将被系统自动压入堆栈；在遇到块操作指令时，将当前运算结果与位于栈顶下方的第一个存储单元进行逻辑运算，栈顶数据依次下移后存入，以图 5-31 中的程序为例，其块并联操作如图 5-34所示。

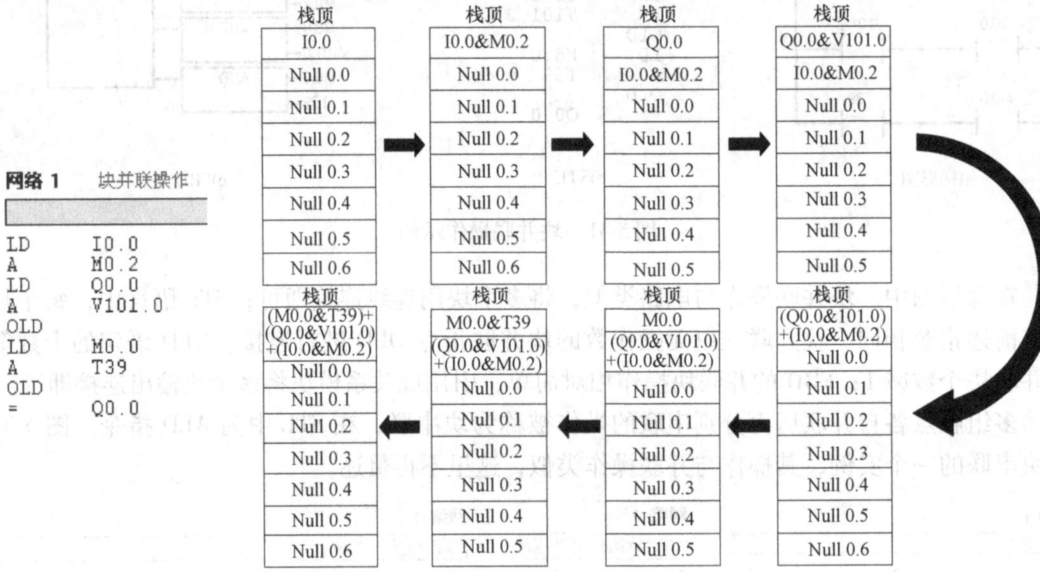

图 5-34 块并联操作

根据前述规则，以下程序与上面的程序具有相同效果，其栈操作过程如图 5-35 所示。

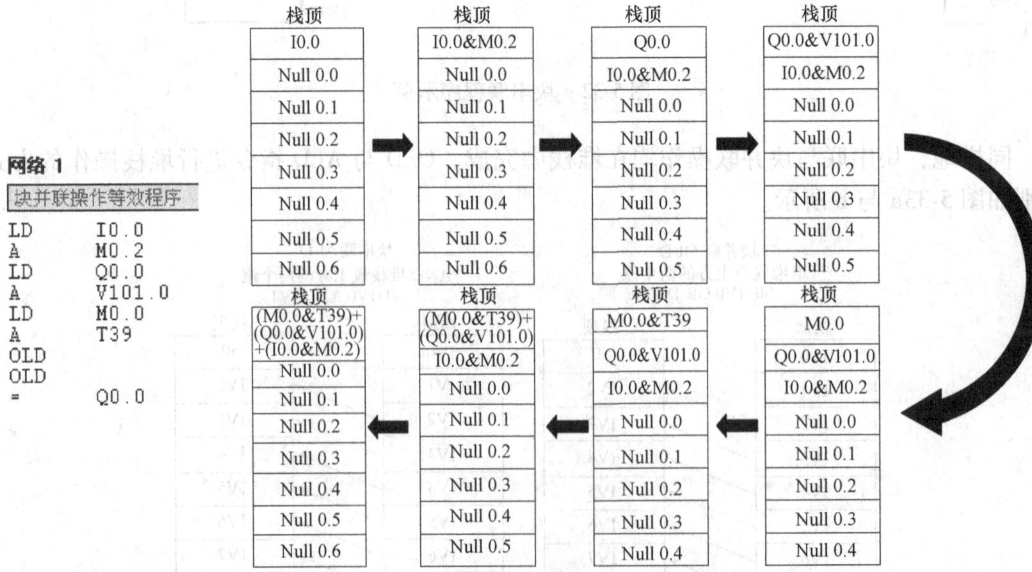

图 5-35 块并联等效程序堆栈操作示意图

在梯形图中，块串联操作与电路类似，将多个块用连线连接；STL 语言中，每个块均与前述指令相同，块串联均以无操作数的块串联指令 ALD 进行连接，ALD 语句的个数等于并联块个数减 1；FBD 的块并联操作则需引用与关系模块将多个块的输出连接。

块串联在堆栈中的操作方式与块并联操作类似，因此图 5-36 中的两个程序是等效的。

（2）堆栈指令　堆栈指令共有 4 条，分别为进栈指令 LPS、出栈指令 LPP、栈读取指令 LRD、栈载入指令 LDS，其操作如图 5-37 所示。

```
网络 1
块串联操作等效程序
LD      I0.0
O       Q0.0
LD      M0.2
O       T39
ALD
LD      L0.1
O       V100.0
ALD
=       Q0.0
```

```
网络 1
块串联操作等效程序
LD      I0.0
O       Q0.0
LD      M0.2
O       T39
LD      L0.1
O       V100.0
ALD
ALD
=       Q0.0
```

图 5-36　块并联操作等效程序

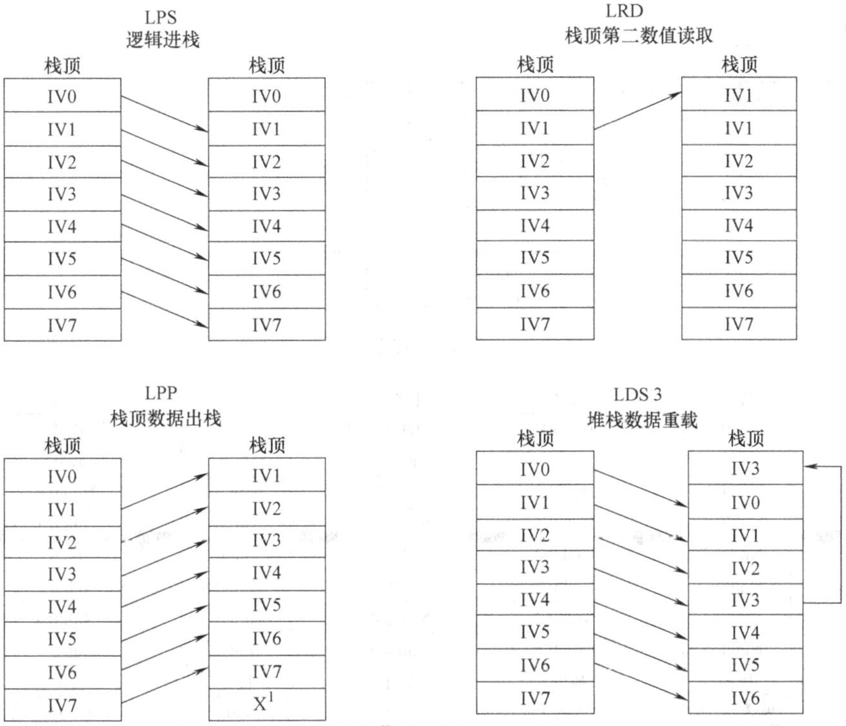

图 5-37　堆栈指令示意图

以上 4 条堆栈指令的标准定义为：LPS 指令执行时指令复制堆栈中的顶值并使该数值进栈，堆栈底值被推出栈并丢失；LRD 指令执行时将堆栈第二个数值复制至堆栈顶部，不执行进栈或出栈，但旧堆栈顶值被复制破坏；LPP 指令将堆栈中的一个数值出栈，第二个堆栈数值成为堆栈新顶值；LDS 指令用于复制堆栈中的第 n 个堆栈位，并将该数值置于堆栈顶部，堆栈底数据被推出栈并丢失。

以上定义较难理解，本书给出帮助读者理解的解释：堆栈指令常用于同一触点（或块）分别与多个触点（或块）进行“与”运算并向不同继电器输出时使用，LPS 指令常用于遇到第一条支路时使用，以保存前一触点（或块）的状态，便于此后与多个触点（或块）进行运算输出；LRD 指令常用于除第一次和最后一次进行“与”运算前，读取已保存的状态；LPP 指令常用于最后一条支路，用于取出已保存的状态（这时保存结果出栈，在下次运算前被自动覆盖）；LDS 指令则用于在多次执行 LPS 后，取出若干次前的数据状态。

图 5-38 是堆栈指令的程序与示意图。

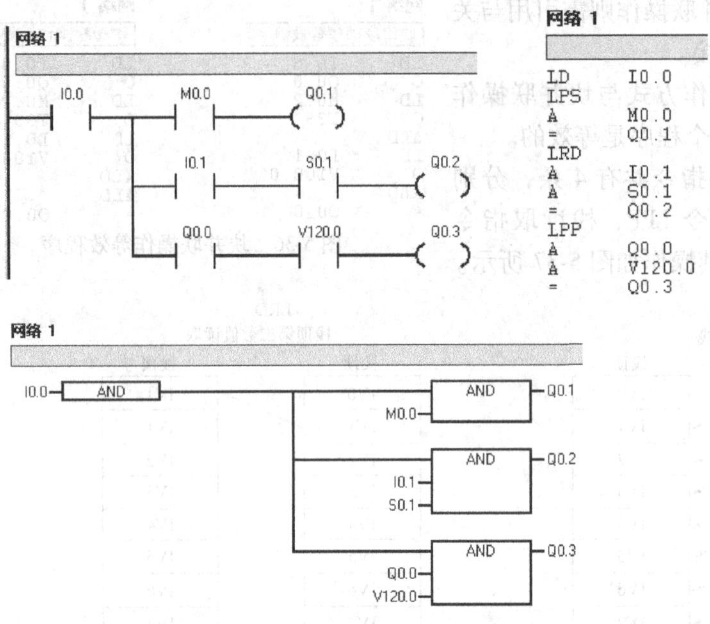

a) 堆栈示例程序

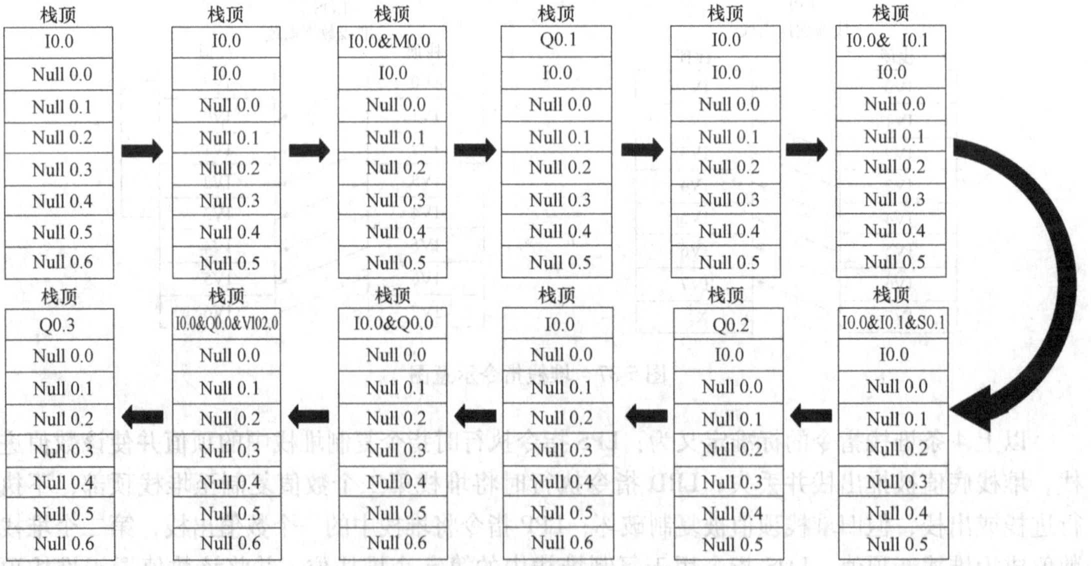

b) 堆栈操作示意图

图 5-38 堆栈示例程序与示意图

5.2.8 双稳态触发器指令

双稳态触发器指令共有两条，分别为 SR 置位优先触发器和 RS 复位优先触发器，两触发器均包含 S 与 R 两个输入端，和一个 OUT 输出端。如果为 SR 置位优先触发器，S 端为 1 时输出置位，R 端在 S 端为 0 时输出复位；如为 RS 复位优先触发器，R 端为 1 时输出复位，S 端在 R 端为 0 时输出置位。触发器指令示例程序及时序图如图 5-39 所示。

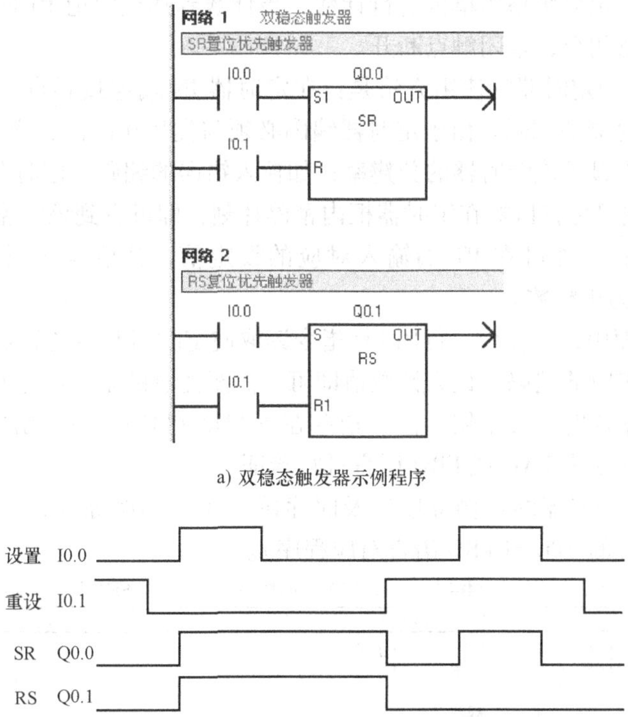

a) 双稳态触发器示例程序

b) 双稳态触发器时序图

图 5-39　双稳态触发器程序与时序图

思考题：用继电器指令或置位复位指令自编 LAD 指令程序，实现 SR 与 RS 触发器功能。

5.2.9　定时器指令

定时器是用于完成一段时间定时的指令，在 S7-200 系列中共包含三种定时器，分别为接通延时定时器 TON、记忆接通延时定时器 TONR 和断开延时定时器 TOF。定时器的分辨率（时基）有 1ms、10ms 和 100ms 三种。定时器类型、分辨率与定时器号码间的对应关系见表 5-3。

表 5-3　定时器类型与编码表

定时器类型	分辨率/ms	最大值/s	定时器编码
TONR	1	32.767	T0，T64
	10	327.67	T1～T4，T65～T68
	100	3276.7	T5～T31，T69～T95
TON、TOF	1	32.767	T32，T96
	10	327.67	T33～T36，T97～T100
	100	3276.7	T37～T63，T101～T255

无论何种定时器，均采用对固定时间长度的脉冲进行计数的方式实现定时，即每经过单位分辨率的时间，计数值自动加 1，计数值最大值为 32767。定时器编码代表两种数据，一种是布尔量，可作为常开或常闭触点使用；另一种为字型数据，可进行数据传送、算术或逻辑运算等。需要注意的是，TON 和 TOF 不能共用同一编码。

（1）接通延时定时器（TON）　接通延时定时器的作用是：当 IN 输入端的触点为 ON

时，定时器开始以设定分辨率为单位进行计数，当计数到达设定值PT时，定时器对应的触点动作，即常开触点闭合，常闭触点断开。

在LAD与FBD中定时器的使用方法是：在定时器IN端连接触点，同时在编码域（定时器顶部）键入定时器的编码。由于定时器编码必须与类型相匹配，当输入的编码正确时，定时器框的右下角将显示该定时器的分辨率；如输入错误的编码，定时器右下角的分辨率将仍为“??? ms”，这里可将鼠标在定时器框内稍停片刻，即可看到该类型定时器所对应的分辨率及其对应编码；此外可在PT端输入对应的设定值，其值 = 定时时长（s）/分辨率（ms），计数值必须为正整数。

在STL编程界面中，需在前一行用LD指令读取使定时器开启的触点，在下一行按顺序输入定时器类型、定时器编码、最大计数值即可。需要注意的是，当定时器类型与编码不匹配时，编程界面与编译时不会报错，但该指令在下载至PLC后可能无法使用，因此需用户仔细检查，或将其转换为LAD或FBD语言进行验证。

图5-40是TON定时器的示例程序以及时序图（由于篇幅原因，后文中除非有特别需要，将不再列出对应的STL与FBD语言对应程序）。

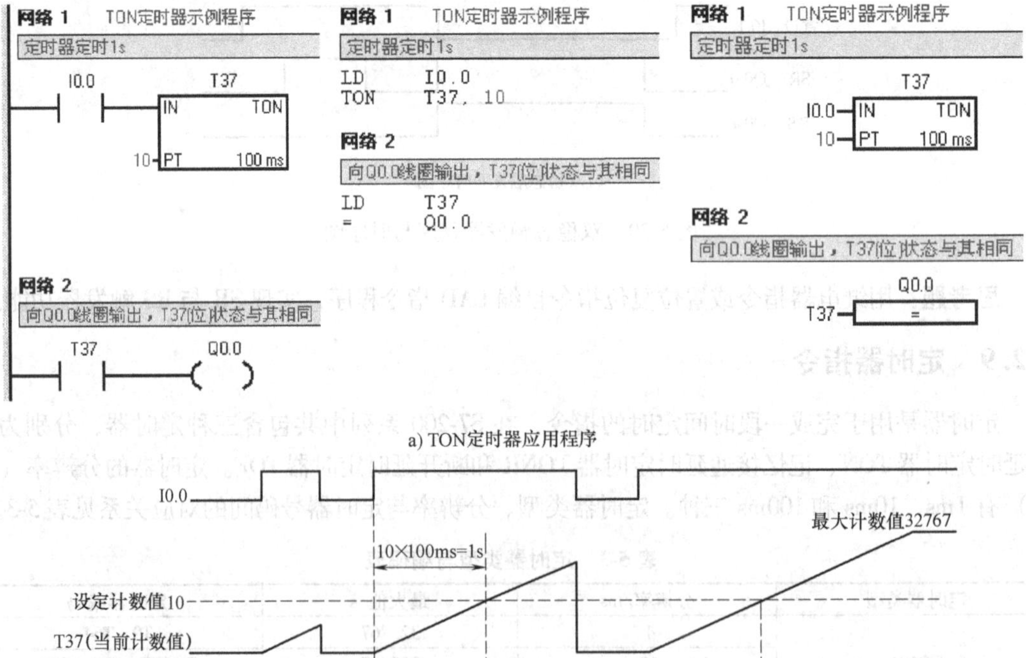

a) TON定时器应用程序

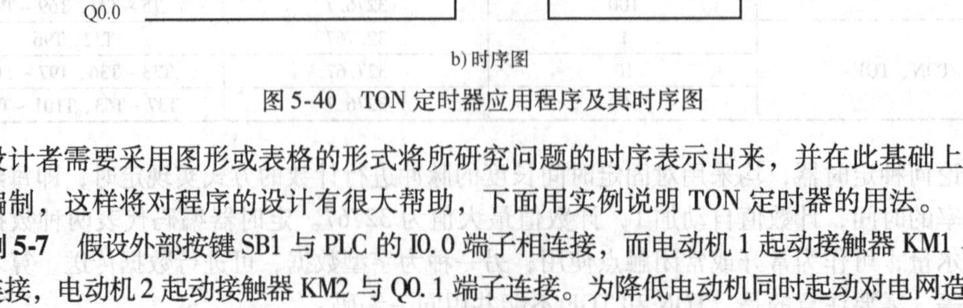

b) 时序图

图5-40　TON定时器应用程序及其时序图

设计者需要采用图形或表格的形式将所研究问题的时序表示出来，并在此基础上进行程序的编制，这样将对程序的设计有很大帮助，下面用实例说明TON定时器的用法。

例5-7　假设外部按键SB1与PLC的I0.0端子相连接，而电动机1起动接触器KM1与Q0.0端子连接，电动机2起动接触器KM2与Q0.1端子连接。为降低电动机同时起动对电网造成的冲击，要求在按下SB1后，电动机1立刻起动，5s后电动机2自动起动，试设计该程序。

分析：该程序为多台电动机的延时起动问题，需采用定时器完成以上功能。I0.0 用于实现 Q0.0 置位并自锁，同时用 Q0.0 接通定时器开始定时，5s 后接通 Q0.1 并自锁。根据特性，选用分辨率（时基）为 100ms 的 TON 定时器 T37，设定值为 5s/100ms = 50，时序图与时序表及程序如图 5-41 所示。

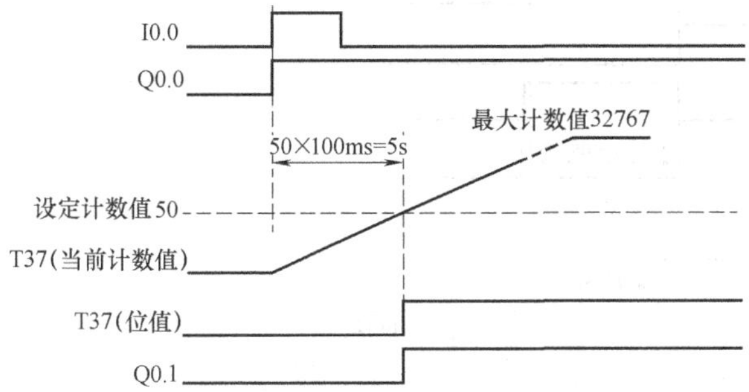

	时序(s)				
	0−	0	0～5	5	5+
I0.1	0	1	×	×	×
Q0.0	0	1	1	1	1
T37(位)	0	0(计时开)	0(计时中)	1	1
Q0.1	0	0	0	1	1

a) 电动机延时起动时序图与时序表

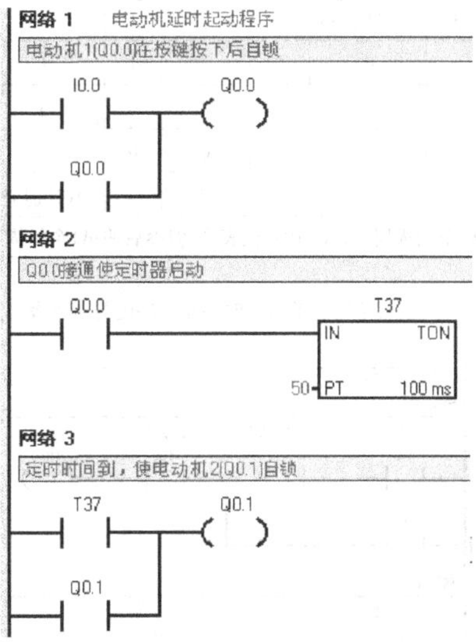

b) 电动机延时起动程序

图 5-41　电动机延时起动时序与程序

例 5-8　在例 5-7 的基础上，增加电动机延时停止的程序，即增加外部按键 SB2，连接 PLC 的 I0.1，当该键按下时，电动机 2 停止；5s 后电动机 1 停止。

分析：当 SB2 按下时，使 Q0.1 解锁，同时使用另一个定时器 T38 开始定时；但如使用 SB2 作为 T38 的 IN 端，由于其保持时间不确定，如 SB2 保持时间短于 5s，则无法达到保持的目的。因此为保持 SB2 的按下状态，取中间继电器（这里取 M0.0）自锁并作为 TON 定时器（T37，时基 100ms，设定值 50）的使能触点，到达指定时间后断开 Q0.0 与 M0.0，时序图与时序表及程序如图 5-42 所示。

例 5-9　按键 SB1 连接 PLC 的 I0.1 端子，按键 SB2 连接 I0.2 端子，Q0.1 连接电动机的正转继电器 KM1，Q0.2 连接电动机的反转继电器 KM2，由于电动机需在正转基本停止后才能起动反转，因此需设计延时程序完成如下功能：按下 SB1 电动机正转，在电动机正转时如按下 SB2，则需在 10s 后才能开始反转。

分析：按下 SB1 后 Q0.1 接通并自锁使电动机正转；当 Q0.1 为 1 时，按下 SB2 使 Q0.1

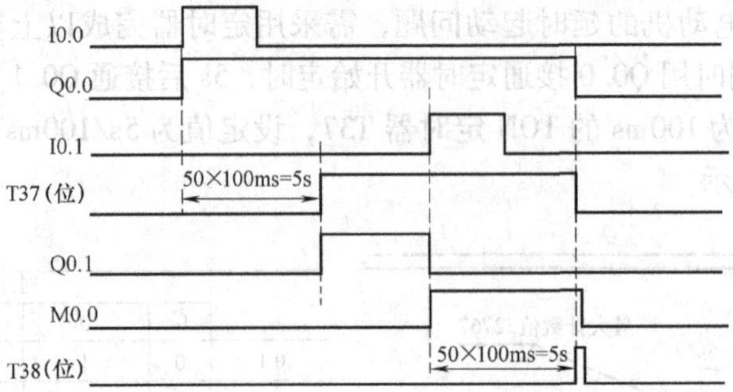

	时序(s)										
	时刻 1(I0.0按下)					时刻 2(I0.1按下)					
	0−	0	0～5	5	5+	0−	0	0～5	5^1	5^2	5+
I0.0	0	1	×	0	0	0	0	0	0	0	0
Q0.0	0	1	1	1	1	1	1	1	0	0	0
T37(位)	0	0(计时开)	0(计时中)	1	1	1	0	0	0	0	0
Q0.1	0	0	0	0	1	1	0	0	0	0	0
I0.1	0	0	0	0	0	0	1	×	0	0	0
M0.0	0	0	0	0	0	0	1	1	1	0	0
T38(位)	0	0	0	0	0	0	0(计时开)	0(计时中)	1	0	0

注释：上标i代表此后第 i个扫描周期，如$(10s)^1$代表到达10s后的第1个扫描周期

a) 电动机延时起动与延时停止时序图与时序表

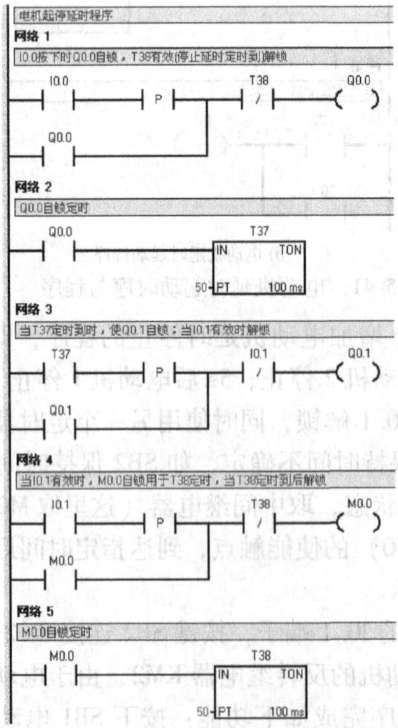

b) 电动机延时起停程序

图 5-42　电动机延时起停时序与程序

解锁，同时开始定时（此时需保持 I0.2 的状态，可选用中间继电器 M0.0 进行自锁）；当到达 10s（选 100ms 的定时器，设定值为 10s/100ms = 100）时 Q0.2 接通自锁（同时将 M0.0 解锁），时序图与时序表如图 5-43a 所示，并根据此时序完成的程序如图 5-43b 所示。

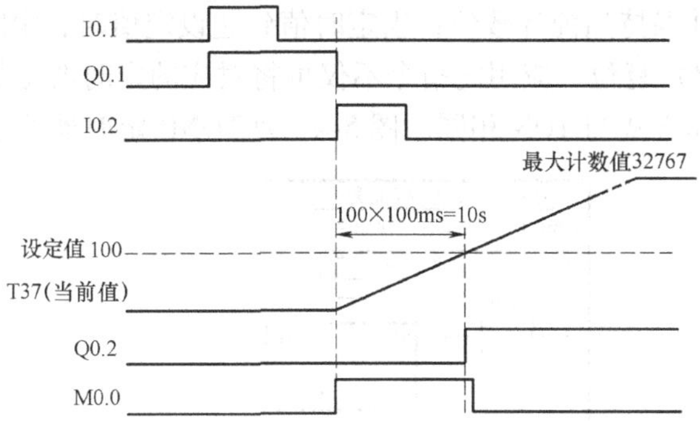

	时序(s)							
	0−	0	时刻1（之前）	时刻1	时刻1后（0~10s）	时刻1（10s）[1]	时刻1（10s）[2]	时刻1（10s后）
I0.0	0	1	0	0	0	0	0	0
Q0.1	0	1	1	0	0	0	0	0
I0.2	0	0	0	1	0	0	0	0
T37（位）	0	0	0	0（计时开）	0（计时中）	1	1	1
Q0.2	0	0	0	0	1	1	1	1
M0.0	0	0	0	1	1	1	0	0

注释：上标 i 代表此后第 i 个扫描周期，如(10s)[1]代表到达10s后的第1个扫描周期

a) 电动机正反转切换时序图与时序表

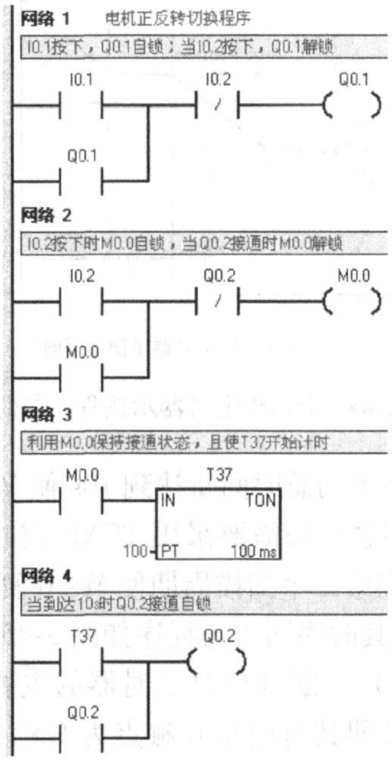

b) 电动机正反转切换程序

图 5-43　电动机正反转切换时序与程序

思考题：如何使电动机同时具备正反转时延时反向运行的功能。

（2）记忆接通延时定时器（TONR） 带记忆接通延时定时器与接通延时定时器功能基本相同，区别在于：TONR 带有记忆功能，当使能端有效时，定时器开始定时；当使能端失效时，定时器停止定时并保持当前计数值；当定时值到达设定值时，定时器触点接通；定时器仅可使用复位指令（R）复位，应用此指令不仅可将对应的定时器位复位，又可将计数值归零。使用 TONR 的操作方式与 TON 相同。图 5-44 为 TONR 定时器的示例程序及其时序。

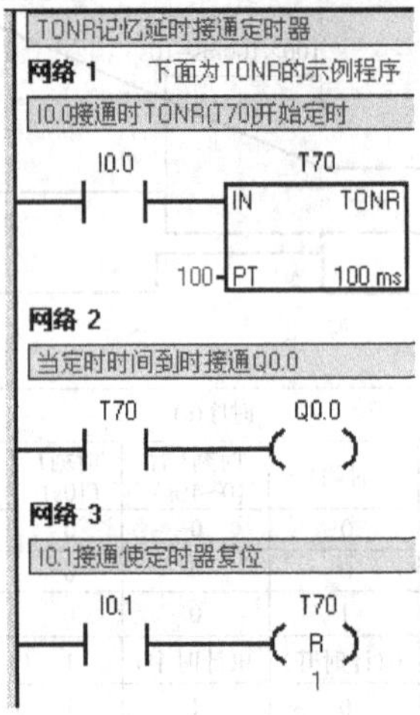

a) TONR定时器示例程序

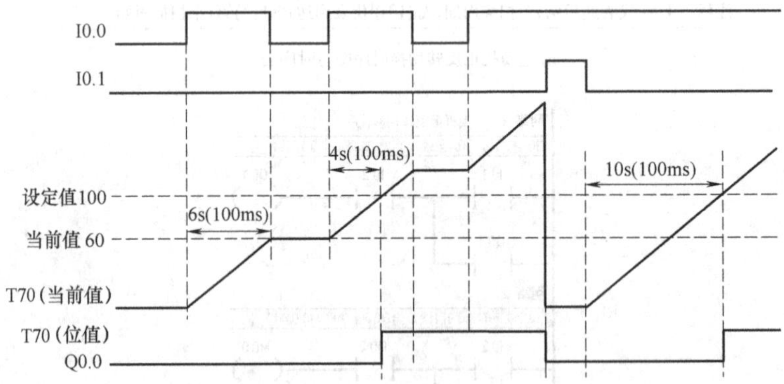

b) TONR定时器示例程序时序

图 5-44 TONR 定时器示例程序与时序

例 5-10 当 I0.0 在接通状态下的总时间每达到 10s 使 M0.0 接通一个扫描周期。

分析：计算 I0.0 的接通状态总时长需要采用 TONR 定时器实现，当累积时间到达时使 M0.0 接通，将定时器清除，并在第二个扫描周期使 M0.0 复位，其中 M0.0 常开触点最少要保持一个扫描周期高电平状态，其时序图表与程序如图 5-45 所示。

（3）断开延时定时器（TOF） 断开延时定时器的主要功能是：当定时器使能端有效（为 ON）时，定时器立即置位（即其对应常开触点为 ON）；当使能端无效（为 OFF）时，定时器开始计时（此时常开触点仍为 ON），如在定时时间未到前重新使使能端有效，定时值归零；当定时值时间到时，常开触点断开。TOF 的示例程序及其时序如图 5-46 所示。

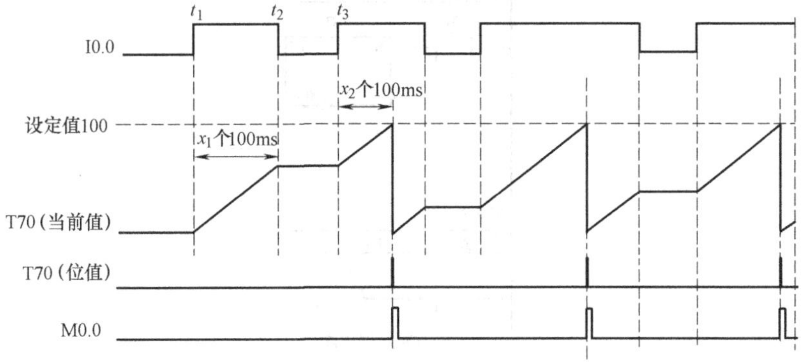

	时序（s）							
	t_1 时刻（I0.0 按下）							
	$<t_1$	t_1	$t_1 \sim t_2$ (<10)	$t_2 \sim t_3$ (<10)	t_3(<10) ~ 10	10^1	10^2	>10
I0.0	0	1	1	0	1	1	1	1
T70（位）	0	0（计时开）	0（计时中）	0（计时暂停）	0（计时中）	1→0	0	0
M0.0	0	0	0	0	0	1	0	0

注释：

1. 上标 i 代表此后第 i 个扫描周期，如 $(10s)^1$ 代表到达 10s 后的第 1 个扫描周期
2. →表示在当前扫描周期时，该状态在前面程序中先被置 1，后又被置 0

a）TONR 应用时序图与时序表

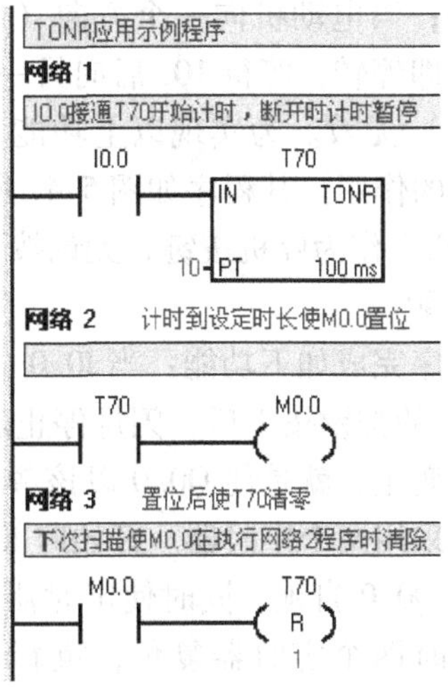

b) TONR应用示例程序

图 5-45　TONR 应用实例

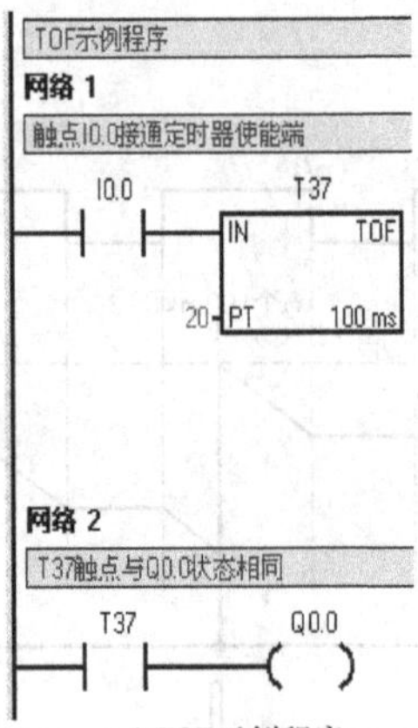

a) TOF示例程序

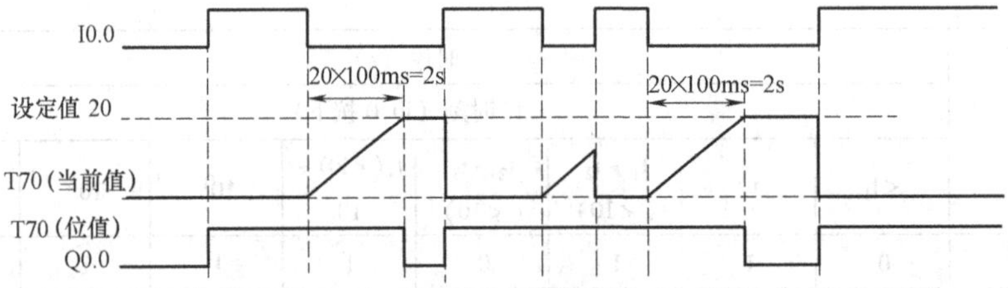

b) TOF示例程序时序图

图 5-46　TOF 应用示例程序与时序图

思考题：如何使用一个 TON、一个 TOF 定时器实现例 5-8 中的功能。

定时器应用实例

例 5-11　在例 5-9 的基础上增加反转停止后延时正转的功能，使正反转运行完全相同。

分析：使正反转运行完全相同：即当电动机处于停止状态时，某一个方向的按键按下，电动机立即起动并向该方向转动；当电动机向一个方向（A 方向）转动时，如果另一个方向键（B 方向）按下，电动机立即停转，等待 10s 后向另一方向（B 方向）转动，在等待过程中再次按下同方向键（A 方向）无效。为实现以上功能，需分别使用两个中间继电器实现断电延时的自锁，以起到保护的作用。其程序如图 5-47 所示，读者可自行分析时序。

思考题：在例 5-11 中增加 I0. 3 作为停机按键，无论按下 I0. 3 时电动机在任何阶段，均在 10s 后停止，该程序该如何实现?

例 5-12　试用定时器设计程序完成如下功能：当 I0. 0 的按键按下后，使连接在 Q0. 0 上的指示灯以 2s 的频率闪烁；I0. 1 的按键按下后，闪烁停止。

分析：使指示灯以上述频率变化，就是使 Q0. 0 以该频率实现通断，需要采用定时器实现。该功能的实现方法很多，可采用两个定时器。开始时 I0. 0 使 M0. 0 自锁，使定时器 1 接通开始定时，当定时时间到时使 Q0. 0 自锁，同时使定时器 2 接通开始定时；当定时器 2 定时时间到时，将 Q0. 0 解锁，同时两个定时器复位，重新开始；当按下 I0. 1 时，M0. 0 与 Q0. 0 解锁，同时两个定时器复位。图 5-48 是采用两个 TON 定时器完成的程序。

分析上述逻辑，前述程序还可进行改造，如图 5-49 所示，其时序与图 5-48b 中给出的时序相同。

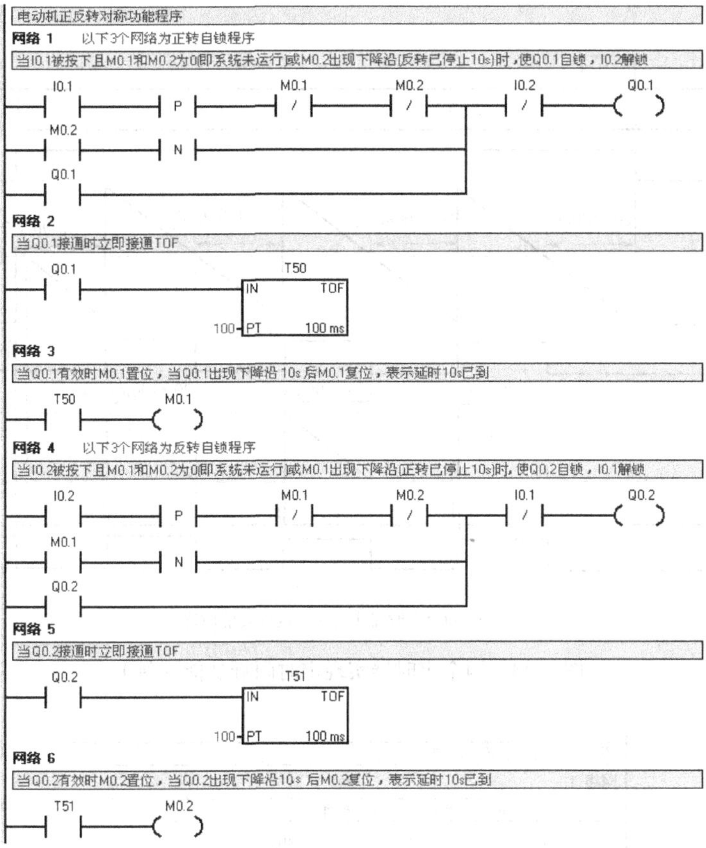

图 5-47　电动机对称正反转功能程序

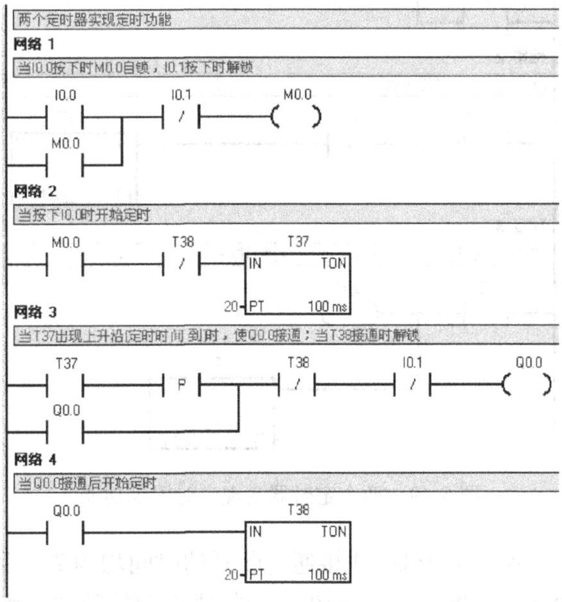

a) 两个定时器实现定时闪烁功能程序

图 5-48　两个定时器实现定时闪烁功能

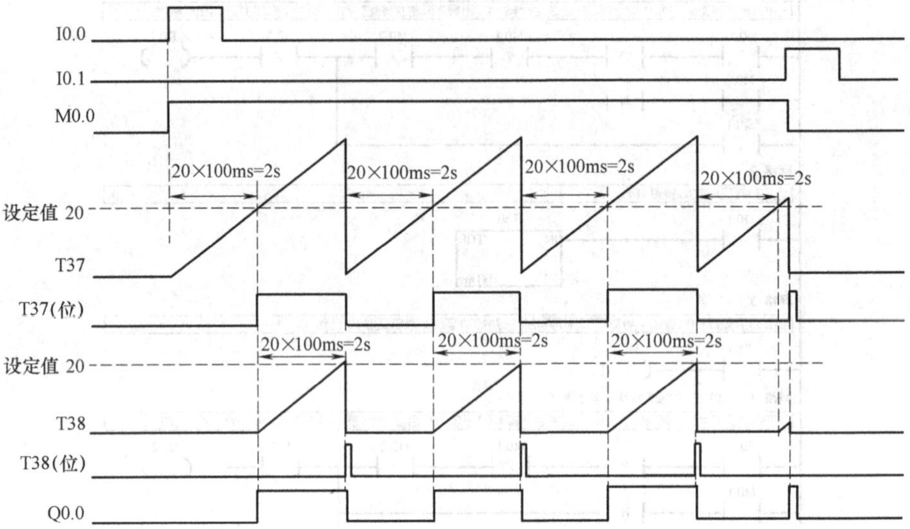

b) 两个定时器实现定时闪烁功能时序

图 5-48　两个定时器实现定时闪烁功能（续）

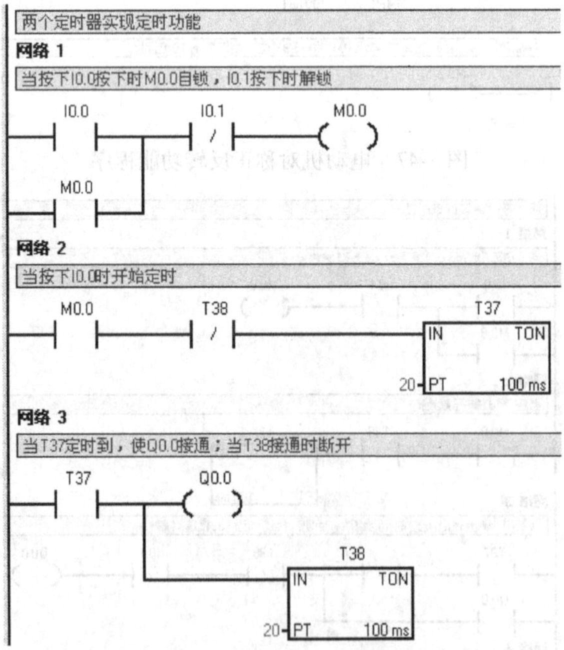

图 5-49　两个定时器实现定时闪烁功能

重新分析题目可以发现，由于 Q0. 0 接通与断开的时间均为 2s，因此可以使用一个 TON 定时器完成该功能。即该定时器每隔 2s 产生一个扫描周期的脉冲，使 Q0. 0 状态取反。产生脉冲的方式可以用定时器位的常闭触点连接定时器的使能端，每次到达 2s 时，其常闭触点接通使定时器复位；而状态取反的程序与图 5-26 或图 5-29 类似，如采用图 5-26 中的程序，则定时器实现闪烁功能的程序和时序如图 5-50 所示。

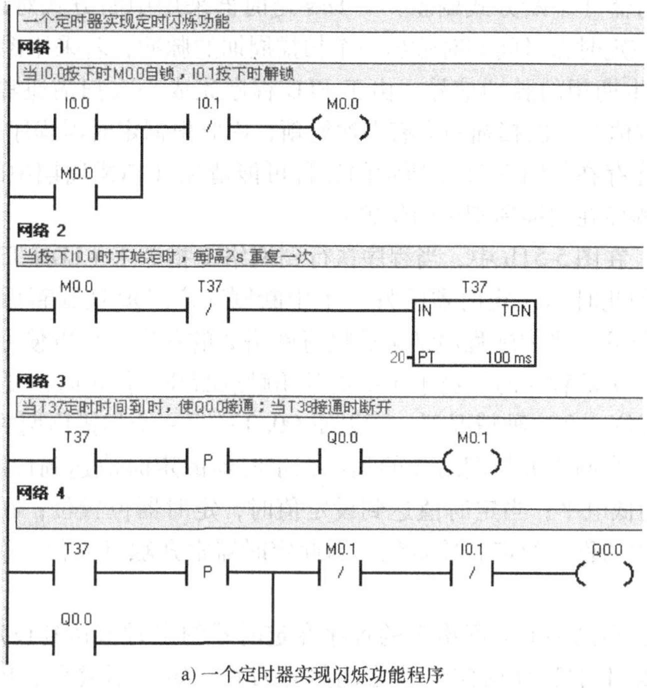

a) 一个定时器实现闪烁功能程序

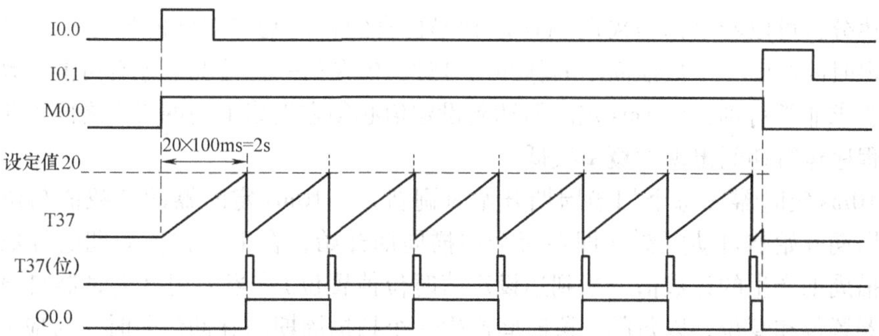

b) 一个定时器实现闪烁功能时序

图 5-50　一个定时器实现闪烁功能的程序和时序

思考题 1：如何采用图 5-29 中的程序实现上述功能？

思考题 2：前述程序中，Q0. 0 连接的指示灯在按键按下后，需要在 2s 后才会点亮，试修改程序，使按下按键后，指示灯立即点亮并开始闪烁。

在前面的程序中，使用了定时器的定时脉冲功能，即采用定时器常闭触点接通定时器使能端，使定时器每隔一定时间接通一个扫描周期。在实际工程中，如需每隔一段时间接通一个扫描周期，完成一次算术运算等，均可采用此类程序实现。但是由于每种分辨率的定时器（1ms/10ms/100ms）刷新计数值的方式不同，直接采用定时器自身的常闭触点接通定时器不一定能够产生期望的单扫描周期脉冲，因此需要对定时器刷新方式有一定的了解。下面以 TON 定时器为例介绍每一种定时器的刷新方式。

常用定时器的刷新方式有以下几种。

（1）1ms 定时器（中断方式刷新）　1ms 定时器采用中断方式对计数值与位值进行刷新，因此，如需在定时器时间到时输出一个扫描周期的脉冲，若采用图 5-51a 中的程序，有很大可能无法产生期望的脉冲信号。由于 PLC 程序完成一次扫描通常需要几毫秒的时间，1ms 定时器的计数值在一次扫描中会有多次刷新，因此根据定时器程序在扫描周期中的位置不同，程序的时序存在如图 5-51 中所示的三种可能情况（扫描周期中的黑色竖线分别表示网络 3 与网络 4 程序在扫描周期中的位置）。

第一种情况：在图 5-51b 中，当程序执行到网络 1 指令 1（LDN T32）结束、网络 2 程序尚未执行时，如此时 1ms 定时器恰好产生中断刷新定时值且刷新后的定时值为设定值，此时 T32 的位值打开；当中断程序结束后执行网络 2 的程序，可以使 Q0.0 位打开。到下一扫描周期执行网络 1 的程序时，由于 T32 的常闭触点断开，使定时器复位，进而在网络 2 的程序中使 Q0.0 复位。在这种情况下，可以使 Q0.0 产生一个扫描周期的脉冲。

第二种情况：当网络 1 与网络 2 的程序在定时器的定时值达到设定值的时刻之前完成时，此时 Q0.0 为低电平；当定时值达到设定值时，定时器位置位；在下一个扫描周期中，由于执行网络 1 中的程序使定时器复位，因此定时器常开触点复位，Q0.0 的值仍保持复位状态。

第三种情况：当网络 1 与网络 2 的程序在定时器的定时值达到设定值的时刻之后执行时，由于执行网络 1 的程序时定时器常闭触点置位，定时器复位，因此当执行网络 2 时 Q0.0 仍保持复位。

由上述分析可以看出，当采用 1ms 定时器自身的常闭触点对定时器复位，以实现定时器每隔设定时间产生一个扫描周期的脉冲信号时，仅在第一种情况下才有可能实现。但由于其实现的要求非常苛刻，即 1ms 定时器达到设定值必须在网络 1 与网络 2 之间产生中断，因此在上述程序运行期间出现的概率很低。

（2）10ms 定时器（每个扫描周期开始时刷新）　10ms 定时器的计数值与位值均是在每个扫描周期开始前自动更新（即在每个扫描周期开始，在上一扫描周期的计数值基础上加本次扫描周期产生的计数值，当到达设定值时位值置位）。当采用该定时器自身的常闭触点对定时器置位和复位，以每隔一段时间产生一个扫描周期的脉冲信号时，对应的程序与时序如图 5-52 所示。

由图 5-52 可以看出，10ms 定时器在每个扫描周期开始对计数值与位值进行刷新，当其计数值达到设定值时，位值置位；当执行到网络 3 的程序时，定时器复位；执行网络 4 的程序时，Q0.0 保持复位状态。因此当采用 10ms 定时器时，定时产生一个扫描周期的功能完全不能实现。

（3）100ms 定时器（执行定时器指令时刷新）　100ms 定时器的计数值与位值在定时器指令执行时刷新（即在上一次执行定时器指令时的计数值基础上增加本次执行定时器指令时的值）。当采用与前面类似的程序时，对应程序与时序如图 5-53 所示。

当执行网络 3 的程序时实际定时时间已达到设定时间，由于定时器的位值还未更新，因此其位值仍在复位状态，定时器对定时值与位值更新（位值置位），从而在执行网络 4 时使 Q0.0 置位；当到达下一扫描周期的网络 3 时，定时器复位，然后网络 4 中的 Q0.0 复位，由此可见期望的功能可以实现。

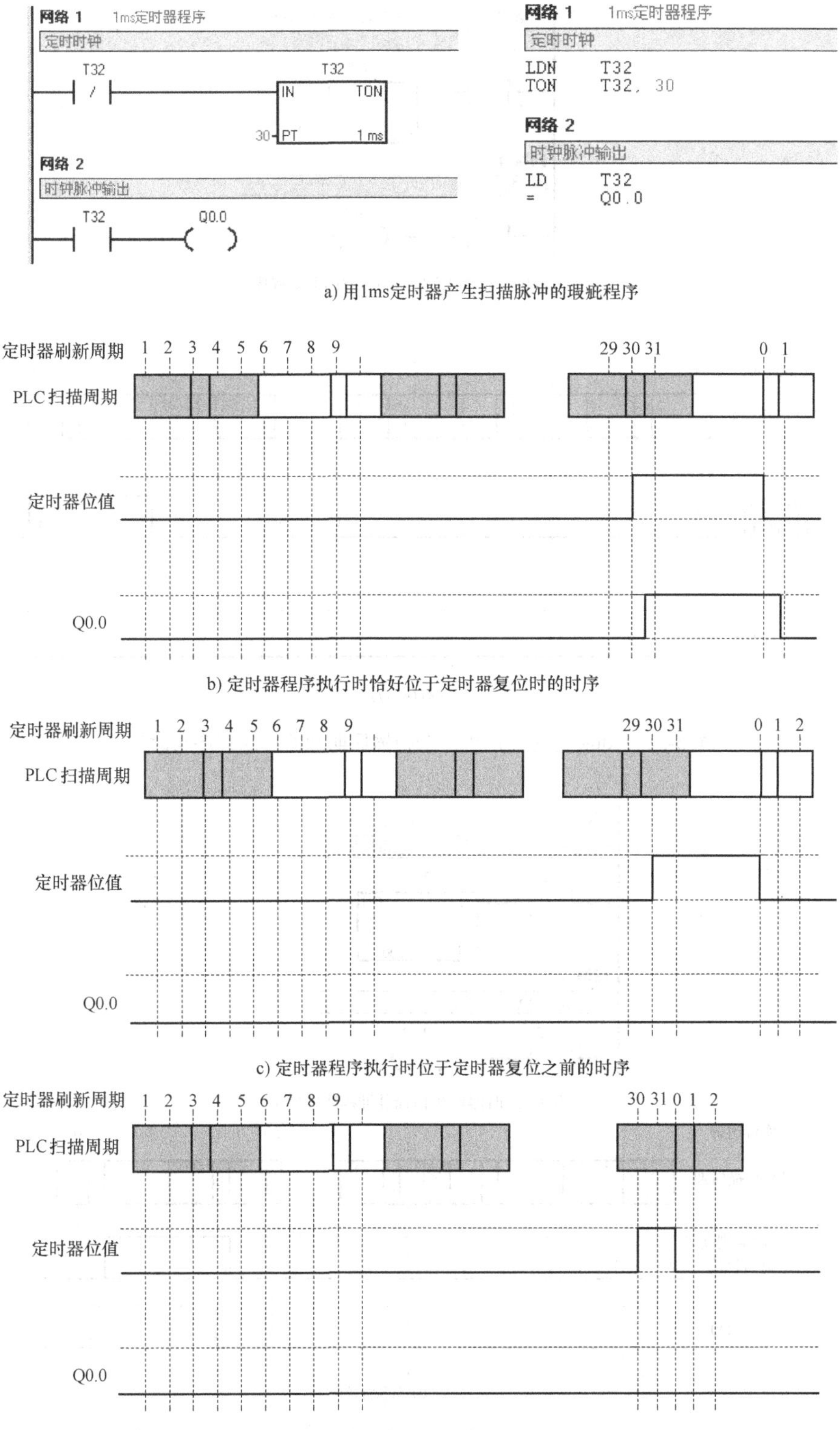

a) 用1ms定时器产生扫描脉冲的瑕疵程序

b) 定时器程序执行时恰好位于定时器复位时的时序

c) 定时器程序执行时位于定时器复位之前的时序

d) 定时器程序执行时位于定时器复位之后的时序

图 5-51 用 1ms 定时器产生一个扫描周期脉冲时的程序与时序

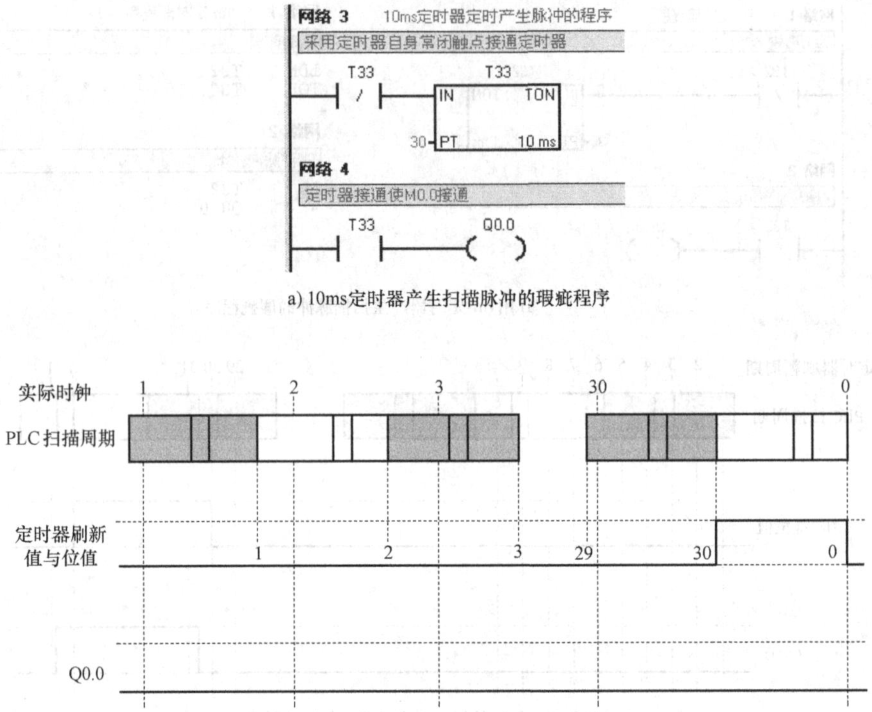

a) 10ms定时器产生扫描脉冲的瑕疵程序

b) 对应时序

图 5-52　10ms 定时器产生一个扫描周期脉冲时的程序与时序

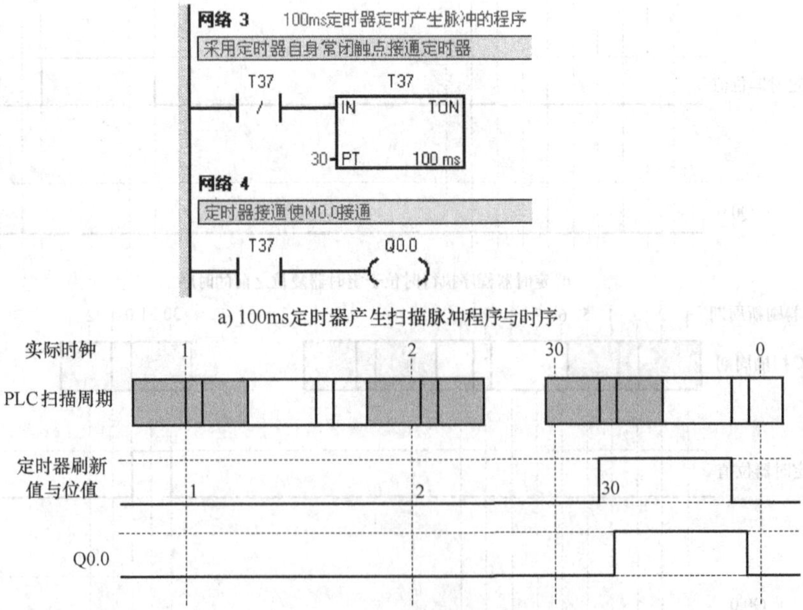

a) 100ms定时器产生扫描脉冲程序与时序

b) 对应时序

图 5-53　100ms 定时器定时产生一个扫描周期脉冲的程序与时序

为保证无论采用何种定时器均可产生期望的定时脉冲信号，可对上述程序（无论何种定时器，这里以 10ms 定时器为例）进行修正，得到如图 5-54 所示的程序及其对应时序。

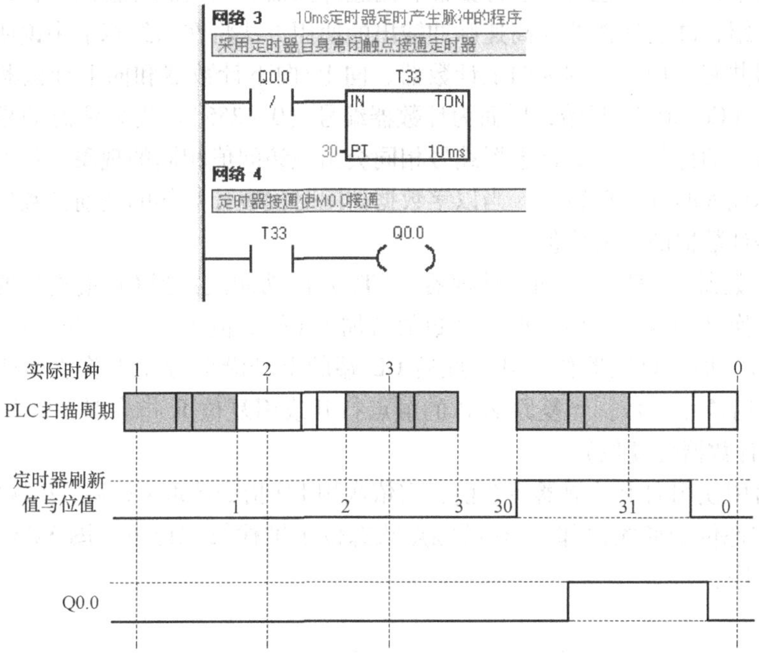

图 5-54　定时器产生单扫描周期脉冲信号的程序与时序

由图 5-54 可以看到，修正后的程序采用 Q0.0 作为定时器的接通信号，当定时器计数值大于或等于设定值时，均可使 Q0.0 接通；当到达下一扫描周期时，无论采用何种定时器或者定时器当前值为多少，Q0.0 均可使定时器在执行网络 3 的程序时复位，同时定时器使 Q0.0 复位，从而确保 Q0.0 可以接通且保持一个扫描周期。

在实际应用中，推荐使用修正程序完成该功能（虽然图 5-53 中给出的程序可正常使用 100ms 定时器，但推荐使用修正程序），可将 Q0.0 改为中间继电器（如 M0.0 等）后使用。

使用定时器需要注意以下事项：

1）在条件调用子程序的主程序中，当停止子程序调用时，如果定时器已经激活正在计时，停止调用这个子程序会造成定时器的失控。不管此时定时器前面的激活条件如何变化，定时器（1ms、10ms 时基）会一直增加至最大值，定时器输出也会在达到设定值时接通；100ms 时基的定时器会在上述情况下停止计时，但在逻辑上处于失控状态。

2）由于 100ms 分辨率的定时器在指令执行时刷新，为了保证正确的定时值，要确保在一个程序扫描周期中，只执行一次 100ms 定时器指令。

3）由于定时器程序的扫描周期并不确定，因此当需要产生大时间定时（如 24 小时甚至几天）时，会不可避免地存在累积的定时误差，定时周期越长，累积误差越大。此时建议采用间隔时间捕捉指令或采用 PLC 自带的实时时钟程序进行计时，既可以避免产生累积误差，也可以减少定时器刷新的次数，降低 PLC 的程序负担。使用方法将在后续章节中进行叙述。

5.2.10　计数器指令

在编程软件中，计数器包含一般计数器、高速计数器和高速脉冲输出三种，下面将对一般计数器进行介绍，高速计数器与高速脉冲输出的使用方法将在后续章节中说明。

一般计数器共有三种，分别为向上计数器、向上/向下计数器和向下计数器。所有计数器的名称均以 C（Counter）开始，后面为计数器编号（0 ~ 255）。需要注意的是，计数器编号必须分配给唯一的计数器，如计数器编号相同会出现访问值相同的现象，从而引起逻辑混乱。计数器名称代表两种类型数据，当以字数据访问时代表计数器的当前计数值，以布尔型数据访问时代表计数器的当前位值。

（1）向上计数器（CTU）　向上计数器（CTU）的功能是：当 CU 端连接的触点出现从关闭向打开的转换（出现上升沿）时，计数值自加 1（初始值为 0）；如当前值（C × × ×）大于设定值（PV）时，计数器位打开；此后 CU 端的上升沿信号使当前值继续增加，当到达最大值 32767 时停止计数；当复原端 R 的触点打开或用复位 R 指令时，计数器复原（当前计数值归 0，计数器位复位）。

在 STL 语言中使用向上计数器指令前，需依次用 LD 指令读取 CU 端、R 端的触点状态，其中 R 端触点状态位于堆栈顶部，CU 端触点状态位于堆栈第二位置。图 5-55 为 CTU 的使用实例程序与时序。

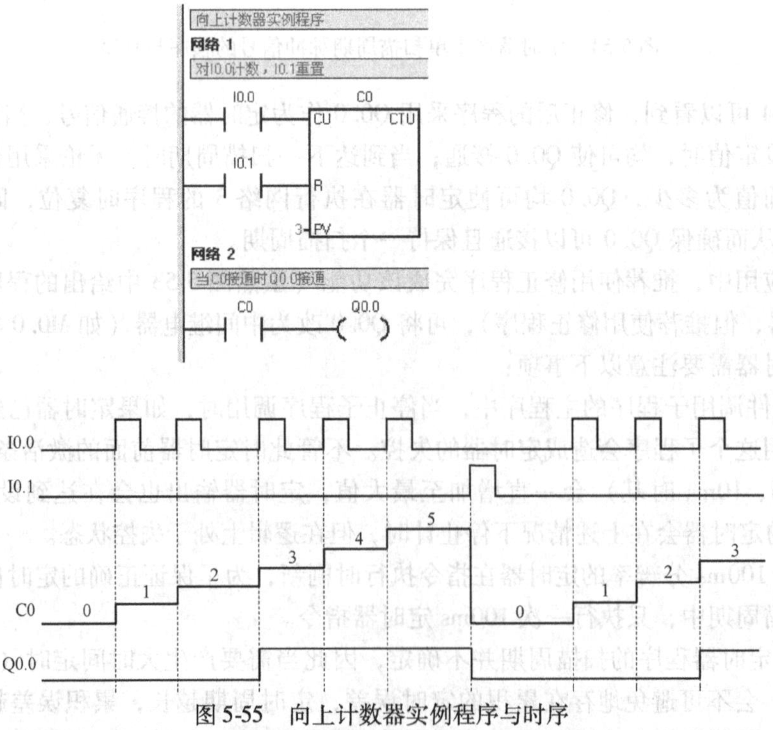

图 5-55　向上计数器实例程序与时序

例 5-13　用光电开关（与 I0.0 连接）对产品计数，每隔 5 ~ 10s 通过一个产品，使光电开关产生一个正向脉冲信号，每计满 5 个脉冲使 Q0.0 接通 1s，然后断开重新开始计数。

程序与时序如图 5-56 所示。

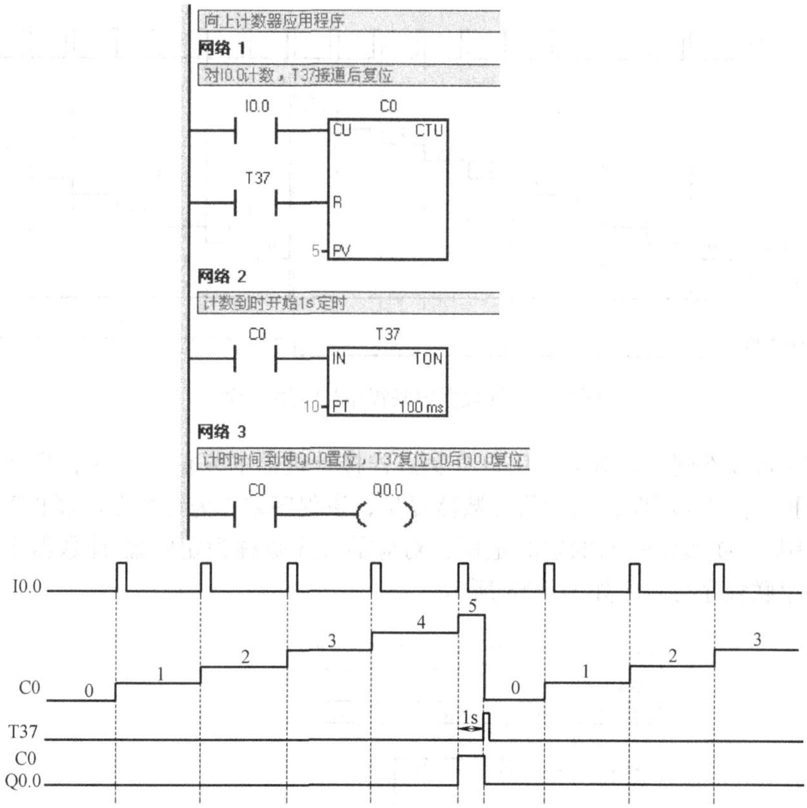

图 5-56　向上计数器应用程序与时序

例 5-14　用光电开关（与 I0.0 连接）对产品计数，每通过一个产品使光电开关产生一个正向脉冲信号，每 10 个产品计一箱，用 I0.1 使箱数清零。

分析：利用计数器对产品计数，当计到 10 个时产生脉冲，使另一个计数器加 1。为使前一个计数器能够自动重新开始计数，可使用计数器自身的触点使计数器复位。程序与时序如图 5-57 所示。

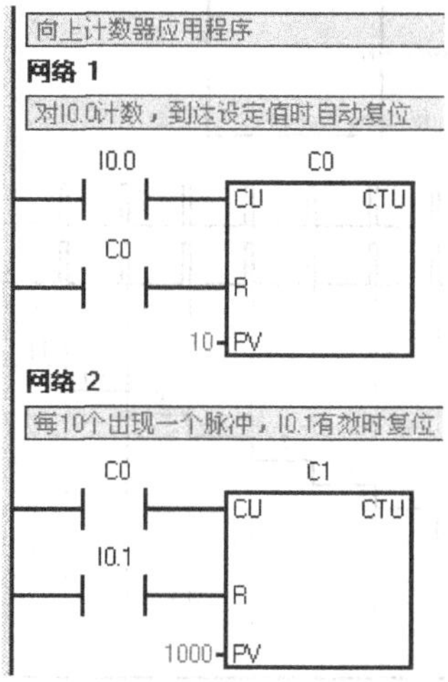

图 5-57　计数器串联程序与时序

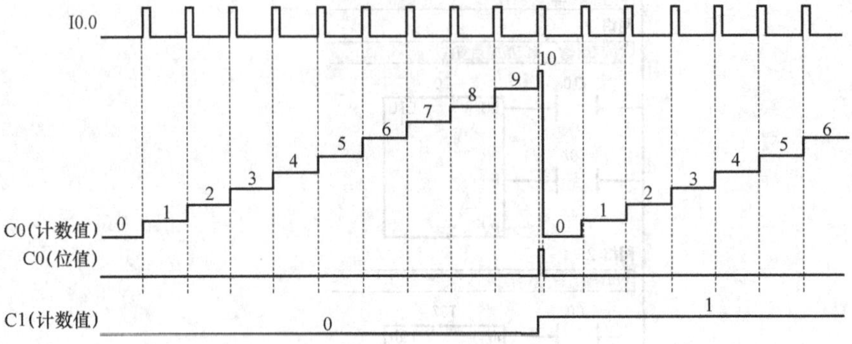

图 5-57　计数器串联程序与时序（续）

由例 5-14 可以看到，计数器可用自身触点连接计数器的复位端接通，当计数值到达设定值时可接通一个扫描周期，然后将计数器复位，该程序被称为计数器串联程序。计数器还可与定时器串联，扩展定时器的定时范围，对应的程序被称为定时器-计数器串联程序。定时器-计数器串联程序与时序如图 5-58 所示。

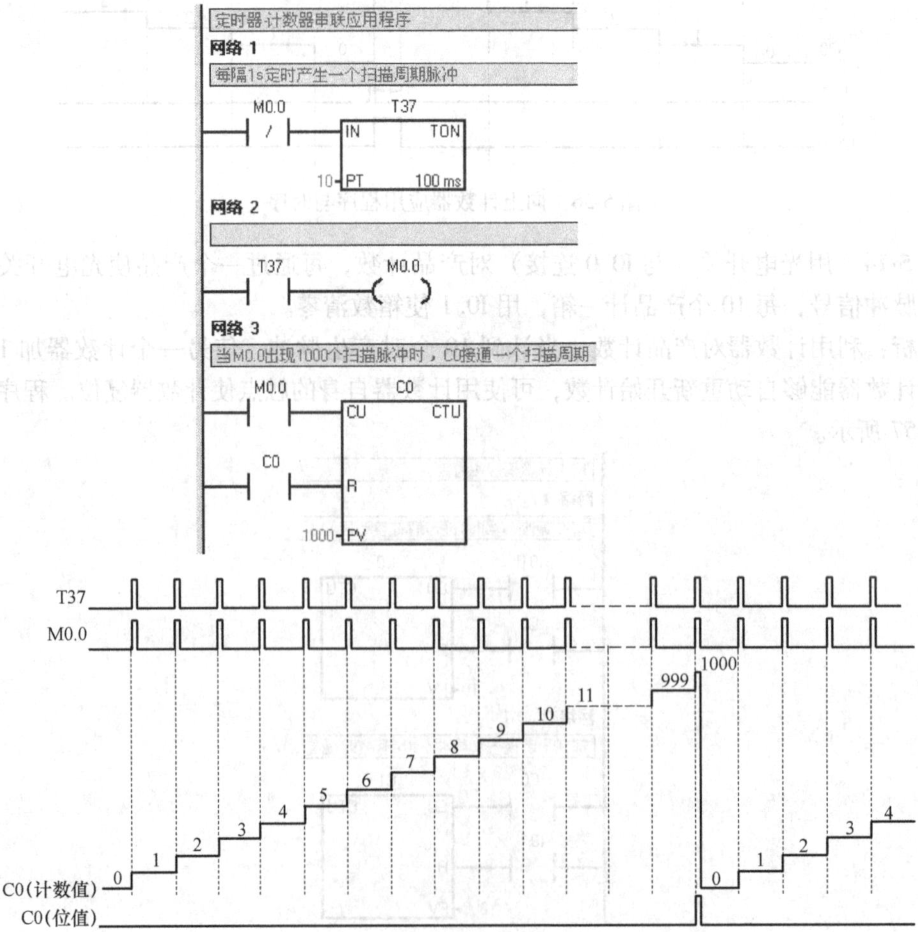

图 5-58　定时器-计数器串联程序与时序

在上例中，利用定时器与计数器串联，可以使定时器每 1000s（约 16min）使 C0 产生一个扫描周期的脉冲信号，修改定时器与 C0 设定值可以使该功能扩展至每天（24h）或每周（168h）产生一次定时脉冲。但是，如前所述，在设置大间隔扫描周期时通常采用间隔时间捕捉指令或利用 PLC 自带的实时时钟编程实现，对应的程序在第 5.4 节中叙述。

（2）向上/向下计数器（CTUD）　向上/向下计数器的功能是：计数器接收到 CU 端的上升沿时使计数值加 1，接收到 CD 端的上升沿时使计数值减 1，当计数值大于或等于设定值 PV 时，定时器位值接通；当向上计数到最大值 32767 时，CU 端接收到上升沿，计数值将成为最小值 -32767；同理，当向下计数到最小值 -32767 时，CD 端接收到上升沿，计数值将成为最大值 32767；当 R 端的触点接通时，C0 的计数值复位为 0，位值断开。

在 STL 语言中使用向上/向下计数器指令前，需采用 LD 指令依次读取 CU 端、CD 端与 R 端的触点状态，因此可知，R 端的触点状态为堆栈顶值，CD 端触点状态位于堆栈第二位置，CU 端触点状态位于堆栈第三位置，示例程序与时序如图 5-59 所示。

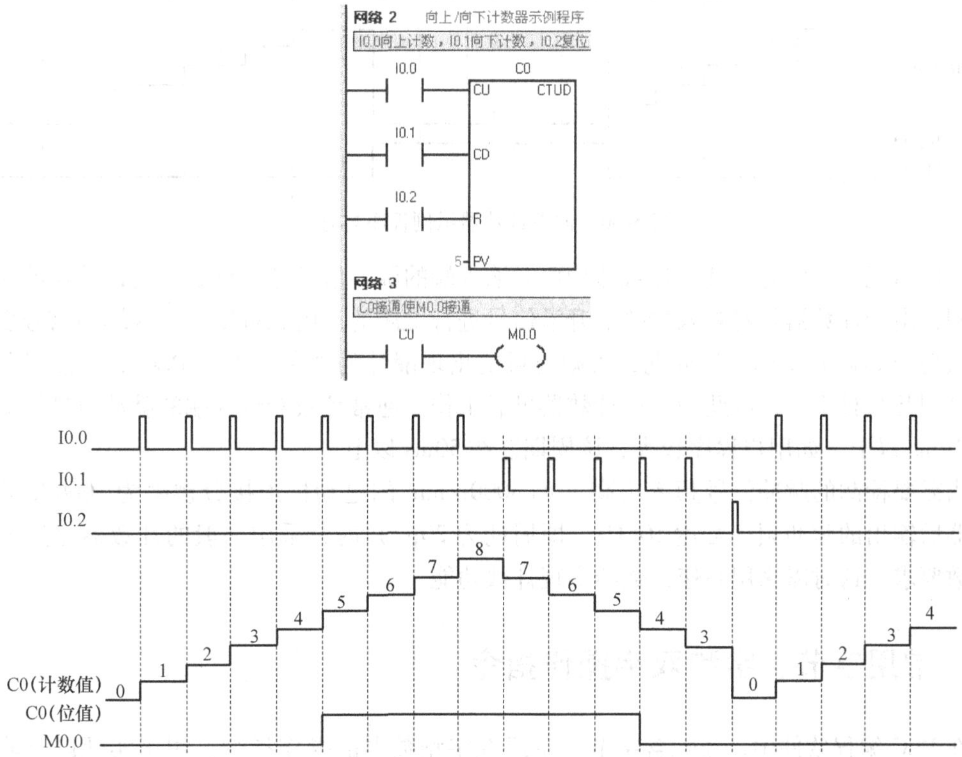

图 5-59　向上/向下计数器示例程序与时序

（3）向下计数器（CTD）　向下计数器的功能是：计数器的初始值为 PV 端的设定值，每次输入 CD 端出现上升沿时，计数器完成减 1 计数；当计数值等于零时计数器位打开并停止计数；当 LD 端触点接通时，计数器重新装载设定值。

在 STL 语言中使用向下计数器前，需依次用 LD 指令读取 CD 端与 LD 端的触点状态，因此 LD 端触点状态为栈顶值，CD 端触点状态位于堆栈第二位置。向下计数器示例程序与时序如图 5-60 所示。

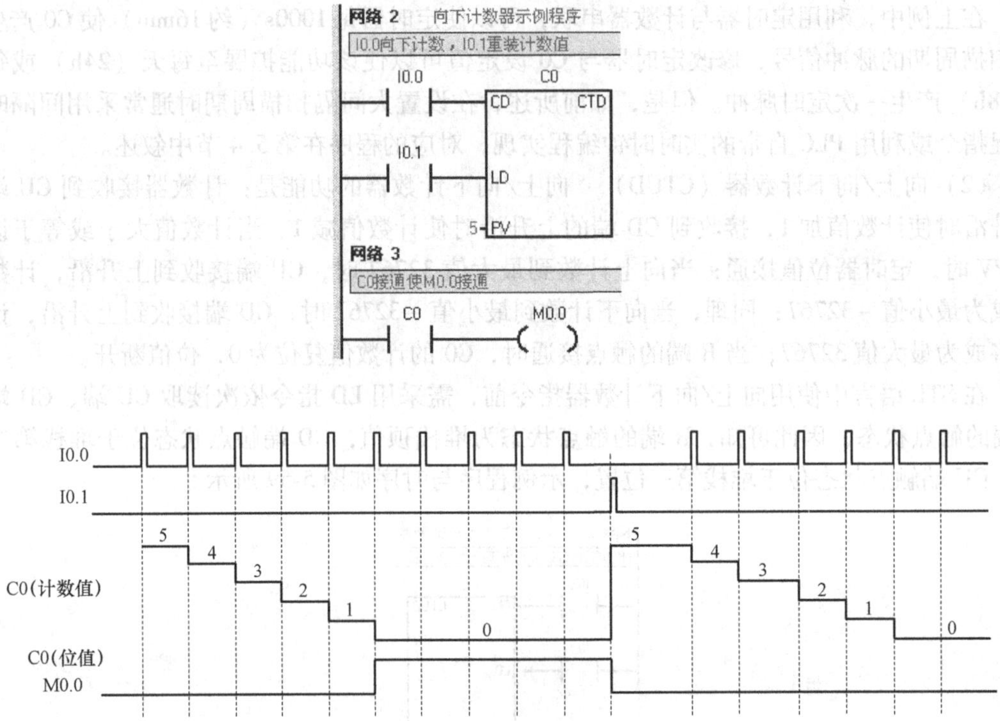

图 5-60　向下计数器示例程序与时序

一般情况下，所有类型的计数器均可对输入端的脉冲信号进行计数。由计数器的特点可以看到，由于计数器是对输入端的上升沿信号进行检测的，由此可知其输入端的信号变化周期必须高于 PLC 自身的扫描周期，否则将可能出现漏计的现象。由于 PLC 的扫描周期从几百微秒到几毫秒不等，因此为保证计数器可靠工作，通常计数器输入端的脉冲信号周期至少需在 10ms 以上，如用户程序较大，该周期需在 50ms 以上。

当需要检测的脉冲信号频率很高（如 3000r/min 的电动机连接分辨率为 1000/r 的光电编码器后输出的脉冲频率可达 50kHz，即周期为 20μs）时，采用一般的计数器显然无法满足计数要求，这时需采用高速计数器实现计数功能。

5.3　常用字节、字和双字操作指令

在 PLC 编程软件中，还包含字节、字或双字型数据的操作指令，用于实现以上非布尔量的传送、运算、比较、转换等功能，由于使用方法类似，因此这里仅做简单的介绍。

5.3.1　数据传送类指令

数据传送类指令共有四种，分别为数据传送指令、数据块传送指令、字节交换指令与字节数据立即传送指令。

1. 数据传送指令

数据传送指令当 EN 端连接的触点有效时，ENO 端有效，同时将 IN 端的数据传送至 OUT 端。IN 端连接的是源数据，可以是常数和 V、M、I、Q、L 等变量，也可以是地址（双

字传送指令）、指针或 AC 寄存器。OUT 端连接的是目的数据，可以是 IN 端除常数外的所有数据。图 5-61 为数据传送指令的示例程序。

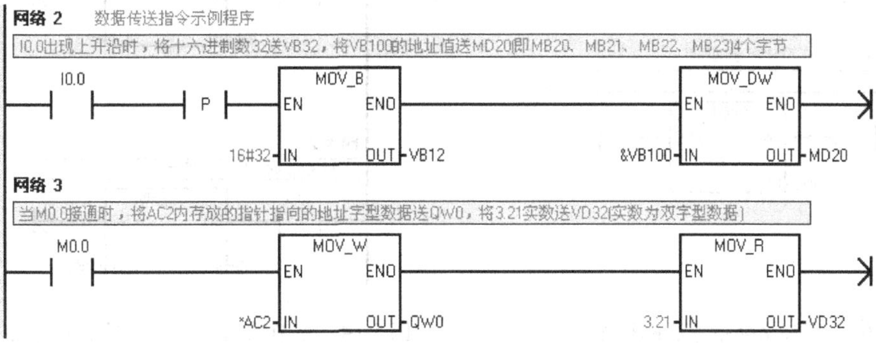

图 5-61　数据传送指令的示例程序

数据传送指令使用方法很简单，但需注意三点：

1）两端的数据要与选择的传送指令类型一致，即如果选择的是字传送指令，IN 端与 OUT 端的数据必须为字型，否则输入将会显示为代表错误的深红色。

2）传送指令 IN 端必须连接触点，不能直接与母线连接，如果确实在每个扫描周期均执行以上操作，可在 IN 端连接 SM0.0 触点。

3）由于扫描周期相对触点连接时间要短很多，如果只希望在信号连接时执行一次传送指令，可用边沿信号，否则触点接通过程中将会运行多次。

在其他数据操作指令中同样需注意以上三点。

2. 数据块传送指令

数据块传送指令的使用方法与数据传送指令类似，在使用时需格外注意数据格式与指令格式要对应，示例程序如图 5-62 所示。数据块传送指令的主要作用是：当 EN 端的触点有效时，将 IN 端的地址开始的 *N* 个字节（或字、双字）型数据送至 OUT 端地址开始的位置。IN 与 OUT 端的类型与数据传送指令基本相同，但 IN 端不能为常数或地址值。

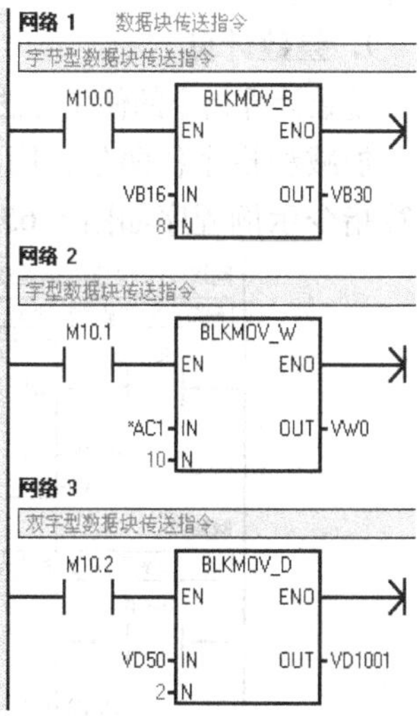

图 5-62　数据块传送指令示例程序

3. 字节交换指令（SWAP）

字节交换指令的作用是：当 EN 端触点有效时，使 IN 端的字型数据高 8 位和低 8 位数据进行交换，示例程序如图 5-63所示。

使用字节交换指令时需注意：IN 端输入必须为字型数据，EN 端的输入触点有效时，字节交换指令每个扫描周期均会执行。

4. 字节数据立即传送指令

字节数据立即传送指令分为字节数据立即读（MOV_BIR）和立即写指令（MOV_BIW），示例程序如图 5-64 所示。

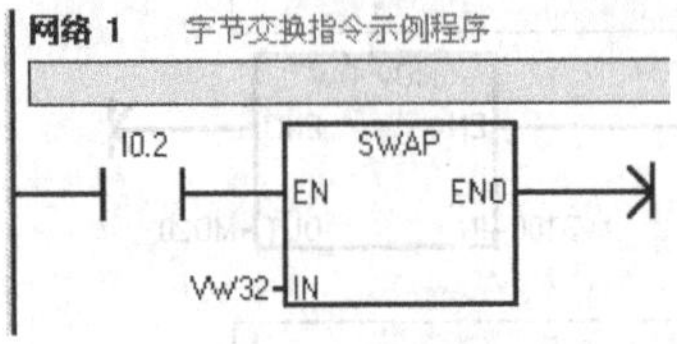

图 5-63　字节交换指令示例程序

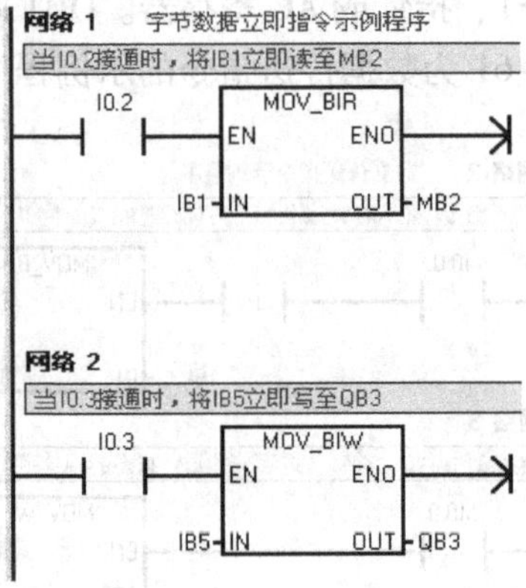

图 5-64　字节数据立即传送指令示例程序

移动字节立即读取指令（MOV_BIR）读取实际输入 IN（作为字节），并将结果写入 OUT，但是进程映像寄存器未更新。移动字节立即写入（MOV_BIW）指令从位置 IN 读取数值并写入（以字节为单位）实际输入 OUT，以及对应的“进程图像”位置。可以看出，二者的最大区别在于是否更新对应的进程映像寄存器。

5.3.2　运算指令

运算指令是实现数据算术运算和逻辑运算的指令，主要包括整数计算、逻辑运算、浮点数计算等。

1. 整数计算

整数计算指令的使用方法与传送指令方式基本相同，包含加减乘除与递增、递减等指令。

加减法指令各两条，用于实现整型（字）与双整型（双字）数据的加减运算，加减法运算指令示例程序如图 5-65 所示。

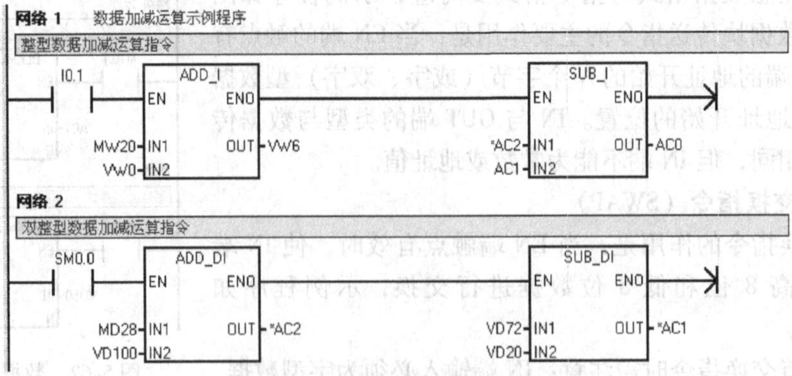

图 5-65　加减法运算指令示例程序

在进行加减运算时，特殊中间寄存器 SMB1 中的相应位用于存放运算的状态：结果为零时 SM1.0 置位、溢出时 SM1.1 置位、结果为负时 SM1.2 置位。

整数乘除指令各有三条，分别为整数相乘得双整数（MUL）、整数相乘（MUL_I）、双整数相乘（MUL_DI）、整数相除得商/余数（DIV）、整数相除（DIV_I）与双整数相除（DIV_DI）。其对应程序如图 5-66 所示。

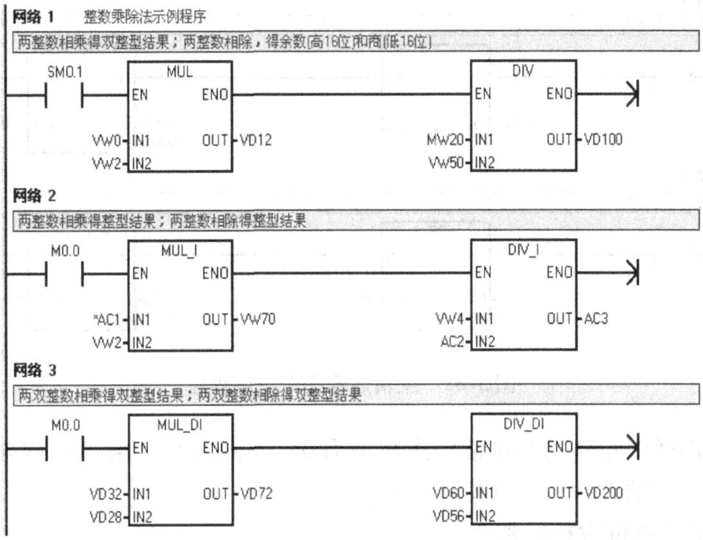

图 5-66　整数乘除法运算示例程序

整数乘除法运算同样会影响 SMB1：结果为零时 SM1.0 置位，溢出时 SM1.1 置位，结果为负时 SM1.2 置位，除数为 0 时 SM1.3 置位。

递增与递减指令分别有字节型、字型和双字型，用于完成使 IN 中输入的数据加 1 后向 OUT 端的数据输出，影响 SMB1 中的位有：结果为零时 M1.0 置位，溢出时 SM1.1 置位，（字或双字型递增或递减）结果为负时 SM1.2 置位，其示例程序如图 5-67 所示。

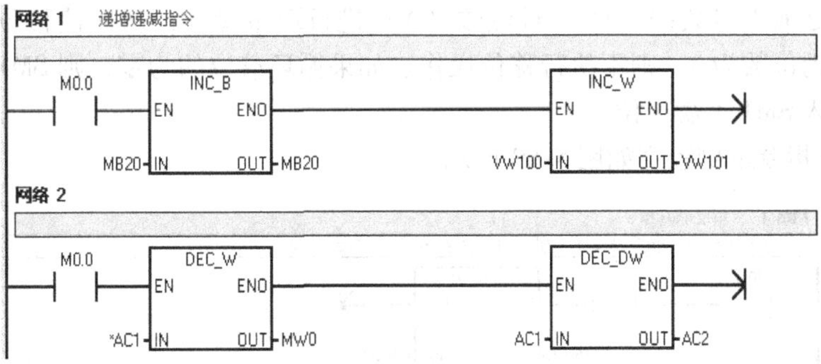

图 5-67　递增与递减指令示例程序

2. 逻辑运算指令

逻辑运算指令包含逻辑与、或、非和取反指令，数据有字节、字与双字三种类型，完成逻辑操作时均采用数据的二进制格式。逻辑运算指令示例程序如图 5-68 所示。

逻辑运算用于对数据的二进制格式的每一位进行运算，取反指令的作用是：将该数据的每一位均取反，即 0 改为 1，1 改为 0；与指令的作用是：将 IN1 的操作数与 IN2 的操作数每一位进行与运算，即 0 和任意布尔量进行与运算结果为 0，仅当 1 和 1 相与时结果为 1；或指令的作用是：将 IN1 与 IN2 的操作数每一位进行或运算，即 1 和任意布尔量进行或运算结果均为 1，仅当 0 和 0 相或时结果为 0；异或指令的作用是：将 IN1 与 IN2 的操作数每一位

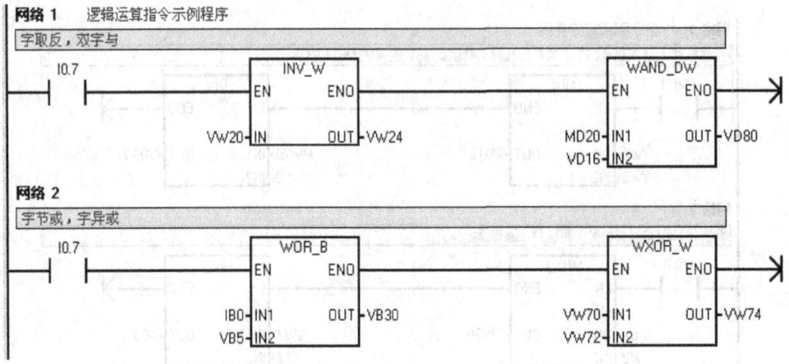

图 5-68　逻辑运算指令示例程序

进行异或运算，即两个相同的布尔量异或结果为 0，不同的布尔量异或结果为 1。以上运算均会影响 SM1.0，当结果为 0 时置位。

3. 移位/循环与移位寄存器指令

移位/循环指令中包含移位与循环两大类指令。

移位指令中包含左移与右移指令，用于将 IN 端的数据相应地移动 *N* 位，相应的移出位补 0，并向 OUT 端输出。如果 *N* 的值大于 IN 端数据的位数，则数据最多被移动自身的位数（如字节型数据为 8 位、字型数据为 16 位、双字型数据为 32 位）。如果移位结果为零，则 SM1.0 置位；移出的最后一位存入 SM1.1 溢出位。

循环指令中也包含左移与右移指令，用于将 IN 端的数据循环地向左或向右移动 *N* 位，移出的位补至移出的空位，并将结果向 OUT 端输出。如果移位数目 *N* 大于或等于数据的位数，执行旋转之前先将数据（IN）对位数（*N*）进行取余操作，从而使移位次数在 0 至 *N* 之间。如果移动位数为 0，则不执行移位操作。如果循环移位的为零，则 SM1.0 置位；移出的最后一位存入 SM1.1 溢出位。

移位/循环指令示例程序如图 5-69 所示。

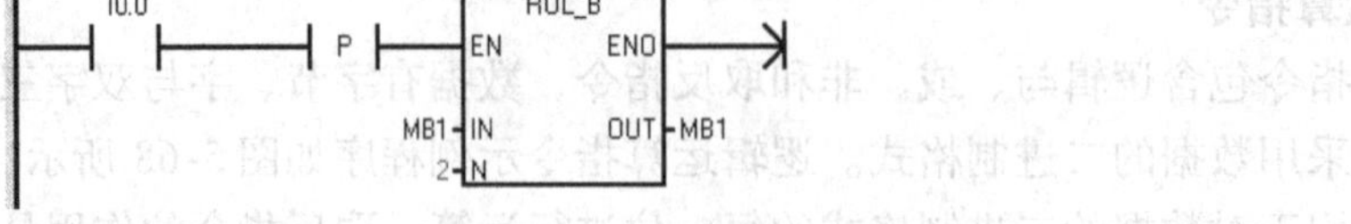

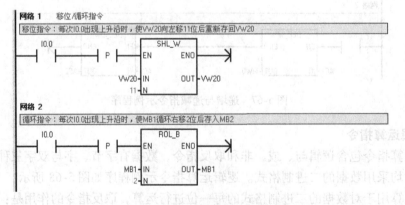

图 5-69　移位/循环指令示例程序

例 5-15　在 Q0.0 ~ Q0.7 分别连接了 8 盏灯，试编写程序使灯依次点亮 1s。

分析：使灯依次点亮 1s，可使用定时器定时每隔 1s 钟产生一个扫描周期脉冲，在该脉冲的驱动下使 Q0.0 ~ Q0.7 依次变为 1，该程序如图 5-70 所示。

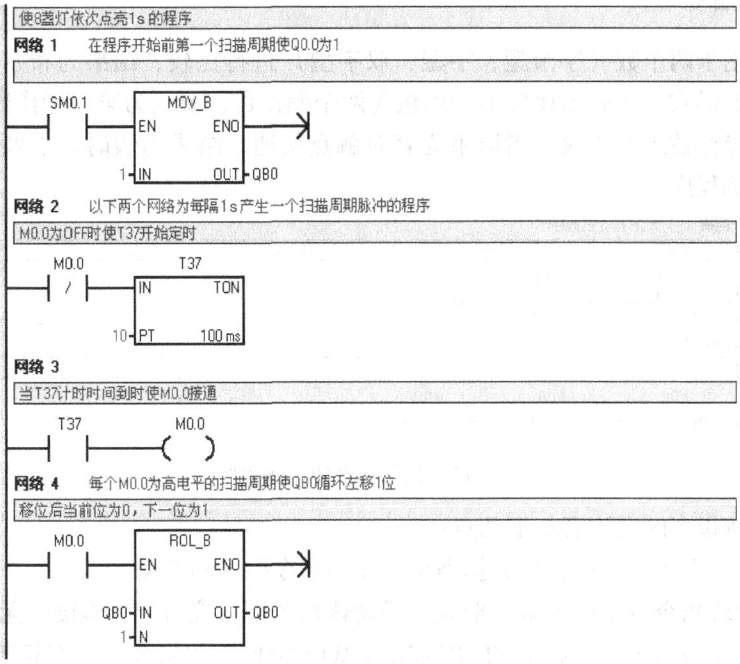

图 5-70　使 8 盏灯依次点亮 1s 的程序

移位寄存器指令（SHRB）用于将指定位置的数据每个扫描周期按照指定方向移动一位，并存回指定位置，其中 DATA 端连接数据，S_BIT 指定寄存器的最低位，N 端连接的数据指示数据的移位方向与位数（$N>0$ 为正向移位，$N<0$ 为反向移位）。SHRB 每次移出的位值均置溢位标志位 SM1.1。

4. 浮点数运算指令

在 PLC 的软件中，浮点数也被称为实数，均为双字型数据（32 位），采用的数据格式与计算机通用数据格式相同。在浮点数运算指令中，除加减乘除运算外，还可完成开方、正余弦、正切、自然对数、自然指数等运算，运算结果也是浮点数。在运算指令中，加减乘除均为两个输入，其他指令则为一个输入，输入数据均需为双字型。受运算影响的 SMB1 中的位有：零结果时 SM1.0 置位，溢出时 SM1.1 置位，结果为负时 SM1.2 置位，（除法运算时）除数为 0 时 SM1.3 置位。图 5-71 为浮点数指令的示例程序。

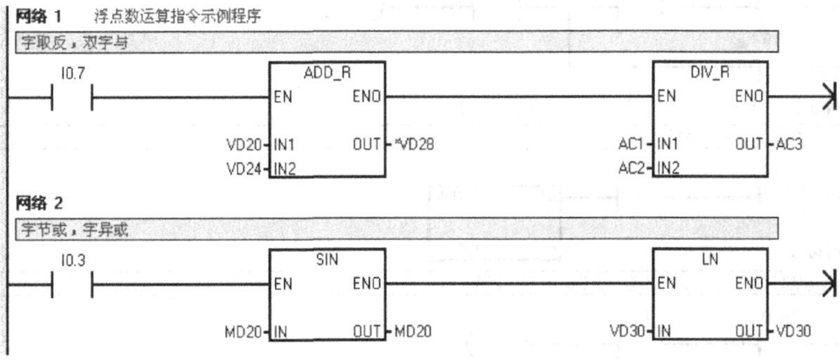

图 5-71　浮点数运算指令示例程序

5.3.3　比较指令

比较指令用于两个数（字节型、字型、双字型）进行比较，结果为布尔量。在 LAD 语言中表现为触点形式，所有的比较指令均包含两个操作数，上面为第一操作数，下面为第二操作数，两个操作数进行比较，当结果为真时触点接通，结果为假时触点断开。图 5-72 为比较指令的示例程序。

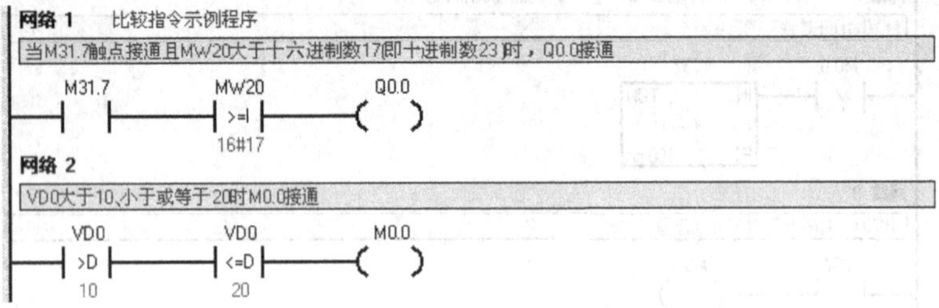

图 5-72　比较指令的示例程序

在使用比较指令时需注意如下几点：

1）比较指令上下两个操作数数据类型均需与指令格式相匹配。

2）由于比较指令本身即为触点形式，因此该指令可直接与母线连接，无需前导触点。

3）字符串比较指令为高版本 STEP7-Micro/WIN 中使用的指令，仅有相等与不等两种比较方式，使用方法是在上、下操作数位置分别输入待比较的两个字符串第一个字节所在的地址。在软件中，字符串是一系列 ASCII 字符（每个字符一个字节）与汉字字符（每个字符两个字节）的组合，字符串的第一个字节存入字符串的长度（整数），如果将常数字符串直接输入数据块或指令盒，该字符串必须包含在双引号内。字符串长度可以是 0～254 个字符，字符串最大长度是 255 个字节（包含第一个长度字节）。

例 5-16　利用比较指令实现例 5-12 中的功能。

分析：实现使 Q0.0 连接的灯亮 2s 灭 2s 的功能，可采用定时时间为 4s 的定时器，利用比较指令使定时器计数值与设定值比较，当满足条件时使 Q0.0 接通，否则熄灭。程序如图 5-73所示，读者可自行分析时序。

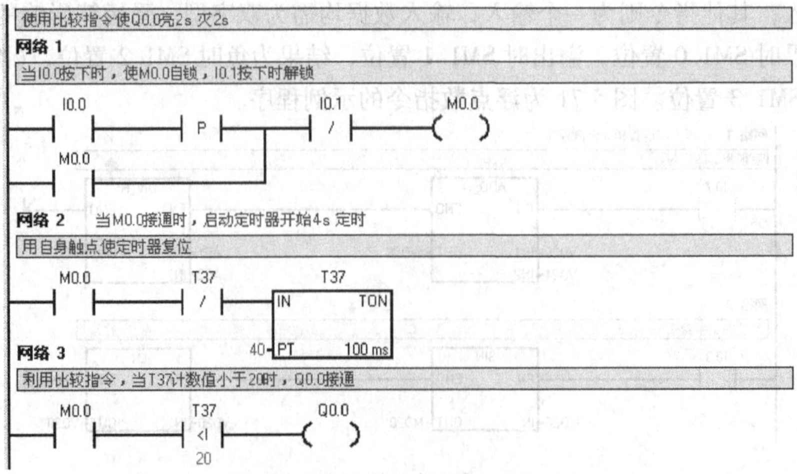

图 5-73　利用比较指令实现使 Q0.0 亮 2s 灭 2s 的程序

可以看出，实现某一特定功能可以采用不同的方法。当采用比较指令完成上述特定功能时，可使程序的编制更加简单，时序也更加易于分析。

5.3.4　转换指令

转换指令用于实现不同类型数据之间的转换，在快捷工具栏的指令树下共有 23 条转换指令，包含实现字节型、整型、双字、实数、BCD 码、ASCII 码与字符串之间的转换的指令，此外还包含实现四舍五入、向下取整、编码与解码以及将输入的字节型数值转换为用于显示 LED 数码管中的七段位格式。所有指令的使用方法与算术和传送运算指令使用方法类似，每一条指令的具体用法可查看相关的帮助文档，这里不再赘述。

5.3.5　字符串指令

字符串是 PLC 中一类相对比较特殊的数据，与其他数据类型不同，字符串由若干个字节组成，其中每个数字或英文字符占据 1 个字节，用于存放其 ASCII 码，如数字字符“1”的 ASCII 码为十六进制的 31，字母“A”的 ASCII 码为十六进制的 41 等；每个汉字占据 2 个字节，如汉字“中”的编码为十六进制的 D6D0。

需要注意的是，S7-200 内部的数据定义有 ASCII 数据字节与字符串两种，主要区别在于：

1）字符串操作指令仅在 S7-22X 类型的 PLC 及 STEP7-Micro/WIN V4.0 版本软件中使用。

2）输入 ASCII 数据字节时使用的是一般数据传送指令 MOV，根据输入的 ASCII 数据长度选择相应的指令字节，即：如仅输入一个 ASCII 字符，则用 MOV_B 指令；如输入两个 ASCII 字符或一个汉字，则用 MOV_W 指令；如需输入 4 个 ASCII 字符或 2 个汉字，则用 MOV_DW 指令。当输入字符串时则需用 STR_CPY 指令。

3）当输入 ASCII 数据字节时，需使用单引号（'）括起，而字符串则需用双引号（"）括起。

4）在数据存储格式上，ASCII 数据字节通常在存储空间中占用 1、2 或 4 个字节，而字符串除将字符或汉字转换为相应的 ASCII 码存储外，还在存储的第一个字节位置存放字符串的长度，且最大长度不超过 255 个字节的字符（包含存放长度的第一个字节和 254 个字符）。

两种数据的定义方式及其在存储空间中的存储格式如图 5-74 所示。

可以看出，两种数据格式存在本质上的区别，在使用中需要格外注意。

字符串操作指令共有 6 条，分别是字符串长度获取指令（STR_LEN）、字符串传送指令（STR_CPY）、复制子字符串指令（SSTR_CPY）、字符串连接指令（STR_CAT）、子字符串查找指令（STR_FIND）和字符查找指令（CHR_FIND），以上指令的基本用法与数据传送和算术指令基本相同，下面以两个实例程序说明其中几个指令的用法。

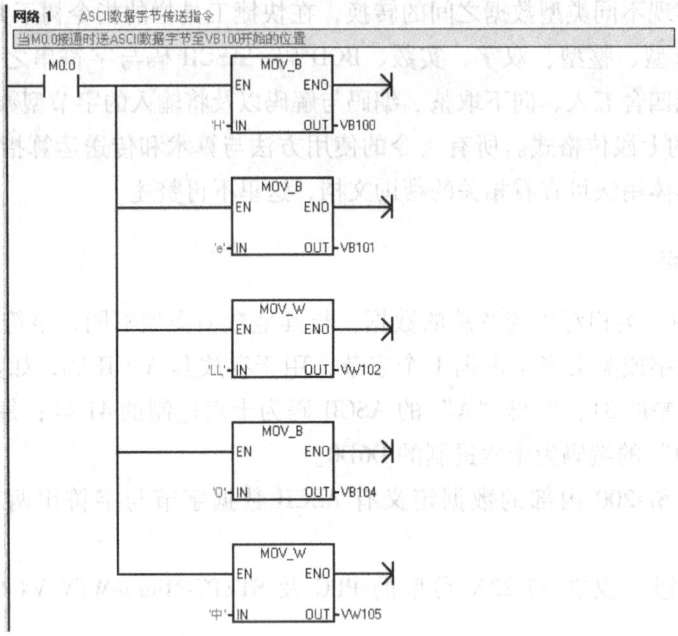

a) ASCII数据字节传送指令

VB100	VB101	VB102	VB103	VB104	VB105	VB106
01001000	01100101	01001100	01001100	01001111	11010000	11010110
H	e	L	L	O	中	

b) ASCII数据字节存储格式

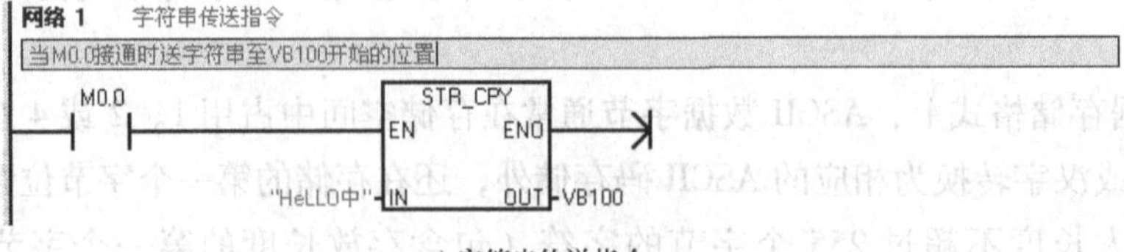

c) 字符串传送指令

VB100	VB101	VB102	VB103	VB104	VB105	VB106	VB107
00000111	01001000	01100101	01001100	01001100	01001111	11010000	11010110
7(数据长度)	H	e	L	L	O	中	

d) 字符串存储格式

图 5-74　ASCII 数据字节与字符串指令及其数据存储格式

字符串指令示例程序如图 5-75 所示。

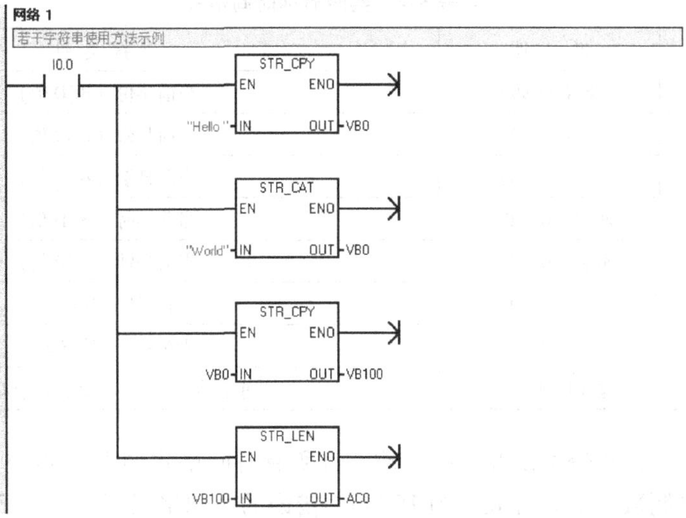

a) 字符串指令示例程序

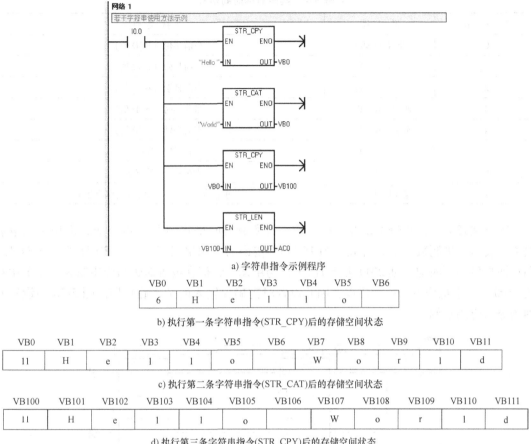

VB0	VB1	VB2	VB3	VB4	VB5	VB6
6	H	e	l	l	o	

b) 执行第一条字符串指令(STR_CPY)后的存储空间状态

VB0	VB1	VB2	VB3	VB4	VB5	VB6	VB7	VB8	VB9	VB10	VB11
11	H	e	l	l	o		W	o	r	l	d

c) 执行第二条字符串指令(STR_CAT)后的存储空间状态

VB100	VB101	VB102	VB103	VB104	VB105	VB106	VB107	VB108	VB109	VB110	VB111
11	H	e	l	l	o		W	o	r	l	d

d) 执行第三条字符串指令(STR_CPY)后的存储空间状态

AC0=11

e) 执行第四条字符串指令 (STR_LEN) 后的累加器值

图 5-75　字符串指令示例程序

5.4　其他指令

除前述指令外，S7-200 中还包含其他指令，在本节中进行介绍。

5.4.1　实时时钟操作指令

S7-200 中包含了实时时钟，用于指示当前日期与时间，同时参与程序中的时间运算。在初次使用或长时间断电后，PLC 中的实时时钟会被初始化为 1990 年 1 月 1 日 00：00：00 星期日，此时需要设置实时时钟，以确保为当前或期望的时刻。

设置实时时钟有两种方法：一种是当系统在线（PC 与 PLC 连接并保持通信）时，在软件的菜单栏的“PLC”下的“实时时钟”选项中进行设置；另一种是通过运行“设置实时时钟指令”（SET_RTC）进行设置。SET_RTC 的使用方法是：当 EN 端触点接通时，将 T 端连接的地址开始的 8 个字节数据设置为当前时刻，每个字节的含义见表 5-4。

表 5-4　实时时钟时间格式

T 字 节	说　明	数 据 类 型
0	年（0 ~ 99）	当前年份（BCD 值）
1	月（1 ~ 12）	当前月份（BCD 值）
2	日（1 ~ 30）	当前日期（BCD 值）
3	小时（0 ~ 23）	当前小时（BCD 值）
4	分钟（0 ~ 59）	当前分钟（BCD 值）
5	秒（0 ~ 59）	当前秒（BCD 值）
6	00	保留 - - - 始终为 00
7	星期（1 ~ 7）	当前星期几（1 = 星期日）（BCD 值）

需要注意的是，年份中仅取后两位数，且所有时间格式均需为 BCD 码，即用十六进制数格式表示十进制数，如 6 月表示为 16#06；错误的时间格式（如 2 月 30 日或 6 月 31 日）和日期与星期不匹配（如 2011 年 5 月 23 日为星期一，但在设置时钟指令中第 8 个字节中存放 16#03），系统均不会提示错误，因此设置时需确保输入的是正确日期。图 5-76 为设置时钟指令的应用示例。

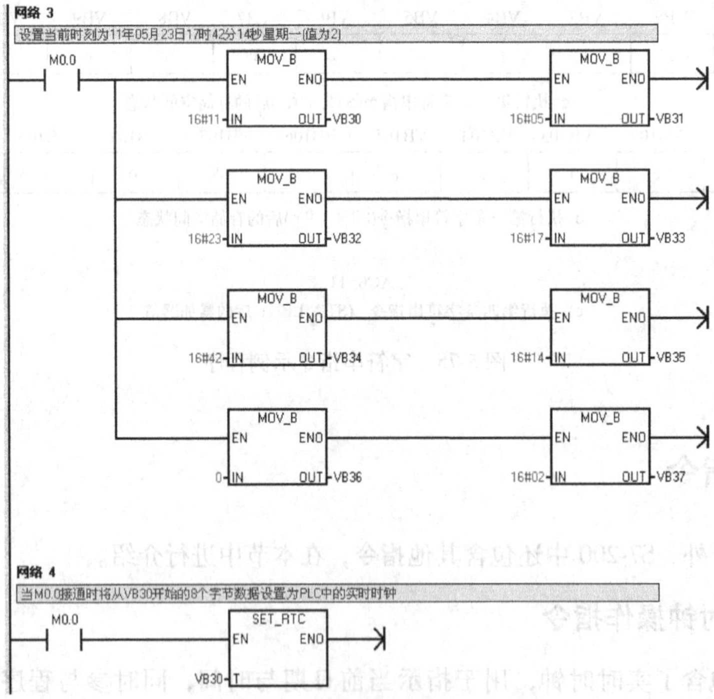

图 5-76　设置实时时钟应用示例（1）

对数据格式比较熟悉后，可采用如图 5-77 中的程序。

与设置实时时钟相对应，可采用程序读取当前的实时时钟，其使用方法与设置实时时钟相同，当 EN 端触点有效时，将当前时刻的实时时钟数据送 T 端开始地址的 8 个字节，数据格式与表 5-5 相同。读取实时时钟指令的示例程序如图 5-78 所示。

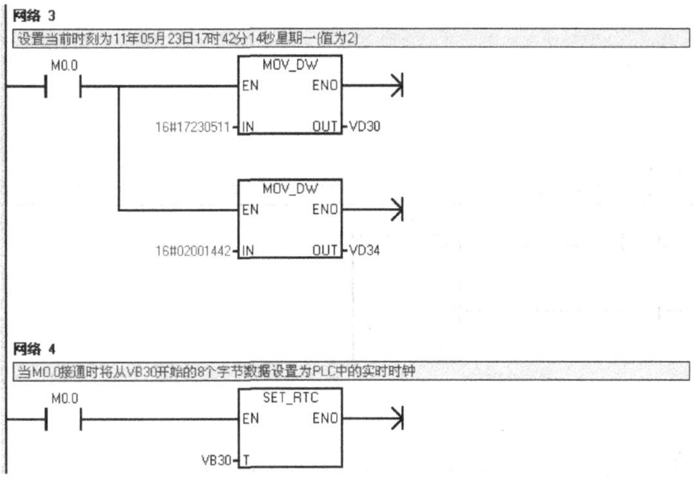

图 5-77　设置实时时钟应用示例（2）

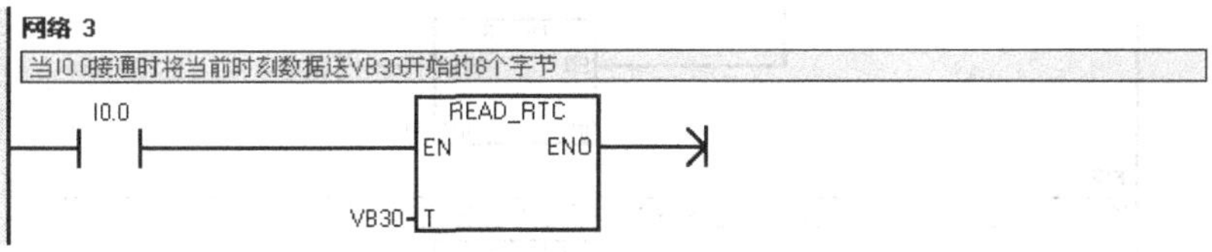

图 5-78　读取实时时钟示例程序

例 5-17　I0.0 连接的触点在 9：00-10：00 内按下两次，试用实时时钟程序记录相隔的时间（精确到分钟），存放在 VW100 中。

分析：上面的题目有多种实现方法，采用定时器亦可实现，图 5-79 中的程序仅为读取实时时钟的一个示例，读者也可采用其他方法完成。

思考题 1：如果例 5-17 中需要记录的时间精确到秒，程序该如何编制？

思考题 2：如果例 5-17 中去掉 9：00-10：00 的条件，程序该如何编制？

例 5-18　采用实时时钟程序实现 Q0.1 接通 3 小时后使 Q0.2 接通的功能。

分析：由于 100ms 定时器的最大计时时长为 3276.7s，即约 54min，因此采用定时器完成以上功能，需采用前述的定时 - 计数器程序，但该程序会加重系统运行负担。如果对延时时间精度要求不高，可采用读取实时时钟指令；为减少对存储空间的读取次数，可用系统自带的分脉冲（SM0.4）进行操作，其程序如图 5-80 所示。

例 5-19　两台电动机分别由 Q0.0 与 Q0.1 连接的接触器控制，如现场要求两电动机在每天的 16：00 切换运行（即一台电动机由运行转为停止，而另一台电动机由停止转为运行），试编程实现该功能。

分析：两电动机切换运行，每分钟检测一次，到每天的 16 时将运行中的电动机停止，将停止的电动机起动，程序如图 5-81 所示。

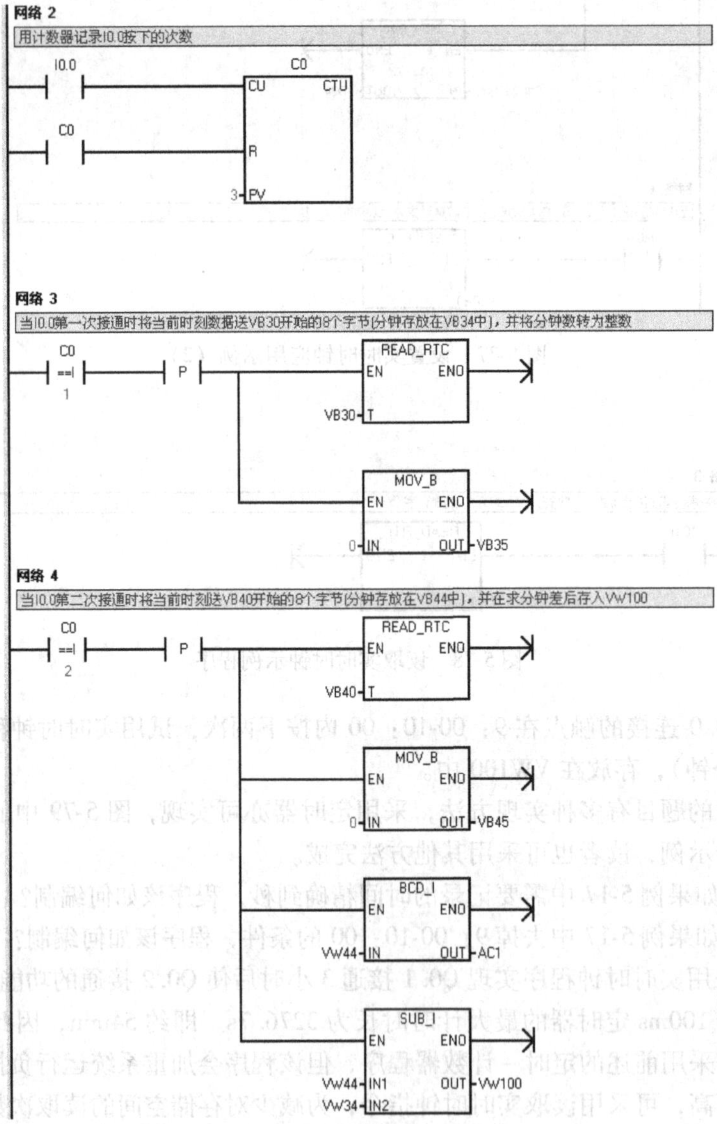

图 5-79　利用读取时钟程序记录触点间隔时间程序

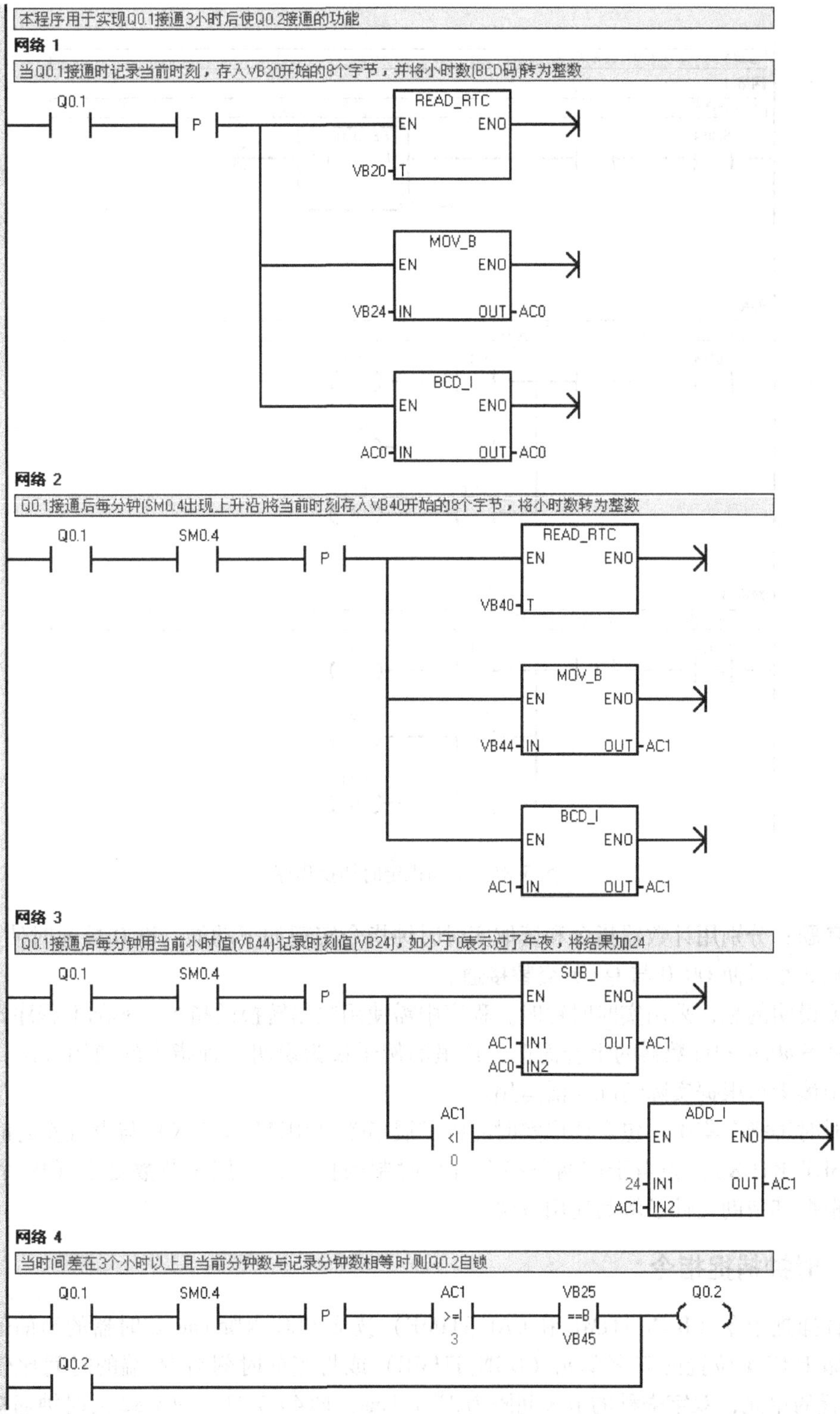

图 5-80　某触点接通 3 小时后接通另一触点

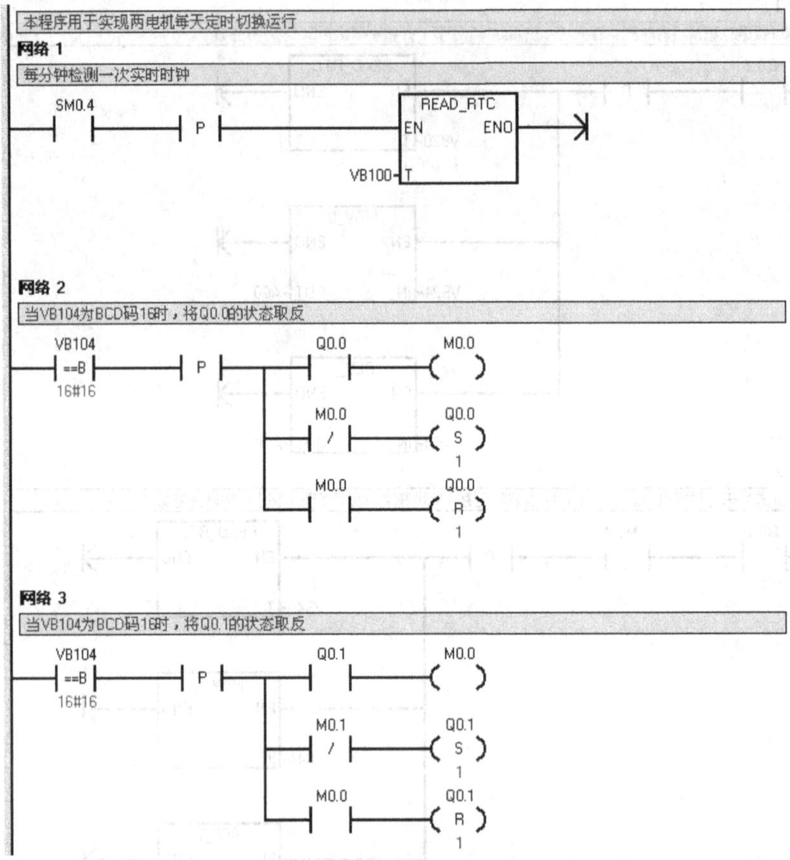

图 5-81　电动机定时切换程序

思考题： 分别用计数器指令和读取实时时钟指令实现如下功能：I0.0 接通时使 Q0.0 接通，每隔 3 小时使 Q0.0 与 Q0.1 交替接通。

需要说明的是，采用实时时钟时，程序中需使用数据转换的指令，实际上程序比直接用分钟脉冲 SM0.4 和计数器的组合简单，这里的例子仅为说明时钟指令的使用方法，具体工程应用中读者可根据实际情况灵活运用。

实时时钟指令集中还包含读取实时时钟扩展指令（READ_RTCX）与设置实时时钟扩展指令（SET_RTCX），相当于前两条指令含夏时制的扩展，占用字节数更多（19 个字节），读者可根据其帮助文件了解其使用方法。

5.4.2　时钟捕捉指令

时钟捕捉指令（BGN_ITIME 和 CAL_ITIME）读取 PLC 内置 1ms 定时器的当前值，并将该值存储于 OUT 位置的双字单元（BGN_ITIME）或将当前时刻与 IN 端的时间比较输出至 OUT 位置的单元，双字毫秒的最大间隔为 2^{32} 个 1ms，即 49.7 日。图 5-82 为时钟捕捉指令的示例程序。

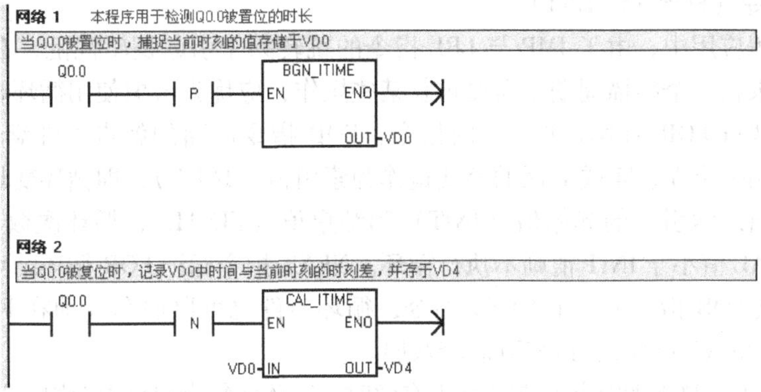

图 5-82　时钟捕捉指令的示例程序

5.4.3　程序控制指令

1. 跳转指令（JMP 和 LBL）

跳转至标签指令（JMP）的作用是：当指令前的触点有效时，程序直接跳转至相同标号的 LBL 指令所在的位置。该指令同样通过堆栈进行操作，当 JMP 指令执行时对程序中标签（n）执行分支操作；当跳转接受时堆栈顶值始终为逻辑 1；标签（LBL）指令标记跳转目的地（n）的位置。在主程序、子程序或中断例行程序中均可使用“跳转”指令，但是“跳转”及其对应的“标签”指令必须始终位于相同的代码段中（主程序、子程序或中断程序），不能在程序段之间跳转，这一点需要格外注意。当 JMP 指令与对应的 LBL 指令之间有定时器指令，程序执行可能引起定时器工作不正常，因此在跳转指令间尽量不要使用定时器指令；同时需要注意跳转指令每个扫描周期均会被执行。图 5-83 是跳转指令的一个示例程序。

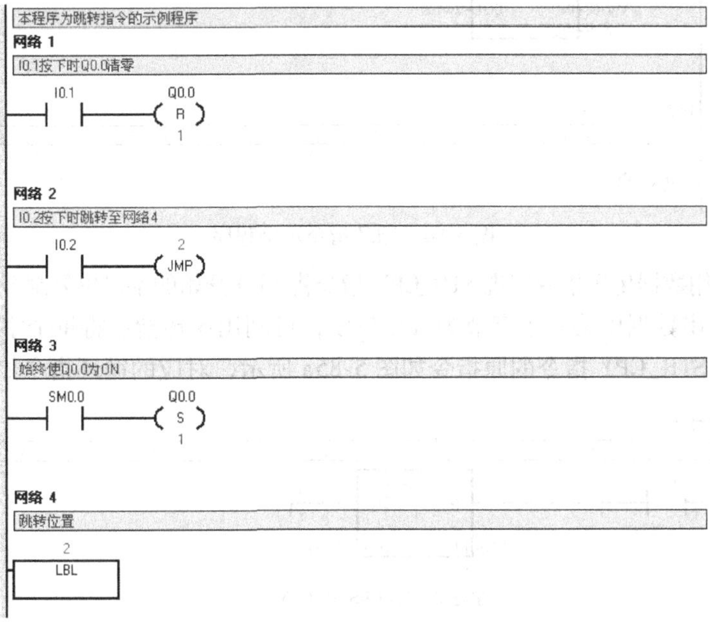

图 5-83　跳转指令示例程序

2. 循环指令（FOR 和 NEXT）

在实际工程应用中，由于 JMP 与 LBL 指令的跳转易于引起逻辑混乱，在使用中应尽量减少使用。如果在一个扫描周期中需要重复某些操作，应优先考虑使用循环指令。

循环指令执行 FOR 和 NEXT 之间的指令，FOR 指令前面的触点条件满足时开始循环。在使用时要使用一个 V、M 或 L 区的字变量作为索引值（INDX），即循环变量，用于对循环计数，同时需指定索引值的起始值（INIT）和结束值（FINAL），循环次数 = FINAL - INIT +1，如果 FINAL 值小于 INIT 值则不执行循环。NEXT 指令标记 FOR 循环结束，并将堆栈顶值设为 1。每条 FOR 指令配一个 NEXT 指令，循环条件也可以嵌套（即在 FOR/NEXT 指令中再增加 FOR/NEXT 指令），最多可嵌套八层。

需要注意的是，FOR 循环指令前的触点有效时，循环体每个扫描周期均会执行。图 5-84 中的程序实现的功能是：在 I0.0 每次出现上升沿时，计算 1 +2 +3 +⋯ +100，结果存在 VW100 中。

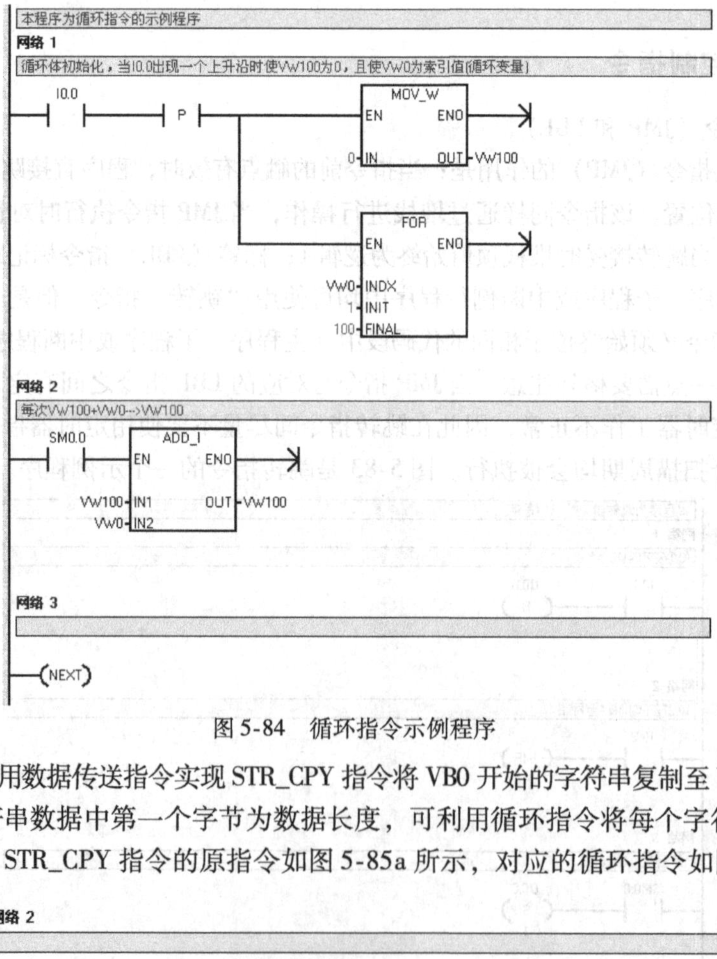

图 5-84　循环指令示例程序

例 5-20　使用数据传送指令实现 STR_CPY 指令将 VB0 开始的字符串复制至 VB100 的功能。

分析：字符串数据中第一个字节为数据长度，可利用循环指令将每个字符的 ASCII 码复制至目标地址。STR_CPY 指令的原指令如图 5-85a 所示，对应的循环指令如图 5-85b 所示。

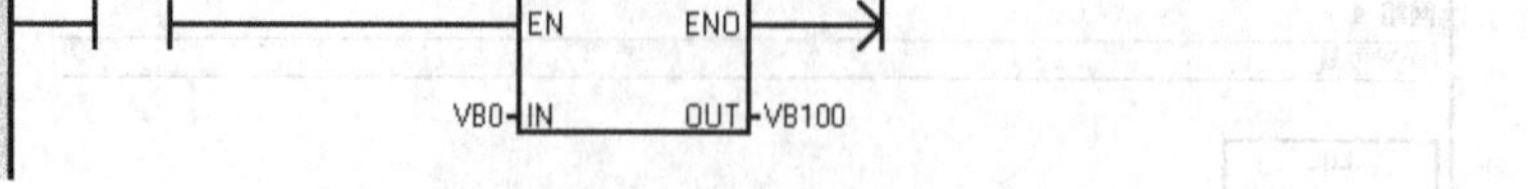

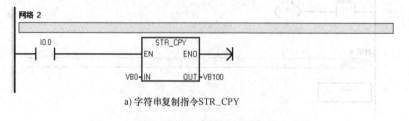

a) 字符串复制指令STR_CPY

图 5-85　使用循环指令实现字符串传送功能

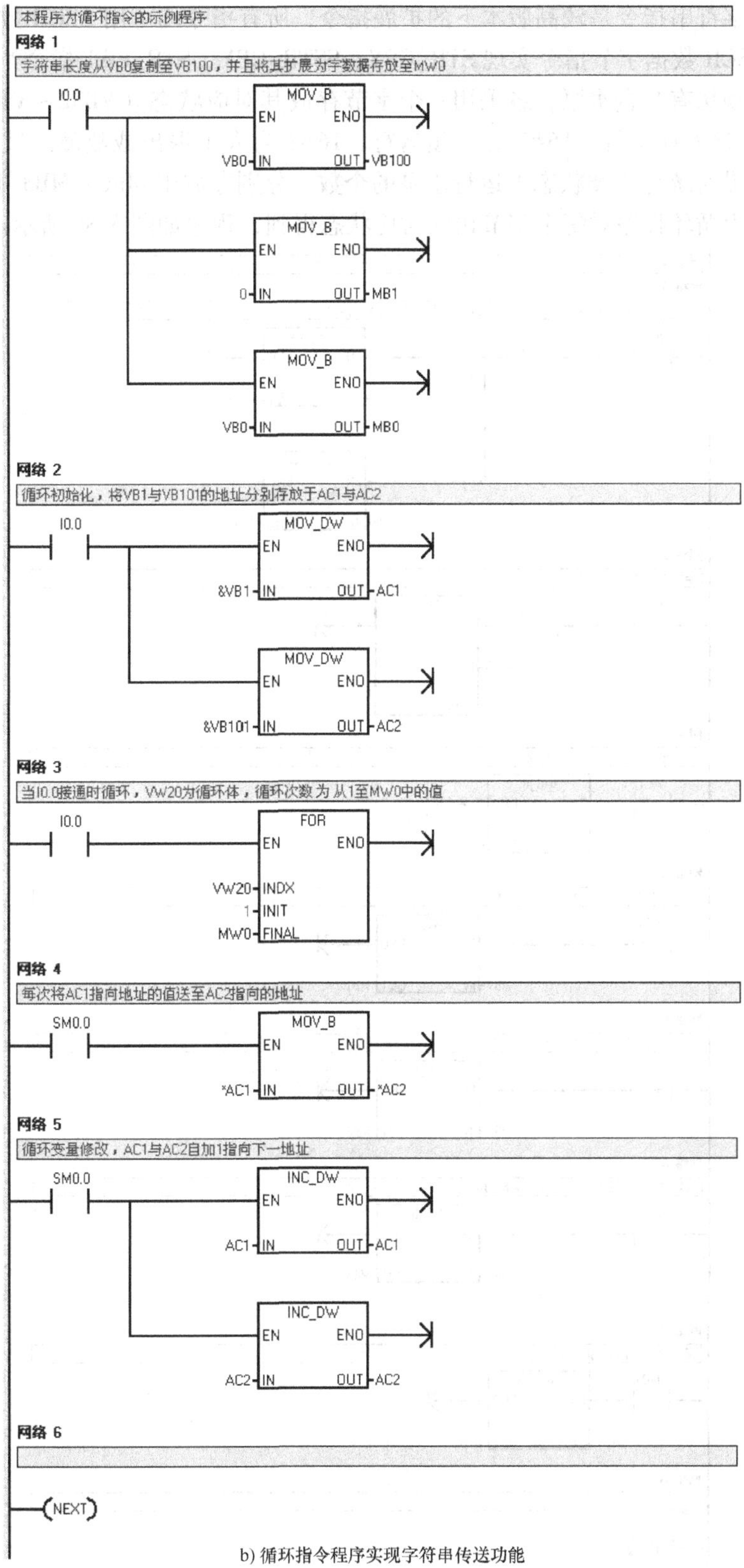

b) 循环指令程序实现字符串传送功能

图 5-85　使用循环指令实现字符串传送功能（续）

思考题：字符串指令是较高版本下的扩展指令，所有指令均可用 ASCII 数据字节指令实现。如何用 ASCII 数据字节指令实现 STR_CPY、SSTR_CPY、STR_CAT 指令？

例 5-21　现场有 8 台水泵，各采用一个字节存放其对应状态（VB32 ~ VB40），为 16#0 时停机、16#1 时工频运行、16#2 时变频运行、16#8 为人工退出或故障。试编程实现每次 I0.0 出现上升沿时统计 4 类状态下运行水泵的个数，分别存放于 MB0 ~ MB3 中。

该功能可用循环程序对每个字节访问对应状态得到，程序如图 5-86 所示。

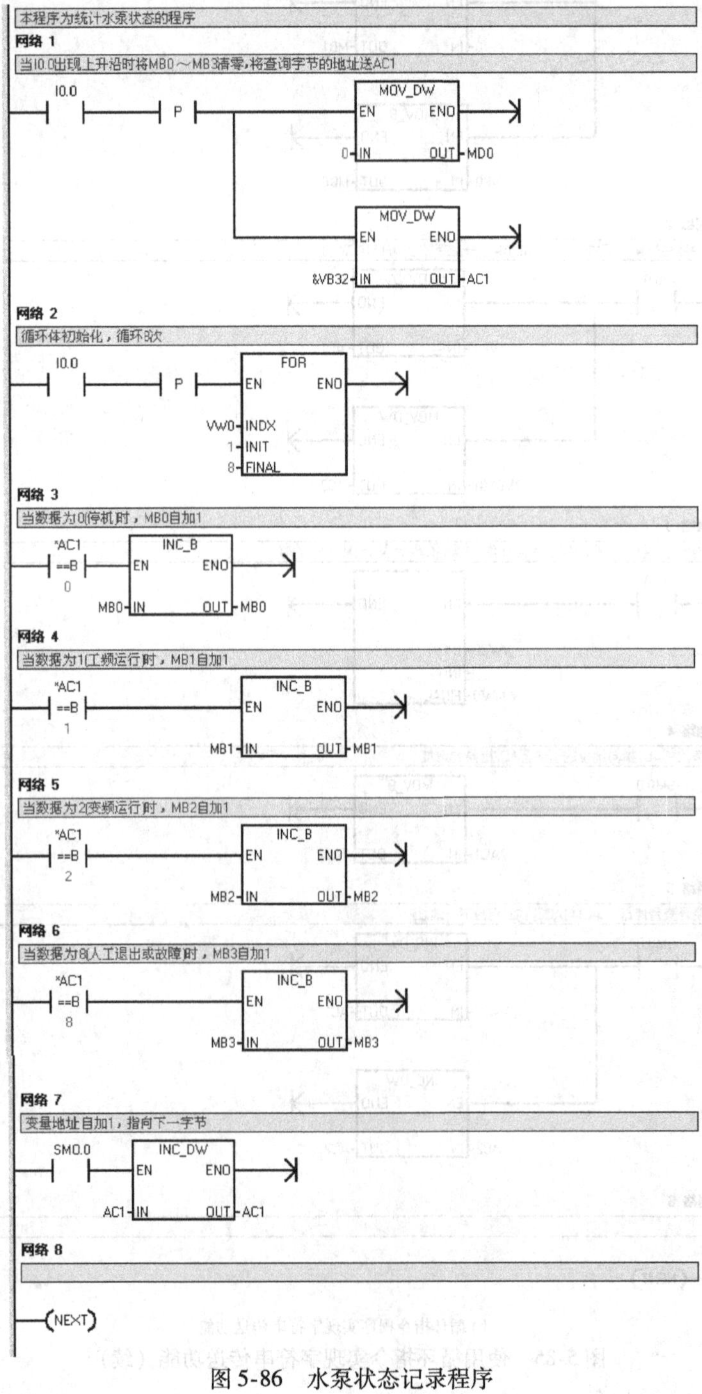

图 5-86　水泵状态记录程序

例 5-22　在例 5-21 中，还需使用 8 个双字存放水泵的运行时间（以分钟为单位），位置是 VD0 ~ VD28，试编制程序完成该功能。

分析：水泵在工频或变频状态下运行时需要记录运行时间，即每分钟使其对应的双字自加 1，对应程序如图 5-87 所示。

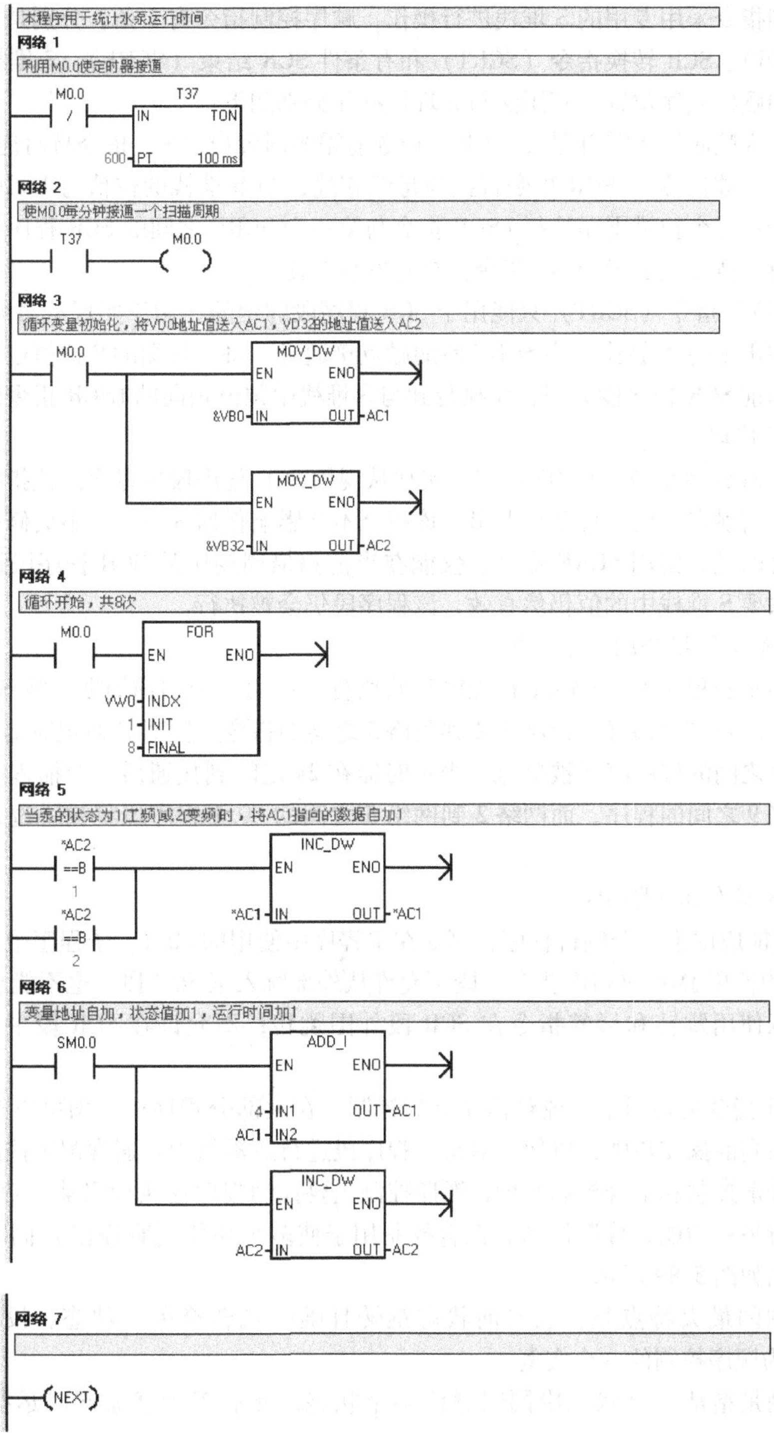

图 5-87　水泵运行时间累计程序

5.4.4 顺序控制指令

当 PLC 需要重复执行某一操作又不希望发生时间上的冲突时，可以用顺序控制指令（SCR）安排程序结构，以便于编程和应用程序的调试。

顺序控制指令采用专用的 S 堆栈进行操作，顺序控制指令有 3 条，分别是载入顺序控制继电器（LSCR）、SCR 转换指令（SCRT）和有条件 SCR 结束（SCRE）。S 堆栈用于指示当前正在运行的顺控程序位置，其用法与 S 堆栈操作分别如下：

在使用载入顺序控制继电器（LSCR）指令前需要用置位（S）指令将对应的 S 位置位，同时 S 堆栈中存放该位。LSCR 指令直接与母线相连，当 S 堆栈的位值与 LSCR 指令上的位值相同时，会在每个扫描周期执行 LSCR 指令与第一个 SCRE 之间的 SCR 程序段，直到 S 堆栈中存放的位被清除或由于 SCRT 指令被执行发生变化。

“SCR 转换”指令（SCRT）只能用于 SCR 程序段的中间，用于实现从当前的 SCR 程序段向另一个 SCR 程序段转换。当 SCRT 前的触点接通时，将其顶端的 S 位值送入 S 堆栈，同时继续执行当前 SCR 程序段。当程序执行到与 S 堆栈中位值相同的 LSCR 指令时，转去执行相应的 SCR 程序段。

有条件 SCR 结束指令（SCRE）用于实现从现用 SCR 程序段中退出。该指令可直接与母线连接，也可与触点连接实现条件退出。该指令不会影响任何 S 位，也不会修改 S 堆栈中的值。需要注意的是，使用 SCRE 指令，仅能在当前扫描周期中从 SCR 程序段退出，在下个扫描周期，只要 S 堆栈中的值仍然有效，该程序段仍会被执行。

图 5-88 为 SCR 指令的一个示例。

在上面的示例程序中，SM0.1 在程序开始执行时接通一个扫描周期，将 S0.1 接通，然后程序在此后的扫描中始终执行网络 2 到网络 5 之间的指令，同时开通定时器 T37，此时网络 6 到网络 9 之间的程序将不被执行；当定时器在 2s 定时到接通后，扫描程序将开始执行网络 6 到网络 9 之间的程序，而网络 2 到网络 5 之间的 S0.1 程序段将被跳过，直到 T38 的 25s 定时到。

使用 SCR 具有如下限制：

S 位值仅能应用于一个例行程序，例如在主程序中使用的 S0.1，子程序中不再使用；不能在 SCR 段中使用 JMP 和 LBL 指令，既不允许从外部跳入某 SCR 段，也不能从当前 SCR 段跳出，但可以使用跳转和标签指令在 SCR 段外围跳转；不允许在 SCR 段中使用“结束”指令。

使用 SCR 指令主要用于实现对程序流的控制，在大部分程序中，均可以逻辑方式将主程序分为一系列的操作步骤，以便于对每个程序段进行逻辑组织。通常逻辑控制类型主要有顺序控制、分散控制和汇合控制两种，顺序控制主要控制程序在执行完某一功能（程序段）后再开始执行另一功能，分散控制和汇合控制用于使多个功能（程序段）同时完成，顺序控制的流程图如图 5-89 所示。

顺序控制的最大特点是：从当前状态跳转且唯一跳转至另一状态，没有分支状态。图 5-88 中即为顺序控制的一个实例。

分散控制是指从一个状态中同时激活多个状态，此后多个状态同时运行，如图 5-90 所示。

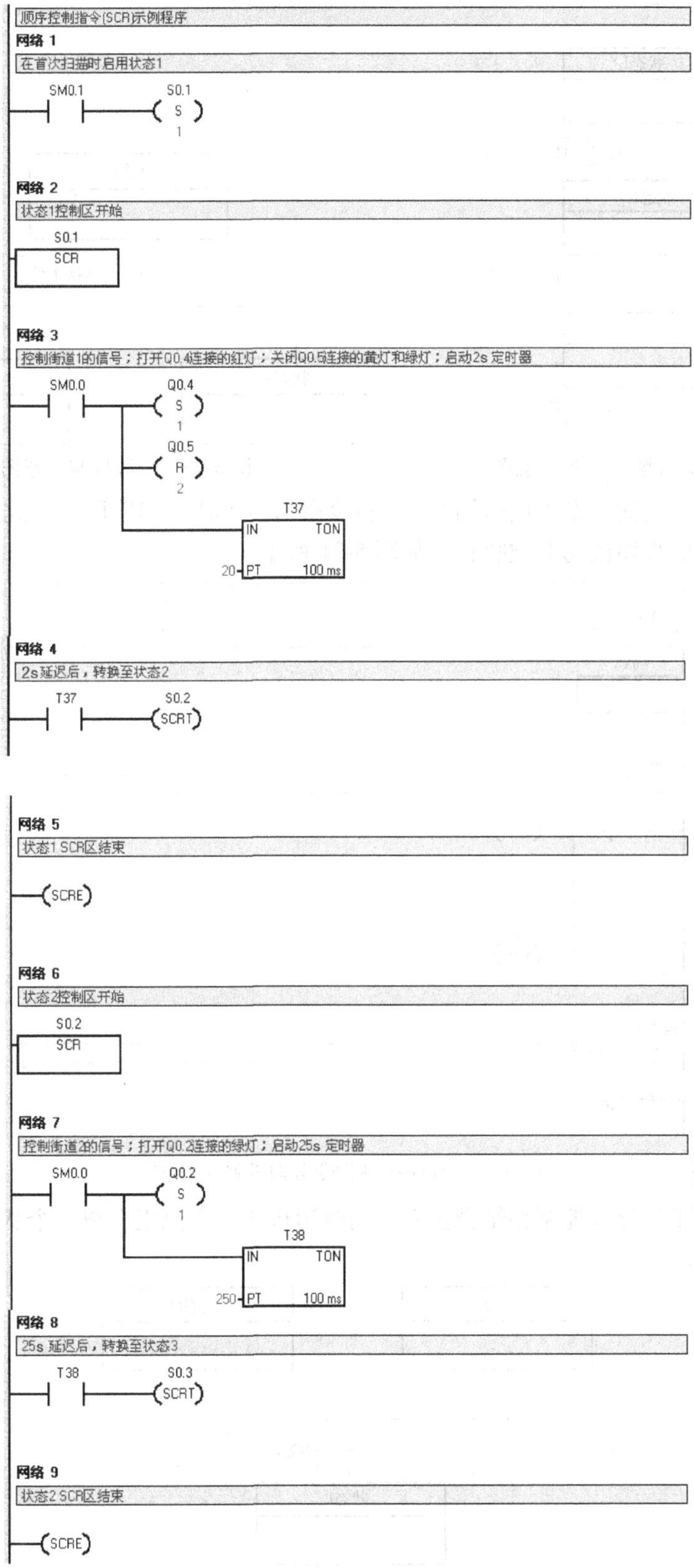

图 5-88 顺序控制指令示例程序

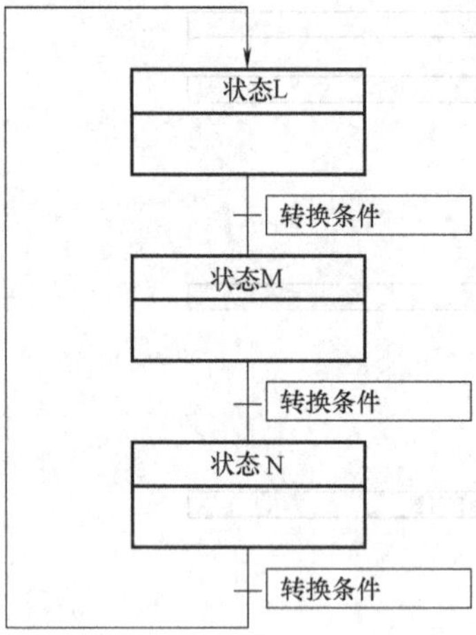

图 5-89　SCR 段顺序控制示意图

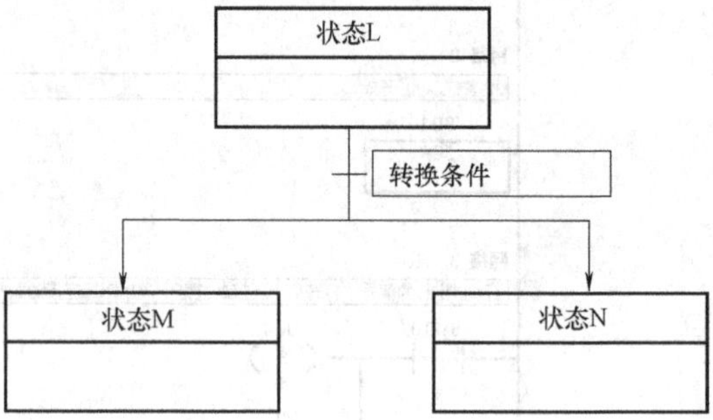

图 5-90　分散控制示意图

分散控制是在当前状态中同时用 SCRT 指令激活多个状态程序段，在此后程序扫描运行时，每个被激活的程序段均会被执行，如图 5-91 所示。

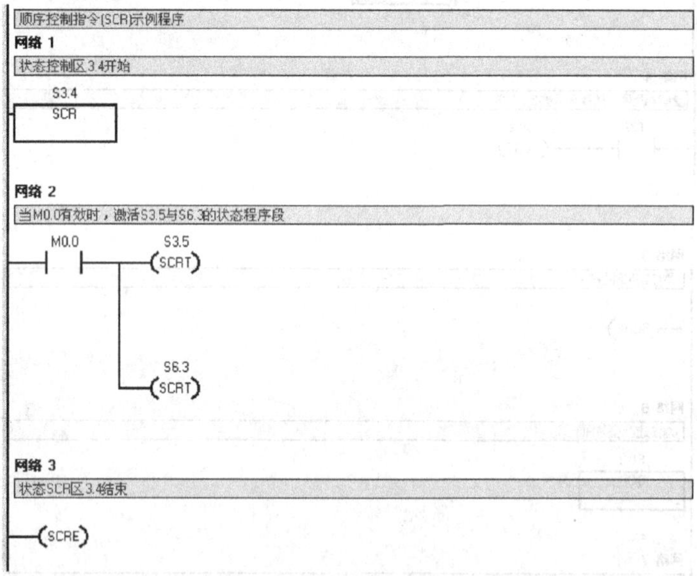

图 5-91　顺序控制指令分散控制示意图

汇合控制用于与分散控制相结合使多个同时运行的状态流汇合成一个状态流，其状态运行如图 5-92 所示。

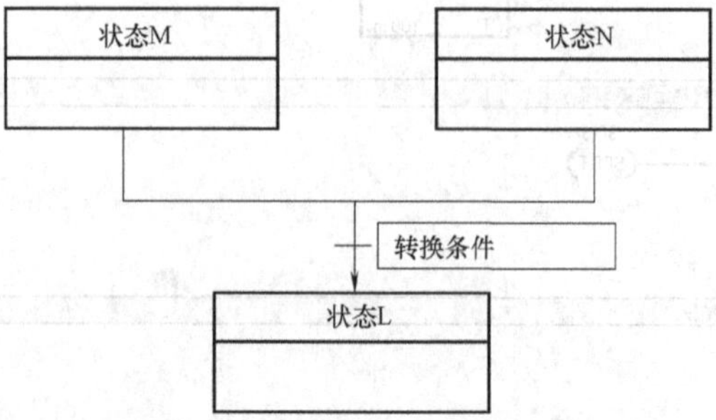

图 5-92　顺序控制指令汇合控制示意图

5.4.5　其他控制类指令

（1）有条件结束（END）指令　有条件结束指令用于根据其前方的逻辑条件终止主程序，仅可用于主程序，但不能在子程序和中断程序中使用。该指令通常用于结束当前扫描周期的主程序运行，在主程序末尾通常需增加该指令，但用户无需特别增加，Micro/WIN 会自动在主程序末尾增加该指令。需要注意的是，END 指令会立即结束当前时刻所在的扫描周期，程序仍会从下一个扫描周期开始重新扫描。

（2）停止（STOP）指令　当该指令执行后，可将 PLC 由运行（RUN）状态强制转换为停止（STOP）状态。

（3）看门狗复原（WDR）指令　该指令用于重新触发 S7-200 CPU 的系统监视程序定时器，从而扩展扫描允许时间，避免出现看门狗（扫描延时）错误。

当使用程序跳转、循环指令或中断程序过多使单次用户程序扫描的时间延长时，则在用户程序完成后以下更新才能完成：通信口（自由端口模式除外）、I/O 更新（除立即 I/O 指令外）、强迫更新、SM 位（除 SMB0、SMB5 ~ SMB29）更新、运行时间诊断程序、10ms 与 100ms 定时器在时间间隔 25s 以上不能正确刷新、STOP 指令等。当预计扫描时间将超过 500ms 时应当使用 WDR 指令，重新触发看门狗定时器。每次使用 WDR 指令时，还需对数字量扩展模块中的输出字节（QB）使用立即写入指令进行重新写入，以重启每个扩展模块自带的看门狗。

图 5-93 为其他控制指令的示例程序。

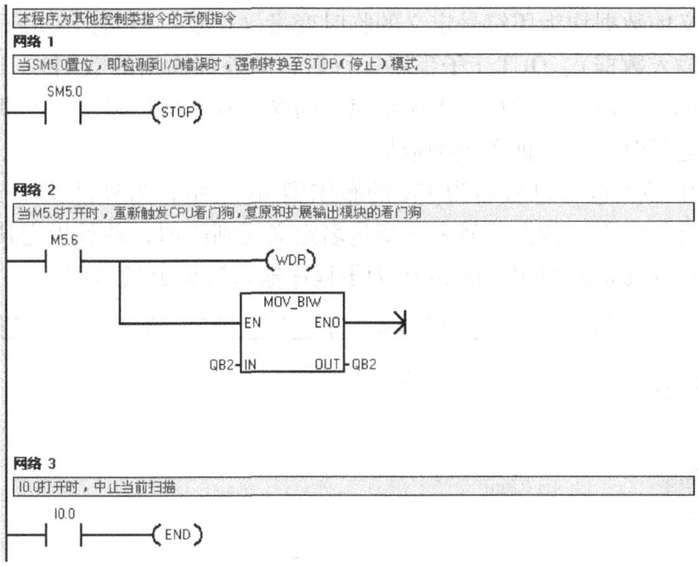

图 5-93　其他控制指令的示例程序

5.5　子程序与中断程序

在 STEP7-Micro/WIN 中可以设计子程序，用于实现对功能特殊或重复率使用较高的程序段进行调用，从而节省程序编制的工作量；可以编制中断，用于实现对定时、高速计数器或通信功能的中断处理。本节主要介绍子程序和中断程序。

5.5.1　子程序

(1) 子程序的添加　在编制子程序前需要先添加子程序模块，添加方法有三种：一种是在快捷工具栏的“程序块”指令树上单击鼠标右键，选择“插入”→“子程序”选项；另一种是在菜单栏的“编辑”下拉菜单中选择“插入”→“子程序”选项；或在程序界面下方的选项卡附近单击鼠标右键，在弹出的选项中选择“插入”→“子程序”选项。此时会在下方增加一个选项卡，单击该选项卡即可进入子程序编辑界面，用户也可以修改子程序名，名称修改可在任何时刻进行，不会影响子程序编制及其调用。

(2) 子程序输入输出数据设置　在当前子程序界面下，单击符号定义栏的相应位置，即可实现对子程序输入输出的定义，如图 5-94 所示。

	符号	变量类型	数据类型	注释
	EN	IN	BOOL	
		IN		
		IN_OUT		
		OUT		
		TEMP		

子程序注释

网络 1　网络标题

网络注释

图 5-94　子程序输入输出定义界面

子程序中定义的数据均为用符号定义的临时变量（L 型），共有 IN（子程序运行前，子程序接收的外部输入数据）、OUT（子程序运行后，向外部输出的数据）、IN_OUT（子程序运行前接收的外部输入数据，并在子程序结束后向同一外部地址输出）与 TEMP（内部临时变量，仅子程序运行时有效）四种类型数据。

子程序变量中必须包含符号名为 EN 的布尔型 IN 变量，为外部调用子程序的使能端，其他符号用户可自行定义。数据符号名与变量名定义规则类似，并且指定其数据类型，用户也可在注释栏中增加变量的说明。图 5-95 为子程序输入输出定义示例。

	符号	变量类型	数据类型	注释
	EN	IN	BOOL	
LW0	ADD1	IN	INT	被加数1
LW2	ADD2	IN	INT	被加数2
		IN		
LW4	INCR	IN_OUT	WORD	数据自加
		IN_OUT		
LW6	SUM	OUT	INT	求和结果
		OUT		
LW8	ADD_TEMP	TEMP	INT	存放中间加和结果
		TEMP		

图 5-95　子程序输入输出定义示例

在数据定义完成后，系统会根据数据类型自动为每个临时变量分配一个地址，用户在编制程序时可访问符号名，也可访问地址，二者是完全等效的。

(3) 子程序编制　用户可在子程序中应用前述定义的符号编制程序，如图 5-96 所示。

(4) 子程序调用　子程序可在主程序中调用，也可在子程序或中断程序中调用，实现

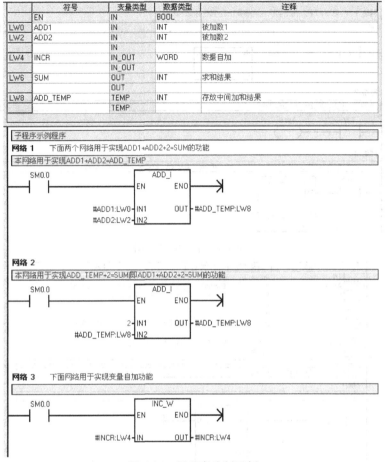

	符号	变量类型	数据类型	注释
	EN	IN	BOOL	
LW0	ADD1	IN	INT	被加数1
LW2	ADD2	IN	INT	被加数2
		IN		
LW4	INCR	IN_OUT	WORD	数据自加
		IN_OUT		
LW6	SUM	OUT	INT	求和结果
		OUT		
LW8	ADD_TEMP	TEMP	INT	存放中间加和结果
		TEMP		

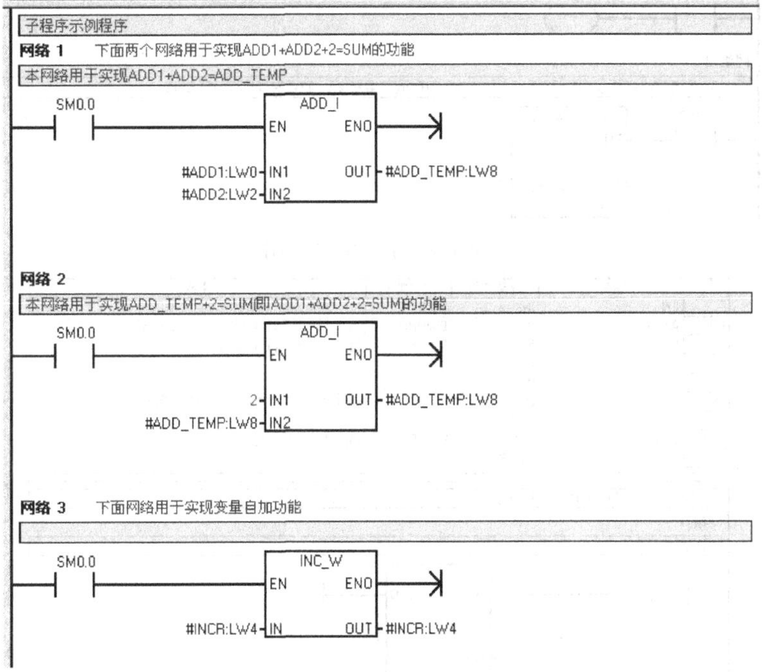

图 5-96　子程序编制示例

子程序的嵌套。调用子程序时需要注意以下几点，仅当子程序块 EN 端触点有效时方可实现子程序调用；子程序中定义了输入输出数据时，相应端口必须有类型匹配的数据；子程序中的临时变量仅在子程序被调用时创建，调用结束后变量空间即被释放，因此无法使用状态监控表等访问临时变量。

子程序的调用方法与触点或指令输入方式相同，其对应块在快捷工具栏的“调用子程序”指令树下，图 5-97 为前述子程序在主程序中被调用的界面。

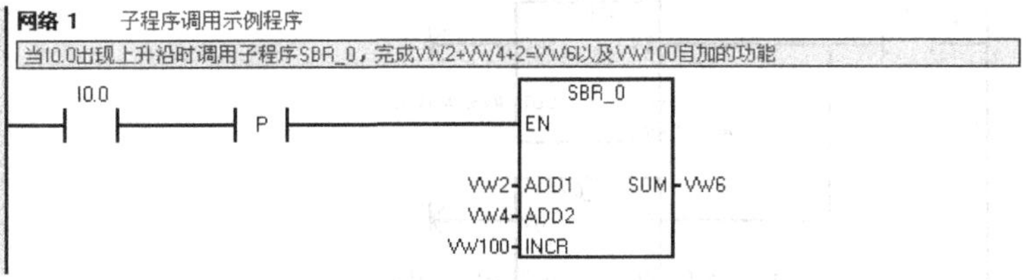

图 5-97　子程序调用示例

与其他编程软件类似，STEP7-Micro/WIN 中同样支持指针访问，即可将双字型地址数据送入子程序后，将该数据作为指针访问对应的地址。以例 5-22 中的程序为例，说明子程序的指针访问方法，其主程序与子程序如图 5-98 所示（访问临时变量，系统会自动在符号名前加#号）。

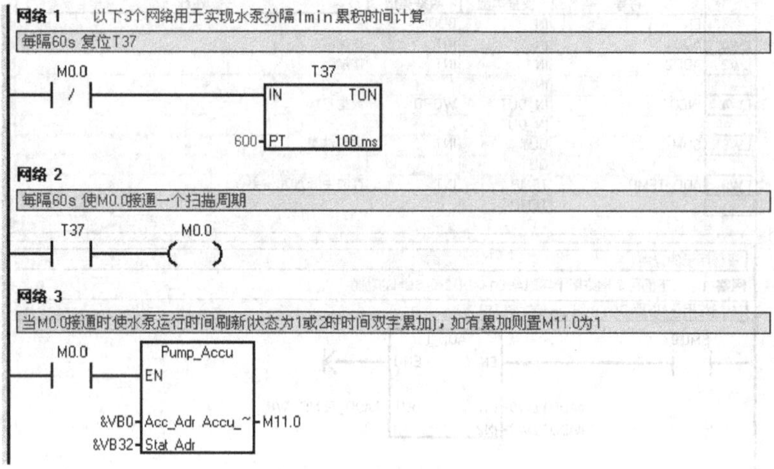

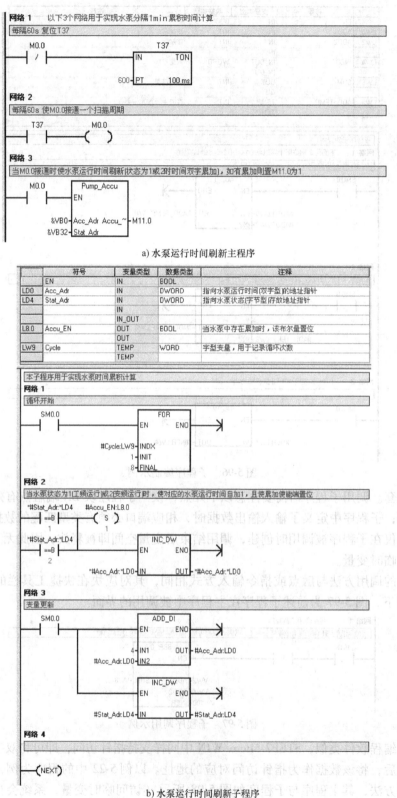

a) 水泵运行时间刷新主程序

	符号	变量类型	数据类型	注释
	EN	IN	BOOL	
LD0	Acc_Adr	IN	DWORD	指向水泵运行时间(双字型)的地址指针
LD4	Stat_Adr	IN	DWORD	指向水泵状态(字节型)存放地址指针
		IN		
		IN_OUT		
L8.0	Accu_EN	OUT	BOOL	当水泵中存在累加时，该布尔量置位
		OUT		
LW9	Cycle	TEMP	WORD	字型变量，用于记录循环次数
		TEMP		

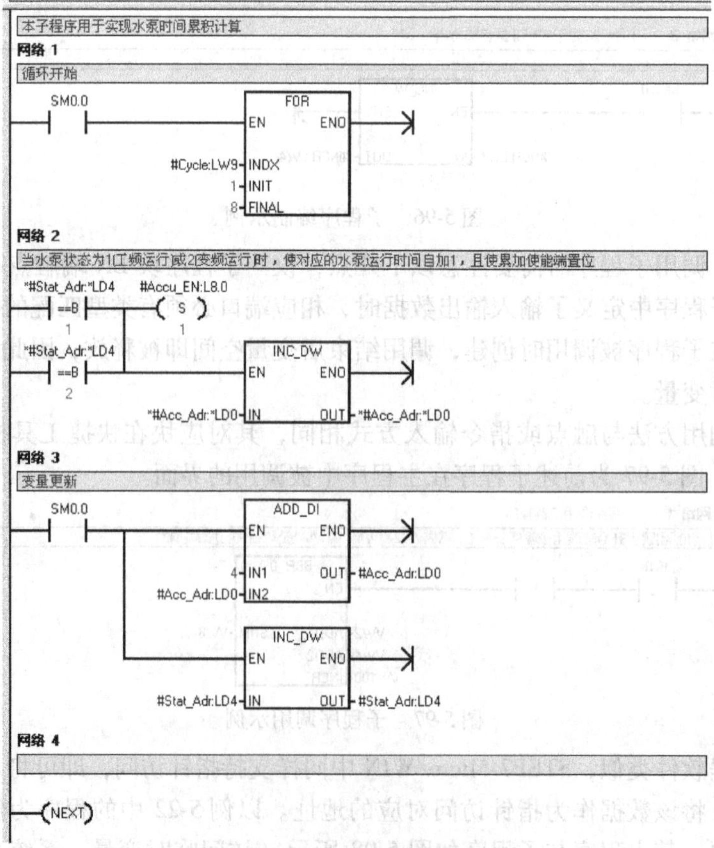

b) 水泵运行时间刷新子程序

图 5-98 水泵运行时间刷新程序

在上面的子程序中，所有变量均为临时变量，在子程序调用时创建，因此刚开始Accu_EN（L8.0）为0，所有变量均为0；在子程序开始运行前，将其IN端口连接的变量数据（VB0与VB32的地址值）分别送至双字型临时变量（Acc_Adr和Stat_Adr）；在程序运行过程中，两个变量可参与运算；此外，布尔量Accu_EN（L8.0）在子程序运行（循环）过程中未被释放，当存在状态为工频（状态值为1）或变频（状态值为2）的数据时即被置为1；当子程序运行结束后，将Accu_EN的值送至OUT端的M11.0，然后释放所有变量。当下一次子程序被调用时，再重新创建所有临时变量，重复上述过程。

与传送等指令类似，但与主程序中的继电器输出不同，子程序的输出数据（如M11.0）在子程序不被调用时会保持原值，除非有其他程序对其进行了修改。

5.5.2　中断程序

为确保PLC在运行过程中准确获取外部信息（输入端子或通信）或实现对某些高速信号的精确控制（如高速计数器），需要采用中断以及中断程序完成用户要求的功能。中断通常由外部信号触发，不同的外部信号产生的中断被称为中断事件（Event）。S7-200支持的中断事件共有三种类型，分别为通信端口中断、I/O中断和时间基准中断。

1）通信端口中断：S7-200生成允许程序控制通信端口的事件。

2）I/O中断：S7-200生成用于各种I/O状态不同变化的事件。这些事件使程序可以对高速计数器、脉冲输出或输入的上升沿或下降沿状态进行应答。

3）时间基准中断：S7-200使程序按照具体间隔进行应答的事件。

中断事件发生的时间是随机的，因此中断程序并不像子程序一样，需要通过调用功能实现。在出现中断请求时，无论系统正在执行何种工作（系统扫描或用户程序扫描），系统均会暂停当前的扫描，自动进行必要的现场保护，然后开始执行中断程序。在中断程序执行完成后，系统自动恢复现场，继续未完成的扫描工作。

当多个中断事件同时发生时，系统将根据优先级进行排队，并且送入中断队列进行排队，以确保优先级最高的事件优先得到服务。与微机程序不同，低优先级的中断程序在执行时，高优先级中断不能打断该中断程序，只能进入中断队列进行优先等待处理。

STEP7-Micro/WIN中为用户提供了完善的中断事件，其事件类型、优先级别与CPU支持见表5-5。

表5-5　中断事件优先级与CPU支持

事　件		优先级别	优先级别	受CPU支持			
号　码	中断说明	群　组	组　别	221	222	224	224XP 226
8	端口0：接收字符	通信（最高）	0	√	√	√	√
9	端口0：传输完成		0	√	√	√	√
23	端口0：接收信息完成		0	√	√	√	√
24	端口1：接收信息完成		1				√
25	端口1：接收字符		1				√
26	端口1：传输完成		1				√
19	PTO 0完全中断		0	√	√	√	√
20	PTO 1完全中断		1	√	√	√	√

（续）

事件号码	中断说明	优先级别群组	优先级别组别	受 CPU 支持 221	222	224	224XP 226
0	上升边沿，I0.0	离散（中等）	2	√	√	√	√
2	上升边沿，I0.1		3	√	√	√	√
4	上升边沿，I0.2		4	√	√	√	√
6	下降边沿，I0.3		5	√	√	√	√
1	下降边沿，10.0		6	√	√	√	√
3	下降边沿，I0.1		7	√	√	√	√
5	下降边沿，I0.2		8	√	√	√	√
7	下降边沿，I0.3		9	√	√	√	√
12	HSC0 CV = PV		10	√	√	√	√
27	HSC0 方向改变		11	√	√	√	√
28	HSC0 外部复原/Zphase		12	√	√	√	√
13	HSC1 CV = PV		13			√	√
14	HSC1 方向改变		14			√	√
15	HSC1 外部复原		15			√	√
16	HSC2 CV = PV		16			√	√
17	HSC2 方向改变		17			√	√
18	HSC2 外部复原		18			√	√
32	HSC3 CV = PV		19	√	√	√	√
29	HSC4 CV = PV		20	√	√	√	√
30	HSC1 方向改变		21	√	√	√	√
31	HSC1 外部复原/Zphase		22	√	√	√	√
33	HSC2 CV = PV		23	√	√	√	√
10	定时中断 0	定时（最低）	0	√	√	√	√
11	定时中断 1		1	√	√	√	√
21	定时器 T32 CT = PT 中断		2	√	√	√	√
22	定时器 T96 CT = PT 中断		3	√	√	√	√

用户使用中断程序主要包含以下 6 条指令：开放中断（ENI）、关闭中断（DISI）、中断程序有条件返回（RETI）、连接中断（ATCH）、分离中断（DTCH）和清除中断事件(CLR_EVENT)。中断程序的使用方法如下。

（1）建立中断程序　建立中断程序的方法与子程序类似，在弹出的窗口中选择“插入”→“中断程序”选项，系统会自动在程序栏标签页中增加一个中断程序界面，用户可在中断程序界面中编制相应的程序。响应中断程序的现场保护与恢复工作由系统自动完成，用户在该界面下仅完成中断响应时的相应程序即可。假设系统在 I0.1 出现下降沿时产生中断，每次使 VB100 的值自加 1，同时使 M0.2 的状态取反，其对应中断程序如图 5-99 所示。

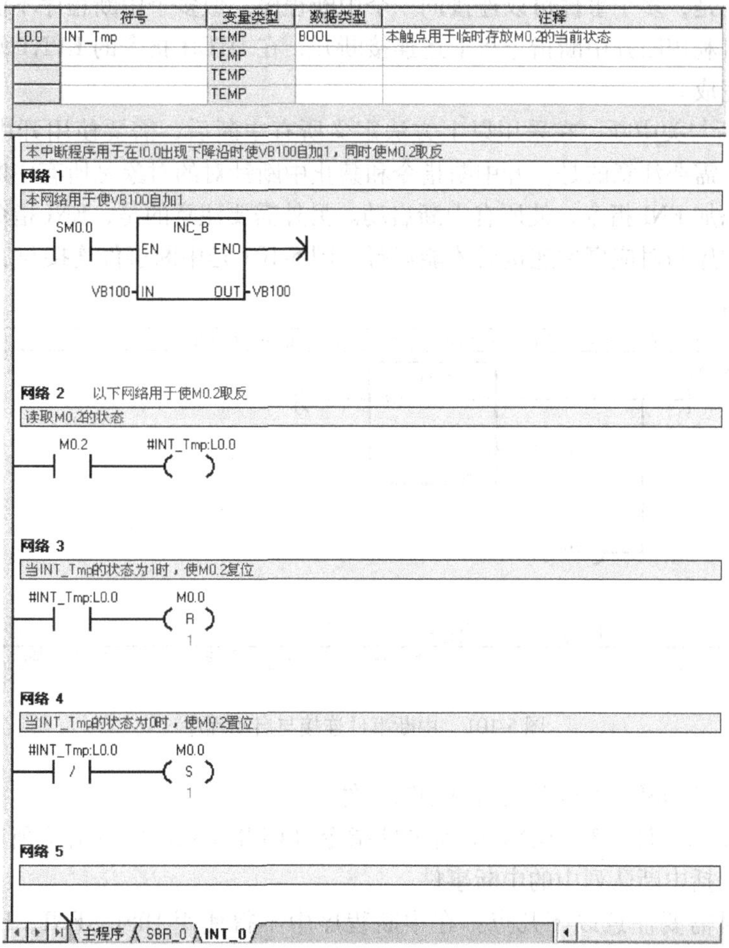

图 5-99　中断程序示例

在上述中断程序中，为使中断程序能够返回，通常需要在程序末尾增加 RETI 指令，但除非用户有条件中止中断程序，否则无需特别增加，系统会自动添加该指令。

（2）建立中断连接　用户可以采用 ATCH 使中断程序与事件之间建立连接，即在主程序界面的 ATCH 指令 INT 端填写中断程序名称，在 EVNT 端填写中断事件号码，在本例中应分别填写 INT_0（名称）或 INT0（中断程序编号）和 1，如图 5-100 所示。

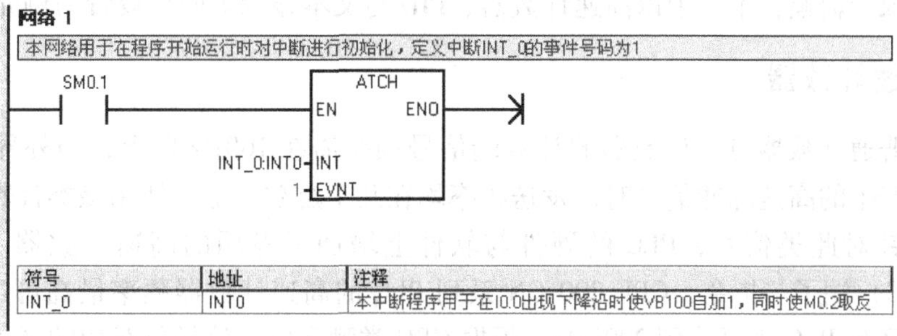

图 5-100　中断事件连接

需要注意的是，多个事件可以连接同一个中断程序，但多个中断程序不能连接多个中断事件。用户也可利用断开中断指令将上述连接断开，在 DTCH 指令的 EVNT 端填写要断开的中断事件即可完成。

（3）开中断与关中断　在采用以上方法定义所有中断后，需要使用开中断指令将所有中断事件打开。需要注意的是，开中断指令和禁止中断针对的对象是所有中断。本例中，在上面的程序中添加 ENI 指令，使所有中断启动。另外需要注意的是，ENI 指令必须在所需运行的所有中断程序与对应事件连接后才能运行，图 5-101 是中断事件连接与启动程序。

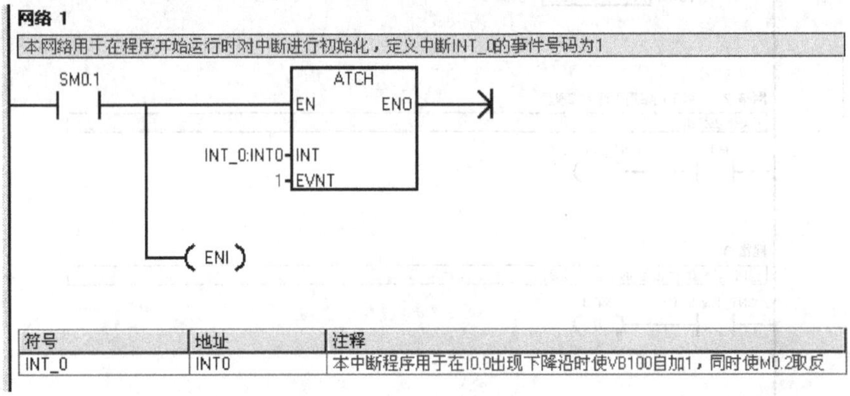

图 5-101　中断事件连接与启动程序

利用关中断（DISI）可以关闭所有中断事件。

（4）清除中断事件　利用清除中断事件指令（CLR_EVNT）可清除所有类型为 EVNT 的中断事件，包括中断队列中的中断事件。

使用中断时需要注意以下几点：在中断程序中不得使用 DISI、ENI、HDEF、LSCR 和 END 指令；触点、线圈和累加器指令可能会受中断影响；如果中断程序和主程序之间存在共享数据，数据变化可能会出现异常，因此使用时需要格外注意。

5.6　指令向导

指令向导是 STEP7-Micro/WIN 中为某些特殊指令提供的向导模式的专用程序，用于为对以上特殊指令不熟悉的用户提供帮助。指令向导主要包含通信、高速脉冲、数据调度等几大类功能，限于篇幅，本书中以高速计数器、PID 与文本显示等向导设置为例介绍其用法。

5.6.1　高速计数器

在使用普通计数器时，计数器的计数端信号频率需在 100Hz 以上，当外部连接光电编码器等设备产生的高速脉冲信号时，发送频率均在几千赫兹以上，使用该类计数器显然无法满足要求。针对此类信号，PLC 的硬件与软件上增加了专用的高速计数器（High Speed Counter，HSC）端子与指令，CPU 200 CN 系列 PLC 的高速计数器频率最高可达 30kHz，而 CPU 224XP 系列 PLC 则可达到 200kHz，根据 CPU 类型和输入信号单双相的区别，每台 PLC 有 2 ~ 6 个高速计数器（具体数据可查询表 4-2），可以满足大多数高速计数场合的要求。

高速计数器在使用前要在硬件上进行正确的连接，在此之前要确定HSC工作模式，不同的工作模式占用的输入端子个数与地址也各不相同，见表5-6。

表5-6　高速计数器工作模式及其对应端子

HSC模式	说　明	输　入			
	HSC0	I0.0	I0.1	I0.2	
	HSC1	I0.6	I0.7	I0.2	I1.1
	HSC2	I1.2	I1.3	I1.1	I1.2
	HSC3	I0.1			
	HSC4	I0.3	I0.4	I0.5	
	HSC5	I0.4			
0	具有内部方向控制的单相计数器	时钟脉冲			
1		时钟脉冲		复位	
2		时钟脉冲		复位	启动
3	具有外部方向控制的单相计数器	时钟脉冲	方向		
4		时钟脉冲	方向	复位	
5		时钟脉冲	方向	复位	启动
6	具有两个时钟输入的双相计数器	增计数脉冲	减计数脉冲		
7		增计数脉冲	减计数脉冲	复位	
8		增计数脉冲	减计数脉冲	复位	启动
9	A/B相正交计数器	时钟脉冲A	时钟脉冲B		
10		时钟脉冲A	时钟脉冲B	复位	
11		时钟脉冲A	时钟脉冲B	复位	启动
12	仅HSC0和HSC3支持模式12 HSC0计数Q0.0所发脉冲的数目 HSC3计数Q0.1所发脉冲的数目				

在表5-6中，前6行分别为每个高速计数器占用的端子，例如HSC0最多占用I0.0、I0.1与I0.2的3个输入端，根据HSC模式确定具体的端子。此处需要注意的是，虽然PLC中为所有高速计数器保留了对应的计数值数据区（HC0～HC5，双字型），但该数据区是否有效是由PLC的CPU型号决定的，如果对应CPU仅支持2个高速计数器，那么HC2～HC5中的数据无效。同时，模式12用于在使用脉冲发生器（PLS）指令时对Q0.0或Q0.1所发生脉冲的数目进行计数，无需额外接线。

由于高速计数器计数频率较高，利用扫描周期判断是否到达计数值可能引起不必要的延迟，因此高速计数器通常采用中断程序完成。为避免出现错误，建议采用指令向导完成，使用方法如下：

在当前项目的指令树“向导”选项下双击“高速计数器”，弹出如图5-102所示的窗口。

在两个下拉式选择框中选择相应的计数器及其工作模式（这里假设选HC0与模式10）后，单击“下一步”按钮，出现如图5-103所示的窗口。

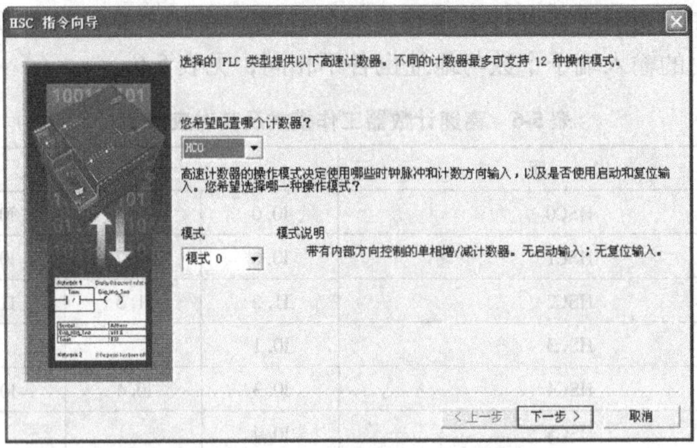

图 5-102　高速计数器指令向导示意图 1

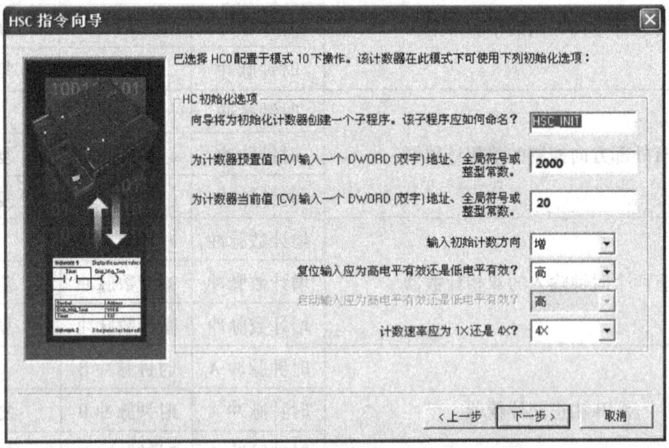

图 5-103　高速计数器指令向导示意图 2

在该界面中为计数器创建的初始化子程序命名（即在启用高速计数器前对其进行初始化，通常使用边沿指令或 SM0.1 启动），并为计数器预置值（PV）和当前值（CV）分别确定一个双字型数据，可以为地址（如 VD0）、全局符号（如 PresetValue）或具体的常数（16#2000）等。此外，如果对应的 HSC 模式允许，选择对应的初始计数方向、复位电平、启动电平、计数速率等选项。然后单击“下一步”按钮，出现如图 5-104 所示的界面。

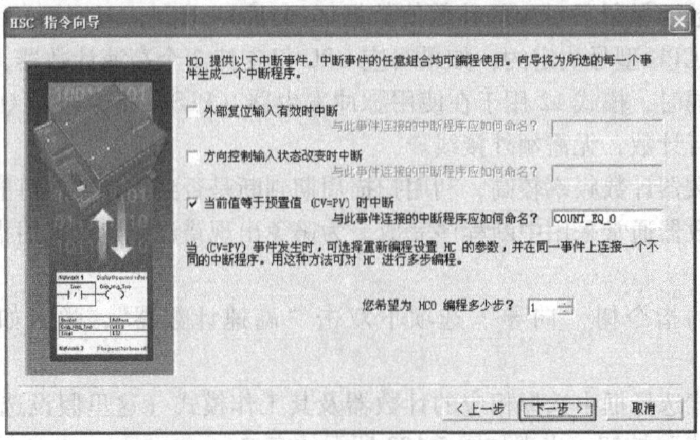

图 5-104　高速计数器指令向导示意图 3

在该界面中为计数过程中产生的各类中断命名，同时为“当前值等于预置值（CV = PV）时中断”设定编程步数。完成后单击“下一步”按钮，出现如图 5-105 所示的界面。

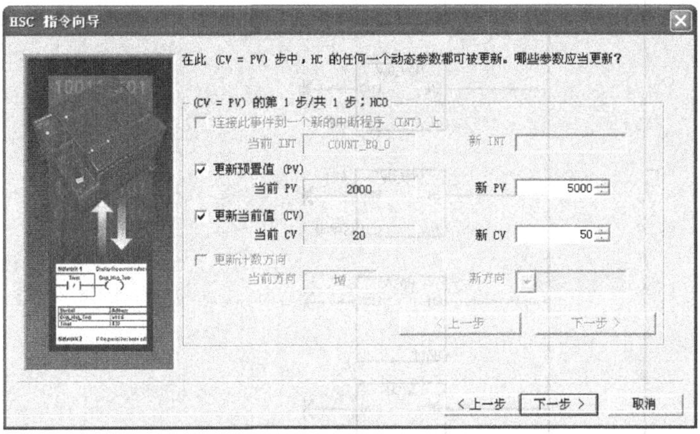

图 5-105　高速计数器指令向导示意图 4

在该界面中，可以设置在当前值等于预置值时产生的中断程序中是否更新预置值、当前值或计数方向等参数；可通过单击界面中部的“上一步”或“下一步”按钮选择设置相应的中断程序，可设置的步数根据上一界面中的编程步数确定。设置完成后，单击最下方的“下一步”按钮，弹出如图 5-106 所示的程序。

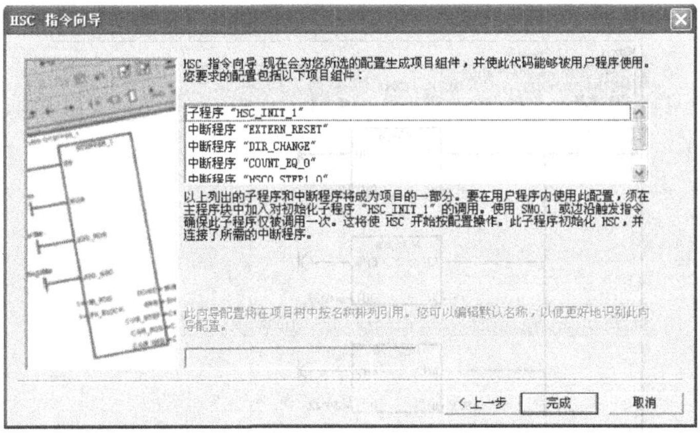

图 5-106　高速计数器指令向导示意图 5

在此界面下，会显示配置向导完成后产生的子程序与中断程序，确认无误后单击“完成”按钮。此时在编程界面下会出现图 5-106 中所列出的所有程序，如图 5-107 所示（注意图下方选择的子程序与中断程序名）。

通常在主程序中用 SM0.1（程序运行时接通一次）调用 HSC_INIT 子程序实现初始化，如图 5-108 所示。

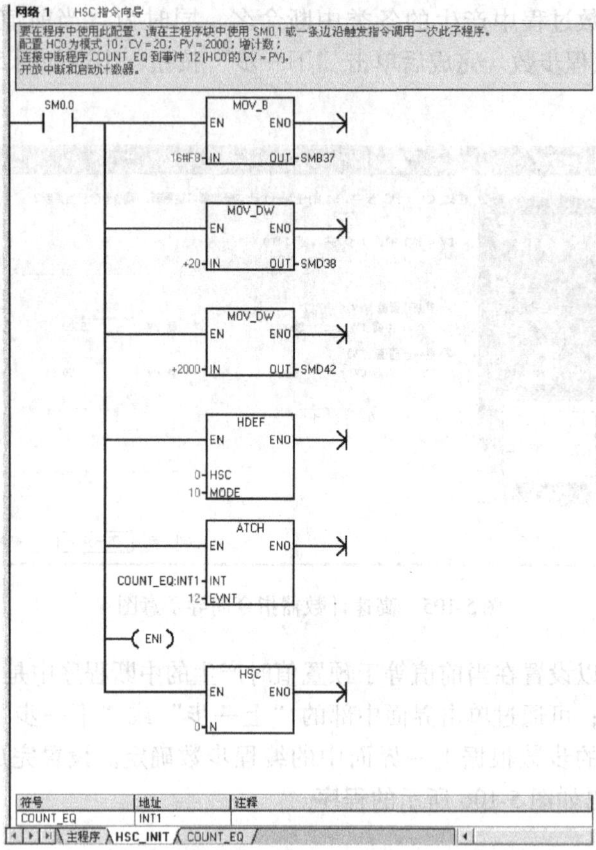

a) 由高速计数器指令向导自动生成的初始化子程序

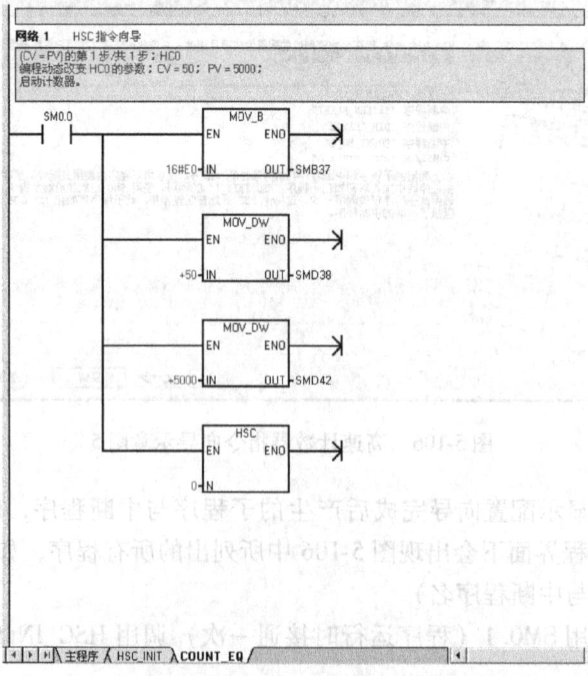

b) 由高速计数器指令向导自动生成的中断程序

图 5-107　由高速计数器指令向导生成的子程序与中断程序

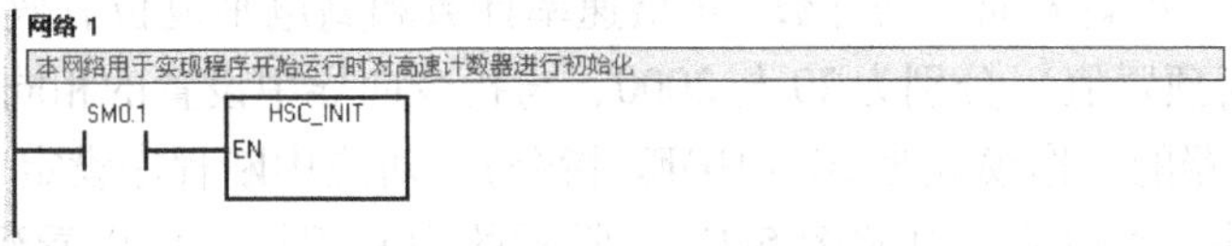

图 5-108　高速计数器指令向导完成后主程序中运行其初始化程序

用户也可以不使用指令向导自行编制相应程序完成相应的功能，这需要对高速计数器的相应参数非常熟悉。高速计数器在使用前需要设置状态和控制两个字节，同时设置两个双字型的计数值，其对应的功能见表 5-7。

表 5-7　高速计数器监控与操作表

S7-200 符号名称	SM 地址	功　能
HSC_Status	SMB (y)	HSC 计数器状态
	SM (y).0 ~ SM (y).4	保留
Status_5	SM (y).5	当前计数方向状态位：1 = 增计数
Status_6	SM (y).6	当前值等于预置值状态位：1 = 等于
Status_7	SM (y).7	当前值大于预置值状态位：1 = 大于
注释：计数器状态仅限在执行由高速计数器事件触发的中断程序时有效		
HSC_Ctrl	SMB (y+1)	HSC 控制
HSC_Reset_Level	SM (y+1).0	HSC 的复位有效电平控制位：0 = 复位有效电平高；1 = 复位有效电平低
	SM (y+1).1	保留
HSC_Rate	SM (y+1).2	HSC 计数速率选择：0 =4x 计数速率；1 =1x 计数速率
HSC_Dir	SM (y+1).3	HSC 方向控制位：1 = 增计数
HSC_Dir_Update	SM (y+1).4	HSC 更新方向：1 = 更新方向
HSC_CV_Update	SM (y+1).5	HSC 更新预置值：1 = 在 HSC 预设中写入新预置值
HSC_PV_Update	SM (y+1).6	HSC 更新当前值：1 = 在 HSC 预设中写入新当前值
HSC_Enable	SM (y+1).7	HSC 使能位：1 = 使能
注释：当采用外部复位中断事件（请参考表 5-5）时，不能使用对该字节进行修改并重新装入新计数值或禁止，然后重新使能高速计数器的方法，否则会出现严重错误		
HSC_CV	SMD (y+2)	HSC 新当前值 双字数值：可将当前高速计数器的当前值进行更新，然后使用 SM (y+1).6 写入 1，写入的值就成为计数器的当前值
HSC_PV	SMD (y+6)	HSC 新预置值 双字数值：可将当前高速计数器预置值进行更新，然后使用 SM (y+1).5 写入 1，写入的值就成为计数器的新的预置值
注释：SM 地址中的 y 值根据需要设置的高速计数器确定。HSC0 时 y =36，HSC1 时 y =46，HSC2 时 y =56，HSC3 时 y =136，HSC4 时 y =146，HSC5 时 y =156 如 HSC0 的 HSC_Status 为 SMB36，HSC_Ctrl 为 SMB37，HSC_CV 为 SMD38，HSC_PV 为 SMD42		

可以发现，由向导产生的程序中包含对表 5-6 中数据进行设置的过程。如图 5-107a 所示的子程序中，SMB37（HSC0）被设置为 16#F8，与表 5-6 中对比即可知道：HSC0 使能、更

新当前值与预设值、更新方向、增计数、4 倍速率计数和高电平复位有效，SMD38（新当前值）与 SMD42（新预置值）分别为 20 与 2000，与指令向导中设置的相同；其他指令的含义是：指定中断计数器的工作模式为 10（HDEF 指令），对应中断程序设定为事件 12、开中断(ENI)、HSC0 启动。类似地，对照图 5-107b 所示的中断程序，可以看到 SMB37 被设置为 16#E0，即：使 HSC0 使能、更新当前值与预设值、不更新方向、增计数（模式 10 没有增减计数，因此该值无意义）、4 倍速率计数、高电平复位有效。SMD38 和 SMD42 的值被分别更新为 50 与 5000，同时启动 HSC0（HSC 指令）与指令向导中设置相同。

因此，在熟悉以上流程后，用户可以自行编程，完成对高速计数器的设置，这样可以使程序更加简洁和灵活。例如用指令向导设置高速计数器，每个高速计数器均会产生一个初始化子程序，但实际上所有的高速计数器均可用一个子程序完成初始化，甚至可以不用子程序完成。以前面采用指令向导的设置为例，前述程序的子程序可在主程序中完成，中断程序不变，如图 5-109 所示。

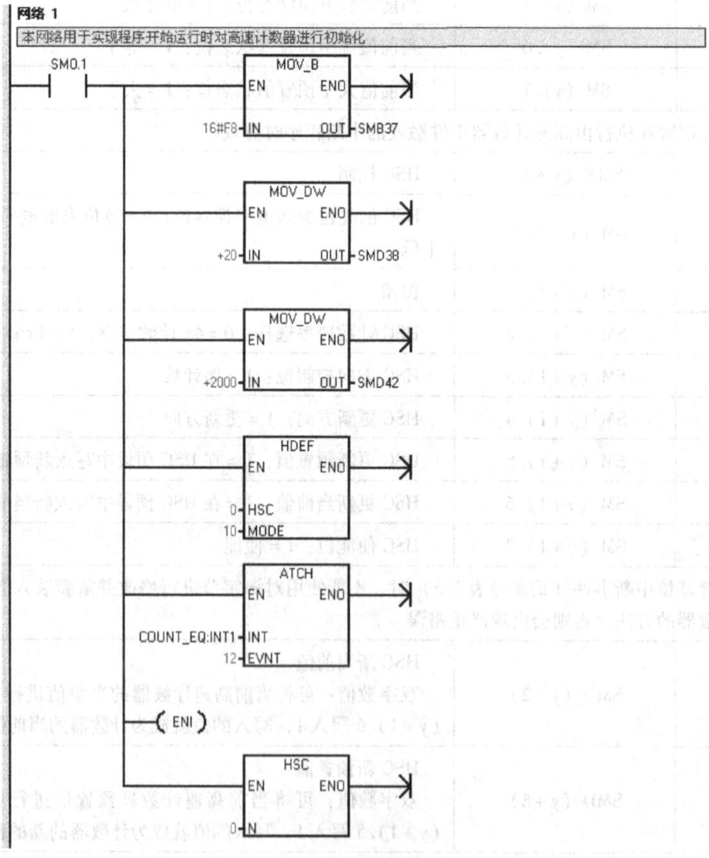

图 5-109　高速计数器省却子程序代码

类似地，高速计数器采用中断程序可以实现高精度访问，但如果对精度要求不高，可以将中断程序省略，将其功能在主程序中每次扫描时实现。以 SM36. 6 和 SM36. 7 之一为 1 时代表计数值到，可增加网络 2 替换中断程序如图 5-110 所示。

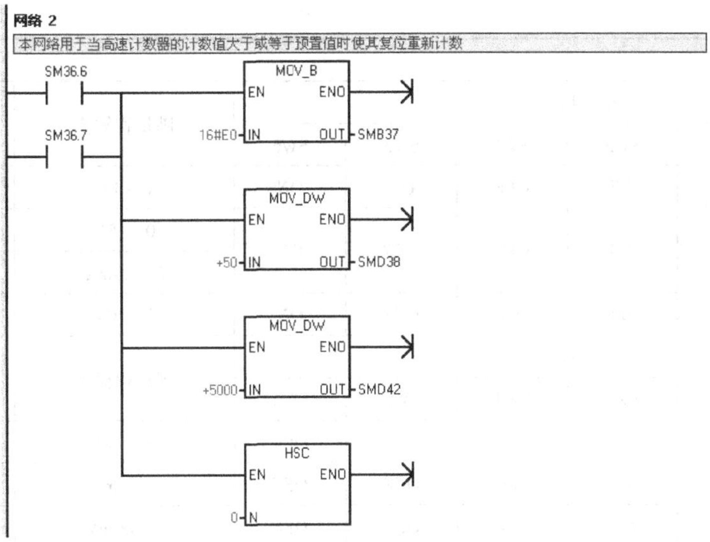

图 5-110　高速计数器省却中断程序代码

5.6.2　PID 配置向导

为实现工业现场对于模拟量信号的监视和控制，需要使 PLC 具有模拟量信号的输入与输出功能。在 S7-200 CN 系列的 PLC 中仅包含数字量 I/O 端子，如需实现模拟量信号的输入或输出功能，需要选取相应的模拟量 I/O 扩展模块，具体的选型请参考附录 B。在将扩展模块与 PLC 连接后，还需调整模拟量模块上对应的拨码（DIP）开关，以确定接收信号的类型（0～10V、－5～5V、0～5V、－2.5～2.5V、0～20mA），扩展模块的 DIP 开关设置见表 5-8。

表 5-8　扩展模块的 DIP 开关设置

EM231

单极性			满量程输入	分辨率
SW1	SW2	SW3		
ON	OFF	ON	0～10V	2.5mV
	ON	OFF	0～5V	1.25mV
			0～20mA	5μA
双极性			**满量程输入**	**分辨率**
SW1	SW2	SW3		
OFF	OFF	ON	±5V	2.5mV
	ON	OFF	±2.5V	1.25mV

EM235

单极性						满量程输入	分辨率
SW1	SW2	SW3	SW4	SW5	SW6		
ON	OFF	OFF	ON	OFF	ON	0～50mV	12.5μV
OFF	ON	OFF	ON	OFF	ON	0～100mV	25μV
ON	OFF	OFF	OFF	ON	ON	0～500mV	125μV

（续）

EM235							
单极性						满量程输入	分辨率
SW1	SW2	SW3	SW4	SW5	SW6		
OFF	ON	OFF	OFF	ON	ON	0 ~ 1V	250μV
ON	OFF	OFF	OFF	OFF	ON	0 ~ 5V	1.25mV
						0 ~ 20mA	5μA
OFF	ON	OFF	OFF	OFF	ON	0 ~ 10V	2.5mV
双极性						满量程输入	分辨率
SW1	SW2	SW3	SW4	SW5	SW6		
ON	OFF	OFF	ON	OFF	OFF	±25mV	12.5μV
OFF	ON	OFF	ON	OFF	OFF	±50mV	25μV
OFF	OFF	ON	ON	OFF	OFF	±100mV	50μV
ON	OFF	OFF	OFF	ON	OFF	±250mV	125μV
OFF	ON	OFF	OFF	ON	OFF	±500mV	250μV
OFF	OFF	ON	OFF	ON	OFF	±1V	500μV
ON	OFF	OFF	OFF	OFF	OFF	±2.5V	1.25mV
OFF	ON	OFF	OFF	OFF	OFF	±5V	2.5mV
OFF	OFF	ON	OFF	OFF	OFF	±10V	5mV

S7-224 XP CN PLC 上集成了 2 路模拟量输入/1 路模拟量输出，用户也可使用该信号接收或发送模拟量 I/O 信号。与模拟量扩展模块不同，224 XP 上无需设置 DIP 开关，但仅能接收电压信号的模拟量输入。对应的地址编码分别为（AIW0 + AIW2）/AQW0。在 224 XP 上连接了模拟量扩展模块后，模拟量地址将分别从 AIW4 和 AQW2 开始。

硬件连接完成 PLC 即可以接收和发送模拟量 I/O 信号，除了实现对数据进行采集，最重要的就是完成 PID 控制功能。在工业现场，被控物理量（压力、流量、温度、液位等）由现场仪表进行测量，变换为标准的电信号后送至 PLC 的模拟量输入端，经过硬件的 A-D 转换后成为 0 ~ 32000 的字型数字量，存放于 AI 区中。以上数据经过 PID 模块运算，得到对应的 PID 模块的数字量输出，存放于系统的 AQ 区，同时经过硬件的 D-A 转换后成为标准的电信号输出至外部设备（如变频器）的模拟量控制端，控制电机等设备实现调速等过程，以被控参数为压力为例，对应的流程如图 5-111 所示。

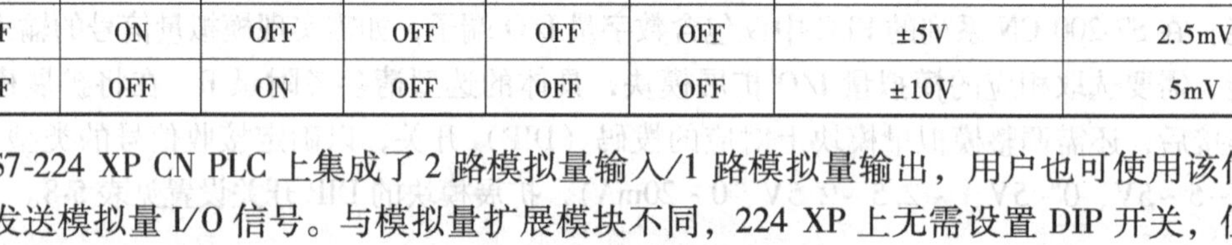

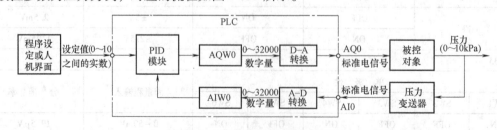

图 5-111 PLC 模拟量控制示意图

STEP7-Micro/WIN 中为现场的模拟量控制提供了 PID 控制模块，用户可以通过 PID 配置向导自动完成，省却了用户编程的过程。配置过程如下：

双击快捷工具栏中“向导”指令树下的“PID”，弹出如图 5-112 所示的窗口。

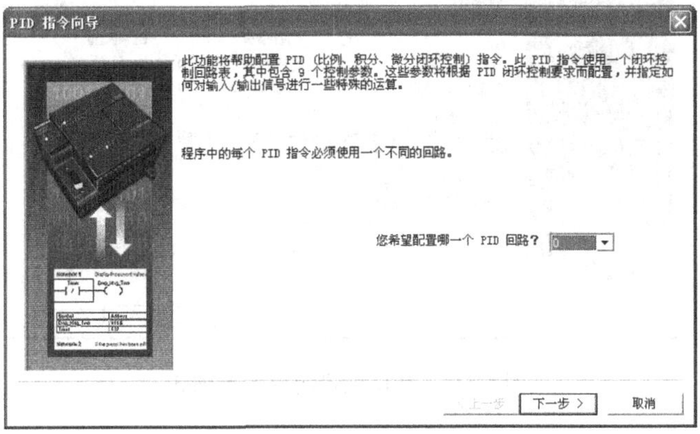

图 5-112　PID 配置向导示意图 1

PID 指令向导最多可配置 8 个 PID 回路，编号从 0 ~ 7，每次只能配置一个回路。选择相应的 PID 回路后，单击“下一步”按钮，出现如图 5-113 所示的窗口。

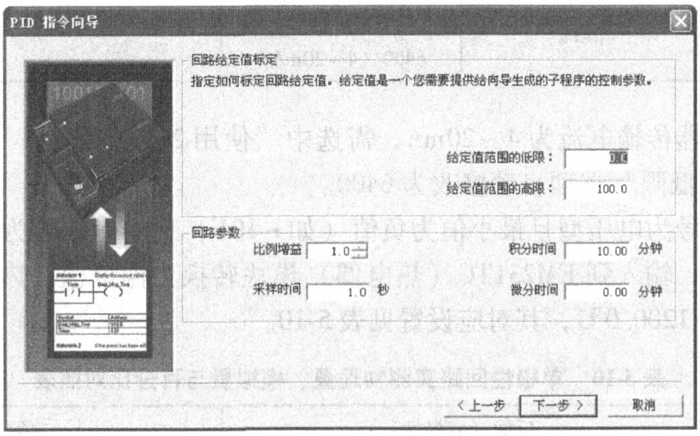

图 5-113　PID 配置向导示意图 2

在当前界面下，需要输入接收到的电信号所代表的高低限范围，即现场实际测量信号的上下限，以图 5-111 中被控对象输出量压力为例，低限值应为 0.0（单位 kPa），高限值应为 10.0（单位 kPa）。同时在该界面中，还需设定采样时间与 PID 的三个参数。需要注意的是，由于现场测量的数字量、程序或人机界面给出的设定值在进入模块后，会被自动进行归一化处理成为 0 ~ 1 范围内的实数，因此比例增益的值为 0 ~ 1 之间的实数；积分时间常数以分钟为单位，当不使用积分环节时该项系数应该设置为 INF（无穷大）；微分时间常数也以分钟为单位，当不使用微分环节时该项系数应当为 0。参数设定完成后，单击“下一步”按钮，出现如图 5-114 所示的界面。

在本界面下设置 PID 输入（即现场测量信号）与输出（被控对象的控制输入）的极性与高低限。当变送器电信号为电压型且最小值为 0V，或为电流型时，则信号为单极性，仍以图 5-111 中的现场信号为例，对应设置见表 5-9。

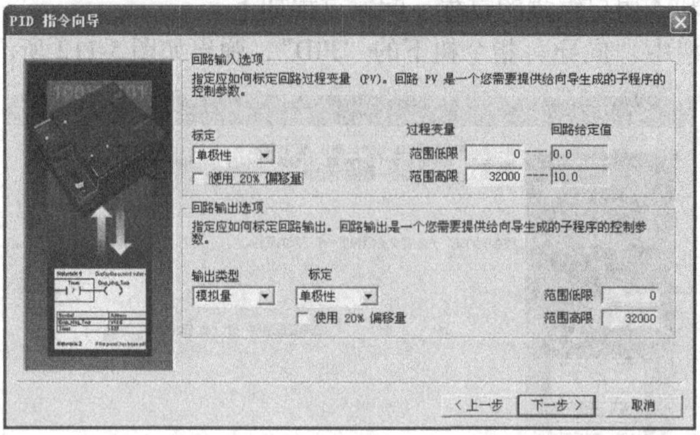

图 5-114　PID 配置向导示意图 3

表 5-9　单极性回路实测物理量、模拟量与百分比对照表

	反馈（单极性）		给　定
	实际物理量	模拟量输入数值	百分比形式（占 0 ~ 10kPa 的百分比）
高限	10kPa	32000	100
低限	0kPa	0（0 ~ 20mA）	0
		6400（4 ~ 20mA）	

如果现场变送器传输电流为 4 ~ 20mA，需选中“使用 20% 偏移量”复选框，此时“过程变量”的“范围低限”选项自动修改为 6400。

当变送器电信号为电压型且最小值为负值（如 -10V）时，则信号为双极性。例如，温度值由热电偶测量，输入到 EM231TC（热电偶）模块转换为温度值。热电偶为 J 型，其测量范围为 -150.0 ~ 1200.0℃，其对应设置见表 5-10。

表 5-10　单极性回路实测物理量、模拟量与百分比对照表

	反馈（双极性）		给　定
	实际物理量	模拟量输入数值	百分比形式（占 -150.0 ~ 1200.0℃ 的百分比）
高限	1200.0℃	12000（10V）	100
低限	-150.0℃	-1500（-10V）	0.0

与前述类似，根据 PLC 向外发送的信号类型可对“回路输出选项”中的“输出类型”为“模拟量”的相应选项进行设置。如希望 PLC 输出为 PWM 脉宽调制信号，则应在“输出类型”中选择“数字量”，并在占空比周期中选择，最小值为 0.1s。在选择完成后，单击“下一步”按钮，出现如图 5-115 所示的界面。

在当前界面下，用户可以为回路输出信号的高低限或模拟量输入模块提供报警，需要注意的是，模拟量高低限报警是标准化（归一化）以后的数值，为 0 ~ 1 之间的实数。单击“下一步”按钮，出现如图 5-116 所示的界面。

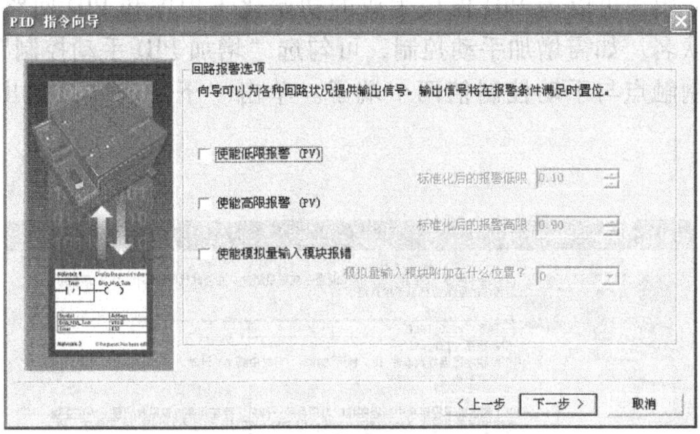

图 5-115 PID 配置向导示意图 4

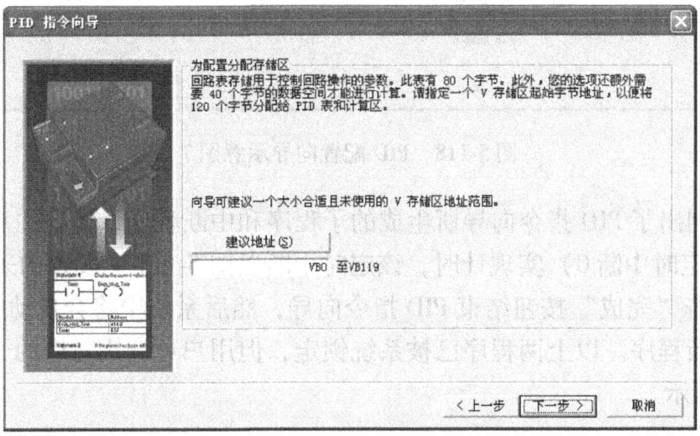

图 5-116 PID 配置向导示意图 5

在此界面下，用户需为该 PID 模块分配必要的存储区空间。单击“下一步”按钮，出现如图 5-117 所示的界面。

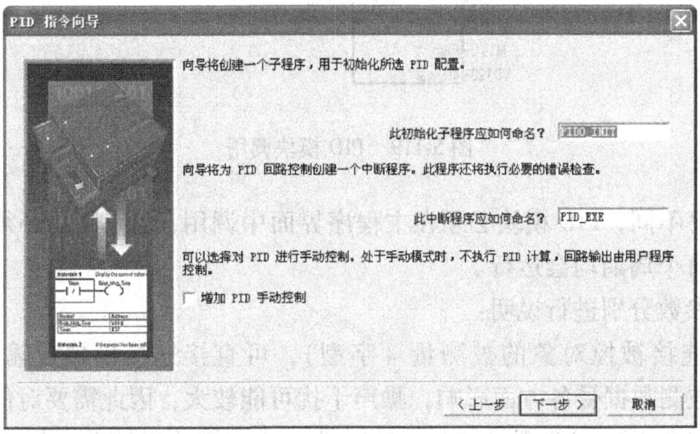

图 5-117 PID 配置向导示意图 6

在该界面中，用户可以为 PID 模块生成的初始化子程序和 PID 回路控制中断程序命名，也可选择默认名。如需增加手动控制，可勾选“增加 PID 手动控制”，在 PID 模块中将会出现手动控制触点与手动控制值两个端子。单击“下一步”按钮出现如图 5-118 的所示界面。

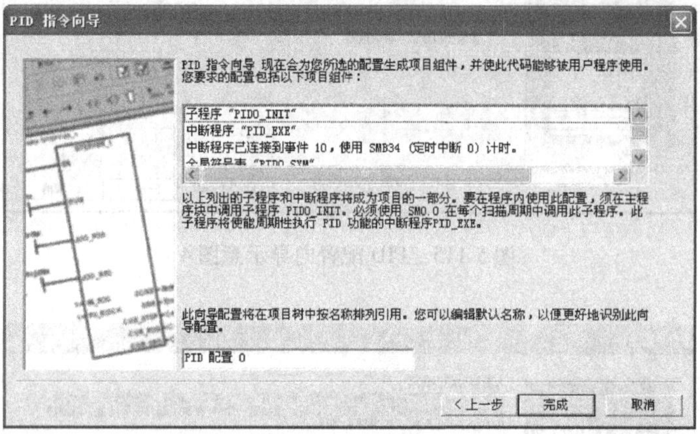

图 5-118　PID 配置向导示意图 7

在该界面中列出了 PID 指令向导所生成的子程序和中断程序，需要注意的是，该中断程序采用 SMB34（定时中断 0）实现计时，该定时中断以图 5-113 中设置的采样周期为单位运行 PID 程序。单击“完成”按钮结束 PID 指令向导，然后系统中将会自动生成图 5-118 中列出的子程序与中断程序。以上两程序已被系统锁定，但用户可调用对应的子程序完成 PID 控制，如图 5-119 所示。

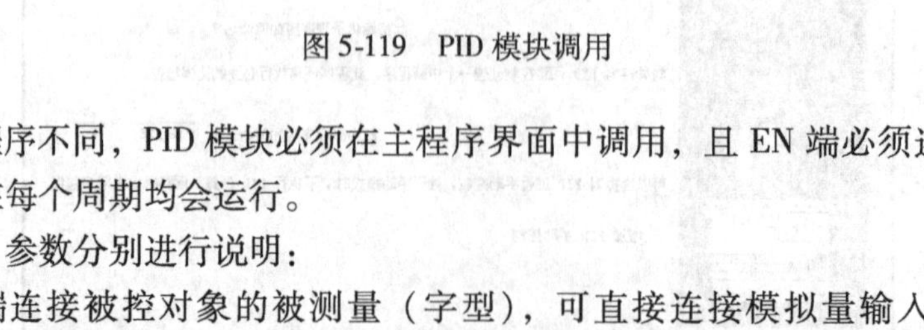

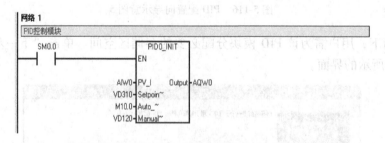

图 5-119　PID 模块调用

与其他子程序不同，PID 模块必须在主程序界面中调用，且 EN 端必须连接 SM0.0，即保证 PID 模块在每个周期均会运行。

下面对 PID 参数分别进行说明：

1）PV_I 端连接被控对象的被测量（字型），可直接连接模拟量输入区的数据（如 AIW0），但由于被测数据受各方面影响，噪声干扰可能较大，因此需要对信号进行滤波。滤波算法有很多，但考虑到 PLC 现场控制的实时性，滤波算法以简单和便于实现为主要选择条件，目前最常用的是均值滤波法，即采集若干个周期的 AI 值，求取均值作为当前时刻的测量值（PV_I 端的输入）。为便于使用，可将该功能编制为子程序，该部分程序如图 5-120 所示。

2）Setpoint_R 端连接 PID 控制的设定值（双字型实数），可以为常数或变量。该参数可以在程序中直接给出，但更常用的是利用外部设备（通常是人机交互设备 HMI）连接 PLC 上的变量给出。

以下两个参数仅当在 PID 配置向量的手动选项被选中时（见图 5-117）才会在模块中出现。

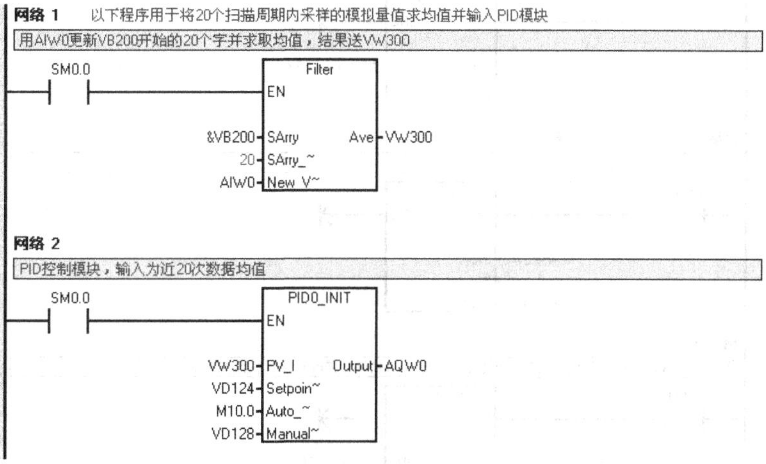

a) 滤波PID主程序

	符号	变量类型	数据类型	注释
	EN	IN	BOOL	
LD0	SArry	IN	DWORD	实测数据(字型)的存储首地址
LB4	SArry_Len	IN	BYTE	实测数据存储的个数
LW5	New_Value	IN	WORD	新值
		IN		
		IN_OUT		
LW7	Ave	OUT	WORD	均值输出
LW9	Cycle	TEMP	WORD	循环变量
LW11	SArry_LenW	TEMP	WORD	实测数据个数(字型)
LD13	SUM	TEMP	DWORD	存放所有数据求和值
LD17	SArry_S	TEMP	DWORD	暂时存放源数据地址
LD21	Trans_T	TEMP	DWORD	将字型数据转换为双字型临时存放
LD25	SArry_LenD	TEMP	DWORD	实测数据个数(双字型)
		TEMP		

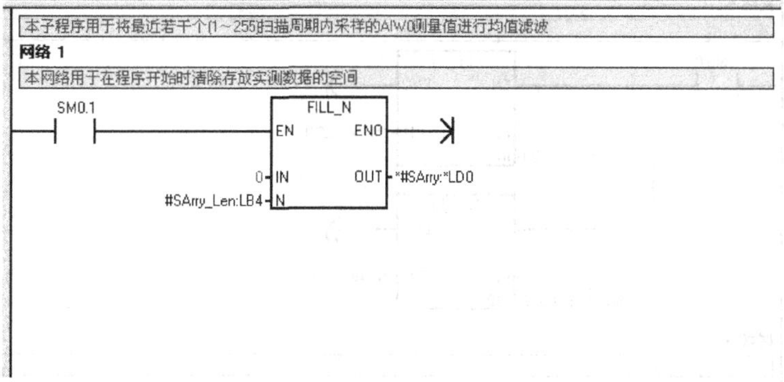

b）滤波调用子程序

图 5-120　滤波与 PID 程序

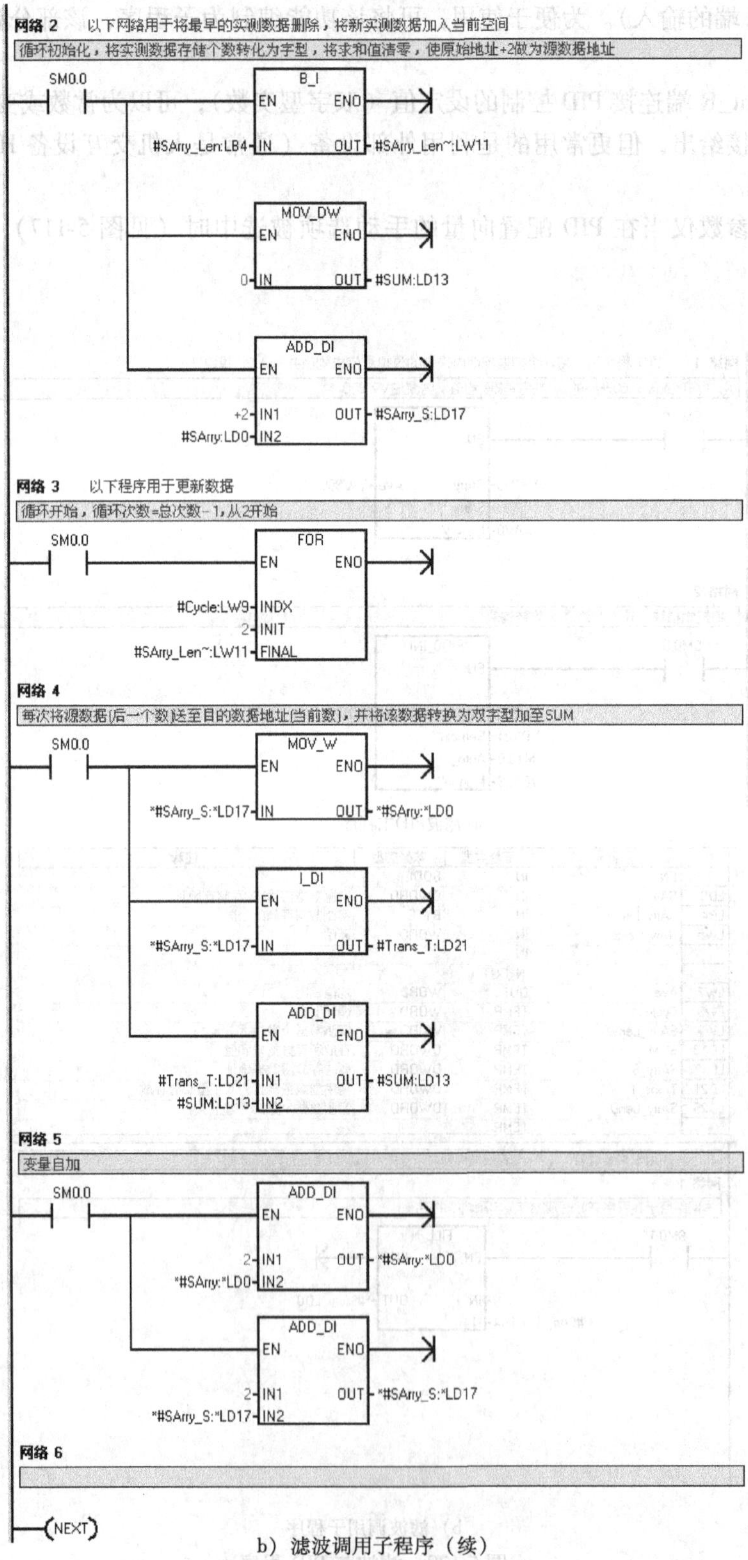

b）滤波调用子程序（续）

图 5-120　滤波与 PID 程序（续）

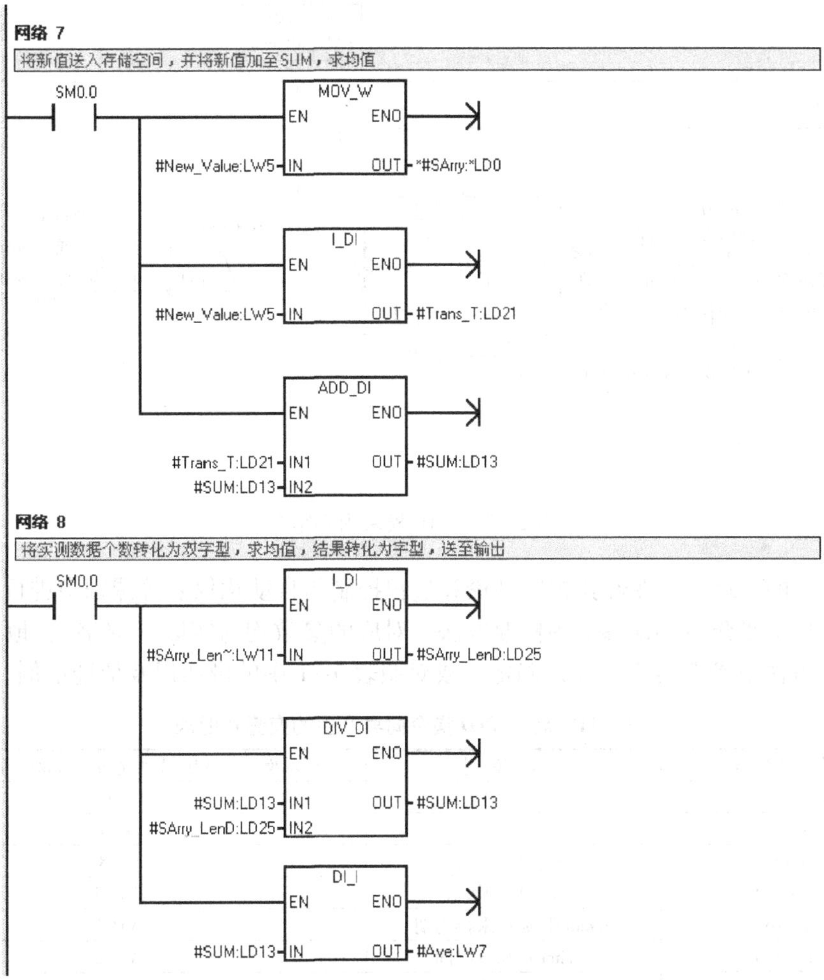

b) 滤波调用子程序(续)

图 5-120　滤波与 PID 程序（续）

3）Auto_Manual 端连接手自动控制选择（布尔量），当该布尔量为 1 时为自动控制；当 Auto_Manual 值为 0 时为手动控制。通常该端连接一个 M 区或 V 区的中间继电器，可编程对该继电器输出进行控制，或供人机界面修改。

4）ManualOutput 端的数据仅当 Auto_Manual 端为 0 即手动输出时才会有效。该端连接的数据可以是 0 ~ 1 之间的实数，也可以是双字型变量。该端输入通过线性变换转化为 Output 端的输出，该类的 0 对应 Output 端的最小值，1 对应最大值，中间的数值为线性关系，如 Output 端最小值为 6400，最大值为 32000，那么当 ManualOutput = 0.5 时，Output = 19200。

PID 模块内部结构如图 5-121 所示。

在 PID 配置与编程完成后，必须将程序块和数据块都下载至 PLC，PID 模块和参数修改才能有效。

（1）PID 参数的修改　PID 模块在应用后，需要修改相关的参数进行整定，由于人工整

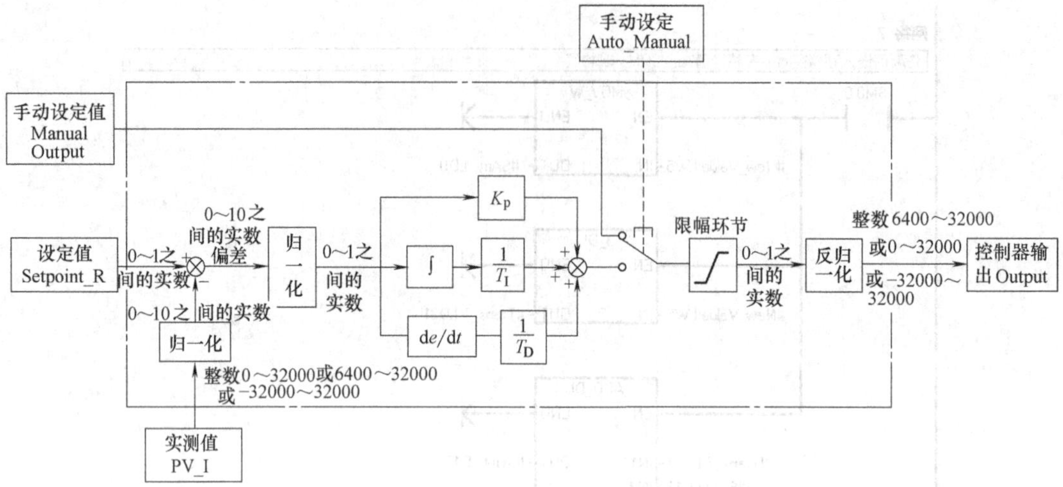

图 5-121　PID 模块内部结构

定和自动整定的原理已经在经典控制理论和过程控制与自动化仪表等课程中进行了介绍与分析，本书中将主要介绍 PID 参数的修改方法。对应的参数均为实数（双字），地址可通过状态表（使用方法请参考第 5.7 节）确定，或对照表 5-11 中的说明以及地址示例。

表 5-11　利用 PID 指令向导产生的变量对照表

地址（全部为实数）	参 数 说 明	地址示例（以 PID 模块地址为 VB0 ~ VB119）为例
VD（x）	PV：实测值	VD0
VD（x+4）	SP：设定值	VD4
VD（x+8）	Output：输出	VD8
VD（x+12）	Gain：比例增益	VD12
VD（x+16）	SampleTime：采样周期	VD16
VD（x+20）	I_Time：积分时间	VD20
VD（x+24）	D_Time：微分时间	VD24

用户可在程序运行中对 P、I、D 三个地址对应的数据赋值，即可实现参数修改功能。如果用户不熟悉 PID 参数的地址或整定方法，也可使用软件中自带的“PID 调节控制面板”，使用自动整定完成参数修改。在 PC 与 PLC 连接的状态下，单击菜单栏“工具”下的“PID 调节控制面板”，弹出如图 5-122 所示的界面。

在该界面中，左上方显示过程变量的实测值，其下方标识出其 0 ~ 32000 之间的数据；右方是设定值、采样时间、P、I、D 参数的当前值以及输出的百分值；最右方是设定值、实测值和控制量三个参数（均为百分比形式）的曲线图，下方有 PID 回路的下拉选择框等。

左下方的单选框可在手动调整与自动调整间进行选择。在选择“手动调节”后，上方 P、I、D 参数的文本框使能，用户可在该窗口中手动修改 PID 参数；在“自动”选择的前提下，可单击开始自动调整，系统将开始自动进行参数整定。无论手动和自动调整，在调整完成后均需单击“更新至 PLC”，使数据下载至 PLC 中成为永久参数。

（2）PID 参数的组传递　在实际应用中，可能会遇到分段 PID 控制的情况，即在不同的条件下选取不同的 PID 参数，此时可采用 PID 回路指令（“浮点数计算”指令树下的 PID 指令），将对应的数据存放于表中，包括程序变量、设置点、输出、增益、样本时间、整数时

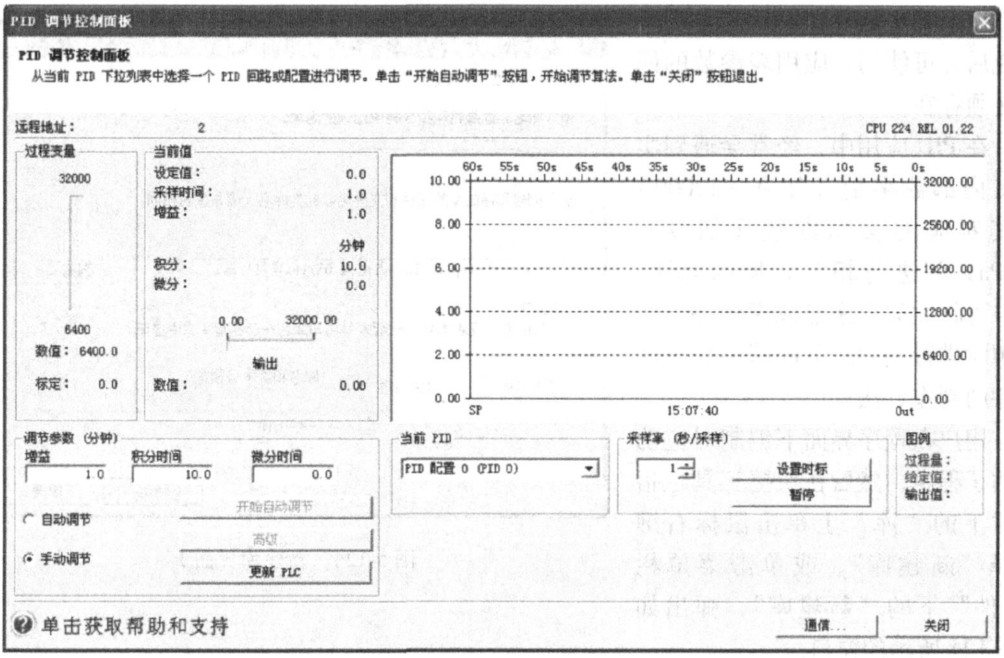

图 5-122　PID 调节控制面板

间（重设）、导出时间（速率）以及整数和（偏差）的当前值及先前值。在不同的情况下可调用 PID 回路指令使回路表存储的参数送至对应的回路，如图 5-123 所示。

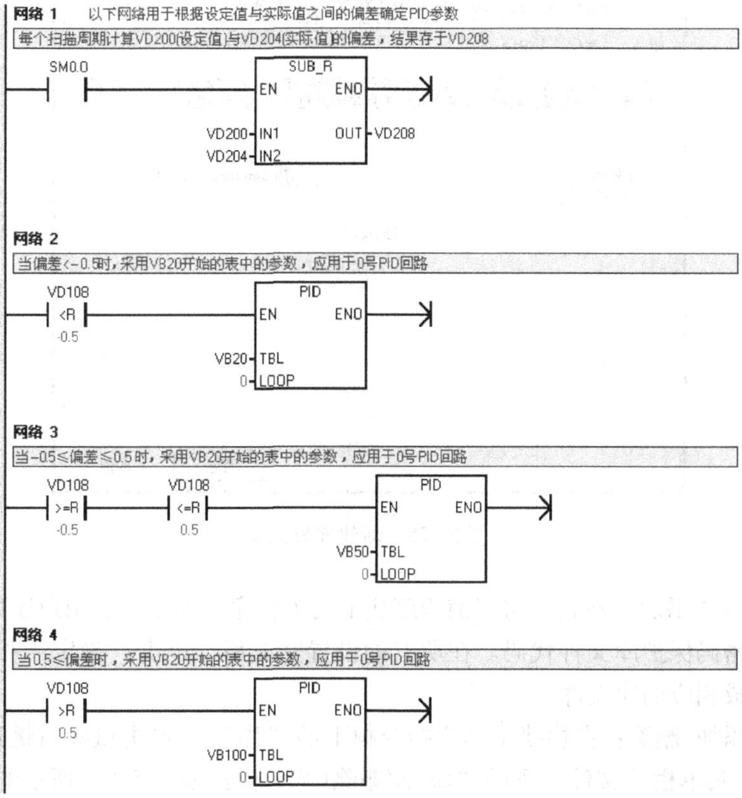

图 5-123　分段 PID 示例程序

以上算法需要在 PID 向导配置完成后方可使用，应用表参数的回路必须存在。

在 PID 应用中，经常会遇到实现将内部数字量（如 0 ~ 32000）与其对应的实际参数（如 0 ~ 10kPa）间进行相互转换的问题，用户可将此类程序形成库程序，在使用时进行调用。下面简要介绍库文件的制作方法：

用户在程序界面下编制对应功能的子程序，然后在快捷工具栏指令树下的“库”上单击鼠标右键选择“新建库”、或单击菜单栏“文件”下的“新建库”，弹出如图 5-124 所示的窗口。

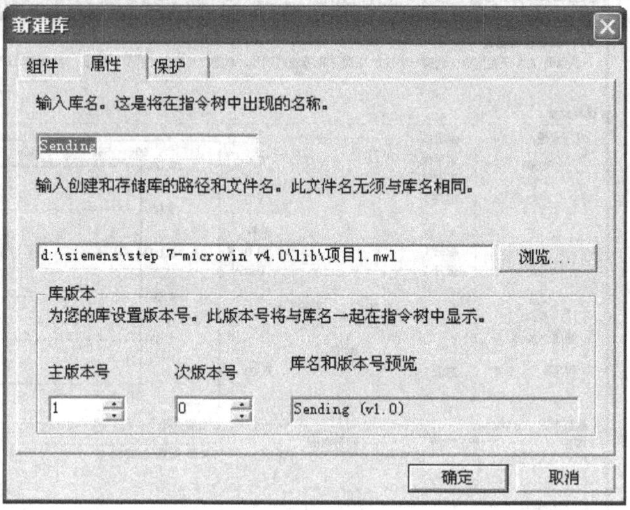

图 5-124　新建库界面 1

用户必须先在“属性”标签页下为库命名，并通过单击“浏览”按钮选择生成的库文件所在的路径，同时还可设置库的版本；然后单击“组件”，出现如图 5-125 所示的界面。

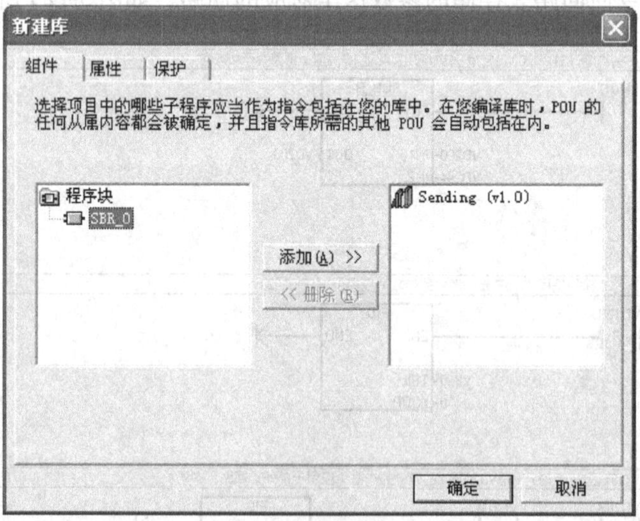

图 5-125　新建库界面 2

单击中间的“添加”按钮，将当前程序块下的子程序添加至库。用户还可以在“保护”标签页内设定密码保护库文件代码。在所有的设置完成后，单击“确定”按钮，即可在指定的路径下生成相应的库文件。

库文件的添加/删除：在快捷工具栏指令树下的“库”上单击鼠标右键选择“添加/删除库”、或单击菜单栏“文件”下的“添加/删除库”，弹出如图 5-126 所示的窗口。

在当前界面下可以单击“添加”按钮在指定路径下选择相应的库文件，或单击“删除”

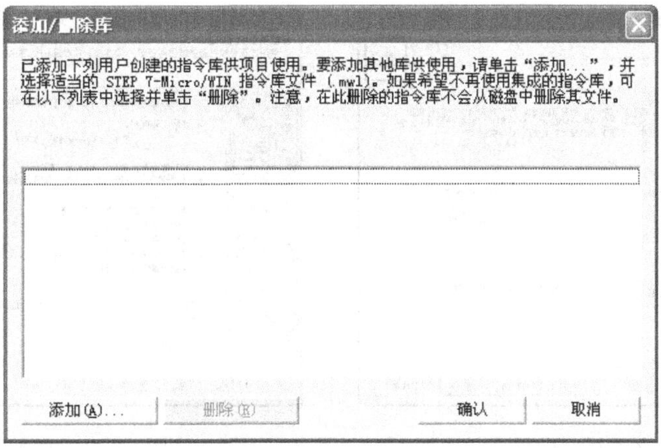

图 5-126　添加/删除库

按钮从当前列表中删除库文件，单击“确认”按钮即可生效。在顺利添加相应的库文件后，在指令树“库”中选择库中包含的相应块，即可用与调用子程序相同的方法使用库中的块。

5.6.3　文本显示向导

为显示 PLC 中的相关运行数据，或帮助操作者完成某种操作，或对 PLC 的内部数据进行修改，通常需要为 PLC 增加人机界面（Human-Machine Interface，HMI），目前最常用的是仅可显示文字的文本屏和具有图形化界面的触摸屏。所有的人机交互界面在使用前均需进行组态（Configuration），即设计界面上需要显示或操作的内容。触摸屏均需采用专用的软件进行组态，如西门子 TP、MP 系列触摸屏的组态需采用 WinCC Flexible 软件，三菱 V15XX 系列触摸屏则需采用 GT Designer 系列软件。由于 STEP7-Micro/WIN 中集成了西门子 TD 系列文本屏的组态程序，因此可直接在该软件界面下采用指令向导完成组态而无需专用软件。本书在这里以 TD400C 文本屏为例介绍文本屏的组态方法。

在对 TD 系列文本屏组态时可无需在硬件连接的条件下完成，但在正式使用前需确认二者之间已经用 RS485 电缆实现了硬件连接。

在指令树“向导”下双击“文本显示”，或在菜单栏“工具”下选择“文本指示向导”，弹出如图 5-127所示的界面。

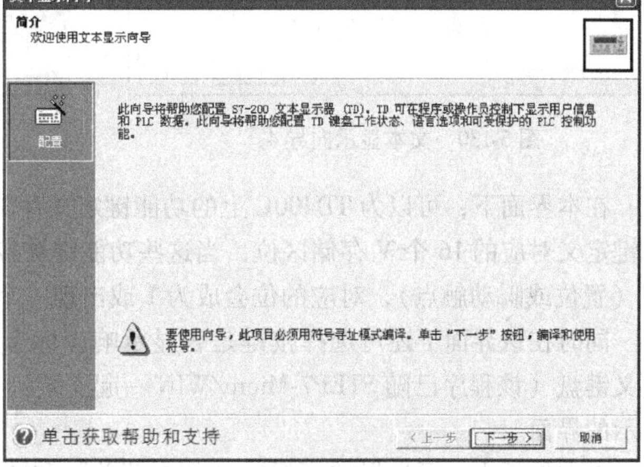

图 5-127　文本显示向导 1

单击“下一步”按钮出现如图 5-128 所示的界面。

选择 TD 设备的型号，这里选择“TD400C 版本 2.0”，单击“下一步”按钮出现如图 5-129 所示的界面。

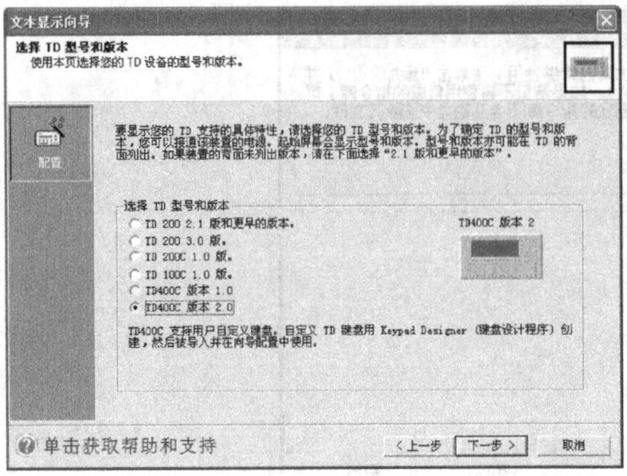

图 5-128　文本显示向导 2

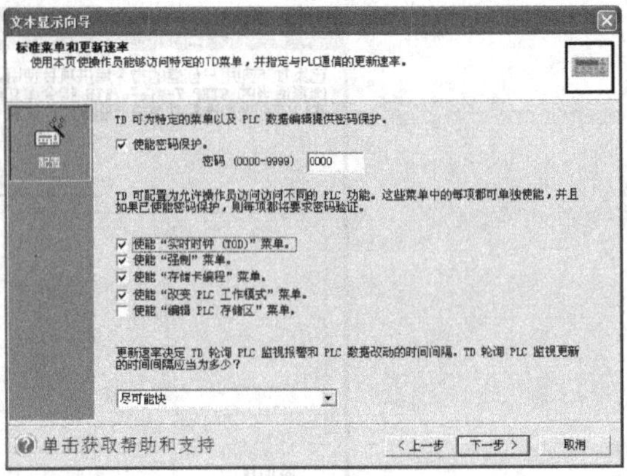

图 5-129　文本显示向导 3

在本界面下，可以对 TD400C 的数据提供密码保护，同时可选择是否可以在 TD400C 中使用“实时时钟”、“强制”、“存储卡编程”、“改变 PLC 的工作模式”和“编辑 PLC 存储区”等菜单，同时可以设置 TD400C 与 PLC 之间的通信时间间隔。单击“下一步”按钮出现如图 5-130 所示的界面。

在该界面下选择显示屏上的菜单与提示使用的语言及字符集。然后单击“下一步”按钮，出现如图 5-131 所示的界面。

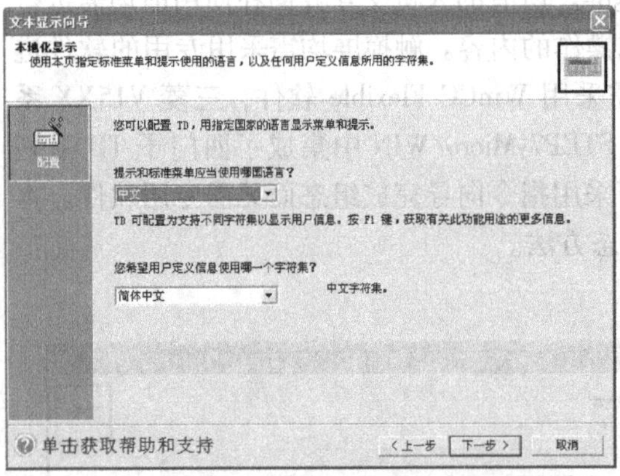

图 5-130　文本显示向导 4

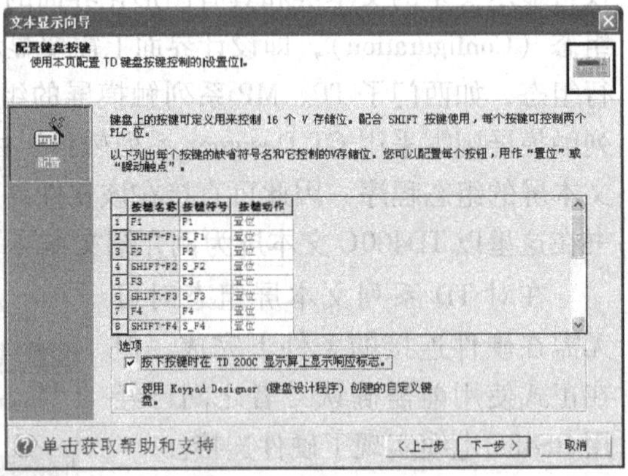

图 5-131　文本显示向导 5

在本界面下，可以为 TD400C 上的功能键定义存储区，在完成配置后，PLC 将为这些功能键定义对应的 16 个 V 存储区位，当这些功能键被按下时，根据在本界面下定义的按键动作（置位或瞬动触点），对应的位会成为 1 或出现一个通信周期的高电平。

同时在该界面下还可选择按键是否显示响应标志、是否使用 Keypad Designer 创建的自定义键盘（该程序已随 STEP7-Micro/WIN 一起安装）。单击“下一步”按钮进入如图 5-132 所示的界面。

在本界面中，可选择“配置”、“用户菜单”和“报警”三个参数。单击“配置”可修改前面的配置；单击“用户菜单”，出现如图 5-133 所示的界面。

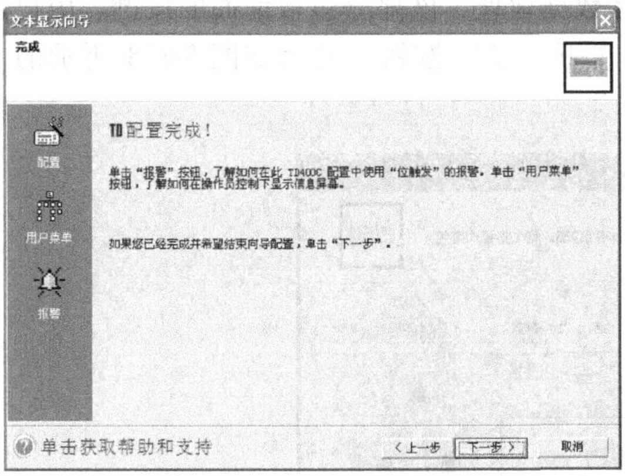

图 5-132　文本显示向导 6

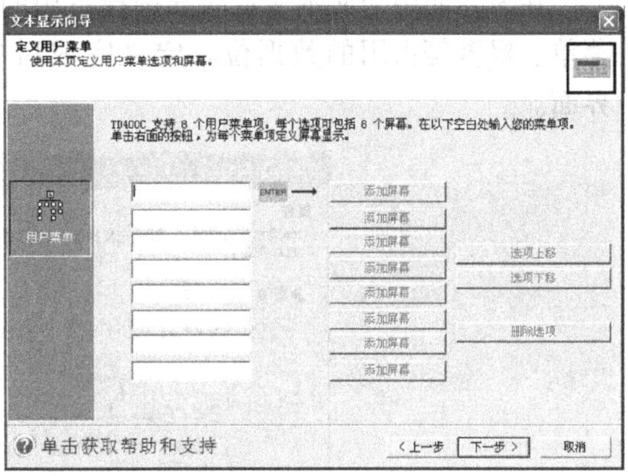

图 5-133　文本显示向导 7

在该界面下最多可以设置 8 个选项，每个选项下可以添加 8 个屏幕，为选项命名后，“Enter”后会出现“添加屏幕”按钮，单击后出现如图 5-134 所示的界面。

在该界面下可以输入屏幕中要显示的信息，单击上方的符号可以插入信息，其中“插入 PLC 数据”可以在屏幕中显示 PLC 中 V 区的数据信息。重复上述过程可以添加“选项”和“屏幕”。完成后单击图 5-137 中的“下一步”按钮，可以返回图 5-136 所示的界面。单击“报警”选项，出现如图 5-135 所示的界面。

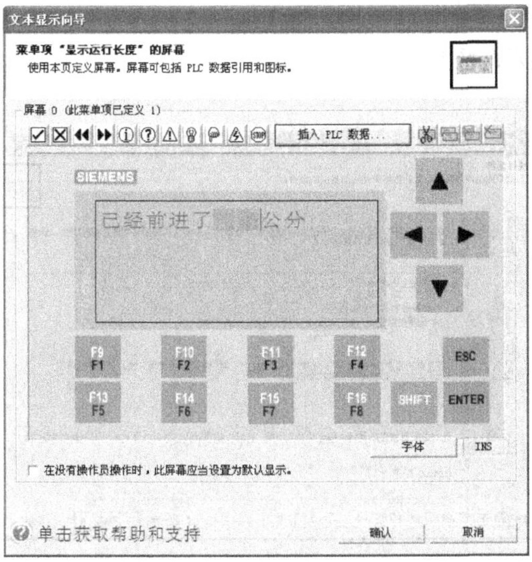

图 5-134　文本显示向导 8

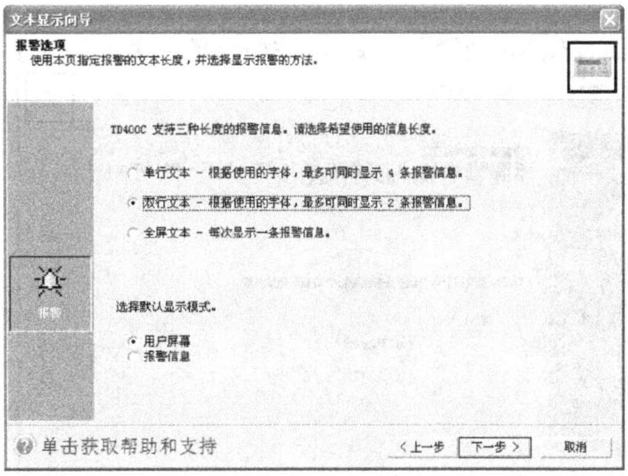

图 5-135　文本显示向导 9

在该界面下可选择报警的信息长度与默认显示模式（即仅在报警界面上显示或在当前界面下弹出报警信息），选择后单击“下一步”按钮，出现如图 5-136 所示的界面。

类似于屏幕界面，用户可在该界面下设定报警的内容，也可插入相关的数据。同时该报警产生及确认时会使相应的 V 区的数据置位，在该界面下可为对应的数据位定义符号名。单击“确认”按钮后返回图 5-132 所示的界面。在所有的内容都定义完成后单击“下一步”按钮，出现如图 5-137 所示的界面。

在该界面中为文本显示向导选择占用的 V 区数据地址，该部分包含前面的按键、用户菜单、报警等占用的数据位。定义完成后单击“下一步”按钮，显示如图 5-138 所示的界面。

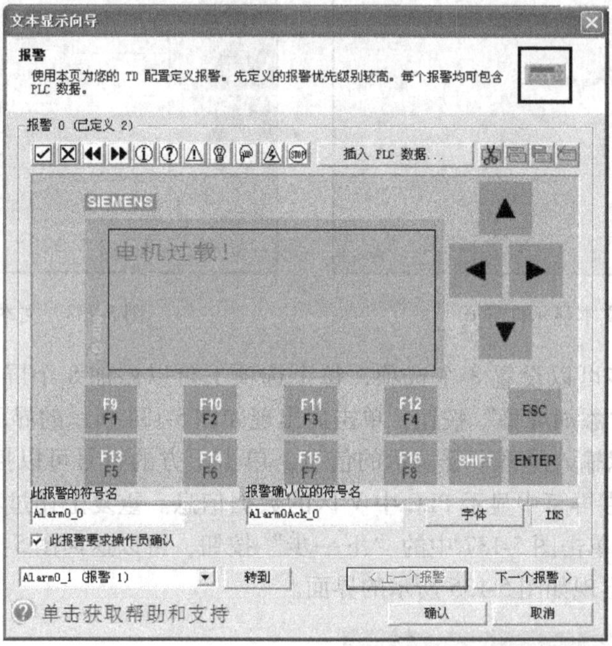

图 5-136　文本显示向导 10

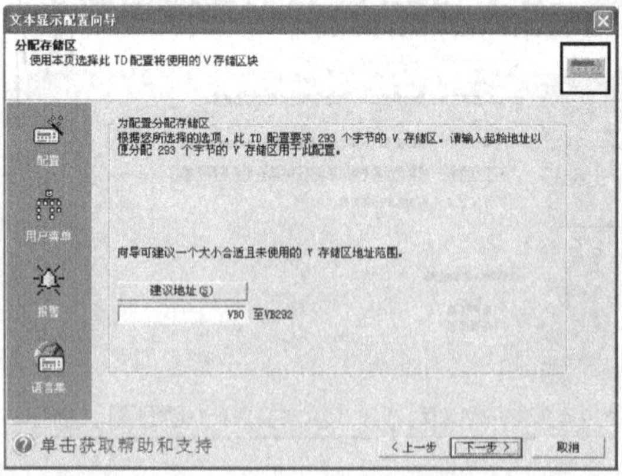

图 5-137　文本显示向导 11

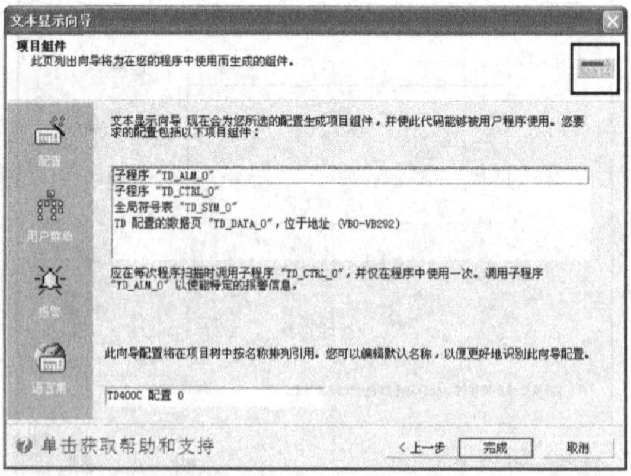

图 5-138　文本显示向导 12

该界面下显示配置完成后显示的子程序、全局符号表与数据页以及向导的名称。单击“完成”按钮后，项目中会自动生成对应的内容。与其他向导生成的子程序不同，文本显示向导生成的子程序无需调用，显示屏自动完成显示等通信功能。

5.7　程序调试与运行

在所有程序完成后，需要对程序进行调试后方可正式应用，本节中主要介绍程序调试与运行的工具与方法。

5.7.1　数据块

在编程与调试过程中，用户可以在数据块中为部分 V 存储区数据赋值，在下载后为 PLC 开始运行时提供初始值。单击快捷工具栏中的“数据块”或指令树“数据块”下的“用户定义 1”，在该界面下输入 V 区的数据地址及其对应值，一行输入一个。当输完一个数据后，按 <Ctrl + Enter> 组合键，数据地址会根据数据类型自动递增。在每行开始或数据输入结束后，输入“//”可以对该数据进行注释。数据块定义如图 5-139 所示。

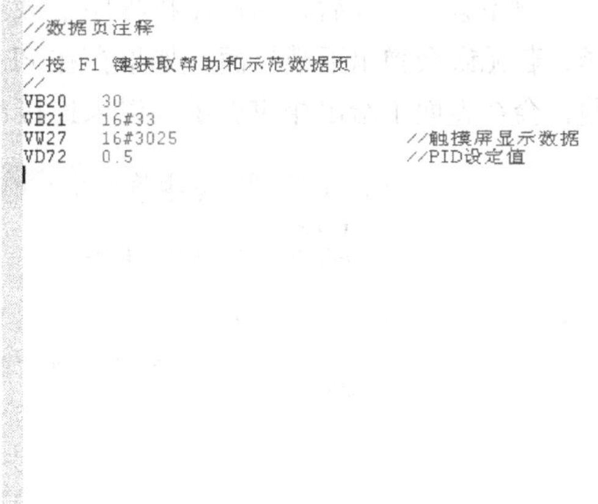

图 5-139　数据块定义界面

如果用过了向导功能，且在向导功能中定义了使用 V 存储区地址，在指令树“数据块”下的“向导”位置，双击对应的块可以看到该块对外开放的数据区，以 PID 向导产生的数据块为例，如图 5-140 所示。

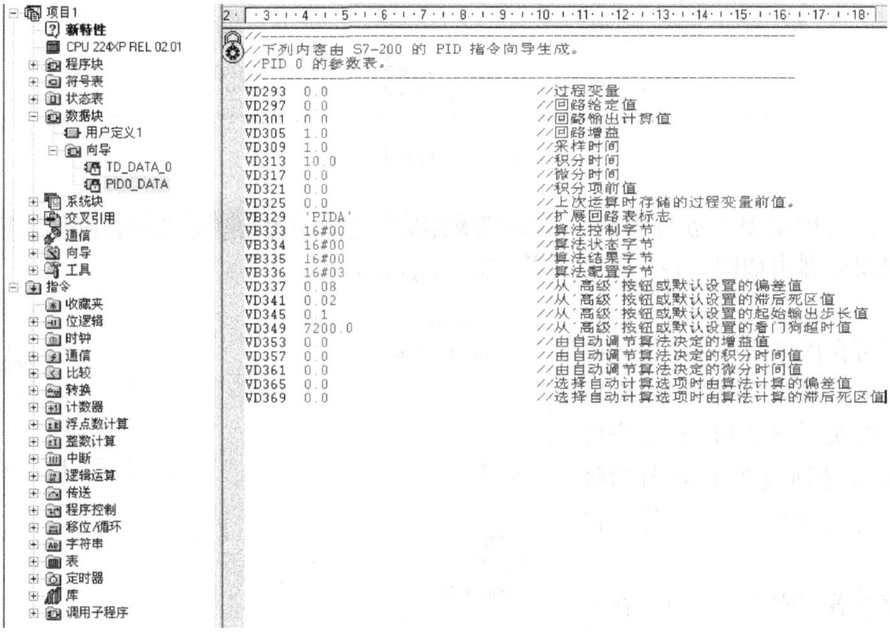

图 5-140　PID 向导产生的数据块中对外部开放的数据

5.7.2　程序编译与下载

在程序编辑完成后，需要对其进行编译，对所有程序块与数据块进行语法检查，检查无误后转化为机器语言。可以通过单击菜单栏的“PLC”下拉菜单的“编译”（仅编译程序块）或“全部编译”选项（编辑程序块和数据块）；或单击常用工具栏上的（编译）或（全部编译）图标。编译过程中会在“输出窗口”框架中显示编译的结果，如存在语法错误也会显示出错的位置，用户可根据提示对程序进行修改。

程序编译完成后，用户需将程序下载至 PLC 方可使用。单击图标，系统会先进行编译，若无误会弹出下载界面，如果存在 PLC 未与 PC 连接、PLC 类型不匹配、通信有误等问题，会在界面中给出相应提示。以未连接 PLC 为例，如图 5-141 所示。

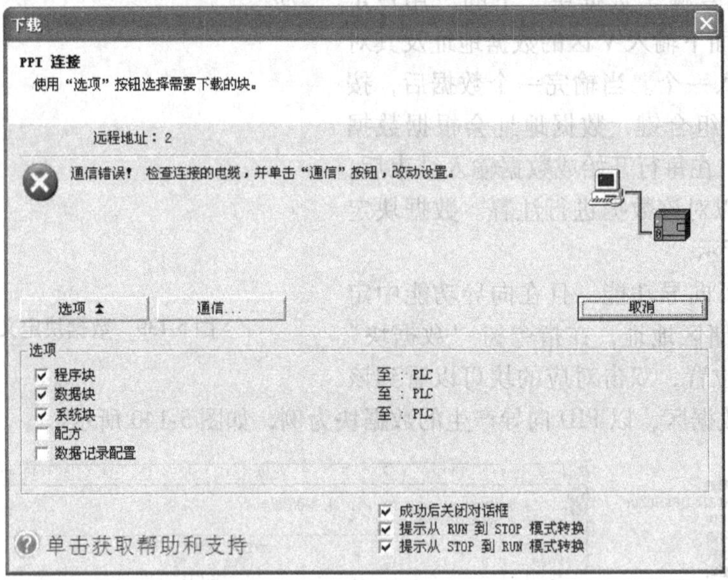

图 5-141　下载报错界面

用户需要根据提示进行修改，如果无错误则弹出如图 5-142 所示的界面，

用户可在该界面选择要下载的选项，然后单击“下载”按钮后可将对应的块下载至 PLC；用户可用同样的方法通过单击图标将 PLC 内部的程序块、数据块等上传至 PC。

程序下载完成后，用户可在主界面的常用工具栏单击图标使 PLC 转至运行模式，或单击图标将 PLC 转至 STOP 模式。

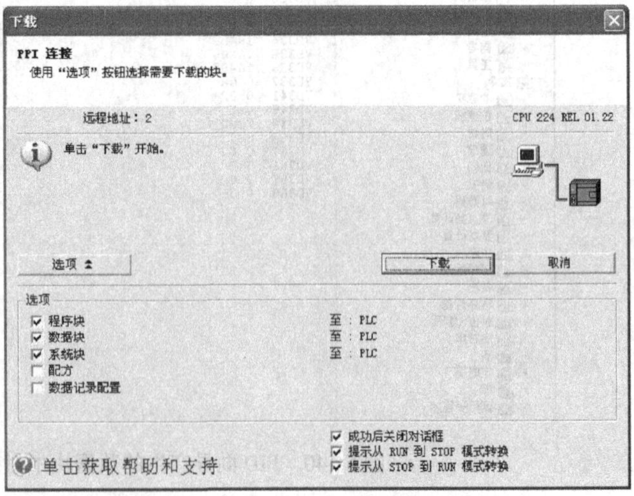

图 5-142　下载界面

5.7.3　程序与状态表监控

用户可以利用程序监控与状态表监控对程序或数据的状态进行监视与修改，从而逐步完

成对程序的调试。在运行程序与状态表监控前，需要确认设备在线，即 PC 与 PLC 保持连接状态，同时 PC 中待监控的程序与 PLC 中的程序完全相同（包括时间戳）。单击常用工具栏下的图标即可开始程序监控。监控开始后主界面如图 5-143 所示。

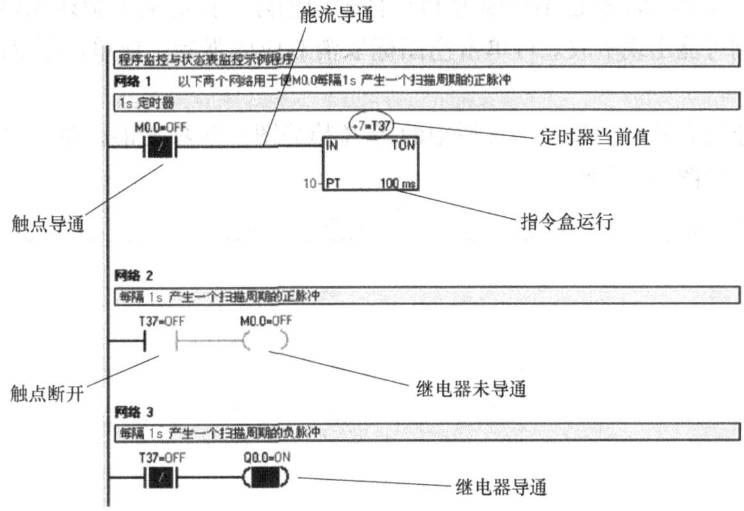

图 5-143　程序监控画面

在该界面下可以看到当前运行时，每个触点和继电器的接通与关断状态，同时可以观测定时器、计数器以及使用中的存储器的当前值。需要注意的是，由于程序在不断扫描中，因此每个周期变量值会持续变化，而仅接通一个扫描周期的继电器或子程序状态可能有很大概率无法观测到。此外，循环变量的值在观测时可能会维持在固定的终值上。

单击快捷工具栏的“状态表”可进入状态表界面，然后单击常用工具栏下的（单次读取）或（状态表监控）图标，可分别实现对 PLC 数据的单次读取或始终监控。在该界面下输入数据地址并选择格式（数据类型）后，在“当前值”一列即可出现对应数据的值，如图 5-144 所示。

	地址	格式	当前值	新值
1	M0.0	位	2#0	
2	T37	位	2#0	
3	T37	无符号	8	
4	Q0.0	位	2#1	
5		有符号		

图 5-144　状态表监控界面

用户可以在“新值”所在列的表格中填写需要修改的内部数据（M、V、T、C、HC）的值，并单击（全部写入）图标更新对应数据。当需要对于输入输出区（I、Q 区）的数据（无论是位、字节、字或双字）修改时，将新值写入对应位置后，需单击常用工具栏的（强制）图标使对应的输入输出数据强制为更改状态。用户也可在程序监控界面下，在对应的触点或数据位置单击鼠标右键，在弹出的快捷菜单中选择“写入”或“强制”选项，修改对应的数据。

使用该功能时需要注意：如果在程序中给每个扫描周期都会被刷新或修改的数据写入新

值（例如将图 5-143 中的 M0.0 中间继电器状态改写为 1），由于程序运行会对状态实时刷新，因此修改可能无效；但被强制的输入输出（I 和 Q）可以始终保持为强制值。此外，修改或强制的值不会因为 PLC 的工作模式（STOP 或 RUN）发生改变而变化，在系统块中设置的“断电保持”数据和状态也不会因为 PLC 掉电而消除，因此需要确认无误后方可上电或转换模式，否则可能出现事故。可单击图标取消对应的强制，或单击图标取消所有的强制状态。

当状态表监控有效时，常用工具栏中的（趋势图）选项使能，单击对应图标即可出现趋势图界面，如图 5-145 所示。

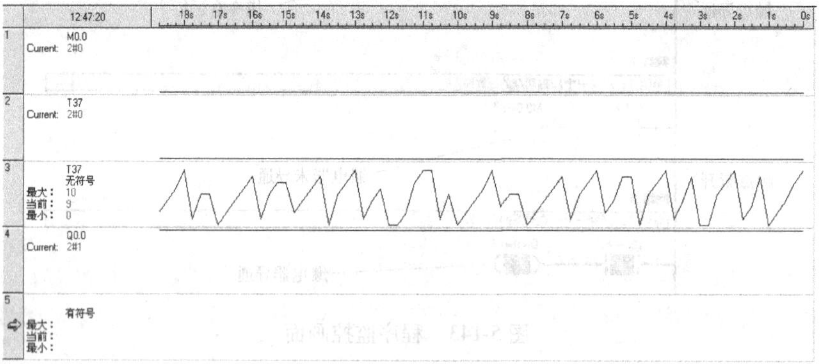

图 5-145　趋势图

在该趋势图中，可输入变量对其变化趋势进行监控；但是由于扫描周期的时间很短（＜几毫秒），而趋势图的监控周期最小为 1/4s（可在趋势图下单击鼠标右键选择“时间基准”下的选项进行选择），因此在上例中仅接通一个扫描周期的 M0.0 状态始终为 0。

5.7.4　交叉引用

当程序编译完成后，如果需要寻找每个使用过的变量在程序中的引用位置，可以使用快捷工具栏“交叉引用”查看变量的引用情况，并对使用的变量进行查找。当系统编译无误后，会出现如图 5-146 所示的表。

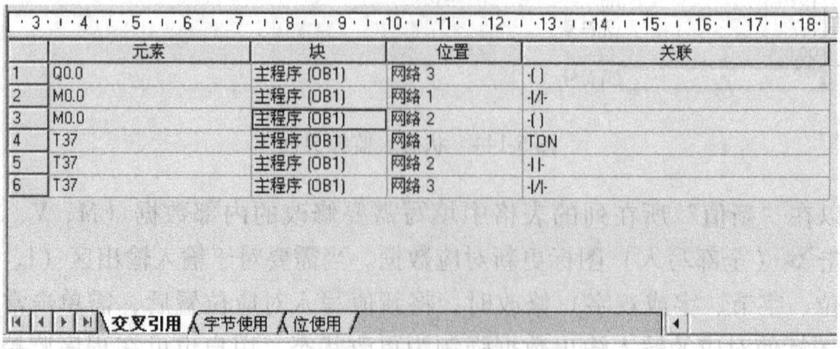

	元素	块	位置	关联
1	Q0.0	主程序 (OB1)	网络 3	-( )
2	M0.0	主程序 (OB1)	网络 1	-I/I-
3	M0.0	主程序 (OB1)	网络 2	-( )
4	T37	主程序 (OB1)	网络 1	TON
5	T37	主程序 (OB1)	网络 2	-I I-
6	T37	主程序 (OB1)	网络 3	-I/I-

图 5-146　交叉引用表

在该表中列出了所有引用过的变量、所在的块及其在块中的位置，以及所在的指令位，双击对应的点即可直接转到相应的位置。同时选择该表下方的“字节使用”和“位使用”标签页，可以观测所有字节以上数据和位的使用情况，如图 5-147 所示。

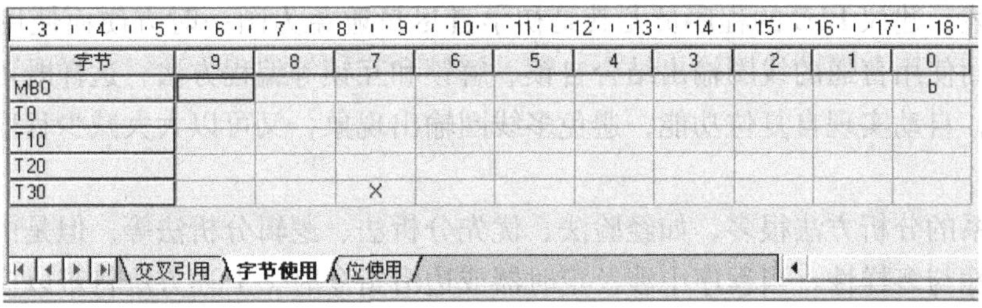

a) 字节使用表

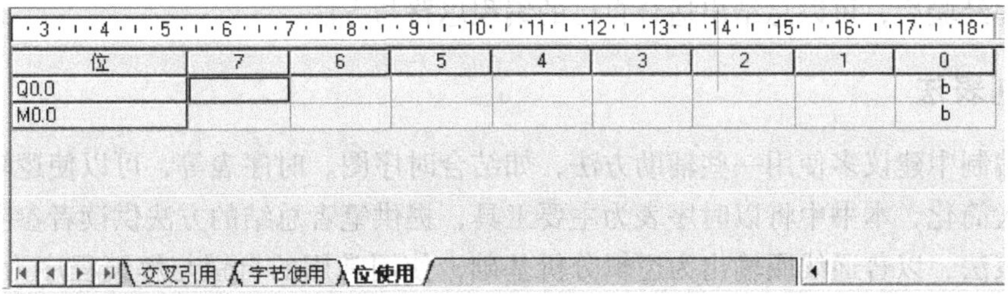

b) 位使用表

图 5-147　交叉引用下的字节使用表与位使用表

除以上方法外，还可在硬件上将 PLC 的拨码开关切至“TERM”端，并用菜单栏的“调试”功能下的首次扫描和多次扫描进行程序的监控。熟练掌握以上方法将对实现程序调试有非常大的帮助。

5.8　采用列表法进行程序设计

常规计算机程序采用由上自下的顺序运行，因此计算机程序以时序为主，但由于 PLC 采用循环扫描方式运行程序，因此更看重逻辑。初学者在学习时如采用重时序的分析方式，很容易导致程序执行中出现双线圈输出、时序逻辑混乱等问题。本节中通过分析 PLC 编程与继电器电路的相似性，提出一类具有针对性的列表法，以帮助程序员掌握逻辑分析思路，减少编程错误。

5.8.1　PLC 编程中的逻辑关系分析

与 PC 中使用的程序不同，PLC 程序的源代码不宜过长，应尽量缩短程序的扫描周期，以确保现场设备运行的实时性。同时，PLC 程序中更加注重逻辑关系，在大多数应用场合中，继电器与触点间的关系分析占整个编程工作量的 60% ~80% 甚至更多，因此理清逻辑关系对于避免程序错误、减少程序调试与维护时间非常重要。

逻辑关系分析是线圈输出与触点间的串并联方式，即触点间采用何种与、或、非的关系使线圈接通或断开。大多数初学者常常习惯于使用 S、R 等指令对线圈进行操作，当现场逻辑关系比较简单时是可行的，但当输入元器件较多时，使用以上指令容易导致逻辑混乱，当线圈出现非法操作时，难以检查问题程序；即使找到问题所在，修改工作量也会较大。此外，PLC 程序均默认要求具有自动复位的功能，即当某一部分功能或程序停止后，所有的继电器输入与输出均可自动复位到开始时的状态，从而保证每次系统运行的一致性。

综上所述，建议 PLC 的程序员尤其是初学者尽量避免为图一时方便而使用线圈置位或复位指令，而使用普通的线圈输出结合自锁、解锁和互锁等编程方法，这样既可以理清触点的逻辑关系，自动实现自复位功能，避免多线圈输出现象，又可以大大减少程序检查与维护的工作量。

逻辑关系的分析方法很多，如经验法、优先分析法、逻辑分析法等，但是由于工业现场逻辑的复杂性与多样性，当程序中涉及定时器或边沿指令时，上述方法将难以应用。综上所述，没有一种方法可以在所有场合中通用，因此用户需要针对不同情况具体分析；在积累了一定的编程经验后，可以总结出适合自己的编程思路与方法。

5.8.2 列表法

程序编制中建议多使用一些辅助方法，如结合时序图、时序表等，可以使逻辑分析与程序编制大大简化，本书中将以时序表为主要工具，提供笔者总结的方法供读者参考。本方法命名为列表法，以普通线圈输出为逻辑分析基础，使用常用的自锁与解锁程序为基本单元，采用列表法列举线圈输出有效的逻辑关系，实践证明该方法可以适用大部分应用场合，具有较强的实用性。

本方法的基本操作是：分析所有可以使某个线圈接通与断开的条件，接通条件通常为瞬态信号，当该信号有效时使线圈接通并自锁；断开条件通常为常态信号，当该信号有效时使线圈解锁断开。当存在多个接通条件时，以上条件均被称为正条件，相互间为“或”的关系；当存在多个断开条件时，以上条件被称为反条件，相互间为“或非”的关系（可直接用 FBD 块编制），在用 LAD 编程时需要用数字逻辑将其转换为“非与”的关系，将所有线圈（包含中间继电器 M、定时器 T 与计数器 C）的输出采用列表方式表示后即可采用梯形图、STL 语言或 FBD 块编程，其中尤以 FBD 效果最好，LAD 语言次之。下面以几个实例介绍该方法。

例 5-23 PLC 的 Q0.0 与 Q0.1 分别通过 KM1 与 KM2 线圈连接了两台电动机，I0.0 与 I0.1 分别连接了起动与停止按键。要求的逻辑如下：当 I0.0 按下时，Q0.0 接通起动第一台电动机，在 5s 后自动接通 Q0.1 起动第二台电动机；当 I0.1 按下时，Q0.1 立即断开使第二台电动机停止，3s 后断开 Q0.0 使第一台电动机停止，试编程完成上述过程。

分析上述逻辑后，可将所有线圈与定时器的逻辑按时序的顺序列出，见表 5-12。

表 5-12 例 5-22 逻辑分析表

线圈名称	功能说明	自锁条件（瞬态信号）	解锁条件（常态信号）
Q0.0	电动机 1	I0.0↑	T38 = 1
M0.0	T37 保持	I0.0↑	T38 = 1
T37（TON）	启动定时	M0.0 = 1 开始定时	T38 = 1
Q0.1	电动机 2	T37↑	I0.1 = 1
M0.1	T38 保持	I0.1↑	T38 = 1
T38（TON）	停止定时	M0.1 = 1 开始定时	T38 = 1

注：↑与↓分别表示前面触点出现上升沿与下降沿，触点 = 0 与触点 = 1 分别代表常闭触点与常开触点。

在上表中，增加了 2 个中间继电器以保持启动或停止按键的状态。定义自锁条件为瞬态信号（例如即使 I0.0 为瞬态按键，本条件中也只采集其上升沿信号）的原因是：将自锁条件定义为瞬态信号可以防止当解锁失效时由于自锁条件保持使线圈意外重新得电；定义解锁条件为常态信号的原因是：确保解锁条件最少能维持一个扫描周期的时间使线圈失电。

将表 5-12 中的功能用 FBD 语言表示，方法是：**将所有自锁条件和线圈自身触点进行“或”运算得到正条件，将所有解锁条件进行“或”运算并取反后得到反条件，正反条件相与后输出至线圈**，程序如图 5-148 所示。

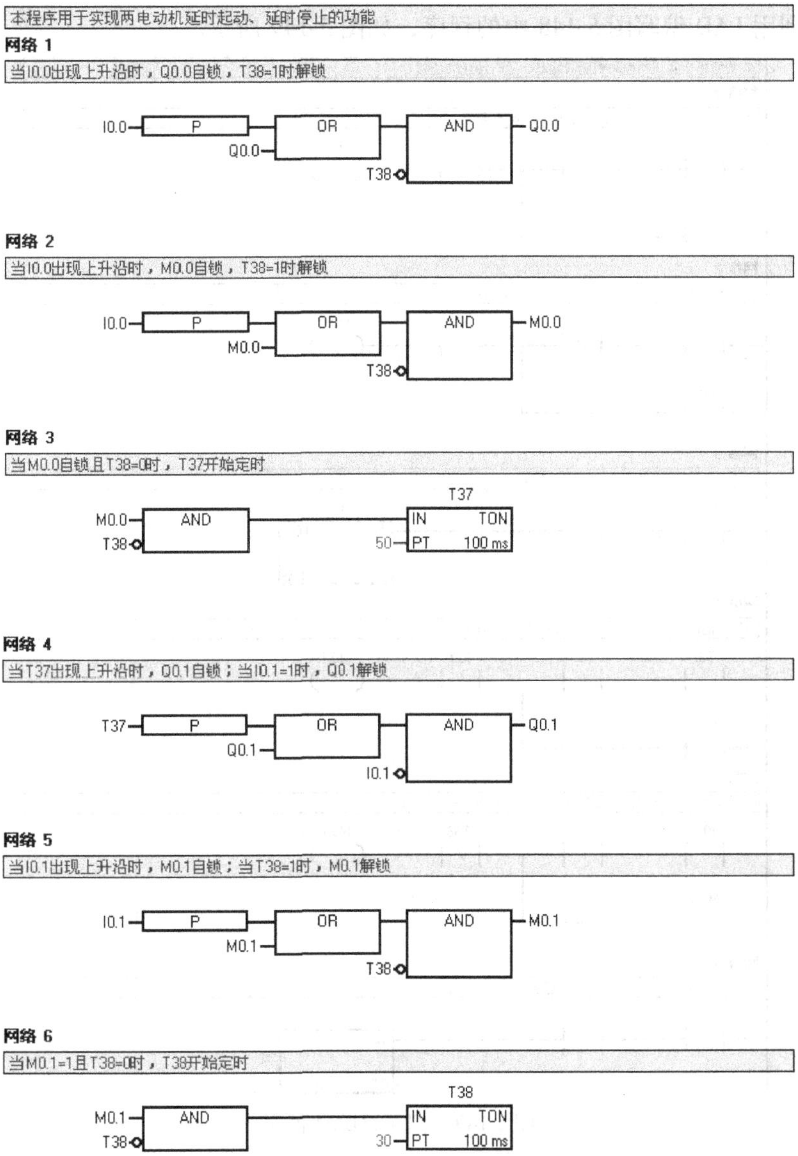

图 5-148　例 5-23FBD 程序

也可使用 LAD 梯形图语言实现表 5-12 中的逻辑，方法是：**将所有自锁条件和线圈触点并联，然后和取反的解锁条件串联后输出至线圈。**

小贴士

LAD 梯形图语言实现上述逻辑的原因

根据 FBD 实现的条件，LAD 梯形图实现的方法是：将所有自锁条件和线圈自身触点进行“或”运算得到结果 *A*，然后将所有解锁条件（假设为 *B*、*C* 和 *D*）进行“或”运算后取反，与结果 *A* 进行“与”运算后输出至线圈，根据布尔量公式可知“或非 = 非与”，即$A\&\overline{B+C+D}=A\&\overline{B}\&\overline{C}\&\overline{D}$，即自锁条件和所有解锁条件取反的结果相与。

当解锁条件较多时，直接对所有条件用“或非”运算，有时可简化逻辑。

由此可利用 LAD 编写图 5-148 中的程序，如图 5-149 所示。

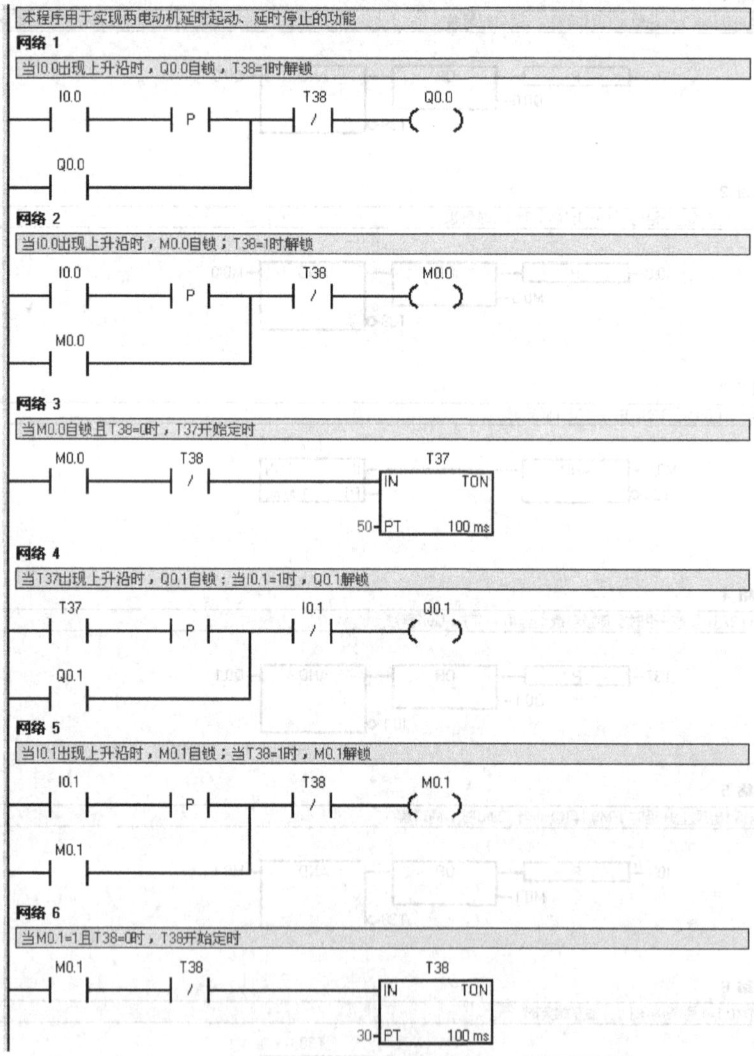

图 5-149　例 5-23LAD 程序

可以看出，FBD 程序图的最大优点是：可以将所有的正反条件分别相或后进行“与”运算，并且在反条件的输出端直接取反，省去了人工逻辑求反的过程，因此较 LAD 语言简单。

为降低逻辑的复杂度，减少中间继电器、定时器等软元器件的使用数，应尽量对逻辑进行简化。实际上，对表 5-12 仔细分析后可以知道，其中的部分内容可以进行如下的简化处理：

（1）简化不必要的中间继电器　M0.0 的自锁条件与 Q0.0 相同，说明可省去 M0.0，利用 Q0.0 替代其功能。

（2）简化定时器不必要的解锁条件　T38 的自锁条件为 M0.1 =1，解锁条件与 M0.1 状态相同，因此可知 T38 的解锁条件可省略；T37 的自锁与解锁条件均与 Q0.0 相关，同时可知 T38 =1 后 Q0.0 =0，也就是说，T37 的自锁与解锁条件也与 Q0.0 相同，T37 的解锁条件也可省略。

（3）简化中间继电器的解锁条件　Q0.0 =1 的时间覆盖了 M0.1 =1 的时间，且二者解锁条件相同，可知 M0.1 的解锁条件可修改为 Q0.0 =0。

（4）简化逻辑关系　必要时可用卡诺图简化相关逻辑。

因此可知，表 5-12 可简化为表 5-13。

表 5-13　例 5-23 逻辑分析表（简化版）

线圈名称	功能说明	自锁或接通条件（瞬态信号）	解锁或断开条件（常态信号）
Q0.0	电动机 1	I0.0 ↑	T38 =1
T37（TON）	起动定时	Q0.0 =1	--------
Q0.1	电动机 2	T37 ↑	I0.1 =1
M0.1	T38 保持	I0.1 ↑	Q0.0 =0
T38（TON）	停止定时	M0.1 =1	--------

说明：↑与↓分别表示前面触点出现上升沿与下降沿，触点 =0 与触点 =1 分别代表常闭触点与常开触点

根据表 5-13 中的逻辑关系，程序可简化为如图 5-150 所示的 FBD 程序。

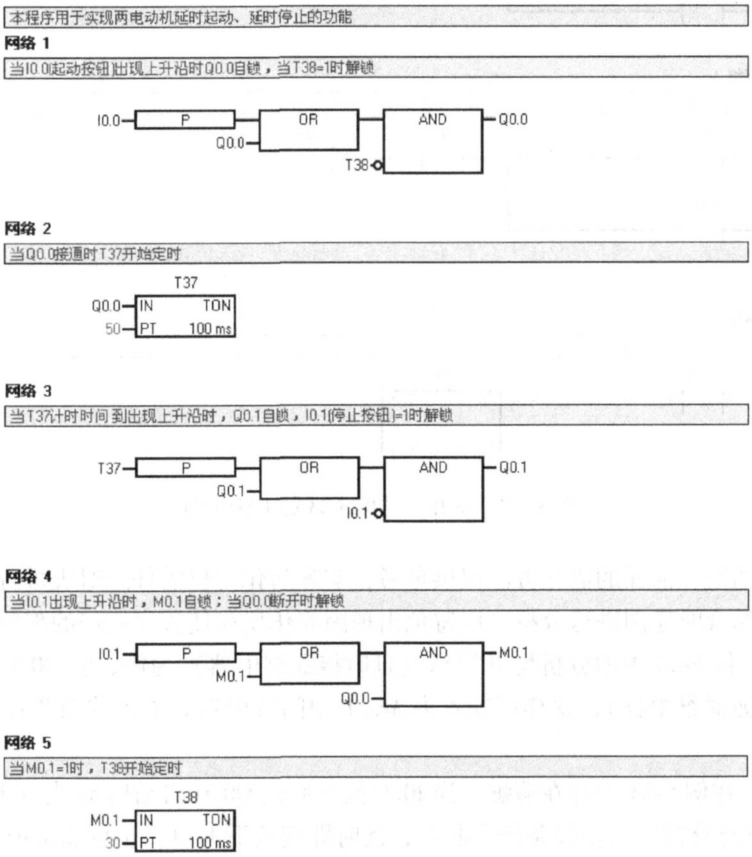

图 5-150　简化后的例 5-23 的 FBD 程序

同样地，也可将表 5-13 中的逻辑关系用 LAD 梯形图方式实现，程序如图 5-151 所示。

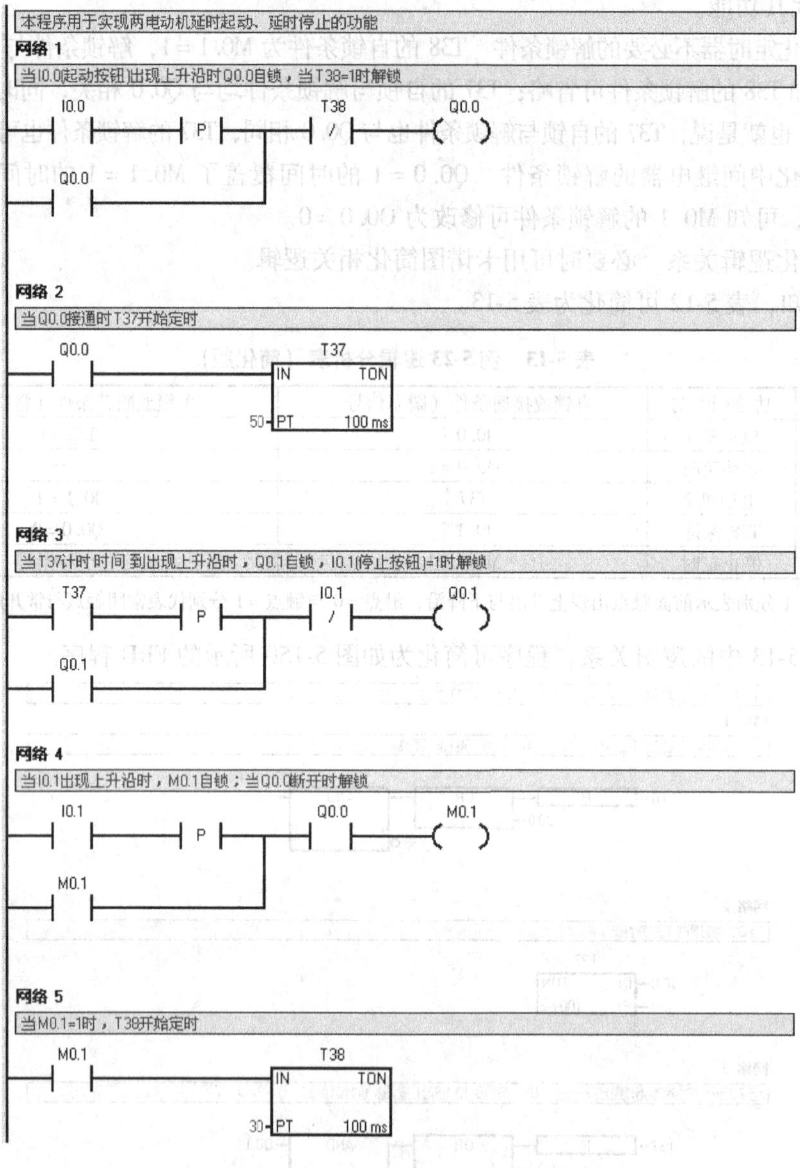

图 5-151　简化后的例 5-23 的 LAD 程序

需要指出的是，前面的简化方法仅供参考，实际简化时仍需仔细对表进行反复的逻辑检验，必要时可结合时序图进行分析，以避免出现因简化反而使程序错误的现象。

思考题 1：例 5-23 中的分析均以 TON（延时接通继电器）为例，但 Q0. 0 的解锁可以使用 TOF（断电延时继电器），这样可以省去 M0. 1 中间继电器，如何修改程序以完成同样的功能?

思考题 2：在例 5-23 中存在瑕疵，当 I0. 0 按下后使 Q0. 0 启动后 5s 内（此时 Q0. 1 仍未启动），因出现意外需立刻使设备停止起动，此时即使按下 I0. 1，仍可能出现如下问题：

1）如 I0. 1 按下时间较短，Q0. 1 仍有可能起动。

2）Q0.0 不能立即停止。修改程序解决以上问题。

采用列表法分析 PLC 的继电器逻辑的最大好处在于电路通断逻辑层次分明，易于理解，且逻辑关系的增减、检查与修改都比较容易；缺点是由于该方法必须以 TON 为定时工具，因此在部分场合中使用的逻辑关系与中间继电器个数可能会有冗余，并且逻辑分析简化没有相对固定的方法。

本章小结

本章主要介绍了 S7-200 软件及其指令的使用方法。由于目前电气工程中硬件连接方法比较固定，使电气控制的灵活性主要取决于软件的编制，而使用者对于软件程序的掌握与运用程度决定了程序的清晰与简洁程度，因此多进行编程方面的练习是达到以上目的的重要途径。

此外，学习者需要在对软件功能熟练掌握的基础上，逐步总结出自己的编程经验以及编程风格，而不是仅仅拘泥于书本中的固有思维。

习　题

1. S7-200 中，字型数据可作为哪几种类型的变量使用？双字型数据呢？

2. S7-200 中，累加器寄存器 AC0 ~ AC3 中可以处理哪几种类型的数据？其中可以作为指针对数据区域进行访问的是哪几个？

3. 如果 AC2 中存放的地址指向 VB20，那么当 AC2 数据自加 5 后，指向的地址是哪个数据？

4. 如何获取一个数据所在的地址？

5. 设计异地起动程序完成如下功能：

（1）甲地有三个按键 A1、A2、A3，分别控制现场电动机 1 与电动机 2，逻辑为：当 A1 按下时，电动机 1 起动；当 A2 按下时，电动机 2 起动；当 A3 按下时，所有电动机停止。

（2）乙地有两个按键 B1、B2，分别控制电动机 2 的起动与停止。

6. 使用定时器时应注意哪些问题？

7. 说明不同分辨率定时器的区别。

8. 按键 SB1 连接 PLC 的 I0.0，行程开关 SQ1 连接 PLC 的 I0.1，行程开关 SQ2 连接 PLC 的 I0.2，小车的正反转继电器分别连接 PLC 的 Q0.0 与 Q0.1。试用定时器完成如下功能：按下 SB1，小车接通 Q0.0 向右运动；当 SQ1 接通后，小车停止 10s，接通 Q0.1 向左；当 SQ2 接通后停止。

9. 同上题，当小车向左接通 SQ2 后，停止 10s 后自动向右，如此往复。

10. 设计程序完成无产品通过报警功能：利用光电开关 SQ1（I0.1）检测产品，当 10s 内无产品通过时报警，即使连接 Q0.0 的蜂鸣器响，连接 Q0.1 的红灯以 0.5s 的频率闪烁，按下消除报警按键（I0.2）后报警解除。

11. 设计程序完成以下功能：当按键 SB1（I0.0）按下后，灯 1（Q0.0）与灯 2（Q0.1）以 1s 的频率交替闪烁；当按键 SB2（I0.1）按下后，灯 1 与灯 2 以 1s 的频率同时闪烁；当按键 SB3（I0.2）按下后，两灯熄灭。

12. 设计程序完成如下功能：当按键 SB1（I0.0）按下后，电动机 1（Q0.0）立即起动，10s 后电动机 2（Q0.1）起动；当按键 SB2（I0.1）按下后，电动机 2 立即停止，电动机 1 在 5s 后停止。

13. 修改上题程序，使按键 SB2（I0.1）按下后，电动机 1 立即停止，电动机 2 在 5s 后停止。

14. 设计程序实现电动机Y-△减压起动。

15. 用一个按键实现对 3 个灯的控制：按键按下 1 次时，灯 1 亮；按键按下 2 次时，灯 1 灭，灯 2 亮；按键按下 3 次时，灯 2 灭，灯 3 亮；按键按下 4 次时，灯 3 灭，如此反复。

16. 修改上题程序，使控制逻辑成为：按键按下 1 次时，灯 1 亮；按键按下 2 次时，灯 1 保持，灯 2 亮；按键按下 3 次时，灯 1、2 保持，灯 3 亮；按键按下 4 次时，全灭，如此反复。

17. 编制程序，实现 $(1+\cos 60°)\times \ln 6$。

18. 利用比较指令完成如下功能：当高速计数器 0 的脉冲数小于 5000 时，同时接通 Q0. 0 和 Q0. 1；当大于或等于 5000 且小于 10000 时，使 Q0. 1 断开；当大于或等于 10000 时，使 Q0. 0 断开。

19. 设备具有“手动”、“半自动”与“自动”三种运行状态，当 I0. 0 为 OFF 时为手动状态，当 I0. 0 为 ON 时为半自动状态，当 I0. 1 为 ON 时为自动状态，人机界面读取 VB100 开始的字符串，用于显示器当前的运行状态。试编程判断设备运行状态并将状态传至 VB100 开始的字符串。

20. 完成如下功能：每隔 100ms 将模拟量输入端口的 AIW0 依次送入 VB100 开始的 100 个字节内，每采集到 50 个数据求一次平均值并将其输出到模拟量输出端口的 AQW0 中，并将存储空间清零，重新开始。

21. 利用移位算法实现使 8 个灯每隔 1s 依次点亮，当全亮后再向相反方向依次熄灭。

22. 设计程序实现 1s 脉冲信号的两分频、三分频及四分频。

23. 编制子程序设计 PID 算法，实现与 PID 指令块相同的功能。

24. 将第 20 题中的程序修改为中断子程序。

25. 编制程序实现高速计数器 0 在接收脉冲数达到 5000 时自动清零，并向 Q0. 1 输出长度为 1s 的脉冲。

26. 编制程序完成 PWM 波形的脉冲输出，占空比可在 0 ~ 100% 之间以 10% 的比率调整。

27. 编制程序完成如下功能：当自动运行时，使用 PID 进行控制；当手动状态时，使控制输出为满量程的一半。

28. 试用列表法分析逻辑并完成相关程序：当 I0. 0 有效时 Q0. 0 接通，并每隔 5s 检测 I0. 0 的状态，如 I0. 0 有效则 Q0. 0 保持接通，如无效则断开。

29. 一工件的时序逻辑如下：当按下 SB1（I0. 0）时工件在电动机正转带动下向右运动（Q0. 0 接通），当到达进给位置 1 时接通行程开关 1（SQ1），工件在该位置停止 3s 后继续向右运动；到达位置 2 时接通行程开关 2（SQ2），工件停止 5s 后电动机反转带动工件向左运动（Q0. 1 接通），到达起始位置时接通行程开关（SQ3）停止。试用列表法分析上述逻辑并编制相应程序。

30. 在上题中增加一个按键 SB2（I0. 1）时，使工件无论处于何位置，均停止工序，并接通 Q0. 1 使其向左回到起始位置，试用列表法分析上述逻辑并编制相应程序。

31. 某真空泵隔离阀、水阀与气阀运行关系如下：

（1）系统启动按键（I0. 0）按下时，如水位低于上限（I0. 6 = 0），水阀（Q0. 5）与气阀（Q0. 6）直接启动，3s 后隔离阀（Q0. 4）启动；

（2）系统运行时，如水位低于下限（I0. 4 = 1），启动水阀与气阀，2s 后启动隔离阀；高于上限（I0. 6 = 1）时，水阀、气阀及隔离阀立即关闭；

（3）系统停止键按下（I0. 5）时，隔离阀立即关闭，水阀在 3s 后关闭，气阀在 4s 后关闭。

试用列表法分析上述逻辑并编制相应程序。

第 6 章　通信与网络

S7-200 系列 PLC 中的通信根据不同的硬件与传输协议具有不同的通信方式组成不同形式的网络，以实现数据共享与相互的通信。本章主要介绍 S7-200 系列 PLC 通信的硬件、协议与软件编程方面的内容。

6.1　PLC 通信的硬件标准、协议与网络

S7-200 拥有出色的通信能力，支持多种通信协议，兼容多种硬件，适应各种应用场合。了解并选择合适的通信方式，可以事半功倍，做到既节省硬件投资，也节约编程人力的投入，缩短工程周期。

通信对象实现正常通信必须满足下列条件：

1）直接连接的通信端口符合相同硬件标准。

2）通信对象支持相同的通信协议。

6.1.1　串行通信概述

串行通信与并行通信是数据通信的两种基本形式。并行通信是将数据的每一位均通过一根物理数据线同时发送，发送的位数与 CPU 的数据处理能力相关。显然，并行通信发送效率较高，但需要的数据线较多，适用于短距离、需高效率传输数据的场合。串行通信是利用单根数据线以位（bit）的形式分时完成数据的传输，即仅用一条数据线，将数据一位一位地依次进行传输，每一位数据占用一定的时间长度。与并行通信相比，串行通信效率相对较低，但使用数据线少，适用于长距离数据传输，例如通常情况下计算机与外设（如通过 USB 连接的打印机等）、互联网或无线通信均采用串行通信方式传输数据。目前大部分 PLC 的数据通信均采用串行通信方式。

对串行通信的数据在发送前需要进行“包装”，即在要发送的数据前后分别增加若干位字符，以提示传输开始和结束或检测数据分时发送时产生的错误，包装后的所有数据即称为信息帧或报文；进行包装与数据收发的方式即被称为协议。根据协议的不同，串行通信可分为同步通信与异步通信两种方式。

同步通信是一种连续串行传送数据的通信方式，每次通信只传送一帧信息，由同步字符、数据字符和冗余校验字符（CRC）组成。同步字符代表帧的起始，表示数据字符位随后开始。数据字符在同步字符之后，长度不限，由实际数据块长度决定；冗余校验字符由发送端根据一定规则产生，接收端在接收数据完成后对接收到的字符序列进行正确性校验。同步通信的缺点是要求发送时钟和接收时钟保持严格的同步。

异步通信中数据通常以字符或者字节为单位组成字符帧传送，发送端与接收端均以帧为单位收发数据，每秒钟发送的位数被称为波特率。发送端和接收端的数据收发分别由相互独立的时钟控制，无需严格同步。可以看出，由于异步通信比同步通信更加复杂，因此通信协

议的形式也更加多样。

6.1.2 串行异步通信协议

1. 串行异步通信时的数据格式

异步通信方式（Asynchronous Data Communication，ASYNC），也被称为起止异步通信，是计算机通信中最常见的数据通信方式。传输以字符为单位，字符间没有固定的时间间隔要求，而是以起始位和结束位为收发双方的传输标识；传输开始后，字符中的各位以固定时间间隔传送。即在有效字符正式发送前，发送器先发送一个起始位，然后发送有效字符位，在字符结束时再发送一个停止位，起始位至停止位构成一帧。串行异步传输数据格式如图 6-1 所示。

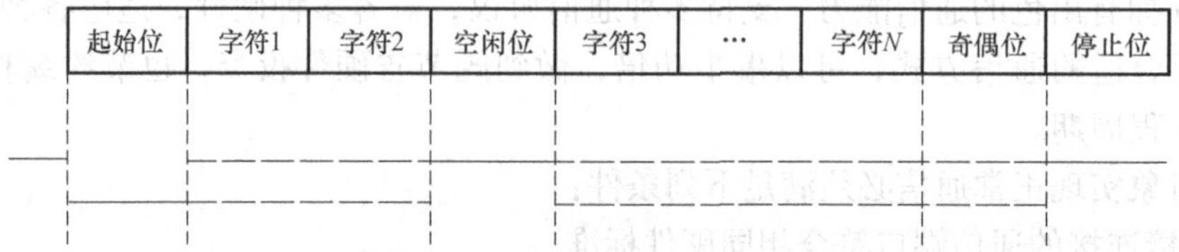

图 6-1 串行异步传输数据格式

在图 6-1 中，每个方框宽度代表一个位（bit）传输的时间，即一个比特周期，与波特率成反比。电平为虚线时代表电平位可能为 0 或 1。

1）起始位：起始位必须是持续一个比特时间的低电平，表示传送开始。

2）数据位：有效数据位有 5 ~ 8 位，位于起始位后。传送时先传送字符的低位，后传送字符的高位，数据的具体位数可通过软硬件设定。

3）奇偶位：奇偶校验位仅占一位，用于对有效数据进行奇偶校验，即计算有效数据中“1”的个数，如为奇数个并进行奇校验时，该位为 1，否则为 0；进行偶校验时正好相反，在应用时也可以根据需要不设奇偶位。

4）停止位：停止位为高电平，标志传送当前字符结束，该位占用时间长度为 1 倍、1.5 倍或 2 倍比特时间。

5）空闲位：空闲位表示无数据传输，线路处于空闲状态，此时线路上为高电平。空闲位的作用为占位，当无空闲位时数据传输效率最高。

2. 串行异步通信时的数据接收

串行异步通信中接收方采样频率要远远高于发送方，为提高抗干扰能力，其采样频率一般为位数据发送频率的 16 倍。当接收系统启动后，接收方不间断地监视串行输入线上的电平变化，当检测到有效起始位（即电平从高变低）时，即知道数据帧已经开始传送，并在接下来的 8 或 9 个接收周期（发送周期的 1/16）的上升沿持续检测数据线，排除数据线上低电平是受到干扰的伪信号的可能，同时为数据接收提供时间基准点。从该基准点开始每隔 16 个采样周期对下面的数据进行采样，以确保数据的正确性。当接收到规定的数据个数以及奇偶位（可选）后，检测下一位为高电平，传输字符结束。完成后发送端将数据线置为高电平，直到下次传输接收到开始位。整个接收过程的流程如图 6-2 所示。

异步通信的特点如下：

1）起止式异步通信协议传输数据时，对时钟同步要求不高，只要接收器在起始位时不发生时钟错位，数据传输可保证正确无误。

2）串行异步通信在实际通信中，其数据格式还包含数据位数、校验位以及停止位的长度信息，以上数据均可通过串行接口电路进行软件设置。传输数据格式可根据需要进行设置，但数据收发两方的格式必须相同，否则将会出现错误。

3）为确保数据信息的准确，串行异步通信发送数据字符需要附加起始位、校验位和停止位等进行数据校验，由于以上附加信息的存在使通信负担增加，开销加大，从而降低了通信效率。例如传送一个 7 位的 ASCII 码，使用一位起始位、一位校验位和一位停止位，那么一帧数据中包含 10 位数据，而多出的 3 位占用了通信的 30% 额外开销。由此可见，异步通信适用于传送数据量较少或传输速度要求不高的场合；当需要进行快速、大量信息传输时，一般采用通信效率较高的同步通信方式。

4）串行异步通信通过对每个字符设置起始位和停止位，使通信双方达到同步。

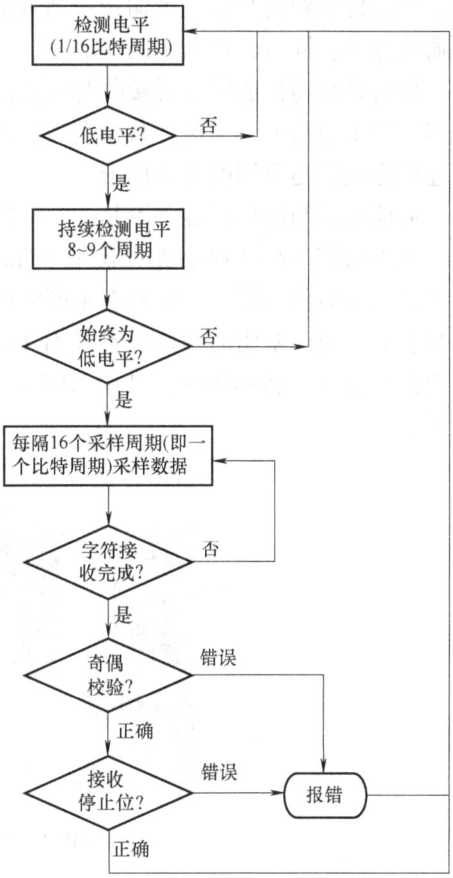

图 6-2　异步通信数据接收流程

6.1.3　串行异步通信的普遍协议

由于串行异步通信的多样性，为统一其通信方式，便于在计算机中使用，电子工业协会（EIA）自 1962 年起陆续提出了 EIA232、EIA422 与 EIA485 串行通信技术标准及相应的改进版本，由于以上标准通常以 RS 为前缀，因此上述标准习惯被称为 RS232、RS422 和 RS485。

RS232 是一种在低速率串行通信中增加通信距离的单端标准，目前是计算机与通信工业中应用最广泛的一种串行接口。单端通信是一类不平衡传输方式，RS232 的传送距离约可达 15m，最高传输速率为每秒 20 千比特（20kbit/s）。

RS422 标准的全称是“平衡电压数字接口电路的电气特性”，可用于解决 RS232 传输距离较短、传输速率低的缺陷。RS422 为一类平衡通信接口，采用平衡双绞线实现数据双向传输，可将传输速率提高到 10Mbit/s，传输距离可延长到约 1200m，并允许在一条总线上连接最多 10 个接收器。由于平衡双绞线长度与传输速率成反比，因此距离越短传输速率越高，在 100m 长的双绞线上所能获得的最大传输速率仅为 1Mbit/s，因此只有当速率在 100kbit/s 以内时，传输距离才可能接近理论上的 1200m 最大值。此外，RS422 标准中采用点对点的主从通信结构，即总线上仅有一台主设备，其他从设备只能与主设备通信，相互间不能进行通信。

为克服 RS422 的缺陷，1983 年 EIA 提出了 RS485 标准，保留了 RS422 中的平衡传输方式、最大传输距离与最大传输速率等特性，并且当采用四线制时具有与 RS422 中相同的主从通信方式；同时，当采用两线制时，可实现多点双向通信，同时可连接的设备多达 32 个。

串行异步通信通常需要接收与发送两根数据线，但在支持 RS232、RS422 或 RS485 标准的串行异步通信中，为保证数据发送的准确性，还增加了若干控制与参考信号线，而信号线的连接方式就是所谓的硬件标准。

通信协议与硬件标准并不是一一对应的。由于通信协议并未定义数据发送的硬件连接方式，也未对信号线的数量及功能进行约定，因此不仅不同的通信协议具有不同的硬件标准，即使同一种通信协议也可能具有不同的硬件标准。例如最常用的 RS232C 标准中，根据使用信号线的个数，常用的硬件标准就有 DB25、DB15 和 DB9 等几种，而其信号线（即连接器的引脚）定义也各不相同。其中 DB9 常见于 PC，即被俗称为 9 针口的串行端口，如图 6-3 所示。

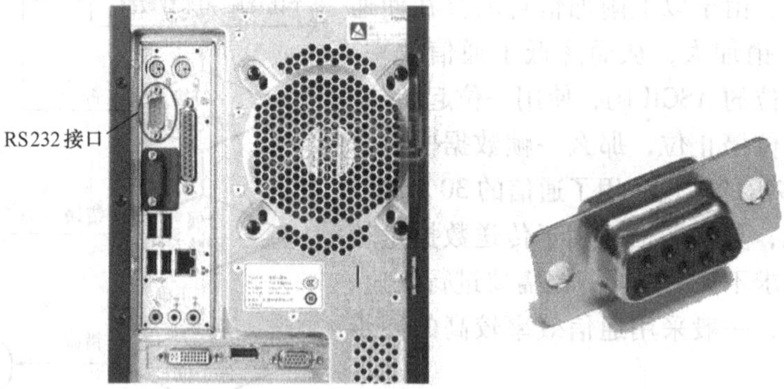

a) PC上的RS232端口　　b) RS232连接端口

图 6-3　RS232 端口图

随着智能仪表的高速发展与成熟，很多智能仪表已经具备通信与数据传输功能。由于 RS232 接口仅能实现两个设备间的点对点通信，不能用于多个设备的通信联网功能，因此目前工业现场中的联网多采用 RS485 型接口组建总线型网络。由于 RS485 接口硬件采用差分信号负逻辑表示数字量（即 +2 ~ +6V 表示 0，−6 ~ −2V 表示 1），仅使用一对双绞线即可实现设备连接，因此可以将支持该类通信协议的设备采用主从通信结构构建总线式拓扑结构，最多可以挂接 32 个节点。现场条件对于双绞线的选择非常重要，在低速、短距离及无干扰的场合可以采用普通双绞线；当要求高速长距离传输时则必须采用阻抗匹配（通常为 120Ω）的专用电缆；当干扰严重时应采用铠装型双绞屏蔽电缆。当长距离传输或干扰较强时，还需利用中继器将信号进行放大，最多可以增加 8 个中继器，因此其理论传输距离可以达到 9.6km；也可通过在光纤两端增加光电转换器，其理论传输距离更可达到 50km。

由于 PC 通常仅有 RS232 接口，因此在将 PC 连接至 RS485 电路前，需采用 RS232/RS485 转换电路进行信号转换，或在主板上安装带有 RS485 类型信号的 PCI 多串口卡，如图 6-4所示。在部分信息化程度比较高的现场，也可使用专用的串口服务器实现以上功能。

由于 RS485 的网络通信功能可以用于建立拓扑网络，但协议不支持环形或星形网络，因此只能建立主从式的总线型网络，即以一根双绞线电缆为总线，将每个节点设备相连，最终形成单一、连续的信号通道。

当形成总线型RS485网络后，所有设备均需设置一个唯一的地址（0~31），并通过主机进行应答式访问。例如，主机从某一从机中读取数据，在向总线发送的数据帧中，除需要包含起始位、停止位、校验位等异步通信必需的信息外，还需在发送的有效数据字节中包含从机地址、读写格式、读写位数以及循环冗余校验等信息。基于不同的数据帧格式，形成了各种通信协议，如Modicon公司的MODBUS协议、西门子公司的PROFIBUS-DP、USS、PPI、MPI、USS协议等。

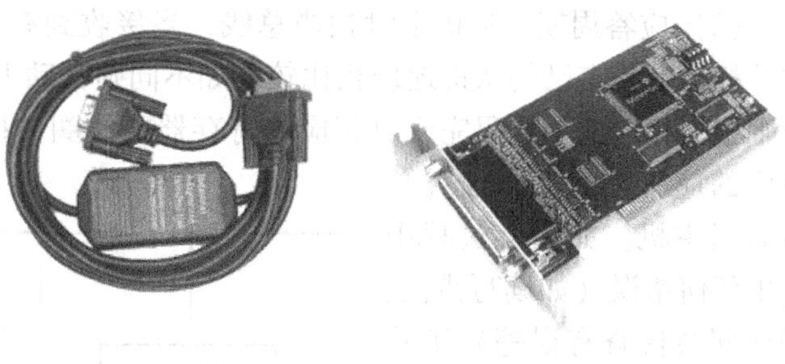

a) S7200编程电缆RS232/RS485　　b) RS422与RS485高速PCI串口卡

图6-4　RS232/RS485信号转换器件

限于篇幅，第6.2节中将重点介绍MODBUS协议与USS协议。

6.2　MODBUS与USS协议

6.2.1　MODBUS协议简介

MODBUS由Modicon（现为施耐德电气公司的一个品牌）公司在1979年提出，是全球第一个真正用于工业现场的总线协议，目前MODBUS已经遍布全球，同时在我国已经成为国家标准GB/T 19582—2008。通过MODBUS协议，控制器之间、控制器与其他网络设备可以通过一类通用工业标准交换数据，并可在此基础上形成工业网络。由于MODBUS协议的诸多优点，目前已经成为RS485网络中最常用的一类通信协议。

MODBUS协议具有以下特点：

1）协议公开，无需授权。MODBUS标准完全公开，用户无需交纳使用许可费用，也不存在知识产权问题。

2）支持多种硬件标准。该协议可用于RS232与RS485硬件，同时支持双绞线、光纤与无线传输等介质。

3）MODBUS的帧（报文）格式简单易懂。该协议易于理解，便于开发。

1. MODBUS的通信周期

MODBUS采用主从式总线结构，当在MODBUS网络上通信时，需要事先为每个设备指定固定的地址，以便于主机与从设备识别总线信息。主机既可与某一从机进行单独通信，也可向所有从机发送广播信息。

单独通信：一次完整的单独通信通常需要经过一个查询-应答周期方可完成，即主机通过总线向从机发送查询数据帧，从机在接收到该信息后完成相应的操作，并将操作结果通过总线发回主机，其具体的完成过程如下：

（1）查询周期　当主机需要完成某一操作时，根据MODBUS协议的格式产生一个用于查询的消息帧，即所谓的报文，其中包含访问的从机地址、操作的功能码（读/写寄存器或线圈）、访问的寄存器或线圈个数（可选）、冗余循环码等，并通过MODBUS总线发送。

（2）应答周期　从机定时扫描总线，当接收到有效帧时，自动接收该信息，并将其中的从机地址与自己的从机地址相比较，如不同则自动丢弃；相同则进行循环冗余检测，如通过则根据相应的功能码完成对相应的寄存器或线圈的操作，并根据 MODBUS 协议格式产生对应的应答消息帧，通过总线返回主机。如在该过程中产生任何错误（如读写错误、循环冗余检查有误等）则停止操作，根据协议格式返回错误码。

MODBUS 通信的查询-应答周期如图 6-5 所示。

广播信息方式没有应答周期，主机产生的信息帧首地址为 0，即不指定具体的从机，从机接收到该信息帧后不进行任何操作。

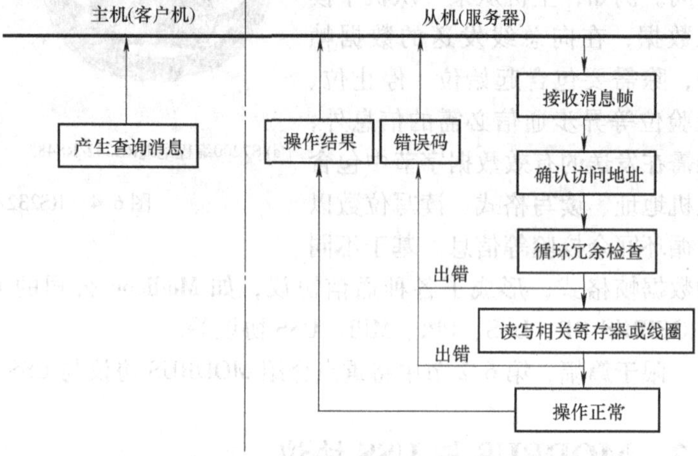

图 6-5　MODBUS 通信查询-应答周期

2. MODBUS 协议描述

在 MODBUS 网络中串接的所有设备，在数据传输前均需设置为相同的波特率、校验方式与数据传输格式。协议中，传输数据的附加信息（地址、功能、校验等）被称为域。MODBUS 数据域中包含数据操作码与数据，被称为协议数据单元（PDU）；当 PDU 增加附加域（地址域、检验等）后，成为应用数据单元（ADU），形成通用数据帧。MODBUS 协议的通用数据帧格式如图 6-6 所示。

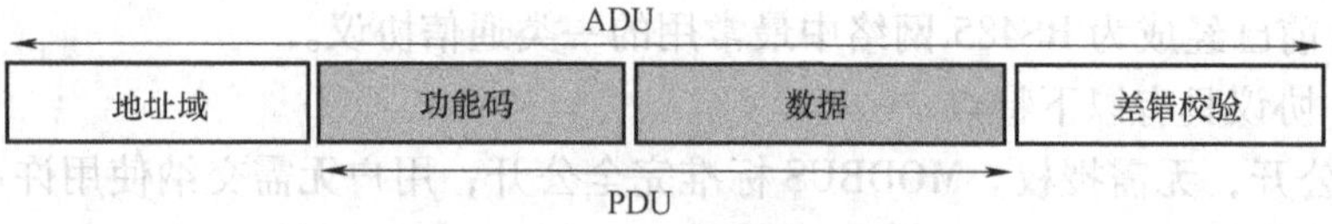

图 6-6　MODBUS 通用数据帧格式

（1）MODBU SRTU 模式的 ADU 格式　以 RTU 模式传送时，ADU 均以字节为基本单位，PDU 中的数据即为实际数据。受 MODBUS ADU 数据最大长度为 256B 的限制，实际数据长度最大为 252B。RTU 模式下 ADU 帧的格式如图 6-7 所示。

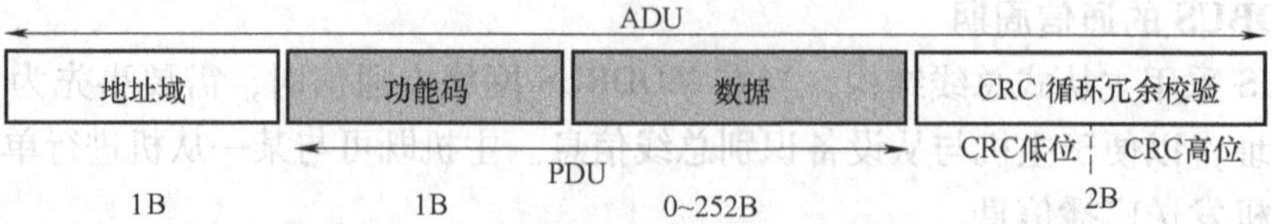

图 6-7　MODBUS RTU 模式的 ADU 格式

1）信息帧地址域：信息地址包括 2 个字符（ASCII）或 8 位（RTU），有效的从机设备地址范围为 0 ~ 247（十进制），其中 1 ~ 247 为具体从设备地址，当主机访问具体的从设备时，将该地址置于查询信息帧的地址域，从而确保该地址被相应从设备识别。当从设备响应该查询信息时，将该地址放入应答信息帧的地址域，以便于主机识别做出响应的从设备。地址域值为 0 代表工作在广播方式，所有从设备均可识别，从设备无需做出应答。

2）信息帧功能域：信息帧功能码包括2个字符（ASCII）或8位（RTU），有效码范围为1～225（十进制），功能码包含公共功能码、用户定义码和预留码三大类，其中公共功能码可以满足大部分场合的要求。对于主机，每个公共功能码可完成对指定线圈（比特位）或寄存器（16位字）数据的读或写操作请求。对于相应的从机，如正常响应主机请求，则返回相同功能码及操作结果；如非正常响应，则将原功能码最高位置1表示非正常响应并返回。表6-1是常见的几类功能码及其对应的功能。

表6-1　MODBUS常用功能码

				功能码（十进制）		说明（以S7-200系列PLC为例）
				功能码	子码	
数据访问	位（bit）访问	物理离散量输入	读离散量	02		读取外部离散输入量，只能读取不能写入
		内部比特或物理线圈	读线圈	01		读取代表PLC内部变量的软线圈（继电器），如M0.0，V100.1开始的一个或若干个继电器等
			写单个线圈	05		向PLC中某继电器完成写入的操作，如修改M0.0或Q0.2的值等
			写多个线圈	15		向PLC中写入连续多个继电器的值，如向M0.1或Q0.0开始的若干个继电器写入布尔值等
	字（16bit）访问	输入存储器	读输入寄存器	04		读取输入寄存器（如IW2等）的值
		内部存储器或物理输出存储器	读多个寄存器	03		读取从某位置开始的若干个寄存器值（如MW0～MW4的3个字型数据）
			写单个寄存器	06		修改某寄存器的值（如MW8或VW20等）
			写多个寄存器	16		修改从某寄存器开始的若干个连续寄存器的值（如从VW0开始的10个字，即VW0～VW18）
			读/写多个寄存器	23		同时读取并写入多个连续寄存器的值，如可同时读取VW0～VW8的5个字，并写入VW100～VW102的2个字
			屏蔽写寄存器	22		利用逻辑“与”和“或”操作修改寄存器内容
	文件记录访问		读文件记录	20	6	从指定文件中读取不超过256个字节的内容
			写文件记录	21	6	向指定文件中写入不超过256个字节的内容

3）错误检测域：MODBUS用冗余检查检测传输数据的正确性，主机在发送信息帧前，对包括地址码、功能码与数据区的所有数据进行冗余检查，形成冗余码并置于信息帧后。当

从机接收到信息帧后，对同样的区域进行冗余检查，并与接收到的冗余码进行比较，如相同则进行相应操作，如不同则认为数据有误。MODBUS RTU 进行循环冗余检查，MODBUS ASCII 进行纵向冗余检查。

4）循环冗余检查：循环冗余检查（Cyclic Redundancy Check，CRC）域为两个字节，包含一个 16 位的二进制值，具体的 CRC 生成方法及相应 PLC 程序可参考本书附录 C。

（2）MODBUS ASCII 模式的 ADU 格式　当报文通过多重网络传输，或需要与打印机进行通信时，需要将数据以 ASCII 模式在 MODBUS 网络中传输，即信息中每个 8 位字节数据均以两个 ASCII 码字符的方式传送，其传输模式如下：

编码系统：十六进制，ASCII 字符“0” ～ “9”，“A” ～ “F”；
每个报文中均包含一个 ASCII 字符。

字节格式：1 个起始位；
7 个数据位，从最低位开始发送；
1 个奇偶校验位（当无奇偶校验时，该位为附加的一个停止位）；
1 个停止位。

具体的 ADU 格式如图 6-8 所示。

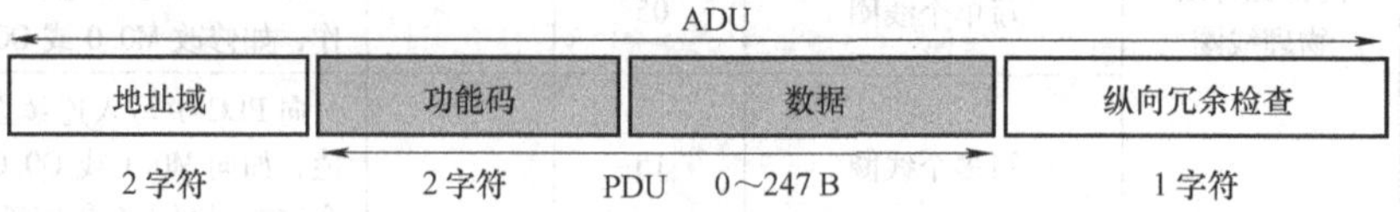

图 6-8　MODBUS ASCII 模式的 ADU 格式

具体传输时，系统需要将每个 8 位字节数据拆分为两个十六进制数，并分别转换为相应的 ASCII 码，然后分别转换加入报文中进行传输。例如当一个以十六进制数表示的字节数 5B（二进制数为 01011011）在传输前，系统将其分别转换成对应的 ASCII 码，即十六进制数 5 改为字符“5”（ASCII 码为十六进制的 35，即 7 位二进制数 0110101），十六进制数 B 修改为字符“B”（ASCII 码为十六进制的 42，即 7 位二进制数 1000010）。将两个 7 位二进制数分别从低位到高位排列，并在前面增加 1 个起始位、后面增加 1 个奇偶校验位和 1 个停止位（如无奇偶校验则为 2 个停止位），从而形成数据报文，如图 6-9 所示。

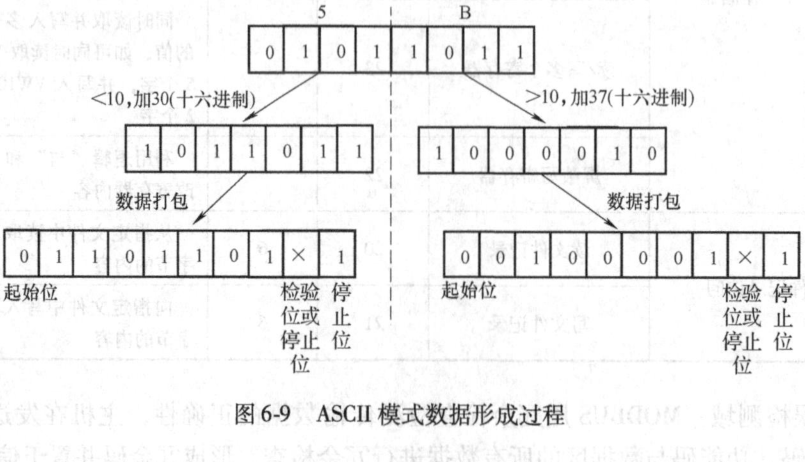

图 6-9　ASCII 模式数据形成过程

该方式的最大优点是字符的传输间隔可达到1s而不产生错误，但是由于数据在传输前需转换为ASCII码，且实际数据由4位成为7位，因此ASCII帧传输效率较低。

MODBUS ASCII的纵向冗余检测：在ASCII方式时，数据中包含错误校验码，采用纵向冗余检测（Lengthwise Redundancy Check，LRC）方法时，LRC信息检测以冒号“:”开始，以换行符CRLF为结束。它忽略了单个字符数据的奇偶校验方法。LRC检验码为1个字节，8位二进制值，由发送设备计算LRC值。接收设备在接收信息时计算LRC校验码，并与收到LRC的实际值进行比较，若二者不一致，则产生一个错误值。校验方法是将数据中所有的“0”～“9”与“A”～“F”8位数据相加，放弃进位，最后结果求取补码（即用十六进制的FF减该结果并加1）。

6.2.2 USS协议简介

USS协议是西门子专为驱动装置开发的通信协议，主要面向驱动装置（如MM440、SIMOTION系统）等进行参数化操作，用于与驱动装置、操作面板、调试软件等进行连接，因其具有硬件要求低、协议简单等特点，常用于与控制器（如PLC）等的通信。

USS协议具有如下基本特点：

- 可应用RS485网络的多点通信。
- 采用单主站的“主-从”访问机制。
- 一个网络上最多可支持32个节点，其中包含1个主站与31个从站。
- 报文简单可靠，数据传输灵活高效。
- 硬件成本低，易于实现。

在使用USS协议前，需事先在MM440变频器中对参数进行设置，在这里假设驱动装置的基本参数设置（电机功率、转速、功率因数等）和调试均已完成，以下仅需对USS协议连接相关参数进行设置。

由于设置主要为“控制源”与“设定源”两组参数时需要“专家级”参数访问级别，因此需首先把P0003参数设置为3。

1. 控制源参数设置

控制命令控制驱动装置的启动、停止、正反转等功能，控制源参数设置决定驱动装置接受控制信号的来源。控制源由参数P0700设置，该参数有多个，这里仅设置第一组，即P0700［0］，取值见表6-2。

表6-2 控制源参数设置取值表

取值	功能说明	取值	功能说明
0	工厂默认设置	4	COM Link（端子USS接口）上的USS控制
1	BOP（操作键盘）控制	5	COM Link（端子USS接口）上的USS控制
2	由端子排输入控制信号	6	COM Link上的CB（通信接口板）控制
3	BOP Link上的USS控制		

2. 设定源控制参数

设定源控制参数主要用于设定控制驱动装置的转速/频率等功能，设定源参数决定驱动装置接受设定值的来源。设定源由参数组P1000设置，与P0700相同，也仅设置第一组，其值见表 6-3。

表 6-3　设定源控制参数

取　值	功 能 说 明	取　值	功 能 说 明
0	无主设定	4	BOP Link 上的 USS 协议
1	MOP 设定值	5	COM Link 上的 USS 设定
2	模拟量输入设定值	6	COM Link 上的 CB 设定
3	固定频率	7	模拟量输入 2 设定值

3. USS 通信控制的参数设置

实现 USS 通信控制，需要在变频器上设置的主要参数有：

1）P0700：设置 P0700［0］=5，即控制源来自 COM Link 上的 USS 通信。

2）P1000：设置 P1000［0］=5，即设定源来自 COM Link 上的 USS 通信。

3）P2009：决定是否对 COM Link 上的 USS 通信设定值规格化，即设定值将是运算频率的百分比形式，还是绝对频率值。

0 = 不规格化 USS 通信设定值，即设定为变频器中的频率设定范围的百分比形式；

1 = 对 USS 通信设定值进行规格化，即设定值为绝对的频率数值。

4）P2010：设置 COM Link 上的 USS 通信速率，根据 S7-200 通信口的限制，支持的通信波特率参数值为 4 ~ 12，分别代表 2400 ~ 115200bit/s。

5）P2011：设置 P2011［0］= 0 ~ 31 之间的值，即驱动装置 COM Link 上的 USS 通信口在网络上的从站地址。

6）P2012：设置 P2012［0］=2，即 USS PZD 区长度为 2 个字长。

7）P2013：设置 P2013［0］=127，即 USS PKW 区的长度可变。

8）P2014：设置 P2014［0］= 0 ~ 65535，即 COM Link 上的 USS 通信控制信号中断超时时间，单位为 ms。如设置为 0，则不进行此端口上的超时检查。

9）P0971：设置 P0971 =1，上述参数将存入 MM 440 的 EEPROM 中。

在设定完成后，需从控制器（PLC）中通过 USS 协议发送正确的报文，从而实现对变频器等驱动设备的控制。

USS 协议具有如下基本特点：

- 可应用于 RS485 网络的多点通信。
- 采用单主站的“主-从”访问机制。
- 一个网络上最多可支持 32 个节点，其中包含 1 个主站与 31 个从站。
- 报文简单可靠，数据传输灵活高效。
- 硬件成本低，易于实现。

USS 协议中，通信总是由主站发起，USS 主站不断循环轮询各个从站，从站在判断接收到的主站报文没有错误且地址匹配的条件下，决定如何响应。从站必须在接收到主站报文之后的一定时间内发回响应。否则主站将视为出错。如主站的报文为广播形式，从站可不予以响应。

与 MODBUS 协议类似，USS 协议采用 RS485 网络进行传输，即包含起始位、数据位、校验位和停止位等几部分。其中起始位、校验位与停止位的作用与 MODBUS 网络基本相同，而数据位也仅存在消息帧即报文组织形式上的差别，因此此处仅对 USS 协议的报文格式进行论述。

USS 协议的报文简洁可靠、高效灵活。报文由表 6-4 所示的部分组成。

表 6-4　USS 协议报文结构

STX	LGE	ADR	净数据区					BCC
			1	2	3	…	n	

以上每小格代表一个字节的字符，其中 STX 代表起始字符，总是 02H；LGE 代表不包含 STX 与 LGE 的报文长度；ADR 代表从站地址及报文类型；BCC 为校验符。

净数据区由 PKW 区和 PZD 区组成，其格式由表 6-5 的字型数据组成。

表 6-5　USS 协议报文净数据区结构

PKW 区						PZD 区			
PKE	IND	PWE_1	PWE_2	…	PWE_m	PZD_1	PZD_2	…	PZD_n

PKW 区：该区域用于定义参数、读写参数值或描述文本，并可修改和报告参数的改变。其中 PKE 代表参数 ID，包括代表主站指令和从站响应的信息以及参数号；IND 代表参数索引，主要用于与 PKE 配合定位参数；PWE 为参数值数据。

PZD 区：此区域用于传递主站与从站之间的控制与过程数据，该区数据具有固定格式。

PKW 和 PZD 区的数据长度都是可变的，可根据传输数据类型和驱动装置进行改变，但在同一网络上的节点都要按相同设定工作，并在整个工作过程中不得随意改变。

USS 协议的通信报文结构见表 6-6。

表 6-6　USS 协议报文 ADR 的位号

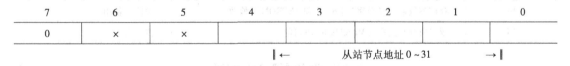

7	6	5	4	3	2	1	0
0	×	×					
			‖←		从站节点地址 0 ~ 31		→‖

其中，位 5 是广播位，如该位为 1 代表该信息为广播信息，无需判定节点号。位 6 表示镜像报文，需判定节点号，被寻址的从站将未加更改的报文返回给主站。

BCC 区：BCC 区是长度为一个字节的校验和，用于检查前面的数据是否有效，是前面所有字节异或的结果。

PKW 区：PKW 区前两个字（PKE 和 IND）的信息是关于主站请求的任务识别标记 ID 或应答报文的类型（应答识别标记 ID）。PKW 区的第 3、第 4 个字规定报文中要访问的变频器的参数号（PNU）。具体见表 6-7 ~ 表 6-11。

表 6-7　PKW 区第 1 个字 PKE

第 1 个字（16 位）= PKE = 参数识别标记 ID		
位 15 ~ 12	AK = 任务或应答识别标记 ID	
位 11	SPM = 参数修改报告	不支持总是 0

（续）

第 1 个字（16 位）= PKE = 参数识别标记 ID		
位 10～00	b. PNU = 基本参数号	完整 PNU 由基本参数号与 IND 的 15～12 位下标一起构成，在 MicroMaster4 中位 15 为 0 时，位 10～00 表示参数号；位 15 为 1 时，位 10～00 表示被访问的参数号－2000 后的值

表 6-8　任务识别标记 ID 的定义

任务/应答识别标记 ID	任务含义	应答含义
0	没有任务	不应答
1	请求参数数值	查询参数数值（单字）
2	修改参数数值（单字）［只修改 RAM］	修改参数数值（双字）
3	修改参数数值（双字）［只修改 RAM］	传送说明元素
4	请求元素说明	传送参数数值（数组，单字）
5	修改元素说明（MicroMaster4 中不可能）	传送参数数值（数组，双字）
6	请求参数数值（数组），即带下标的参数	传送数组元素的数目
7	修改参数数值（数组，单字）［只修改 RAM］	任务不能执行（有错误的数值）
8	修改参数数值（数组，双字）［只修改 RAM］	对参数接口没有修改权
9	请求数组元素的序号，即下标的序号	未使用
10	保留，备用	未使用
11	存储参数数值（数组，双字）［RAM 和 EEPROM 都修改］	未使用
12	存储参数数值（数组，单字）［RAM 和 EEPROM 都修改］	未使用
13	存储参数数值（双字）［RAM 和 EEPROM 都修改］	预留，备用
14	存储参数数值（单字）［RAM 和 EEPROM 都修改］	预留，备用
15	读出或修改文本（MicroMaster 不可能）	传送文本

表 6-9　PKW 区第 2 个字 IND

第 2 个字（16 位）= IND = 参数下标		
位 15～12	PNU 扩展（PNU 页号）	在 MicroMaster4 中，位 12～14 必须为 0。当参数小于 2000 时位 15 为 0，同时用 PKE 的 0～10 位表示 0～1999；否则位 15 为 1 表示 2000，PKE 的 0～10 位表示 2000～3999 减 2000 后的数值
位 11～10	备用	未使用
位 09～08	选择文本的类型 + 文本的读或写	未使用
位 07～00	下标哪个元素 哪个参数值 哪个元素说明 哪个下标文本是有效的 哪个数值文本是有效的	数值 255 = 下标参数的全部数值或参数说明的全部元素 只有当 P2013 = 127 时才有可能

表 6-10　PKW 区的第 3 个字 PWE_1

第 3 个字（16 位）= PWE_1 = 参数下标		
位 15 ~ 0	= 对于非数组参数，是参数的数值 = 对于数组参数是第 n 个参数的数值和对于第 n 个元素的任务	当 P2013 的值 = 3（固定长度为 3 个字）或 = 127（长度可变）以及单字长参数时
	= 对于数组参数是第 1 个参数的数值和对于所有元素的任务	当 P2013 的值 = 127（长度可变）以及单字长参数时
	= 0	当 P2013 的值 = 4（固定长度为 4）个字以及单字长参数时
	= 参数数值的高位字非数组参数 = 对于数组参数是参数数值的高位字和对于第 n 个元素任务的高位字	当 P2013 的值 = 4（固定长度为 4）个字或 = 127（长度可变）以及双字长参数时
	= 对于数组参数是第一个参数数值的高位字和对于所有元素任务的高位字	当 P2013 的值 = 127（长度可变）以及双字长参数时
	错误的数值	从站→主站传送且应答识别标记 ID = 任务不能执行时

表 6-11　PKW 区的第 4 个字 PWE_2

第 3 个字（16 位）= PWE_2 = 参数下标		
位 15 ~ 0	= 对于数组参数是第 2 个参数数值和对于所有元素的任务	当 P2013 的值 = 4（固定长度为 4 个字）或 = 127（长度可变）以及单字长参数时
	= 参数数值的低位字（非数组参数） = 对于数组参数是第 n 个参数数值的低位字和对于第 n 个元素任务的低位字	当 P2013 的值 = 4（固定长度为 4）个字或 = 127（长度可变）以及双字长参数时
	= 对于数组参数是第 1 个参数数值的低位字和对于所有元素任务的低位字	当 P2013 的值 = 127（长度可变）以及双字长参数时
	= 下一个要访问的识别符标记 ID	从站→主站传送且应答识别标记 ID = 任务不能执行时 错误的数值 = ID 不存在或 ID 不能访问时 当 P2013 的值 = 127（长度可变）时
	= 下一个或前一个有效的数值（16 位） = 下一个或前一个有效的数值 32 位的高位字 根据以下判定条件 如果新值 > 实际值→下一个有效的数值 如果新值 < 实际值→前一个有效的数值	从站→主站传送，且应答识别标记 ID = 任务不能执行时 错误的数值 = 数值不可接受或有新的最大/最小值存在 当 P2013 的值 = 127（长度可变）时

为便于理解，这里以几个实例说明 PKW 查询与应答数据的组织形式。

例 6-1　PKW 读写实例 1。

采用 USS 协议读出 MicroMaster4 系列变频器的 P0700 参数。

由于 0700 为十进制数，其十六进制值为 2BC，因此其查询报文格式如下：

PKE：

位	AK 15			12	SPM 11	b. PNU 10										0
值	0	0	0	1	0	0	1	0	1	0	1	1	1	1	0	0
HEX	1				2				B				C			

IND：

位	PNU 扩展				备用		文本		下标元素							
	15			12	11	10	09	08	07							00
值	0	0	0	0	0	0	0	0	0	0	0	0	0	0	0	0
HEX	0				0				0				0			

PWE_1

位	15															00
值	0	0	0	0	0	0	0	0	0	0	0	0	0	0	0	0
HEX	0				0				0				0			

PWE_2

位	15															00
值	0	0	0	0	0	0	0	0	0	0	0	0	0	0	0	0
HEX	0				0				0				0			

所以，USS→MicroMaster4：12BC’0000’0000’0000　　请求参数 P0700 的数值

应答报文 MicroMaster4→USS：12BC’0000’0002

应答报文表示，P0700 是一个单字长的参数，数值为 002（Hex）。

例 6-2　读出参数 P1082。

1082 的十六进制数为 43A，因此其报文格式如下：

PKE：

位	AK				SPM	b. PNU										
	15			12	11	10										0
值	0	0	0	1	0	1	0	0	0	0	1	1	1	0	1	0
HEX	1				4				3				A			

IND：

位	PNU 扩展				备用		文本		下标元素							
	15			12	11	10	09	08	07							00
值	0	0	0	0	0	0	0	0	0	0	0	0	0	0	0	0
HEX	0				0				0				0			

PWE_1

位	15															00
值	0	0	0	0	0	0	0	0	0	0	0	0	0	0	0	0
HEX	0				0				0				0			

PWE_2

位	15															00
值	0	0	0	0	0	0	0	0	0	0	0	0	0	0	0	0
HEX	0				0				0				0			

因此，报文结构 USS→MicroMaster4：143A’0000’0000’0000　请求参数 P1082 的值 。

得到的应答报文为应答报文 MicroMaster4→USS：243A’0000’4248’0000

应答报文表示，P1082 是一个双字长的参数，数值为 42480000（浮点数），代表 50.0。

例 6-3　读出参数号在 2000 和 3999 之间某参数数值。

读取 2000 和 3999 之间的参数必须将第 2 个字 IND 中的 PNU 扩展设置为 1。

PKE：b. PNU 的值为 2000 − 2000 = 0

位	AK				SPM	b. PNU										
	15			12	11	10										0
值	0	0	0	1	0	0	0	0	0	0	0	0	0	0	0	0
HEX	1				0				0				0			

IND：其中位 15 应当为 1，代表 2000；读取下标为 1 的值，因此下标元素应为 1

位	PNU 扩展				备用		文本		下标元素							
	15			12	11	10	09	08	07							00
值	1	0	0	0	0	0	0	0	0	0	0	0	0	0	0	1
HEX	8				0				0				1			

PWE_1

位	15															00
值	0	0	0	0	0	0	0	0	0	0	0	0	0	0	0	0
HEX	0				0				0				0			

PWE_2

位	15															00
值	0	0	0	0	0	0	0	0	0	0	0	0	0	0	0	0
HEX	0				0				0				0			

USS→MicroMaster4：1000800100000000 请求参数 P2000 的数值。

MicroMaster4→USS：2000800042480000 应答报文表示这是一个双字长参数，数值为 42480000（IEEE 浮点数），即 50.00。

例 6-4　读出参数 P2010［1］的数值。

PKE：b. PNU 的值为 2010 − 2000 = 10，即 0A（Hex）

位	AK				SPM	b. PNU										
	15			12	11	10										0
值	0	0	0	1	0	0	0	0	0	0	0	0	1	0	1	0
HEX	1				0				0				A			

IND：其中位 15 应当为 1，代表 2000；读取下标为 1 的值，因此下标元素应为 1

位	PNU 扩展				备用		文本		下标元素							
	15			12	11	10	09	08	07							00
值	1	0	0	0	0	0	0	0	0	0	0	0	0	0	0	1
HEX	8				0				0				1			

PWE_1

位	15															00
值	0	0	0	0	0	0	0	0	0	0	0	0	0	0	0	0
HEX	0				0				0				0			

PWE_2

位	15															00
值	0	0	0	0	0	0	0	0	0	0	0	0	0	0	0	0
HEX	0				0				0				0			

USS→MicroMaster4：100A800000000000 请求参数 P2010 的数值。

MicroMaster4→USS：100A80010006 应答报文表明这是一个单字长参数，数值为 6

例 6-5 修改 P1082 参数的数值为 40.00（只改变 RAM）。

在写入参数数值前，必须首先获取参数的字长（单字节还是双字节），从而确定任务类型（2 或 3），因此需先读取参数的值。

Step1：读取 P1082 参数的值

PKE：1082 = 43A（Hex）

位	AK				SPM	b. PNU										
	15			12	11	10										0
值	0	0	0	1	0	1	0	0	0	0	1	1	1	0	1	0
HEX	1				4				3				A			

IND：

位	PNU 扩展				备用		文本		下标元素							
	15			12	11	10	09	08	07							00
值	1	0	0	0	0	0	0	0	0	0	0	0	0	0	0	0
HEX	8				0				0				0			

PWE_1

位	15															00
值	0	0	0	0	0	0	0	0	0	0	0	0	0	0	0	0
HEX	0				0				0				0			

PWE_2

位	15														00
值	0	0	0	0	0	0	0	0	0	0	0	0	0	0	0	0
HEX	0				0				0				0			

USS→MicroMaster4：143A000000000000 请求参数 P1083 的数值。

MicroMaster4→USS：243A000142480000 应答报文表明这是一个双字长参数，因此需采用任务 3｛修改参数数值（双字长）[只改变参数值]｝

Step2：修改双字长参数的数值

PKE：

位	AK				SPM	b. PNU										
	15			12	11	10									0
值	0	0	1	1	0	1	0	0	0	0	1	1	1	0	1	0
HEX	3				4				3				A			

IND：

位	PNU 扩展				备用		文本		下标元素							
	15			12	11	10	09	08	07							00
值	0	0	0	0	0	0	0	0	0	0	0	0	0	0	0	0
HEX	0				0				0				0			

PWE_1：40.00（浮点数）的浮点数表示形式为 42200000

位	15															00
值	0	1	0	0	0	0	1	0	0	0	1	0	0	0	0	0
HEX	4				2				2				0			

PWE_2

位	15															00
值	0	0	0	0	0	0	0	0	0	0	0	0	0	0	0	0
HEX	0				0				0				0			

USS→MicroMaster4：343A000042200000 修改参数 P1083 的数值。

MicroMaster4→USS：243A000142200000 应答报文表明参数数值已修改完毕。

PZD 区：通信报文的 PZD 区用于控制和监测变频器，PZD 区数据的优先级高于 PKW 区。PZD 区的数据结构见表 6-12。

表 6-12　USS 报文的 PZD 区数据结构

	PZD_1	PZD_2	PZD_3	PZD_4
主站→MicroMaster4	STW	HSW	HSW_2	STW_2
MicroMaster4→主站	ZSW	HIW	ZSW_2	HIW_2

STW 是任务报文的第一个字节，其含义见表 6-13。

表 6-13　PZD 区 STW 含义

位 00	On（斜坡上升）/OFF1（斜坡下降）	0 否	1 是
位 01	OFF2：按惯性自由停车	0 是	1 否
位 02	OFF3：快速停车	0 是	1 否
位 03	脉冲使能	0 否	1 是
位 04	斜坡函数发生器	0 否	1 是
位 05	RFG 开始	0 否	1 是
位 06	设定值使能	0 否	1 是
位 07	故障确认	0 否	1 是
位 08	正向点动	0 否	1 是
位 09	反向点动	0 否	1 是
位 10	由 PLC 进行控制	0 否	1 是
位 11	设定值反向	0 否	1 是
位 12	未使用	0 否	1 是
位 13	用电动电位计（MOP）升速	0 否	1 是
位 14	用 MOP 降速	0 否	1 是
位 15	本机/远程控制	0P0719 下标 0	1P0719 下标 1

HSW 是任务报文的第二个字节，代表主频率设定值，由主设定值信号源 USS 提供。ZSW 是应答报文的第一个字节，即参数 r0052，其含义见表 6-14。

表 6-14　PZD 区 ZSW 含义

位 00	变频器准备	0 否	1 是
位 01	变频器运行准备就绪	0 否	1 是
位 02	变频器正在运行	0 否	1 是
位 03	变频器故障	0 是	1 否
位 04	OFF2 命令激活	0 是	1 否
位 05	OFF3 命令激活	0 否	1 是
位 06	禁止 on（接通）命令	0 否	1 是
位 07	变频器报警	0 否	1 是
位 08	设定值/实际值偏差过大	0 是	1 否
位 09	PZD1（过程数据）控制	0 否	1 是
位 10	已达到最大频率	0 否	1 是

（续）

位 11	电动机电流极限报警	0 是	1 否
位 12	电动机抱闸制动投入	0 是	1 否
位 13	电动机过载	0 是	1 否
位 14	电动机正向运行	0 否	1 是
位 15	变频器过载	0 是	1 否

HIW：HIW 是 PZD 应答报文的第二个字，通常定义为变频器的实际输出频率。

下面以两个实例说明 PZD 区报文的使用方法。

例 6-6　使变频器正向运行，运行频率为 40.00Hz。

（1）设置 P0700 为 4 或 5（USS 经由 RS232 或 RS485 进行通信）。

（2）设置 P1000 为 4 或 5（USS 经由 RS232 或 RS485 进行通信）。

（3）发送 PZD 命令，使变频器停止。

STW：

位	15															00
值	0	0	0	0	0	1	0	0	0	1	1	1	1	1	1	0
HEX	0				4				7				E			

HSW：

位	15															00
值	0	0	1	1	0	0	1	1	0	0	1	1	0	0	1	1
HEX	3				3				3				3			

所以，应发送 047E’3333（Hex），应答报文应为 FA31’0000。

（4）发送 PZD 命令，设置变频器按照 P1120 设定的斜坡速率升速运行到 40.00Hz。

STW：

位	15															00
值	0	0	0	0	0	1	0	0	0	1	1	1	1	1	1	1
HEX	0				4				7				F			

HSW：

位	15															00
值	0	0	1	1	0	0	1	1	0	0	1	1	0	0	1	1
HEX	3				3				3				3			

因此，应发送 047F’3333 至变频器。

（5）为使变频器停止运行，发送 047E’0000 或 047E’3333

例 6-7　通过 USS 使变频器点动。

（1）设置 P0700 为 4 或 5（USS 经由 RS232 或 RS485 进行通信）。

（2）设置变频器停止运行，与例 6-6 中类似，发送 047E’3333（Hex），应答报文应为 FA31’0000。

（3）正向点动。

STW：

位	15															00
值	0	0	0	0	0	1	0	1	0	1	1	1	1	1	1	0
HEX	0				5				7				E			

HSW：

位	15															00
值	0	0	0	0	0	0	0	0	0	0	0	0	0	0	0	0
HEX	0				0				0				0			

应发送 057E’0000（Hex）至变频器。

（4）反向点动

STW：

位	15															00
值	0	0	0	0	0	1	1	0	0	1	1	1	1	1	1	0
HEX	0				6				7				E			

HSW：

位	15															00
值	0	0	0	0	0	0	0	0	0	0	0	0	0	0	0	0
HEX	0				0				0				0			

应发送 067E’0000（Hex）至变频器。

（5）停止

与例 6-6 类似，发送 047E’0000（Hex）至变频器。

6.2.3　其他工业网络

工业网络中，除以 RS485 为基础的 PPI、MPI、MODBUS 网络外，还有 HART 和现场总线网络，限于篇幅下面仅对另外两种网络进行简要的介绍。

HART 网络：HART 是由艾默生公司提出的过渡性总线标准，主要是在 4～20mA 电流信号上面叠加数字信号，物理层采用 BELL202 频移键控技术以实现部分智能仪表的功能，但此协议未完全开放，需要缴纳一部分费用加入其基金会。

现场总线网络（Fieldbus Control System，FCS）：现场总线技术是当今自动化领域技术发展热点之一，被誉为自动化领域的计算机局域网。现场总线是连接设置在控制现场的仪表与设置在控制室内的控制设备的数字化、串行、多站通信的网络，与 MODBUS 网络相比，能支持双向、多节点、总线式的全数字通信。现场总线技术近年来成为国际上自动化和仪器仪表发展的热点，它的出现使传统的控制系统结构产生了革命性的变化。

6.3　S7-200 的通信网络

西门子 S7-200 系列 PLC 的 CPU 模块可直接支持基于 RS485 的通信网络，并可通过 RS232/PPI 电缆与计算机 RS232 端口进行通信；当采用对应的模块后，还可支持包含以太网、电话网和 AS-Interface 等多种网络。本节中将对 S7-200 系列 PLC 的硬件标准、通信协议以及软件编程进行叙述。

6.3.1　通信标准

在 S7-200 系统支持的常见通信硬件标准有：

- RS232：微机技术中常见的串口标准，通过 S7-200 的编程电缆（RS232/PPI 电缆）的 RS232 端连接到 PC 的 RS232 口。
- RS485：常用的支持网络功能的串行通信标准，S7-200 CPU 和 EM277 通信模块上的通信口都符合 RS485 的电气标准。
- 以太网：S7-200 通信模块 CP243-1/CP243-1 IT 提供了标准的以太网 RJ45 接口。
- 模拟音频电话：S7-200 通过 EM241 模块支持模拟音频电话网上的数据通信（V. 34 标准 33. 6kbit/s，RJ11 接口）。
- AS-Interface：通过 CP243-2 模块支持 AS-Interface 标准。

S7-200 系统的具体通信方式如图 6-10 所示。

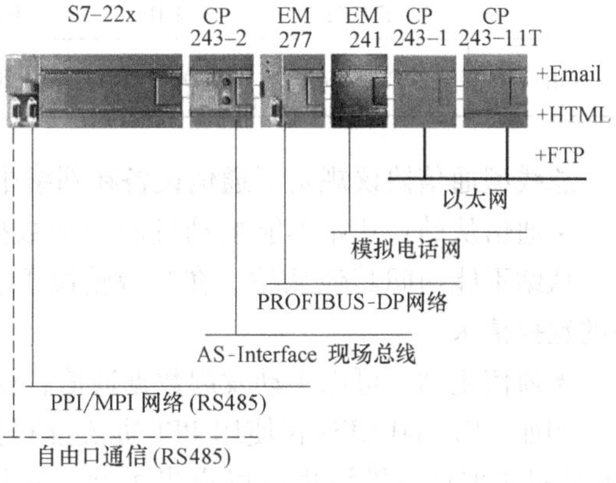

图 6-10　S7-200 系列 PLC 支持的网络及对应的扩展模块

完整的通信标准需要对设备的硬件、软件规范进行规定，其中包括通信端口的电气方式，接插件的物理规格以及报文的组织格式等。通信协议规定了数据的组织形式，即消息帧的组织形式，通信协议与硬件并不是一一对应的，同一种通信协议可以在不同的硬件中传输，一种硬件也可以传输几种通信协议。例如，PPI、MPI 和 PROFIBUS-DP 协议都可以在 RS485 总线上传输，PROFIBUS-DP 也可通过光纤传输。

当通信对象的通信协议相同，但通信的硬件标准不同时，需要采用接口转换元器件实现硬件转换。如 S7-200 编程软件通过 PPI 协议（RS485）与 CPU 通信，因此计算机上的 RS232 串口需要 PCI/PPI 电缆才能实现与 CPU 上的 RS485 串口通信。转换既包括光/电传输信号的转换，也可能存在电信号与无线电信号之间的转换等可能。

由于各种传输方式的最大波特率不同，当整体传输速率超出其中一种的最大波特率时，转换将无法实现，或对数据传输造成影响。

6.3.2　S7-200 支持的通信协议

S7-200 系列 PLC 支持的通信协议表见表 6-15。

表 6-15　S7-200 系列 PLC 支持的通信协议表

协议类型	端口位置	接口类型	传输介质	通信速率（波特率）	备注
PPI	EM241 模块	RJ11	模拟电话	33.6kbit/s	数据传输速率
PPI	CPU 口 0/1	DB-9 针	RS485	9.6kbit/s、19.2kbit/s、187.5kbit/s	主、从站
MPI	CPU 口 0/1	DB-9 针	RS485	19.2kbit/s、187.5kbit/s	仅从站
MPI	EM277	DB-9 针	RS485	19.2kbit/s…187.5kbit/s…12Mbit/s	速率自适应从站
PROFIBUS-DP	EM277	DB-9 针	RS485	9.6kbit/s、19.2kbit/s…187.5kbit/s…12Mbit/s	速率自适应从站
S7 协议	CP243-1/CP243-1 IT	RJ45	以太网	10Mbit/s、100Mbit/s	自适应
AS-Interface	CP243-2	接线端子	AS-i 网络	5/10ms 循环周期	主站
USS	CPU 口 0	DB-9 针	RS485	1200bits/s…9.6kbit/s…115.2kbit/s	主站 自由口库指令
MODBUS RTU	CPU 口 0	DB-9 针	RS485	1200bits/s…9.6kbit/s…115.2kbit/s	主站/从站 自由口库指令
MODBUS RTU	EM241	RJ11	模拟电话	33.6kbit/s	数据传输速率
自由口	CPU 口 0/1	DB-9 针	RS485	1200bit/s…9.6kbit/s…115.2kbit/s	

总线型通信协议规定了通信设备在网络中的角色，可分为：

• 通信从站：从站不能主动发起通信数据交换，只能响应主站的访问，提供或接收数据。从站不能访问其他从站。在多数情况下，S7-200 在通信网络中作为从站，响应主站设备的数据请求。

• 通信主站：可以主动发起数据通信，读写其他站点的数据。

例如，S7-200 CPU 在使用 PPI 协议读写其他 S7-200 CPU 数据时可被认为是主站，S7-200 通过扩展通信模块也可以充当主站，安装编程软件 Micro/WIN 的计算机一定是通信主站；所有的 HMI（人机操作界面）也是通信主站；与 S7-200 通信的 S7-300/400 通常也是主站。

只有一个主站，其他通信设备都处于从站通信模式的网络就是单主站网络。单主站网络的例子有：

• 一个 S7-200 CPU 和 Micro/WIN（编程计算机）的通信。

• 一个 S7-200 CPU 和一个 HMI（如 TD200）的通信。

• 多个 CPU 联网（但它们都处于 PPI 从站模式时），与 Micro/WIN 的通信。

• 多个 CPU 联网，网络上只有一个 HMI（如 TP170B 等）。

- 一个 CPU 使用 USS 协议与一个或多个西门子驱动装置通信。
- 一个 MODBUS RTU 主站与从站的通信。

一个通信网络中，如果有多个通信主站存在，就称为多主站网络。属于多主站网络的情况有：

- 一个 S7-200 CPU 连接一个 HMI，同时需要 Micro/WIN 的编程通信。
- S7-200 CPU 联网，有 CPU 做 PPI 主站访问其他 CPU 的数据，同时需要 Micro/WIN 编程、监视。
- CPU 联网，有两个以上的 CPU 做 PPI 通信主站。
- 一个 S7-200 CPU 连接多个 HMI。
- 联网的多个 CPU 连接多个 HMI。
- 上述情况的组合。

单主站和多主站网络的状态并非绝对不变。例如一个仅包括一个 CPU 和一个 TD200 的单主站网络，如果要与 Micro/WIN 进行编程通信，它就变成了多主站网络。但是，由于在多主站网络中，主站利用令牌确认自身控制网络通信的权力，但并非所有设备均支持交换令牌，因此并不是所有的设备都支持多主站网络通信。

6.3.3　MPI 通信简介

S7-200 支持的通信协议中，PPI、MPI 和 S7 协议是西门子内部协议，不对外公开；PROFIBUS-DP、USS 和 MODBUS RTU 协议是公开协议，可通过相应的网站查询报文结构，其中 PPI、MPI 和自由口通信是 S7-200 网络系统中最常用的通信方式。由于 MPI 通信中 S7-200 系列 PLC 仅可作为从站，不涉及硬件设置与软件编程，因此在下面对其进行简单的介绍，PPI 连接方式和自由口通信（包含 USS 与 MODBUS RTU）硬件与软件使用方法将在下节中详细介绍。

MPI（Multipoint interface）是适用于少数站点间多点通信的网络，多用于连接上位机和少量 PLC 之间近距离通信。通过 PROFIBUS 电缆和接头，将控制器 S7-300 或 S7-400 的 CPU 自带的 MPI 编程口及 S7-200 CPU 自带的 PPI 通信口相互连接，以及与上位机网卡的编程口（MPI/DP 口）通过 PROFIBUS 或 MPI 电缆连接即可实现。网络中当然也可以不包括 PC 而只包括 PLC。

MPI 的通信速率为 19.2kbit/s ~ 12Mbit/s，但直接连接 S7-200 CPU 通信口的 MPI 网受 S7-200 CPU 最高通信速率的限制，最高速率仅能达到 187.5kbit/s。

MPI 网络上最多可以有 32 个站，一个网段的最长通信距离为 50m（通信波特率为 187.5kbit/s 时），更长的通信距离可以通过 RS485 中继器扩展。MPI 允许主-主通信和主-从通信，每个 S7-200 CPU 通信口的连接数为 4 个。

MPI 协议不能与一个作为 PPI 主站的 S7-200 CPU 通信，即 S7-300 或 S7-400 在与 S7-200 通信时必须保证这个 S7-200 CPU 不能再作 PPI 主站，Micro/WIN 也不能通过 MPI 协议访问作为 PPI 主站的 S7-200 CPU。

S7-200 CPU 只能做 MPI 从站，即 S7-200 CPU 之间不能通过 MPI 网络互相通信，只能通过 PPI 方式互相通信。图 6-11 中是一个 MPI 网络的连接实例，STEP 7 – Micro/WIN 可以与 S7-200 CPU 建立 MPI 主-从连接。硬件使用 CP5611 卡加上 PROFIBUS 或 MPI 电缆，S7-200

CPU 通信口上要使用带编程口的网络连接器。S7-200 CPU 的通信口最低通信速率可设为19.2kbit/s，最高为 187.5kbit/s。

S7-300 和 S7-400 CPU 可以作为 MPI 主站用 XGET（SFC67）和 XPUT（SFC68）指令读取 S7-200 数据，S7-300 的通信数据包最大为 76 个字节，S7-400 的通信数据包最大为 84 个字节。S7-200 CPU 中仅需将被访问数据整理到一个连续的 V 存储区当中即可。

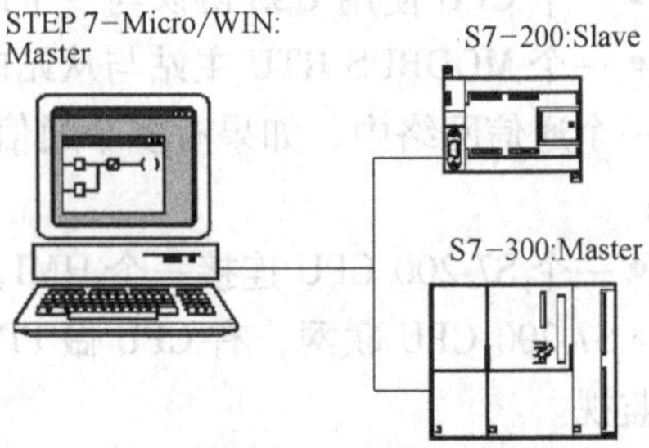

图 6-11 MPI 网络连接实例

6.3.4 S7-200 系列 PLC 与其他设备之间的通信

1. S7-200 CPU 之间的通信

S7-200 CPU 硬件之间可直接连接 PPI 通信线缆，并在 STEP7 Micro/WIN 中利用网络读写向导或自行编程完成数据传输；此外，通过连接相关的扩展模块，可以使用以太网、调制解调器（Modem）或无线通信。具体连接方式与软件设置见表 6-16。

表 6-16 S7-200 CPU 之间的通信方式

通信方式	介质	本地设备	通信协议	通信距离	通信速率	数据量	本地工作	远端工作	远端设备	特点
PPI	RS485	RS485 网络部件	PPI	与 RS485 相同	9.6kbit/s 19.2kbit/s 187.5kbit/s	较少	编程（或编程向导）	无	RS485 网络部件	简单可靠经济
Modem	音频模拟电话网	EM241 扩展模块、模拟音频电话线（RJ11 接口）	PPI	电话网	33.6 kbit/s	大	编程向导编程	编程向导	EM241 扩展模块模拟音频电话线（RJ11 接口）	距离远
Ethernet	以太网	CP243-1 扩展模块（RJ45 接口）	S7	以太网	10/100 Mbit/s	大	编程向导编程	编程向导	CP243-1 扩展模块（RJ45 接口）	速度高
无线电	无线电波	无线电台	自定义（自由口）	电台通信距离	1.2～115.2kbit/s	中等	自由口编程	自由口编程	无线电台	多站联网时编程较复杂

2. S7-200 与 S7-300/400 之间的通信

S7-200 与 S7-300/400 之间通常采用 PROFIBUS-DP 或以太网通信，以确保通信稳定可靠。表 6-17 是 S7-200 与 S7-300/400 之间的通信方式。

表 6-17 S7-200 与 S7-300/400 之间的通信方式

通信方式	介质	本地设备	通信协议	通信距离	通信速率	数据量	本地工作	远端工作	远端设备	特点
PROFIBUS-DP	RS485	EM277 扩展模块 RS485 网络部件	PROFIBUS-DP	RS485	9.6kbit/s～12Mbit/s	中等	无	配置或编程	PROFIBUS-DP 模板/带 DP 口的 CPU	可靠，速度高；仅作从站

（续）

通信方式	介质	本地设备	通信协议	通信距离	通信速率	数据量	本地工作	远端工作	远端设备	特　点
MPI	RS485	RS485 硬件	MPI	RS485	9.6kbit/s 19.2kbit/s 187.5kbit/s	较少	无	编程	CPU 上的 MPI 口	少用；仅作从站
Ethern-et	以太网	CP243-1 扩展模块（RJ45 接口）	S7	以太网	10Mbit/s 100Mbit/s	大	编程向导	配置和编程	以太网模板/带以太网口的 CPU	速度快
MOD BUS RTU	RS485	RS485 网络部件	MOD BUS RTU	RS485	1.2kbit/s ~115.2 kbit/s	大	指令库	编程	串行通信模块 + MODBUS 选件	仅作从站
无线电	RS 485 /无线电转换	无线电台	自由口	电台传播距离	1.2 kbit/s ~ 115.2kbit/s	中等	自由口编程	串行通信编程	串行通信模块	
			MODBUS RTU			大	指令库	指令库编程	串行通信 + MODBUS 选件 + 无线电台	仅作从站

3. S7-200 与西门子驱动装置之间的通信

S7-200 与西门子 MicroMaster 系列变频器（如 MM440、MM420、MM430 以及 MM3 系列、SINAMICS G110）采用 USS 通信协议通信，编程可使用 STEP 7 - Micro/WIN32 V3.2 以上版本指令库中的 USS 库指令，简单方便地实现通信。

4. S7-200 与第三方设备的通信

S7-200 与第三方设备（软件、HMI 或 PLC）之间的通信，主要通过 PROFIBUS-DP、MODBUS 或 PPI 通信，采用的方式需视双方均支持的通信方式而定。若需要与其他类型串行通信设备如串行打印机、仪表等通信，如果对方支持 RS485 接口可直接控制，如果是 RS232 接口，则需使用转换接口电路。

6.4　S7-200 CPU 的 PPI 与自由口通信

S7-200 系列 CPU 自带 RS485 通信口，除 CPU 224XP 和 CPU 226 的通信口为 2 个以外，其他型号均为 1 个通信口。S7-200 CPU 上的通信口相互独立，每个均可单独设置网络地址、通信速率、通信方式等。通信口在使用前需在系统块中对上述内容进行设置，或在采用默认设置时进行检查确认。

S7-200 系列 CPU 的通信口支持的通信协议有 PPI 协议、MPI 协议，当在自由口模式下，可通过 USS 协议或 MODBUS RTU 指令库用于实现与西门子变频器或 MODBUS 通信。下面将分别介绍 PPI、USS 与 MODBUS RTU 通信的使用方法。

6.4.1　PPI 通信

PPI 协议是西门子公司基于 RS485 硬件规范制定的 S7-200 的专用协议，可应用于 S7-200 CPU 及其一部分扩展通信模块。PPI 通信可用于与已安装 STEP7 Micro/WIN 软件的计算机进行通信，实现程序下载、监控等功能，还可用于实现 S7-200 系列 PLC 间的数据共享。

在使用 PPI 网络通信前，需先用 RS485 电缆将对应物理设备相连，并在系统块中设置互不相同的网络地址，PPI 网络可以支持的设备个数为 32 个，地址从 0 ~ 31。PLC 默认其通信口为从站模式，因此主站 PLC 在使用前需在系统块中将通信口设置为主站模式，但设置为主站的 PLC 既可读写从站数据，也可以从站模式响应其他主站的通信请求。

S7-200 CPU 之间的 PPI 网络通信有网络读（NetR）与网络写（NetW）两条指令，在使用时用户仅需在其中一台 PLC（主站）上调用相应指令，从站只需将主站要读取的数据放在对应的缓冲区中或从对应的缓冲区中读取主站写入的数据即可。

由于串行通信的时钟和连续性等要求，通信数据的收发不可能与 PLC 程序扫描周期配合，因此数据通信采用数据缓冲方式，指令仅代表设置功能，当调用时必须使用必要的调用条件，当采用定时器触发时，必须判断上一次数据传输是否结束。

网络读写指令（NetR/NetW）的数据缓冲区类似，除状态字节和地址、数据长度外，剩余的部分就是数据字节，网络收发的数据仅仅是数据字节。每条网络读写指令一次最多可读写 16 个字节，可传递 V、M、I/Q 区的数据，但 M 与 I/Q 区数据需要用间接寻址方式将地址信息写入缓冲区中的相应位置。

网络读写编程通常包含如下步骤：

1）规划本地和远程通信站的数据缓冲区。

2）写控制字 SMB30（或 SMB130）将通信口设置为 PPI 主站。

3）装入远程站（通信对象）地址。

4）装入远程站相应的数据缓冲区（无论是要读入的或者是写出的）地址。

5）装入数据字节数。

6）执行网络读写（NetR/NetW）指令。

由于网络读写操作除与硬件设备及软件设置相关外，还与用户程序调用网络读写指令的方式相关。当以上原因导致实时通信故障或累积通信故障（即因程序原因导致时序误差累积，导致开始时正常的通信在一段时间后出现故障）时，可采用清除网络读写指令缓冲区中的故障状态字节的方式使通信恢复。但为避免出现因设置或程序编制不当导致的通信问题，最可靠的方法是使用 STEP7 Micro/WIN 中的指令向导完成 NetR/NetW 设置。

在调用指令向导前，首先需要为每台 PLC 指定地址，通过单击指令树“系统块”下的“通信端口”，在弹出的窗口中设定相应的地址，如图 6-12 所示。

如果主站 PLC 有两个 485 通信接口，则该 PLC 拥有两个通信端口，且两个端口的地址需互不相同。

在“向导”中双击“NETR/NETW”启动通信向导，如图 6-13 所示。

在该界面下选择网络读/写的操作项数，一次网络单读或单写可以实现 16 个字节数据的传送，如果传送数据个数超过 16 个或同时包含数据读和写，则需增加项数。这里选择 2 项，单击“下一步”按钮，出现图 6-14 所示的界面。

在此处选择与远程 PLC 连接的本地 PLC 连接的端口，如本地 PLC 仅有一个端口，则无需选择；此外还需为生成的可执行子程序命名。单击“下一步”按钮，出现图 6-15 所示的界面。

用户可根据图示选择操作是 NETR 或 NETW，同时输入读取数据字节，需要注意的是，传输的源和目的均需是 V 存储区中连续存放的数据，且远程 PLC 的地址需与此处匹配。由于在前面的界面中选择了 2 项操作，因此可单击“下一项操作”按钮进行配置，直到所有项目均配置完成。单击“下一步”按钮，出现如图 6-16 所示的界面。

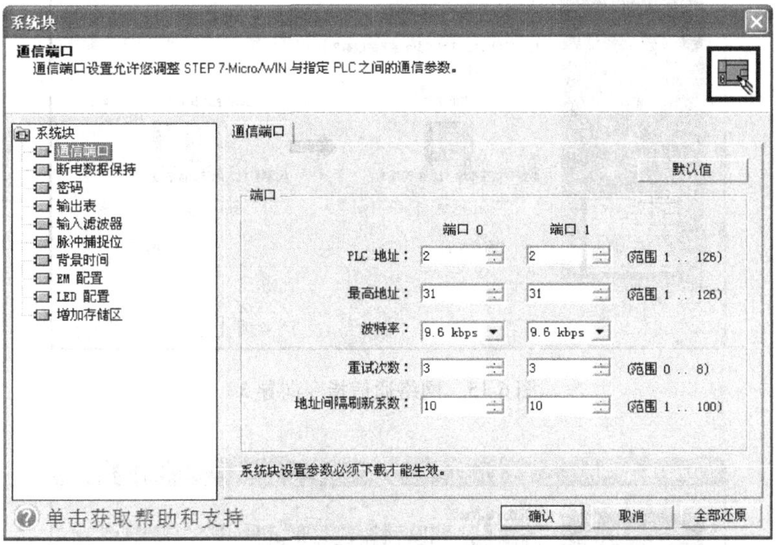

图 6-12　通信端口设置

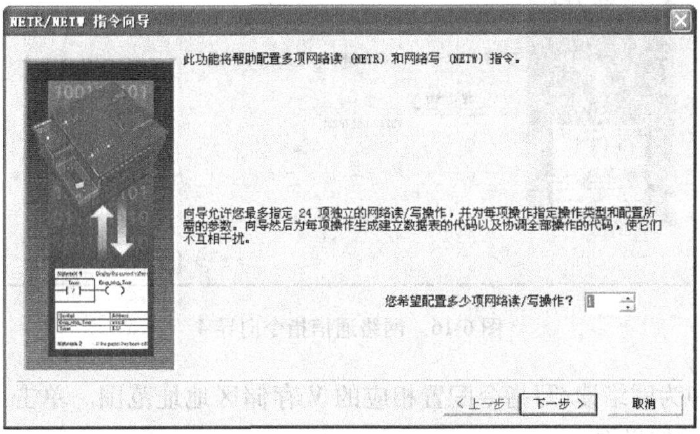

图 6-13　网络通信指令向导 1

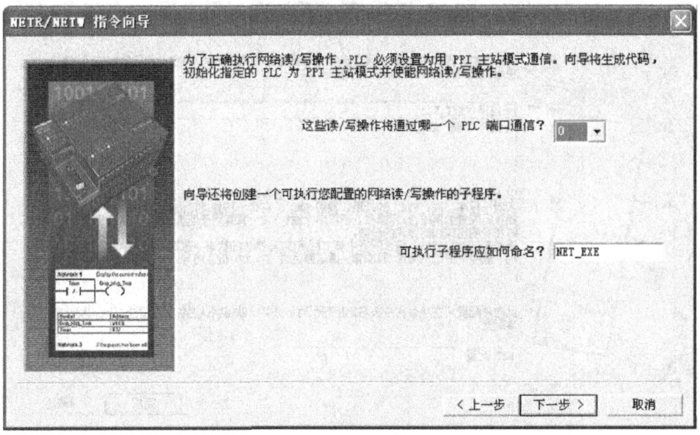

图 6-14　网络通信指令向导 2

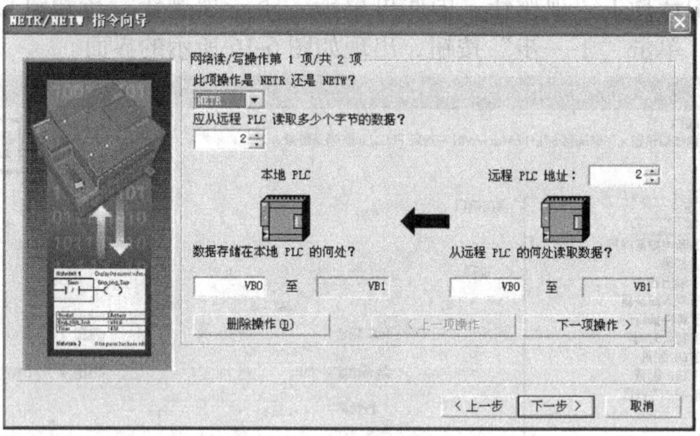

图 6-15　网络通信指令向导 3

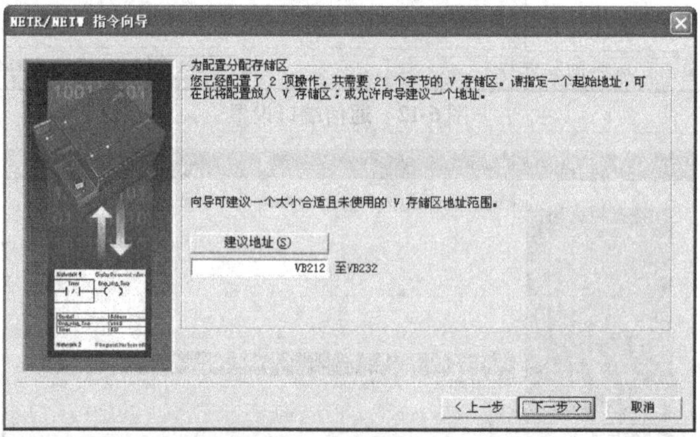

图 6-16　网络通信指令向导 4

在当前界面中为网络读/写指令配置相应的 V 存储区地址范围。单击“下一步”按钮，出现如图 6-17 所示的界面。

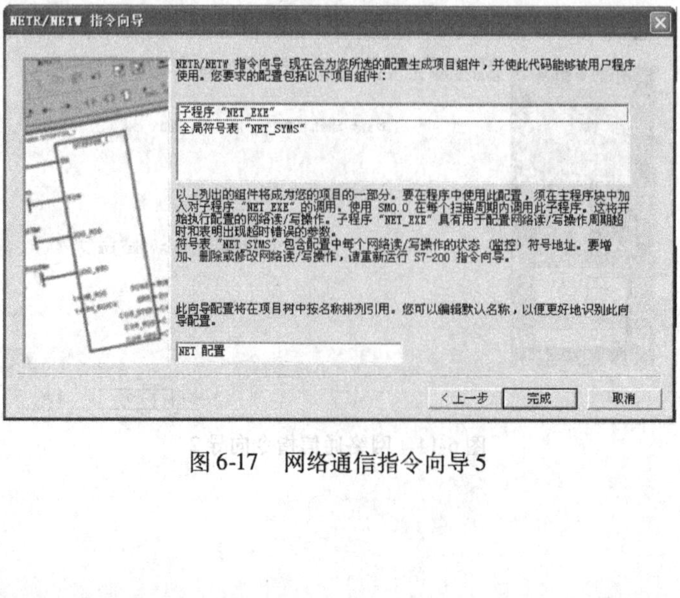

图 6-17　网络通信指令向导 5

在本界面中列出了配置完成后系统会自动生成的子程序与全局符号表，单击“完成”按钮即可完成指令向导。

向导完成后，系统会自动生成如图 6-18 所示的 POU 子程序，用户可在其中查看子程序的接口数据类型与说明以及程序的功能说明。

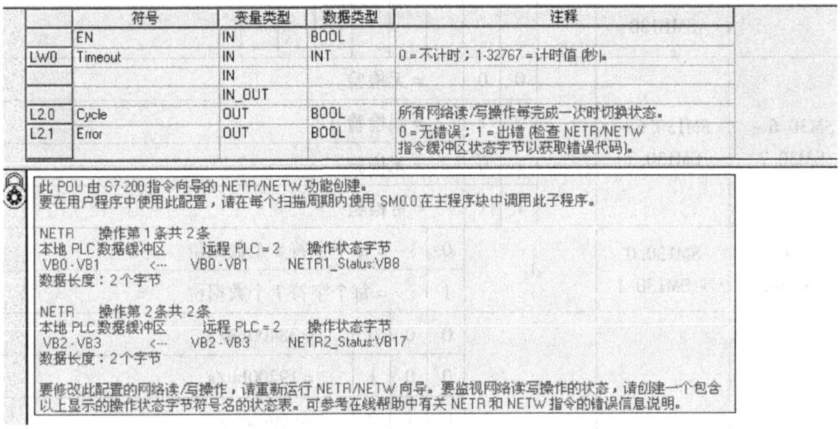
符号
变量类型
数据类型
注释
EN
IN
BOOL
LW0
Timeout
IN
INT
0 = 不计时；1-32767 = 计时值 (秒)。
IN
IN_OUT
L2.0
Cycle
OUT
BOOL
所有网络读/写操作每完成一次时切换状态。
L2.1
Error
OUT
BOOL
0 = 无错误；1 = 出错 (检查 NETR/NETW 指令缓冲区状态字节以获取错误代码)。
此 POU 由 S7-200 指令向导的 NETR/NETW 功能创建。
要在用户程序中使用此配置，请在每个扫描周期内使用 SM0.0 在主程序块中调用此子程序。
NETR　操作第 1 条共 2 条
本地 PLC 数据缓冲区　远程 PLC = 2　操作状态字节
VB0 - VB1　<---　VB0 - VB1　NETR1_Status:VB8
数据长度：2 个字节
NETR　操作第 2 条共 2 条
本地 PLC 数据缓冲区　远程 PLC = 2　操作状态字节
VB2 - VB3　<---　VB2 - VB3　NETR2_Status:VB17
数据长度：2 个字节
要修改此配置的网络读/写操作，请重新运行 NETR/NETW 向导。要监视网络读写操作的状态，请创建一个包含以上显示的操作状态字节符号名的状态表。可参考在线帮助中有关 NETR 和 NETW 指令的错误信息说明。

图 6-18　网络通信向导自动生成的 POU 子程序

用户可在主程序中调用该子程序，在设置对应参数后即可使用，如图 6-19 所示。

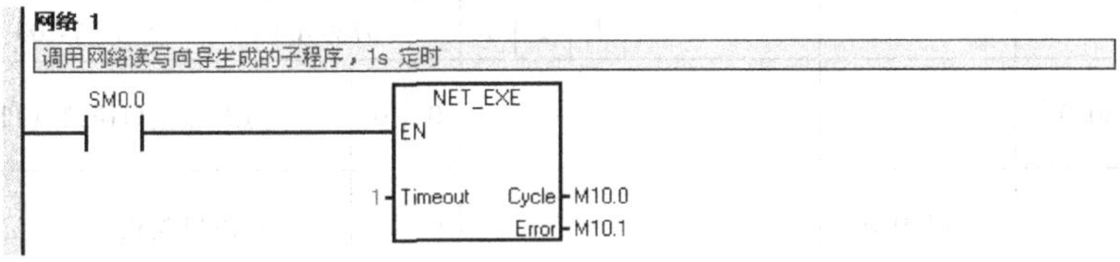

图 6-19　网络读写向导生成子程序调用

6.4.2　自由口通信

S7-200 CPU 的通信口支持用户通过自由口基于 RS485 硬件标准的协议与对应的报文结构，从而实现 USS 或 MODBUS 协议或采用自定义的协议进行通信。S7-200 CPU 上的通信口是标准的 RS485 半双工串行通信口，其通信速率可在 1200 ~ 112500bit/s 之间进行设置。CPU 通信口在自由口模式下工作时，不再支持其他如 PPI 类型的通信协议，因此也不能再通过编程电缆与计算机上的编程软件进行通信，只有当 CPU 处于 Stop 或 Term 模式，即用户程序停止运行时，PPI 通信方可恢复。由于 SM0.7 代表通信口的状态，因此可使用该特殊寄存器位对 CPU 的运行状态进行判断，从而确定 CPU 通信口是否在 PPI 或自由口的工作模式。

用户在使用自由口通信前需要对端口对应的特殊存储器 SMB30（对应端口 0）和 SMB130（对应端口 1）的内容进行设置，以确定通信口的工作模式。自由口设置的通信方式见表 6-18。

表 6-18　自由口通信方式特殊字节格式

S7-200 符号名称	SM 地址 端口 0	SM 地址 端口 1	位格式		
			位格式	MSB 7 … LSB 0	p p d b b b m m
P0_Config	SMB30				
P1_Config		SMB130			
	SM30. 6 – SM30. 7	SM130. 6 – SM130. 7	pp:	0 0	= 无检验
				0 1	= 偶检验
				1 0	= 无检验
				1 1	= 奇检验
	SM30. 0 – SM30. 1	SM130. 0 – SM130. 1	d:	0	= 每个字符 8 个数据位
				1	= 每个字符 7 个数据位
	SM30. 2 – SM30. 4	SM130. 2 – SM130. 4	bbb:	0 0 0	= 38400bit/s
				0 0 1	= 19200bit/s
				0 1 0	= 9600bit/s
				0 1 1	= 4800bit/s
				1 0 0	= 2400bit/s
				1 0 1	= 1200bit/s
				1 1 0	= 115200bit/s *
				1 1 1	= 57600bit/s *　　* 需要 S7-200 CPU 版本 1. 2 以上
P0_Config_0	SM30. 0		mm:	0 0	= 点对点接口协议（PPI/从属模式）
P1_Config_0		SM130. 0		0 1	= 自由口模式
	SM30. 1	SM130. 1		1 0	= PPI/主站模式
				1 1	= 保留（PPI/从站模式，默认值）
					注释：当选择代码 mm = 10（PPI 主站模式）时，CPU 在网络上成为主站设备，允许执行 NETR 和 NETW 指令，字节 2 至 7 在 PPI 模式中被忽略

在对自由口通信方式设置完成后，还需设置 SMB87（端口 0）或 SMB187（端口 1）以确认自由口通信的开始、结束、超时等条件，并设置对应的 SMB88/188、SMB89/189、SMW90/190 和 SMW92/192 等参数，该参数设置见表 6-19。

通过自由口通信发送消息帧，需事先在存储区中存放发送数据的长度（一个字节）与已编辑好的报文格式，主要使用发送（XMT）指令；通过自由口通信接收报文时，可利用接收（RCV）指令将通过自由口接收到的实际传输数据存放至相应的存储区。接收与发送指令只需指定相应的存储区（缓冲区）地址，并可采用中断实现收发结束后的操作。由于 S7-200 的通信端口是半双工 RS485 芯片，因此 XMT 指令和 RCV 指令不能同时有效。

表 6-19　接收信息控制字节

S7-200 符号名称	SM 地址		位格式	接收信息状态字节 MSB							LSB	
	端口 0	端口 1		7	6	5	4	3	2	1	0	
P0_Ctrl_Rcv	SMB87			en	sc	ec	il	c/m	Tmr	bk	0	
P1_Ctrl_Rcv		SMB187										
P0_Ctrl_Rcv_7	SM87.7		en	0								=接收信息功能禁止
P1_Ctrl_Rcv_7		SM187.7		1								=接收信息功能使能
P0_Ctrl_Rcv_6	SM87.6		sc		0							=忽略 SBM88 或 SMB188
P1_Ctrl_Rcv_6		SM187.6			1							=使用 SMB88 或 SMB188 数值检测信息开始
P0_Ctrl_Rcv_5	SM87.5		ec			0						=忽略 SMB89 或 SMB189
P1_Ctrl_Rcv_5		SM187.5				1						=使用 SMB89 或 SMB189 数据检测信息结束
P0_Ctrl_Rcv_4	SM87.4		il				0					=忽略 SMW90 或 SMW190
P1_Ctrl_Rcv_4		SM187.4					1					=使用 SMW190 数据检测空闲线条件
P0_Ctrl_Rcv_3	SM87.3		c/m					0				=定时器是字符间计时器
P1_Ctrl_Rcv_3		SM187.3						1				=定时器是信息间定时器
P0_Ctrl_Rcv_2	SM87.2		Tmr						0			=忽略 SMW92 或 SMW192
P1_Ctrl_Rcv_2		SM187.2							1			=如超出 SMW92 或 SMW192 中的时间段则终止接收
P0_Ctrl_Rcv_1	SM87.1		bk							0		=忽略断点条件
P1_Ctrl_Rcv_1		SM187.1								1		=将断点条件用做信息检测开始

由于 RCV 指令在程序运行中启动后，将始终监听通信端口，在消息起始条件满足时开始接收数据，并在消息结束条件满足后停止接收，因此 RCV 指令在启动后并不一定立即开始接收消息。通信端口将始终处于接收状态，此时程序启动 XMT 指令将不能发送任何消息。为确保上述两条指令不同时执行，应尽量采用发送完成和接收完成中断，在中断程序中启动另一个指令。

下面以通过自由口连接到 MODBUS 网络的 S7-200 系列 PLC 的通信为例，详细说明 S7-200 中发送（XMT）与接收（RCV）指令的用法。

在该实例中，S7-200 为主站对 MODBUS 网络中设备进行查询，相应的设备为从设备进行应答。为便于进行消息管理，假设 S7-200 查询与应答报文分别存放在 VB100 与 VB120 开始的字节空间中。由于 MODBUS 查询与应答报文长度不完全一致，为简便起见，这里仅编写读一个内部寄存器的程序并排除查询错误的情况，从而可以确定 VB100 中为数据总长度，值为 9；从 VB101 开始是报文，共 8 个字节，其中包含 1 个字节地址码（VB101，假设值为 02）、1 个字节功能码（VB102，假设值为 03，代表读寄存器）、2 个字节读取寄存器的起始地址（VW103，这里假设为 0001）、2 个字节读取寄存器数量值（VW105，这里假设为 0001）、2 个字节冗余校验码（VW107，D5F9，低位在前高位在后）。被访问的 02 号设备应答报文长度为 7 个字节，其中包含 1 个字节地址码（VB120，与查询值相同，02）、1 个字节功能码（VB121，与查询值相同，03）、1 个字节数据长度（VB122，结果为一个寄存器长度，值为 2）、2 个字节数据（VW123，查询到的寄存器值）、2 个字节冗余码（VW125）。

对应的程序如图 6-20 所示。

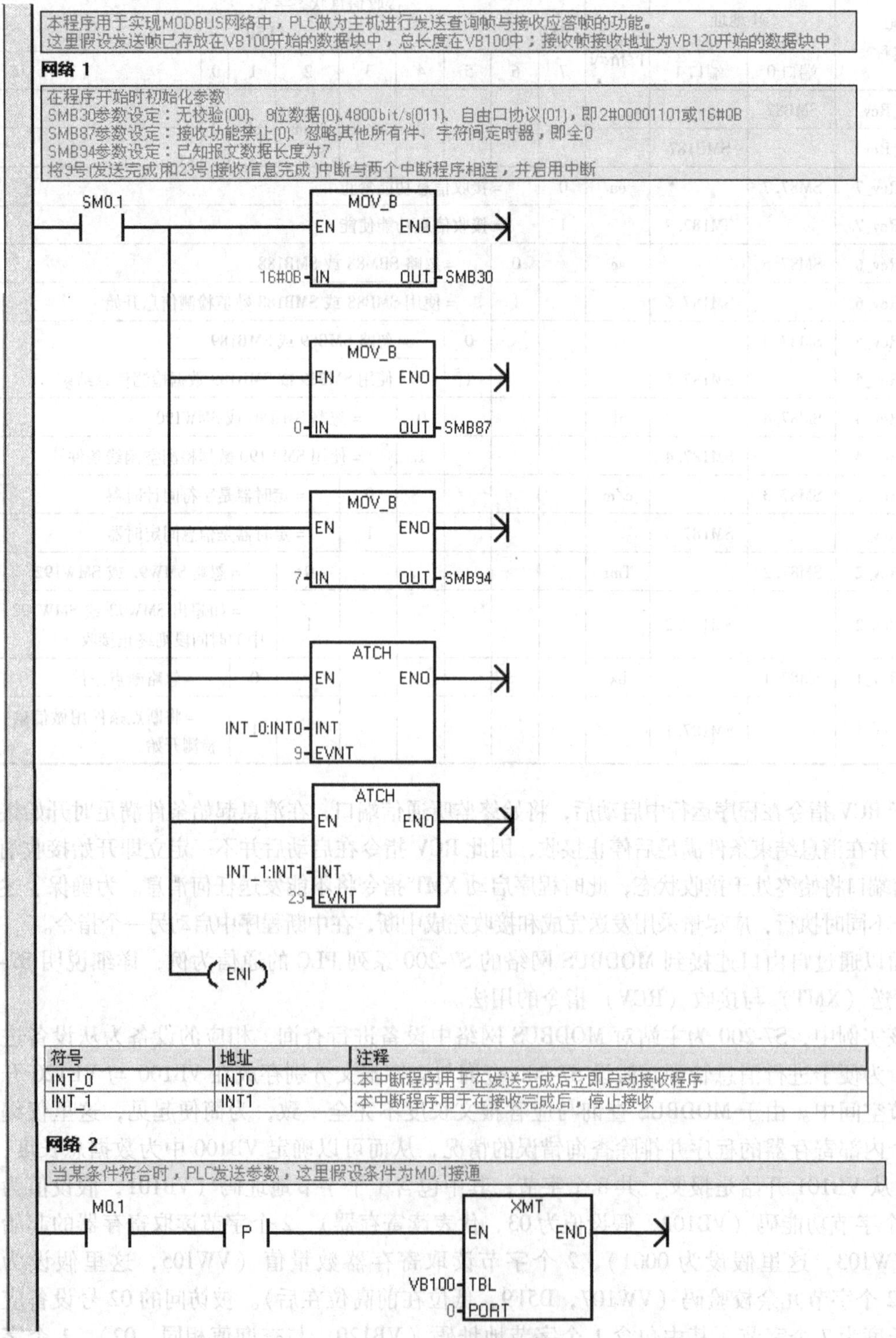

a) MODBUS读寄存器主程序

图 6-20　MODBUS 网络读寄存器程序示例

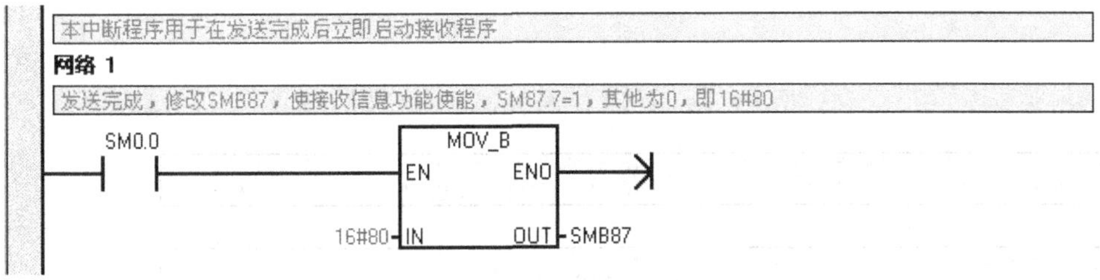

b) MODBUS读寄存器发送完成中断子程序

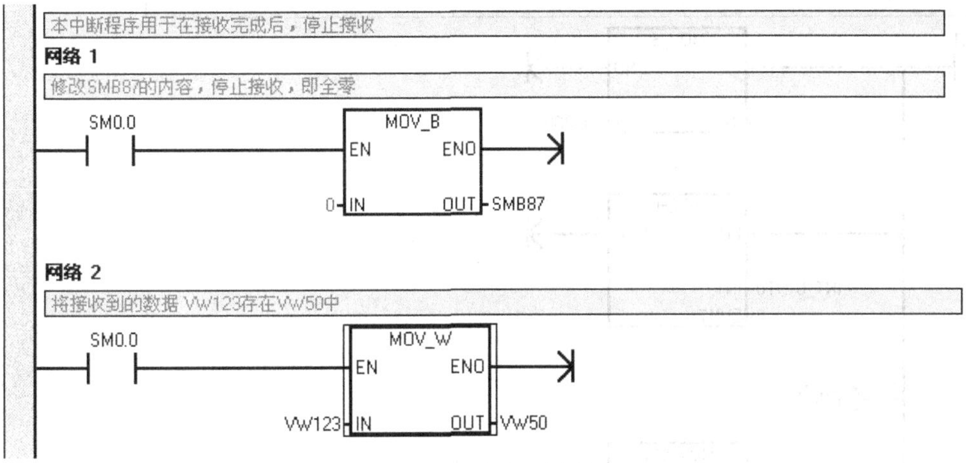

c) MODBUS读寄存器接收完成中断子程序

图 6-20　MODBUS 网络读寄存器程序示例（续）

在利用自由口进行 MODBUS 通信接收数据时，由于功能码和操作的寄存器数量不同，导致数据块长度经常变化；同时由于应答数据的最后两个字节为冗余码，并非固定字符，因此无法使用自由口接收信息的结束条件。当无法确定准确的结束条件时，用户还可通过通信口的字符接收中断功能接收单个字符，利用循环与间接寻址（指针）完成对多字节信息的接收。由于单字符接收中断程序执行需要一定时间，当波特率较高（38.4kbit/s 以上）时可能会出现因执行中断程序而出现数据丢失的现象，因此该方法仅适用于低速率传输网络。

当 S7-200 的通信口接收到一个字符时会执行一个中断程序，将接收到的字符暂存于 SMB2 中，通信口 Port0 和 Port1 共用 SMB2，但两个口的字符接收中断号不同（分别为 8 号和 25 号中断）。前面的实例可改写为如图 6-21 所示的程序。

通过自由口进行 USS 通信与 MODBUS 类似，这里不再赘述。

需要特别指出的是，西门子公司提供了 MODBUS 与 USS 协议的标准协议库文件，用户可通过网络下载后，在 STEP7 - Micro/WIN 的指令树中用鼠标右键单击“库”并选择“添加/删除库”安装相应的库文件，安装成功后可以为用户提供类似于子程序的方式调用，从而方便地通过自由口进行 MODBUS RTU 或 USS 协议通信。这里提供的程序仅为说明自由口的使用方法，如实际应用中遇到需用自由口进行 MODBUS RTU 或 USS 协议通信的情况，建议采用标准库文件，可以减少工作量并降低程序编制发生错误的风险。

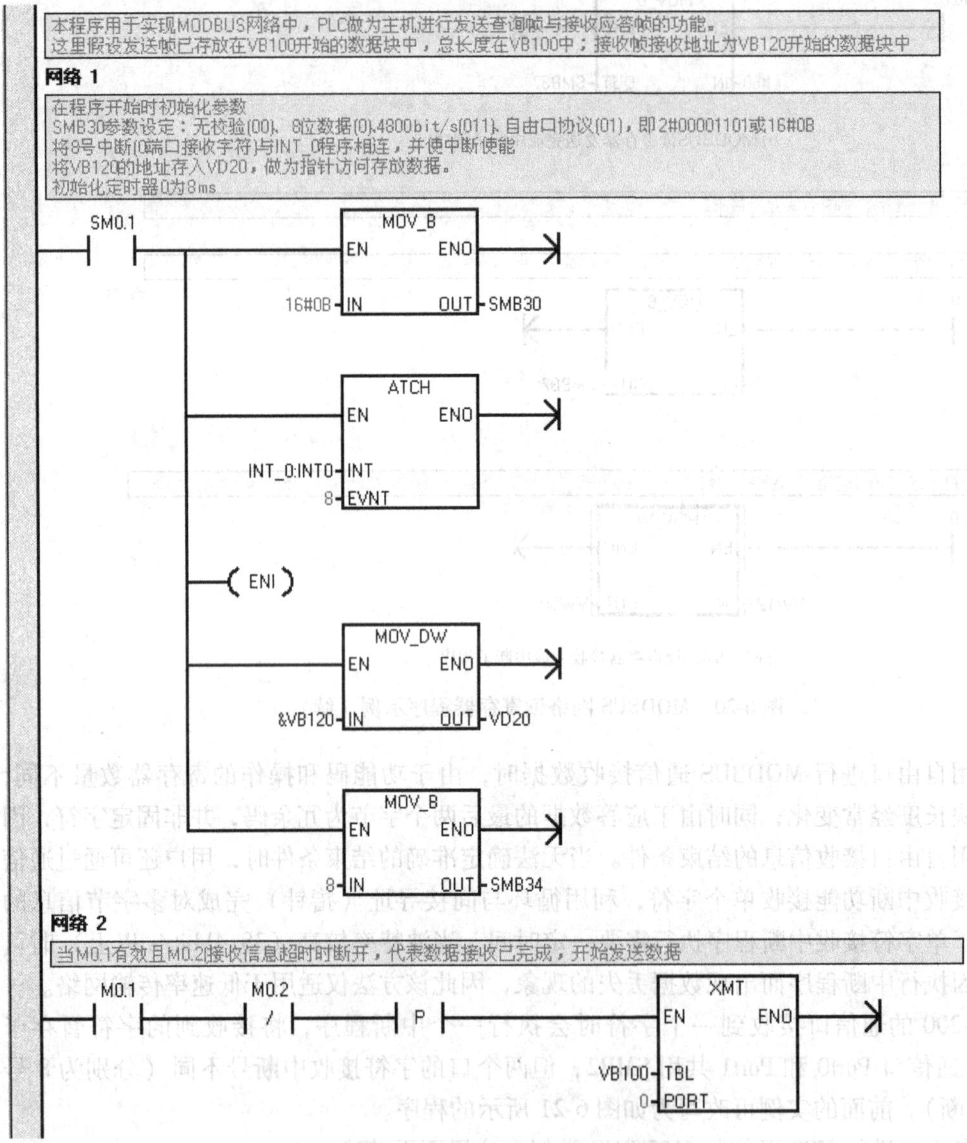
本程序用于实现MODBUS网络中，PLC做为主机进行发送查询帧与接收应答帧的功能。
这里假设发送帧已存放在VB100开始的数据块中，总长度在VB100中；接收帧接收地址为VB120开始的数据块中
网络 1
在程序开始时初始化参数
SMB30参数设定：无校验(00)、8位数据(0),4800bit/s(011)、自由口协议(01)，即2#00001101或16#0B
将8号中断(0端口接收字符)与INT_0程序相连，并使中断使能
将VB120的地址存入VD20，做为指针访问存放数据。
初始化定时器0为8ms
SM0.1
MOV_B
EN
ENO
16#0B
IN
OUT
SMB30
ATCH
INT_0:INT0
INT
8
EVNT
ENI
MOV_DW
&VB120
VD20
8
SMB34
网络 2
当M0.1有效且M0.2接收信息超时时断开，代表数据接收已完成，开始发送数据
M0.1
M0.2
P
XMT
VB100
TBL
0
PORT

a) MODBUS读寄存器字符中断应用示例主程序

图 6-21　MODBUS 读寄存器字符中断应用示例程序

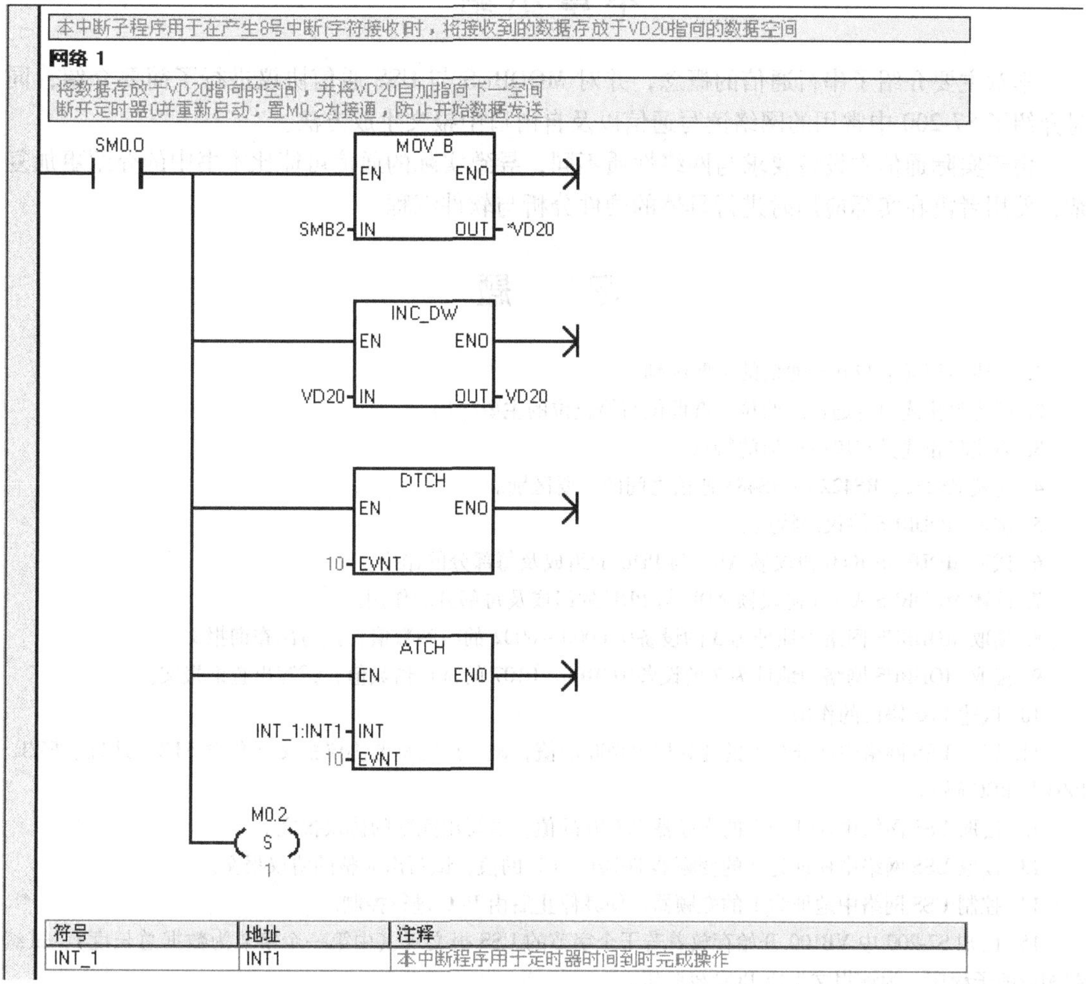

b) MODBUS读寄存器字符中断应用示例接收字符子程序

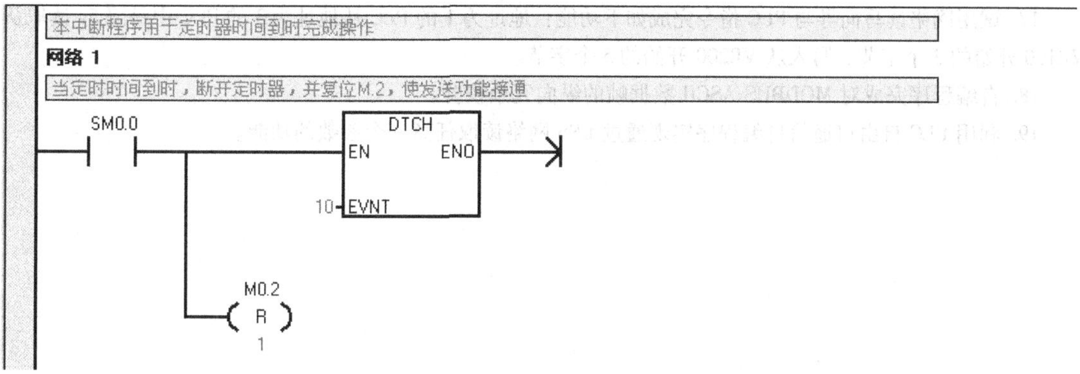

c) MODBUS读寄存器字符中断应用示例定时器中断子程序

图 6-21　MODBUS 读寄存器字符中断应用示例程序（续）

本章小结

本章主要介绍了串行通信的概念，并对 MODBUS 与 USS 通信协议进行了简要介绍，同时介绍了 S7-200 中常用的网络读写通信以及自由口中报文生成方法。

由于实际通信中设备要求与网络性质不同，导致实际的通信可能比本书中的介绍更加复杂，使用者需在实际应用时进行具体的硬件分析与软件编程。

习　题

1. 试述串行通信与并行通信的主要区别。
2. 试述起止式串行通信起始位、奇偶位与停止位的主要作用。
3. 简述起止式异步串行通信的特点。
4. 比较 RS232、RS422 与 RS485 通信之间的主要区别。
5. 试述 MODBUS 协议的特点。
6. 试述 MODBUS RTU 协议帧 ADU 与 PDU 的组成及每部分的作用。
7. 试述 MODBUS ASCII 协议帧 ADU 与 PDU 的组成及每部分的作用。
8. 读取 MODBUS 网络中地址为 3 的设备中 0000 ~ 0002 的线圈数值，试写出查询报文。
9. 读取 MODBUS 网络中地址为 2 的设备中 0100 ~ 0107 的寄存器数值，试写出查询报文。
10. 试述 USS 协议的作用。
11. 读取 USS 网络中地址为 1 的变频器 P0700 的值，试写出完整的协议报文（包含 STX、地址、PWE、PZD 与 BCC 码）。
12. 读取 USS 网络中地址为 2 的变频器 P2030 的值，试写出完整的协议报文。
13. 读取 USS 网络中地址为 2 的变频器 P0701［1］的值，试写出完整的协议报文。
14. 控制 USS 网络中地址为 1 的变频器，使其停止后由 PLC 进行控制。
15. 已知 S7-200 中 VB100 开始存放着若干个字节的 USS 报文（其中第一个字节为数据总长度），试编制相应的子程序，为该报文生成 BCC 校验码。
16. S7-200 支持的通信协议有哪些？
17. 试用网络读写向导与 PLC 指令完成如下功能：地址为 1 的 PLC 从地址为 3 的 PLC 中每隔 5s 读取从 VB100 开始的 3 个字节、写入从 VB200 开始的 5 个字节。
18. 自编程序完成对 MODBUS ASCII 数据帧的纵向冗余校验。
19. 利用 PLC 自由口通信自编程序实现通过 USS 网络读取任意一个参数的功能。

第 7 章　典型 PLC 系统设计

在进行自动化设计或改造的工业现场，电气电路整体设计是电气工程师必不可少的一项基本技能。由于工艺与客户要求的多样性，导致电气工程中的软硬件相互关联，硬件的设计结构决定了软件的工作方式，软件的技术要求又会反过来影响硬件的整体结构，因此电气工程师不仅需要熟悉并能够完成完整的硬件设计，而且要能够熟悉并掌握软件中程序与指令的使用方法，二者缺一不可。

本章在分别结合实例讲述以 PLC 为控制核心的电气电路软硬件构建过程中，以两个实例介绍完整的电气电路及电气控制柜的设计方法。

本章的章节安排如下：第 7.1 节介绍电气工程设计的一般过程；第 7.2 节介绍硬件电气电路的设计方法；第 7.3 节介绍完整电气设计的过程。

7.1　PLC 系统设计的一般过程

所有的电气系统都是完整的整体，一个电气工程设计从开始到最终完成一般都遵循一定的规律。如果按照通用的流程完成设计，往往能够达到事半功倍的效果。

电气系统设计的通用流程如下：

1. 了解工艺

电气控制系统是一个相对独立的结构体，但只有在与现场机械设备建立关联时才能体现出相应的功能，即电气设备只有与现场设备建立对应的连接后，才能发挥出电气控制的作用。设计者需要熟悉现场的工艺情况，了解电气设备的应用环境、应用条件，大致掌握所需设备的类型、特点、动作时序、动作条件，此外还需了解电气系统与机械设备、现场各种仪表是否具备连接与安装的条件等。熟悉工艺是电气工程设计的前提条件。

2. 需求分析

根据合同书或用户对于电气控制的要求，认真调查研究，收集资料，并与用户相关技术人员和操作人员一起分析讨论，了解用户对于电气系统在实际操作、界面组态、逻辑时序、控制性能和故障处理等方面的要求。

在需求分析完成后，要生成明确的工艺流程图（或说明）、控制要求、故障保护等方面的详细说明文档，设计者还可自绘示意图以便硬件设计时参考。

3. I/O 分配

根据被控对象的特点以及用户对于控制系统的要求，确定控制台或控制柜需要的 I/O 设备，例如输入设备中的按键、开关、电位器或现场测量仪表等，输出设备中继电器、接触器、电磁阀、信号指示灯以及变频器等执行器。设计需给出 I/O 分配表以及盘面设备的布置图，如需要的按键或开关等设备的个数及其编号，在控制台/柜上的相对位置等。

根据需要进行自动控制的设备，确定 PLC 的 I/O 分配点。例如 PLC 接收的按键、（继电器）开关、光电编码器高速脉冲等开关量或变送器送来的模拟量信号，或由 PLC 向继电器线圈、电磁阀、直流电机或伺服驱动器所需的高速脉冲等发送的开关量信号或向变频器或电动阀发送的模拟量信号等。设计需给出 I/O 分配表，确定端子的位置及其连接的设备编号、信号类型等。

4. 设备选型

为现场的电气控制设备进行选型，除选取电动机、变频器、触摸屏、PLC、电动阀等大型设备外，还需选择合适的中间设备，如继电器、信号灯、断路器（俗称空气开关）、熔断器等。相对来说，后者的选取其实更加重要。功率或电流是电动机、变频器、断路器、继电器等设备的主要参考指标，但同时也需要兼顾设备尺寸等问题。

设备选型完成后，需要能够给出所有设备主要指标参数（电流、电压、功率等）对照表。

5. 绘制硬件设计图

综合现场工艺、用户需求以及硬件设备情况，绘制出对应的设计图，建议使用专用的设计软件如 AutoCAD 等完成。设计图中要包含尽可能丰富的信息，如硬件电路图、设备选型表、控制台/柜尺寸与布置图等。在设计硬件电路图时，如果要求手、自动可独立进行，则需以设计具有相对独立功能的电路为主，在此基础上增加 PLC 的自动控制电路；否则以 PLC 为核心设计电路。在设计中需要特别重视硬件的保护功能，设备选型需要根据被控对象的情况具体确定。此外继电器、熔断器等设备要根据后续电路的总功率确定合适的范围，一般选取为最大功率的 110% ~150%，具体的范围需根据设备类型确定。控制台/柜的尺寸要精确到毫米，如开孔必须给出孔洞在盘面上的位置，开孔的长、宽或半径要给出允许的公差范围。

本步骤是电气控制系统设计中最为重要的部分，设计图在确认无误后将进行硬件安装，如果设计中存在较大问题而没有及时发现，轻者导致设备无法安装或项目返工延误工期，重者设备无法使用造成浪费，甚至由于保护措施不全导致设备损坏或人身事故，设计者需格外注意。

在设计图完成后，必须包含硬件电路图、设备选型表、控制台/柜尺寸与布置图，硬件电路图中要标明设备的编号、名称，设备选型表中要包含详细的品牌、名称、产品订货号、尺寸、（指示灯）颜色等信息，确保在采购时准确无误。

6. 硬件安装与检验

根据设计图，完成硬件搭建与设备连接，形成实体的硬件设备。在设备完成后，需要检验系统的整体性能，如接线是否正确、手动操作的对应功能是否可以实现、必要的电气保护是否具备等，如存在瑕疵可对设计图与硬件连接进行修正。

在确保不会产生电气事故的前提下对 PLC 上电，检验对应端子的外部连接是否有效。对于 PLC 的开关量输入端，外部给予有效信号，同时检查 PLC 的端子指示灯显示是否正常（例如按下某个按键，检查连接按键的端子指示灯是否点亮）。如果是模拟量输入端，可在外部给予对应信号（如向 AI0 端手动输入 0 ~20mA 电流）的情况下，在状态表中检测对应的数据区（如 AIW0）的数字量是否与输入电流值对应。检测 PLC 的开关量输出端时，可向 PLC 下载一个空的工程（即软件中包括程序块在内的所有模块均为空），然后打开状态表，分别强制 PLC 的输出端，检查连接的设备是否正常（例如对应的端子连接的继电器是否动作）。

7. 软件编制

在硬件连接确认无误后，开始进行程序的编制。

1）根据需求分析的结论，根据功能将整个项目分为若干个功能块；将功能图用粗略的流程图替代；将流程图逐步分解为具体的流程图，功能重复的流程图可考虑在程序编制时形成子程序。

2）根据流程图及功能，为定时器（T）、计数器（C）、内部继电器（M）、数据存储区（V）分配地址，形成地址分配表。

3）编制程序，为每个功能块（或子程序）、每个网络均需增加必要的说明（注释）。

4）调试与修改程序。

8. 现场调试

现场调试也被称为联调，将工程下载至现场的PLC中，综合检验软硬件性能。除检测必要的功能是否完成外，还需重点检测系统的故障保护、报警和自恢复功能；可在条件允许的前提下，人为制造故障，以确保在正式运行前，尽可能多地解决可能出现的故障问题。如有问题可重新对软硬件进行调整，直至符合要求。

9. 编写技术文档

当设备调试通过并稳定试运行一段时间后，需将前述步骤中的文档（设计图样、选型表、I/O分配表等）进行整理成为规范的文字型材料，同时还需为操作人员提供一份尽可能详细的操作规程，将设备的操作流程、故障处理以及注意事项等形成文字，以利于操作人员培训、设备维护及升级。

10. 交付与后期维护

系统交付用户后，还需在一段时间内进行定期的回访，并在维护期间给予必要的指导。

7.2　简单电气控制系统设计

在本节中，将以简单的实例简要说明电气控制系统的设计过程。

1. 工艺概述

现场有一台工业用交流三相异步电动机，额定电压为220V，额定功率为15kW，功率因数为0.8，最高转速为1200r/min。为控制电动机速度，采用变频器、PLC与触摸屏对电动机的速度进行控制。

2. 需求分析

现场控制要求（需求）如下：

1）设计电路图实现通过变频器对电动机的手、自动控制。手动状态下，点动对应按键1和2，使电动机分别以25Hz与15Hz的控制频率正转和反转，按下按键3，电动机以20Hz的控制频率持续正转，按下按键4停止；自动状态下，电动机转速根据文本屏设定值自动调整。

2）手、自动控制分离，在PLC故障的情况下，系统可手动操作。

3）文本屏上显示当前的运行状态（手动或自动）、当前电动机的参考转速；自动状态时，可在文本屏上设定电动机转速。

4）包含必要的保护与报警功能。

需求分析：

1）由于要求手、自动控制分离，因此硬件设计应以手动设计为核心，在此基础上增加PLC 连接电路实现自动控制电路。

2）采用变频器可完成电动机正反转功能，对应频率可根据对应关系在变频器上完成。

3）PLC 中需要具有模拟量控制功能，根据最高转速与最高频率之间的比例关系，自动计算对应转速值及模拟量输出值。

4）文本屏与 PLC 使用 RS485 通信连接，可在软件编程界面中组态。

5）保护功能有：电动机手动正反转按键及其继电器互锁；按键 3 与按键 4 及其继电器互锁；设定值超出范围自动修正。

为便于硬件电路图的设计，可绘出粗略的硬件构成与连接示意图，如图 7-1 所示。

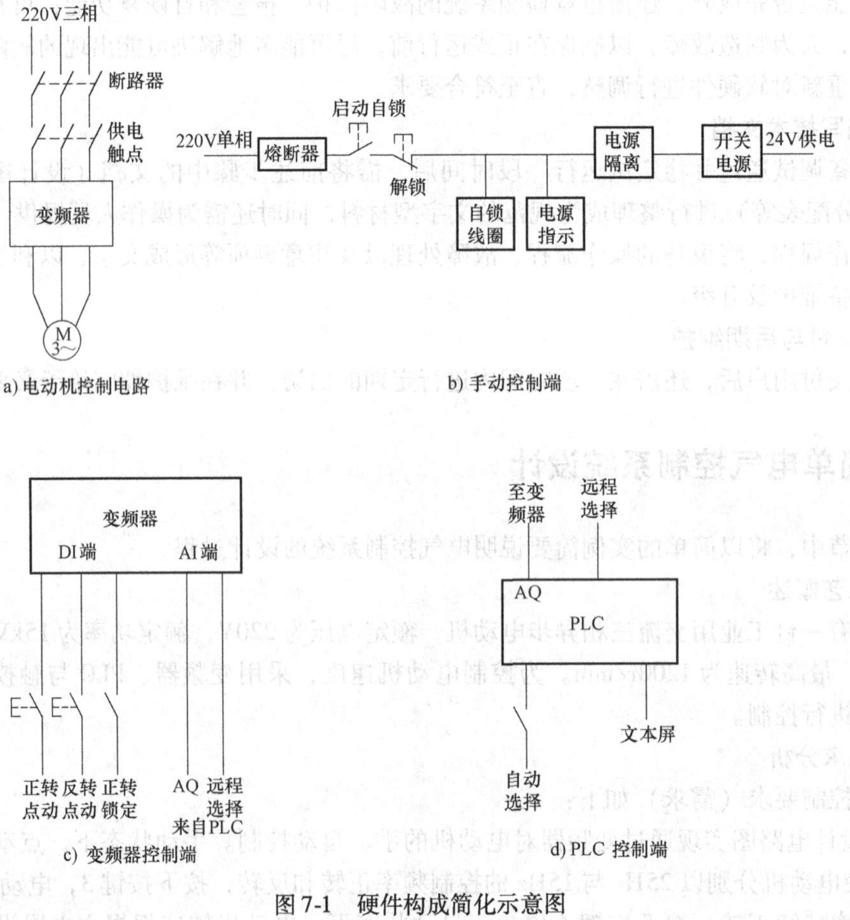

图 7-1　硬件构成简化示意图

3. I/O 分配

根据前述分析与简化示意图中的内容，可得到整体设备 I/O 分配表，见表 7-1。

表7-1 设备I/O分配表

输入		输出	
SF1_1	启动按键，常开	KM1	三相交流接触器，上电与电动机供电
SS1_1	停止按键，常闭	KM2	单相交流接触器，接通电动机
SA1	两位旋钮，手、自动选择	KA1	中间继电器，手动触点接通正转
SB1	手动正转按键，常开	KA2	中间继电器，手动触点接通反转
SB2	手动反转按键，常开	KA3	中间继电器，手动触点接通连续正转
SB3	持续正转按键，常开	KA4	中间继电器，PLC触点接通远程选择
SB4	持续正转停止按键，常闭		
SB5	自动启动按键，常开		
SB6	自动停止按键，常闭		

同时可以得到PLC的I/O分配表，见表7-2。

表7-2 PLC I/O分配表

输入			输出		
触点	元器件	功能	继电器	元器件	功能
I0.0	SA1	手、自动选择	Q0.0	KA4	远程选择
I0.1	SB5	启动按键，常开	AQ0	ADC1	模拟量控制输出
I0.2	SB6	停止按键，常闭			

4. 设备选型

根据计算可知电动机的额定电流为44A，由此可得到表7-3所示的选型清单。

表7-3 设备选型表

设备名称	型号	规格	订货号
变频器	Siemens MM440	恒转矩最大输出电流54A，重量16kg 尺寸275mm（W）×520mm（H）×245mm（D）	6SE6440-2UC31-5DA1
文本屏	Siemens TD400C	分辨率192×64，重量0.33kg，电流41mA 尺寸174mm（W）×102mm（H）×31mm（D）	6AV6 6640-0AA00-0AX0
PLC	Siemens S7-200	需要有模拟量输出，因此选取S7-224XP CPU 224XP AC/DC/RLY，14输入/10输出	6ES7 214-2BD23-0XB8
按键（8）	LA19-11	绿（5），红（3）	
旋钮	LA18-11	两位	
开关电源	OTD-120B	2A，用于向文本屏、变频器控制端及PLC输出端供电	
直流继电器（4）	MY4NJ-DC24V	24V，2A	
交流接触器（2）	CJX2-0910	220V，50A	
隔离变压器	OTD-120B	220V，4A	
指示灯（3）	AD11-25/40	220V	
熔断器（2）	αM1-4A，2A	4A，2A	
断路器	DZ47-60	65A	

备注：括号中数字代表数量，未标识代表数量为1

5. 设计硬件电路图

根据硬件连接示意图、I/O 分配表以及硬件选型表，绘制出设备的硬件电路图。在设计时，需要充分考虑各方面因素，对生成的电路图反复修正，必要时可多次重复前述过程，以确保电路图的正确性和实用性。

与机械图样不同，电气设计图样没有绝对的规范和设计要求，在很多情况下，电气设计图仅为一种示意性质的图样，但设计者需要在符合通用的电气设计要求的前提下标注设备的电气连接方式。同时，还要尽可能多地在图样上显示设备的所有信息，以供图样使用者参考。电气设计中的控制电路通常有电路连接和继电器逻辑两种绘制方式，其中电路连接主要显示设备间的接线方式，电路图简洁直观，易于理解，常用于简单电路图的绘制；而继电器逻辑主要显示继电器触点与线圈的连接，着重于体现继电器间的逻辑关系，常用于使用了大量继电器的复杂电路。鉴于实例中电路比较简单，因此以电路连接图方式完成总电路图与 PLC 连接图的绘制。图 7-2 为总电路图。

在设计强电侧电路图时，通常在所有电路入口增加一个断路器，用于控制所有电路的通断，本例中使用断路器（QF）；连接电动机的一侧需要使用交流接触器（KM1）连接电动机或变频器电源。如果电动机为工频起动，最好在电动机与接触器间连接一个热继电器以防止电动机过载；如通过变频器控制电动机，由于变频器自身具有保护功能，则无需再连接其他设备。对所有电路全部编号，在本例中，断路器、交流接触器出线端均采用 L1 *、L2 *、L3 * 进行编号，电动机入口处标明 U、V、W 进线。变频器需标注名称与型号，由于根据订货号已可确定变频器型号与类型，因此仅需标注名称及其订货号。

控制侧电路图在绘制前，需粗略计算控制电路所需电流，如果总电流与电动机总电流相比在较小范围（10%）以内，可直接取电动机侧任一相用于向控制侧供电；如果控制侧电流较大，则需将控制侧元器件进行适当的分组后分别从三相取电，以免由于某一相电流过大引起三相电流不均衡。

在电路入口处安装熔断器以防止控制侧电流过大或雷击对主电路造成影响，熔断器的规格根据控制侧电流确定。如果电路设计时需要具有完整的手动电路，则需利用按键和继电器组成独立电路，否则可将全部按键与继电器线圈均接在 PLC 上。在这里，为确保断路器（QF）连接后不会直接对变频器上电，可使用 SS1_1 的常闭触点、SF1_1 的常开触点与交流接触器 KM1 线圈及其常开触点组成自锁 - 解锁电路。当 SF1_1 按下时，KM1 线圈得电，使与 SF1_1 并联的常开触点闭合形成自锁，同时变频器得电。当 SS1_1 按下时，KM1 线圈失电，常开触点复位，控制侧解锁，同时变频器失电。为了指示电源供电状态，与 KM1 线圈并联 220V 供电的指示灯（通常为绿色），用于指示当前电源的通断情况。此外，为确保当 SA1 为手动状态时，按下 SB1、SB2 可使 KA1、KA2 接通，松开后断开；当按下 SB3 时可使 KA3 自锁，按下 SB4 可使 KA3 解锁；同时，为防止按键同时按下，在 KA1 ~ KA3 的线圈回路中分别串联另两个继电器的常闭触点以实现互锁；用 SA1 的另一状态连接指示灯用于指示自动状态。如果电路中还包含其他设备，如报警指示灯、工作状态运行灯等，均可在串接对应触点与指示灯后并联在供电电路两侧，并在每个输出端（如继电器线圈或指示灯）附近（通常为下方或右侧）标注该设备的功能或名称。

在控制电路的供电与电源指示等功能完成后，为 PLC 与直流转换器设计主控电路。为降低电路中电流波动与谐波电路的影响，一般需在连接隔离变压器后为上述设备供电。隔离

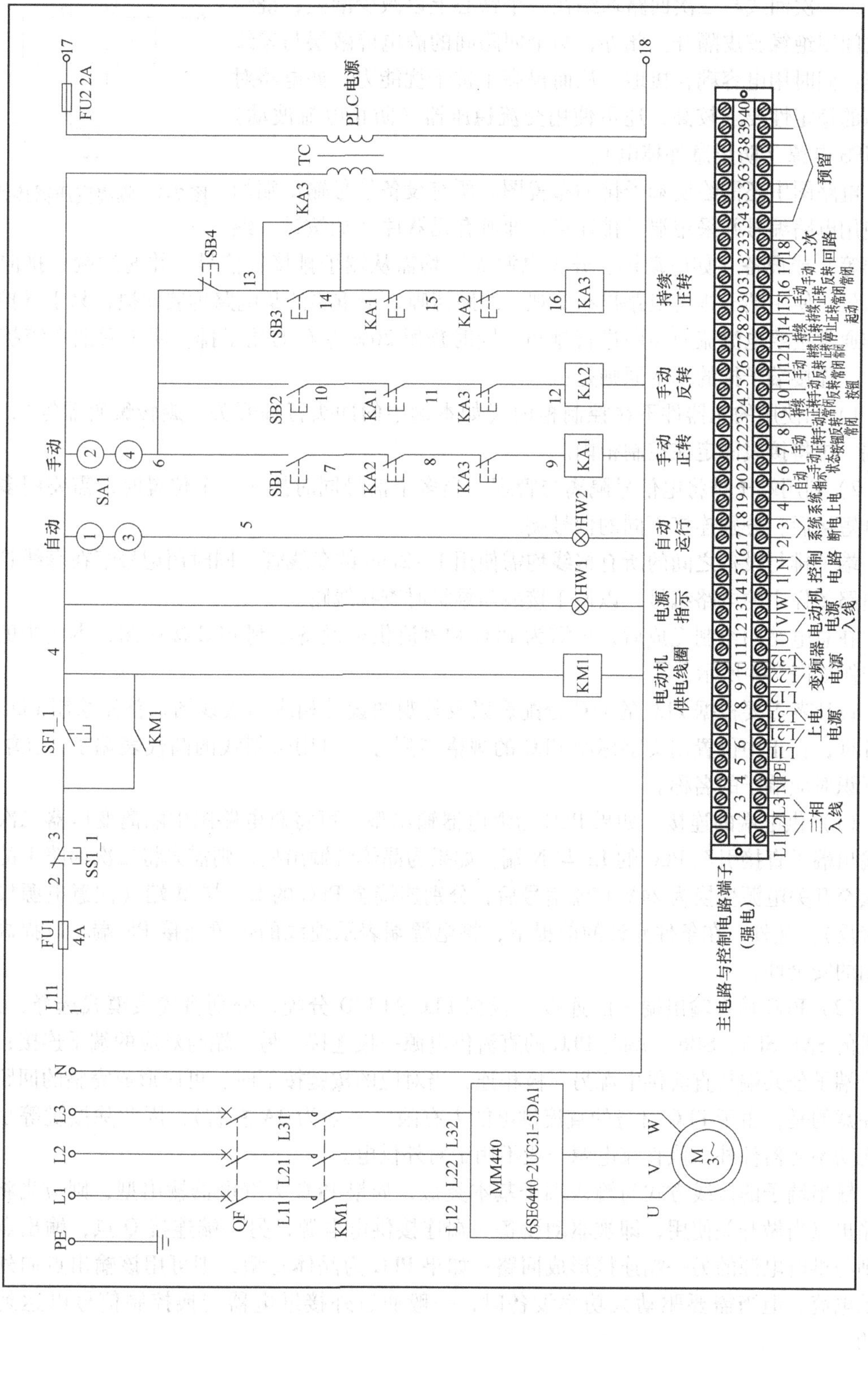
FU2 2A
PLC 电源
TC
KA3
SB4
SB3
SB2
SB1
KA1
KA2
KA3
SA1
自动
手动
HW1
HW2
KM1
SF1_1
SS1_1
FU1
4A
L11
N
L1
L2
L3
PE
QF
L21
L31
KM1
L12
L22
L32
MM440
6SE6440-2UC31-5DA1
U
V
W
M
3~
持续
正转
手动
反转
手动
正转
自动
运行
电源
指示
电动机
供电线圈
预留
主电路与控制电路端子
(强电)
三相
入线
上电
电源
变频器
电源
电动机
电源
入线
控制
电路
系统
断电
系统
上电
二次
回路

图 7-2　总电路图

变压器连接与原理图如图 7-3 所示。

隔离变压器一次侧与二次侧之间采用隔离屏蔽层，大多数情况下，一次回线与二次回路均绕在一个铁心上以减少漏磁，绕组线之间用绝缘胶皮隔开。此外，两个回路间的静电屏蔽层与零线相连，同时用电容耦合接地，从而提高了抗干扰能力。如电路对电源的稳定性要求较高，还可使用交流稳压器（防止电流波动）或 UPS 电源（防止意外掉电）。

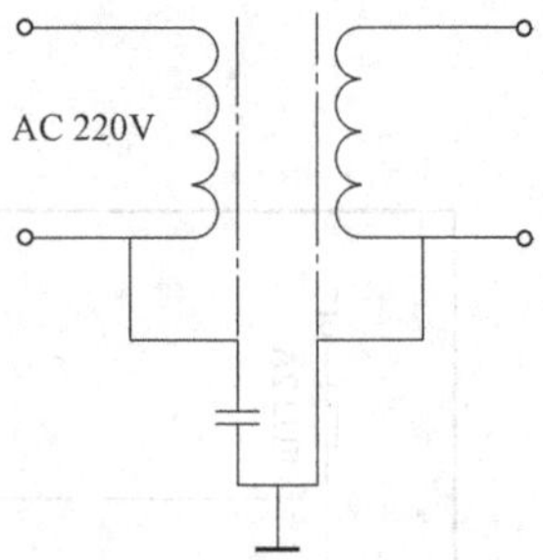

图 7-3 隔离变压器接线图

电路图中还需绘制端子排的布置图。所有设备信号输出端均需使用电路编号并采用端子排连接，即所有元器件（如按键、继电器等）或设备（如电动机、开关电源等）均需从端子排接收信号、并通过端子排向外发送信号。使用端子排使线路排布美观，线路清晰，最重要的是电路拆装便捷，易于维护。端子排通常按照电流流向顺序进行排布，同时预留 20% 左右的端子排，便于后期系统扩展与维护。连接端子排的基本原则是：

1）如使用的元器件不在控制柜内（如本例中的冲头行程开关、旋转编码器等），需要用端子排将接线固定在控制柜内。

2）利用端子排将电信号隔离与管理，当多个信号同时接入一个位置时，需要用多个端子排短接后，分别连接不同的信号端。

端子排与设备之间的所有接线均需使用 1 ~ 2mm 的套线管，同时用记号笔在套线管外标注电路图样中的电路编号，以便于接线与维护时查找线路。

在总电路图绘制完成后，还需为 PLC 和直流供电设备绘制 PLC 接线图，本例中的 PLC 接线图如图 7-4 所示。

设计者需要根据 PLC 的 I/O 分配表以及外观图设计相应的接线图，首先绘制 PLC 的矩形外框，在正中位置用文字标明 PLC 的规格与型号，再用带斜线的圆代表端子，在端子下方标识对应端子的名称。

（1）供电端的连接　如果 PLC 为继电器输出型，可将总电路图中隔离变压器二次回路的输出端子直接引至 PLC 的 L1 与 N 端；如果为晶体管输出型，则需先将二次回路中的交流电接至开关电源变换为 24V 直流信号后，分别连接至 PLC 的 L + 与 M 端（注意电源极性不能接反）。此外，在条件允许的前提下，将电源端表示地线的位置连接 PE 端，以提高 PLC 使用的安全性。

（2）PLC 输入输出端子的连接　根据 PLC 的 I/O 分配，分别将代表模式选择、开机、关机的 SA1. SB5、SB6 一端与 PLC 的直流供电源一极连接，另一端与对应的端子连接；同时每个端子公共端与直流供电源另一极相连，当对应的按键按下时，可以形成完整的回路。需要注意的是，由于 PLC 自身的直流供电能力有限（一般为 2A 左右），因此除按键等小功率或无功率元器件外，该直流电源一般不用于对外供电。

输出端子的接线方式与输入端子基本类似，如果 PLC 为继电器输出型，则应当将 PLC 的输出点当做开关使用，即被驱动设备一端连接供电电源，另一端连接 Q 点，输出点公共端则与供电电源的另一端连接形成回路；如果 PLC 为晶体管型，则可用该输出点向外输出驱动电流，但当需要驱动大功率设备时，一般通过外接继电器转换控制信号以达到控制目的。

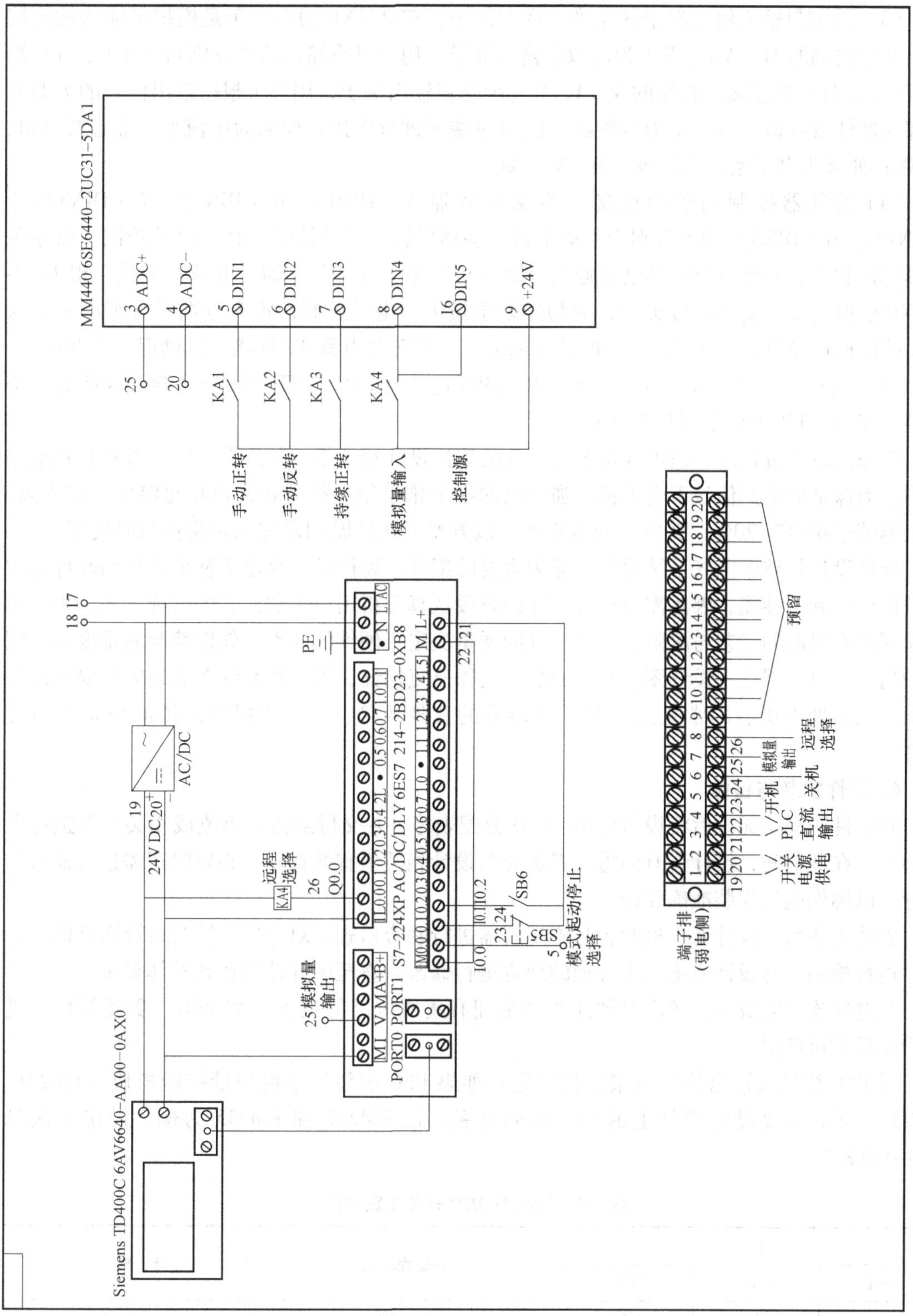
MM440 6SE6440-2UC31-5DA1
ADC+
ADC-
DIN1
DIN2
DIN3
DIN4
DIN5
+24V
KA1
KA2
KA3
KA4
手动正转
手动反转
持续正转
模拟量输入
控制源
24V DC
AC/DC
PE
远程选择
KA4
Q0.0
25 模拟量输出
S7-224XP AC/DC/DLY 6ES7 214-2BD23-0XB8
PORT0
PORT1
SB5
SB6
模式起动停止选择
Siemens TD400C 6AV6640-AA00-0AX0
端子排(弱电侧)
预留
开关电源供电
PLC直流输出
开机
关机
模拟量输出
远程选择

图 7-4　PLC 接线图

(3) 模拟量输入输出端子的连接　在本例中，S7-224XP 的左上角是模拟量输入输出端子。其中左端的 M、A +、B + 为模拟量输入端子，用户可将输入信号分别与（A +、M）端或（B +、M）端连接。右端的 M、I、V 为模拟量输出端子，用户可根据输出信号的类型将外部元器件或设备（本例中为变频器）的对应端子进行连接，如果为电流型，需连接（M、I）端；如果为电压型，需连接（M、V）端。

(4) 变频器控制端子的连接　定义变频器 5（DIN1）、6（DIN2）、7（DIN3）、8（DIN4）、16（DIN5）端子分别为手动正转、手动反转、手动持续正转、自动控制、命令源选择的控制端，并将对应的继电器触点分别与 9 号端子（提供 +24V 电源）连接。根据 S7-224XP 模拟量输出端的信号类型，变频器模拟量采用电压控制，将 3 号端子（ADC +）与 PLC 的模拟量输出端子连接，4 号端子（ADC -）与开关电源 0V 连接，以确保二者共地。

(5) 人机交互界面（HMI）连接　利用 PPI 电缆将 PLC 与 TD400C 文本屏的 485 通信协议端口相连，TD400C 采用开关电源供电。

除完成以上过程外，还需为每个元器件的连接设计端子排，其连接规则、方式和强电侧相同，为保证弱电侧信号不受干扰，强弱电的端子排必须分行排列，相互间保持一定距离。弱电侧端子排可有 20% ~50% 的预留空间，以方便后期扩展 PLC 输入输出接口时使用。

硬件设计是整个电气系统设计中最为重要的部分，硬件设计决定了整个系统的硬件结构和软件可达到的性能，因此需要设计者在该阶段认真分析用户需求，了解系统工艺，尽可能考虑到所有可能的工艺与故障。硬件设计的质量决定了硬件的成本、软件编制的难度与后期维护的工作量，因此在设计图绘制完成后，还需反复论证，以确保系统在满足客户要求的基础上，能够处理所有的常见故障和尽可能多的意外故障，进一步提高系统的稳定性与可靠性。

6. 硬件安装与检验

在硬件图确认无误后将设备清单、I/O 分配表等一并交付给施工单位或相关人员进行电气施工。在此期间，设计者有向施工者解释与设计相关事宜的责任，必要时还需进行监督和指导，以确保电气安装准确无误。

安装完成后，设计者、检验者与施工者需进行联合检查，对电气连接与设计图样的符合程序进行检验，对设计或施工不合理的地方进行修改，直至硬件性能达到整体要求。

在电气连接完成后，还需对硬件尤其是拥有集成电路的设备（如 PLC、变频器）等进行设定后方可使用。

对 PLC 模拟量输出信号类型进行设定：如果 PLC 中使用了模拟量扩展模块（EM231、EM235）等，需要设定硬件上的 DIP 拨码开关，以 EM231 和 EM235 为例，设定方法见表 7-4和表 7-5。

表 7-4　EM231 DIP 开关设定方式

单极性			满量程输入	分辨率
SW1	SW2	SW3		
ON	OFF	ON	0 ~ 10V	2.5mV
	ON	OFF	0 ~ 5V	1.25mV
			0 ~ 20mA	5μA

（续）

双极性			满量程输入	分辨率
SW1	SW2	SW3		
OFF	OFF	ON	±5V	2.5mV
	ON	OFF	±2.5V	1.25mV

表 7-5　EM235 DIP 开关设定方式

单　极　性						满量程输入	分辨率
SW1	SW2	SW3	SW4	SW5	SW6		
ON	OFF	OFF	ON	OFF	ON	0～50mV	12.5μV
OFF	ON	OFF	ON	OFF	ON	0～100mV	25μV
ON	OFF	OFF	OFF	ON	ON	0～500mV	125μV
OFF	ON	OFF	OFF	ON	ON	0～1V	250μV
ON	OFF	OFF	OFF	OFF	ON	0～5V	1.25mV
						0～20mA	5μA
OFF	ON	OFF	OFF	OFF	ON	0～10V	2.5mV
双极性						满量程输入	分辨率
SW1	SW2	SW3	SW4	SW5	SW6		
ON	OFF	OFF	ON	OFF	OFF	±25mV	12.5μV
OFF	ON	OFF	ON	OFF	OFF	±50mV	25μV
OFF	OFF	ON	ON	OFF	OFF	±100mV	50μV
ON	OFF	OFF	OFF	ON	OFF	±250mV	125μV
OFF	ON	OFF	OFF	ON	OFF	±500mV	250μV
OFF	OFF	ON	OFF	ON	OFF	±1V	500μV
ON	OFF	OFF	OFF	OFF	OFF	±2.5V	1.25mV
OFF	ON	OFF	OFF	OFF	OFF	±5V	2.5mV

本例中使用的 S7-224XP 模拟量无需设定 DIP 开关。

变频器在正式使用前需要使用 BOP 面板进行设定，用户可以通过按下 FN 功能键显示变频器的功能参数，并通过分别按下▲（增加）或▼（减少）键选择要设定或观察的参数，按下 P 键确认。部分参数在选择后还可能包含子参数，则需重复按下▲或▼键以及 P 键进行选择。参数设定的整个过程包含参数复位、初始化（或被称为快速调试）和功能调试三个步骤。

1）参数复位：是将变频器参数恢复到出厂状态下的默认值的操作。一般在变频器出厂和参数出现混乱的时候进行此操作。

2）快速调试状态：需要用户输入电机相关的参数和一些基本驱动控制参数，使变频器可以良好地驱动电动机运转。一般在复位操作或者更换电动机后需要进行此操作。

3）功能调试：指用户按照具体生产工艺的需要进行的设置操作。这一部分的调试工作比较复杂，常常需要在现场多次调试。

（1）参数复位　参数复位的流程图如图 7-5 所示。

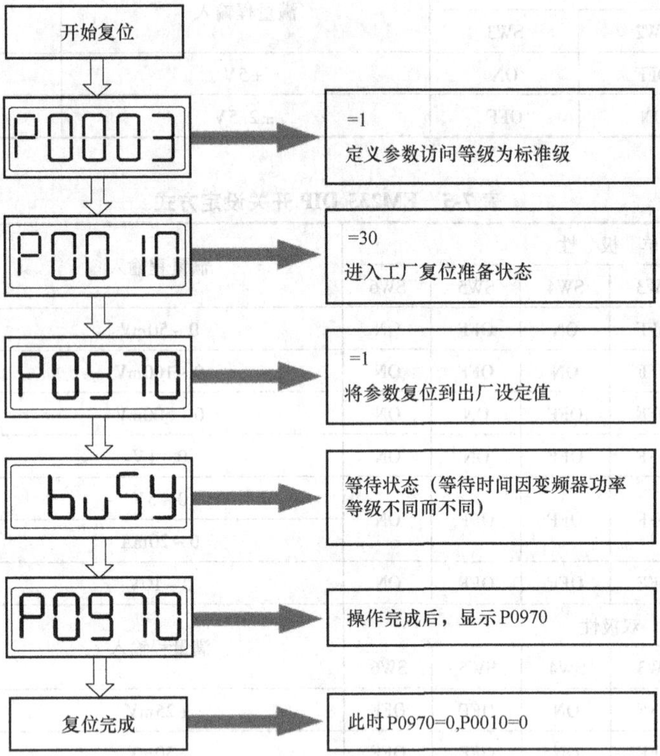

图 7-5　变频器参数复位流程图

变频器参数复位完成后，还需通过快速调试过程完成初始化。

（2）快速调试流程　快速调试流程见表 7-6。

表 7-6　变频器快速调试流程

参 数 号	参数描述	推荐设置
P0003	设置参数访问等级 =1 标准级（只需要设置最基本的参数） =2 扩展级 =3 专家级	3
P0010	=1 开始快速调试 注意： 1. 只有在 P0010 =1 的情况下，电动机的主要参数才能被修改，如：P0304、P0305 等 2. 只有在 P0010 =0 的情况下，变频器才能运行	1
P0100	选择电动机的功率单位和电网频率。 =0 单位 kW，频率 50Hz =1 单位 hp（1hp =745. 700W），频率 60Hz =2 单位 kW，频率 60Hz	0

（续）

参 数 号	参 数 描 述	推 荐 设 置
P0205	变频器应用对象 =0 恒转矩（压缩机、传送带等） =1 变转矩（风机、泵类等）	0
P0300［0］	选择电动机类型 =1 异步电动机 =2 同步电动机	1
P0304［0］	电动机额定电压： 注意电动机实际接线（Y/△）	根据电动机铭牌
P0305［0］	电动机额定电流： 注意：电动机实际接线（Y/△） 如果驱动多台电动机，P0305 的值要大于电流总和	根据电动机铭牌
P0307［0］	电动机额定功率 如果 P0100 =0 或 2，单位是 kW 如果 P0100 =1，单位是 hp	根据电动机铭牌
P0308［0］	电动机功率因数	根据电动机铭牌
P0309［0］	电动机的额定效率 注意： 如果 P0309 设置为 0，则变频器自动计算电动机效率 如果 P0100 设置为 0，则看不到此参数	根据电动机铭牌
P0310［0］	电动机额定频率 通常为 50/60Hz 非标准电动机，可以根据电动机铭牌修改	根据电动机铭牌
P0311［0］	电动机的额定速度 矢量控制方式下，必须准确设置此参数	根据电动机铭牌
P0320［0］	电动机的磁化电流　通常取默认值	0
P0335［0］	电动机冷却方式 =0 利用电动机轴上风扇自冷却 =1 利用独立的风扇进行强制冷却	0
P0640［0］	电动机过载因子 以电动机额定电流的百分比来限制电动机的过载电流	150
P0700［0］	选择命令给定源（启动/停止） =1 BOP（操作面板） =2 I/O 端子控制 =4 经过 BOP 链路（RS232）的 USS 控制 =5 通过 COM 链路（端子 29、30） =6 PROFIBUS（CB 通信板） 注意：改变 P0700 设置，将复位所有的数字输入输出至出厂设定	2
P1000［0］	设置频率给定源 =1 BOP 电动电位计给定（面板） =2 模拟输入 1 通道（端子 3、4） =3 固定频率 =4 BOP 链路的 USS 控制 =5 COM 链路的 USS（端子 29、30） =6 PROFIBUS（CB 通信板） =7 模拟输入 2 通道（端子 10、11）	2

（续）

参 数 号	参 数 描 述	推 荐 设 置
P1080［0］	限制电动机运行的最小频率	0
P1082［0］	限制电动机运行的最大频率	50
P1120［0］	电动机从静止状态加速到最大频率所需时间	10
P1121［0］	电动机从最大频率降速到静止状态所需时间	10
P1300［0］	控制方式选择 =0 线性 V/f，要求电动机的压频比准确 =2 平方曲线的 V/f 控制 =20 无传感器矢量控制 =21 带传感器的矢量控制	0
P3900	结束快速调试 =1 电动机数据计算，并将除快速调试以外的参数恢复到工厂设定 =2 电动机数据计算，并将 I/O 设定恢复到工厂设定 =3 电动机数据计算，其他参数不进行工厂复位	3
P1910	=1 使能电动机识别，出现 A0541 报警，马上启动变频器	1

对变频器进行快速调试时，必须严格按照从上到下的方向进行变频器初始化，参数后方括号内的数字代表该参数的子参数。

（3）功能调试　在本例中，由于有自动与手动两种操作方式，因此需设定变频器为分组运行方式。根据表 7-7 所示的变频器参数 P0700 的命令源，选择 P0700［0］=2。

表 7-7　变频器参数 P0700 命令源

参数 P0700	
参数数值	含义/命令源
0	工厂默认设置
1	BOP（操作面板）
2	由端子板上的端子接入信号
4	通过 BOP 链路的 USS 设置
5	通过 COM 链路的 USS 设置
6	通过 COM 链路的 CB 设置

设定手动命令的给定源，根据表 7-8 所示的 P1000 给定源表，设定 P1000［0］=3。

表 7-8　P1000 参数给定源

参 数 数 值	含　义	
	主设定值信号源	辅助设定值信号源
0	无主设定值	
1	MOP 设定值（电动电位计）	
2	模拟设定值	
3	固定频率设定值	

（续）

参数数值	含　义	
	主设定值信号源	辅助设定值信号源
4	通过 BOP 链路的 USS 设置	
5	通过 COM 链路的 USS 设置	
6	通过 COM 链路的 CB 设置	
7	模拟设定值 2	
10	无主设定值	MOP 设定值
11	MOP 设定值	MOP 设定值
12	模拟设定值	MOP 设定值
…	…	…
77	模拟设定值 2	模拟设定值 2

根据变频器对数字量输入的设定，选择所有的数字量输入点（端子 5、6、7）参数（P0701［0］、P0702［0］、P0703［0］）均为 16；同时根据要求，设置 P1001［0］为 25（Hz）、P1002［0］为 -15（Hz）、P1003［0］为 20（Hz），每个数字量的输入值可参考图 7-6。

数字输入	端子编号	参数编号	出厂设置
DIN1	5	P0701	1
DIN2	6	P0702	12
DIN3	7	P0703	9
DIN4	8	P0704	15
DIN5	16	P0705	15
DIN6	17	P0706	15
	9	公共端	

说明:

1. 开关量的输入逻辑可以通过P0725改变。
2. 开关量输入状态由参数r0722监控，开关闭合时相应笔画点亮。

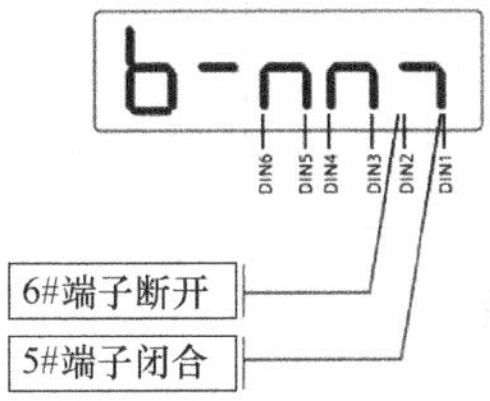

功能说明

=1 接通正转/断开停车
=2 接通反转/断开停车
=3 断开按惯性自由停车
=4 断开按第二降速时间快速停车
=9 故障复位
=10 正向点动
=11 反向点动
=12 反转（与正转命令配合使用）
=13 电动电位计升速
=14 电动电位计降速
=15 固定频率直接选择
=16 固定频率选择 + ON 命令
=17 固定频率编码选择 + ON 命令
=25 使能直流制动
=29 外部故障信号触发跳闸
=33 禁止附加频率设定值
=99 使能BICO参数化

图 7-6　MM440 变频器数字量选择参考表

自动的设定：根据图 7-6，设定 P704［1］=1（接通正转，断开停车），P705［1］=99（使能 BICO 参数化）；同时根据表 7-8，设定 P1000［1］=2（模拟设定值）。

在变频器功能参数设定完成后，最好将所有的外部端子断开，然后使每个端子排单独接通，检测手动功能是否正常；其次，将自动的端子接通，并且从模拟量输入端外加相应电压，检测模拟量控制功能是否正常。检测完成后，再将所有的端子重新连接。

7. 软件编制

根据上述逻辑，首先为程序中必要的数据分配数据区，见表 7-9。

表 7-9　数据分配

数据端子名称	PLC 端子名称	功 能 说 明
SA1	I0.0	I0.0 = 1 进入自动状态
SB5	I0.1	I0.1 = 1 自动启动
SB6	I0.2	I0.2 = 1 自动停止
KA4	Q0.0	Q0.0 = 1 模拟量通道选择运行
TD400C（1）	VB0 ~ VB3	存放运行状态显示数据，第 1 个字节为数据个数，后 2 个字节为文本“自”或“手”
TD400C（2）	VW4（VB4 ~ VB5）	存放当前设定速度

绘制程序的流程图，如图 7-7 所示。

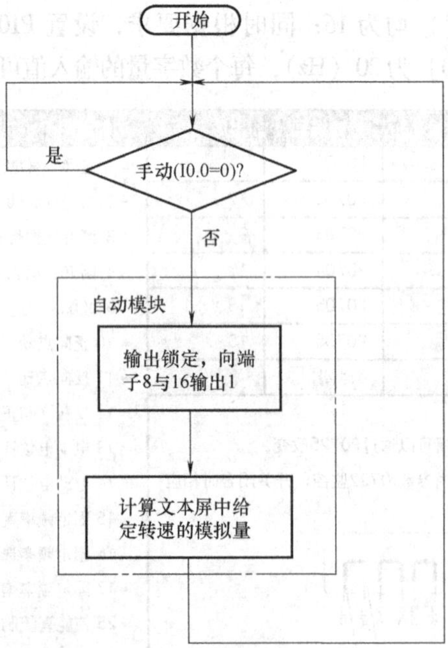

图 7-7　程序流程图

注意到程序手动部分与 PLC 无关，因此仅需编制自动运行部分的程序。

采用列表法对本节中的电动机控制程序进行编制，首先分析 PLC 数字量输入与输出之间的关系，列出线圈输入与输出的列表，见表 7-10。

表 7-10　电动机控制程序逻辑表

输 出 逻 辑	自 锁 条 件	解 锁 条 件
Q0.0（KA4）	I0.0 = 1 且 I0.1↑	（1）I0.0 = 0 （2）I0.0 = 1 且 I0.2 = 1

根据上述逻辑可用 FBD 或 LAD 编程，本例中以 LAD 程序为例。首先简化上表中的逻辑，解锁条件取反，利用布尔量计算公式可知 $\overline{\overline{I0.0} + (I0.0\&I0.2)} = I0.0\&\overline{I0.2}$，因此 $((I0.1\uparrow\&I0.0) + Q0.0)\ \&\ (I0.0\&I0.2) = (I0.1\uparrow + Q0.0)\ \&I0.0\&I0.2$，由此编制 LAD 程序如图 7-8 所示。

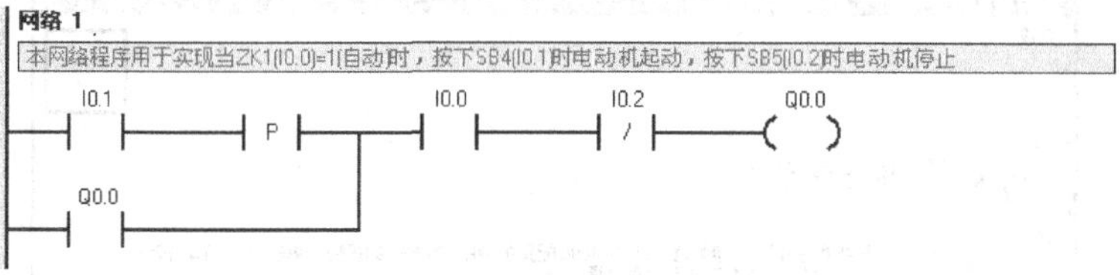

图 7-8　电动机控制数字量逻辑程序

下面进行模拟量部分的程序设计，由表 7-9 可以知道，VW4 的值为转速，可以通过文本屏修改。电动机的转速为 0 ~ 1200r/min，而 CPU 224XP 的电压输出值为 0 ~ 32767，因此每次向 AQW0 输出的数值应当为当前转速 ÷ （1200/32767）并取整。但是，因为 CPU 224XP 自带模拟量输出的 D-A 转换精度为 10 位，因此其实际 D-A 转换后的电压输出存在误差，最大误差约为 ±0.04V。该部分程序（含输入数据保护的网络 2）如图 7-9 所示。

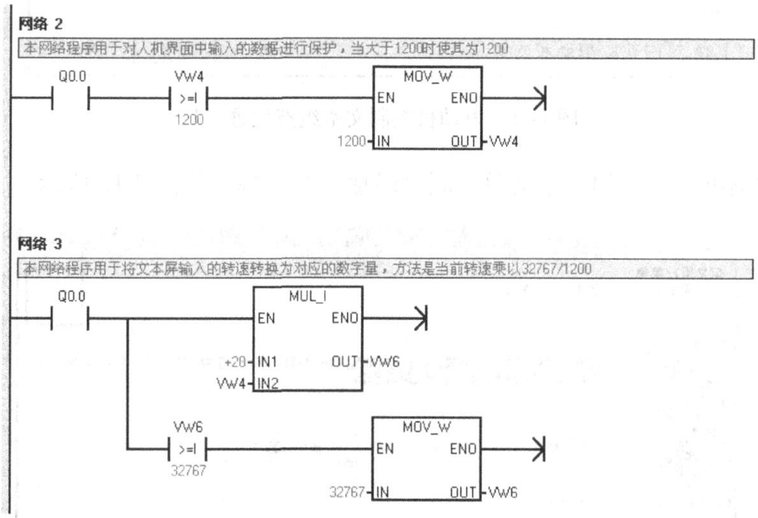

图 7-9　电动机控制模拟量控制程序

图 7-10 所示是人机界面程序，用于在人机界面上显示当前的手、自动状态。

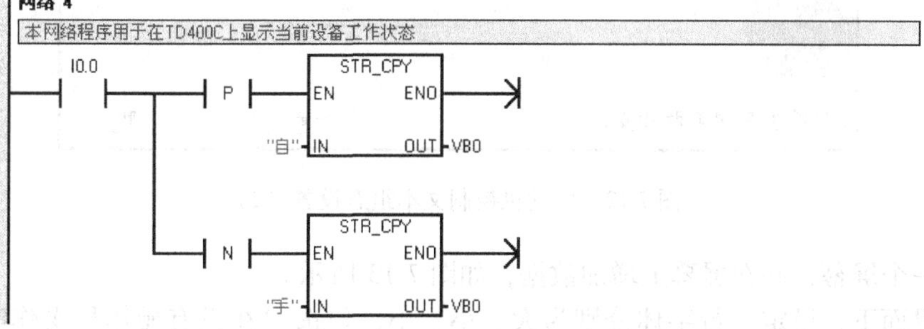

图 7-10　电动机控制显示工作状态程序

文本屏组态：在人机界面上仅用一个屏幕即可，在第一行显示当前的工作状态，第二行显示当前的转速并可设定。运行“文本显示”向导，在第二个界面选择 TD400C 版本 2.0，其他选项选择默认，直到弹出如图 7-11 所示的界面。

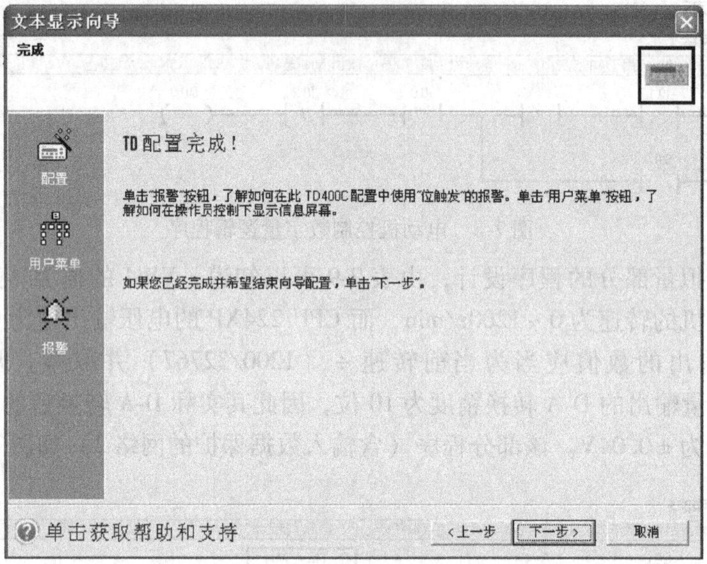

图 7-11　电动机控制文本组态设置（1）

在“用户菜单”中增加一个菜单，同时增加一个屏幕，如图 7-12 所示。

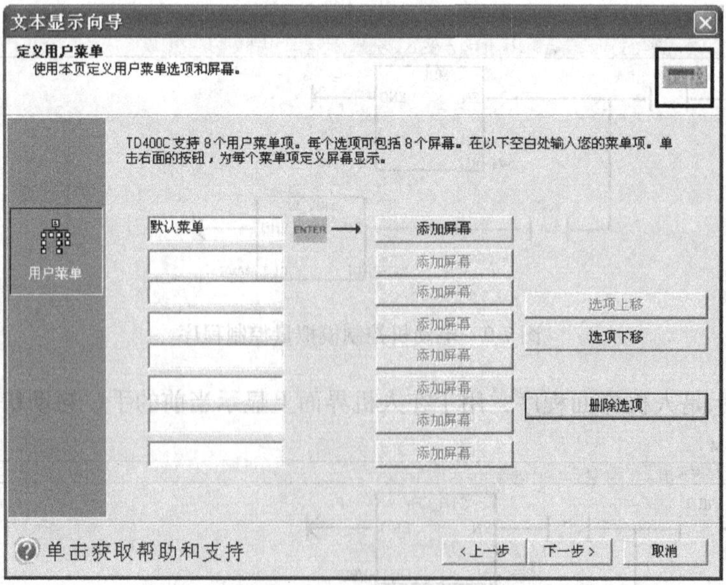

图 7-12　电动机控制文本组态设置（2）

添加一个屏幕，并在屏幕上增加数据，如图 7-13 所示。

在该界面下，设定三行字体分别为大、小、小，勾选“在没有操作员操作时，此屏幕应当设置为默认显示”，这样在 TD400C 每次重启时会自动显示该屏幕。

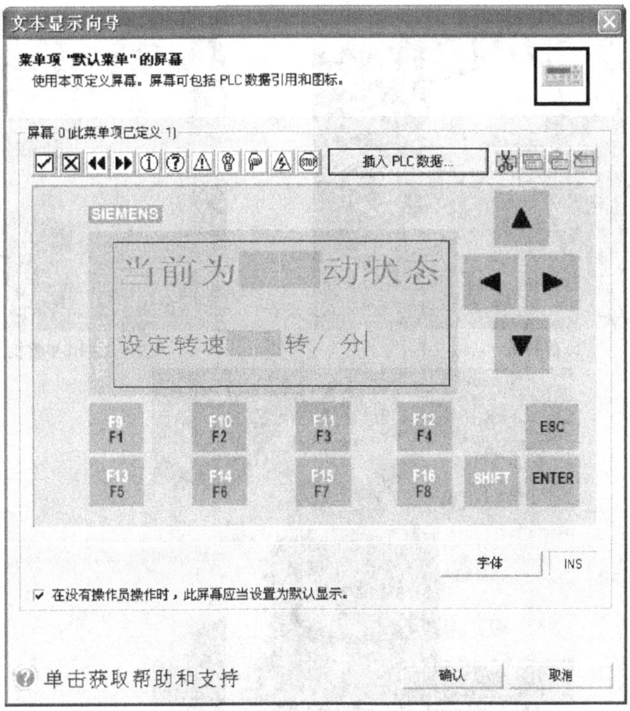

图 7-13　电动机控制文本组态设置（3）

在该屏幕中，第一组数据为 VB0，数据格式选“字符串”；第二组数据为 VW4，数据格式选“无符号数”（确保输入的数据始终不小于 0），小数点右侧位数选 0，并且勾选“允许用户编辑此数据”。单击相应选项完成文本向导配置。

至此为止，程序软件编制完成，将程序下载至 PLC，进行联机调试后，若性能确认无误，即可投产使用。

7.3　电气控制柜设计实例

上一节介绍了基本的电气控制系统设计过程，本节将在此基础上，以某冲压系统的自动化改造为例，介绍电气控制系统的完整设计过程，并对电气控制柜体的设计进行详细的说明。

图 7-14 为冲压系统的三个主要设备实物照片。

1. 工艺概述

用户当前操作流程为：利用行车将钢卷（宽 306mm、内径约 0.75m、外径约 3m）架在落料机上，通过落料机上自带的电动机调整三脚架撑紧，然后将钢板送至平整机。平整机自带减速电动机（最高转速 60r/min），带动三组金属辊通过挤压与弯折将钢板压平后送入冲压机。当踩下启动踏板后接通气动阀的电位开关，驱动曲动辊连接的冲头向下运动到最大位置后自动返回原位（一次完整行程）。钢板冲压成形后自动被模具中的橡皮圈弹出，整个流程的简化示意图如图 7-15 所示。

a) 落料机　　b) 平整机

c) 冲压机

图 7-14　冲压自动化改造主体设备

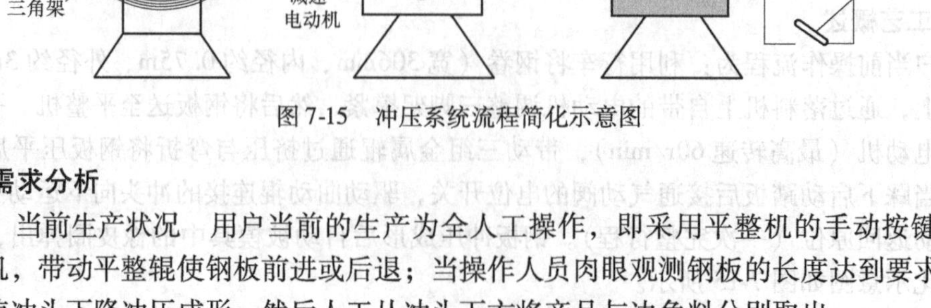

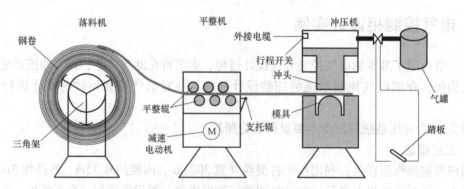

图 7-15　冲压系统流程简化示意图

2. 需求分析

（1）当前生产状况　用户当前的生产为全人工操作，即采用平整机的手动按键操作减速电动机，带动平整辊使钢板前进或后退；当操作人员肉眼观测钢板的长度达到要求时，踩下踏板使冲头下降冲压成形，然后人工从冲头下方将产品与边角料分别取出。

(2) 存在的问题 冲压对送入冲压机的钢板长度精度要求较高，当长度不足时冲压的产品容易出现缺口，长度过长时会使废料率过高，增加生产成本。人工操作时钢板送入长度由人眼观测，精度无法保证；冲压完成后人工取出产品时如踏板意外踩下，容易造成人身事故；手动操作速度慢，生产效率低下。

(3) 用户需求 改造上述系统，在手动方式不变的前提下，增加以下内容：

1）半自动运行方式：首先在手动运行方式下将钢板送至适当位置后，切换至半自动运行方式。由操作员踩下踏板启动冲压；然后系统自动启动送料（钢板）将产品与边角料向另一侧推出冲头的范围，送料在到达设定长度后停止；由操作员人工将钢板取出，然后操作员再次踩下踏板启动冲压，重复上述过程。

2）全自动运行方式：首先在手动运行方式下将钢板送至适当位置后，切换至全自动运行方式。按下启动按键后冲压机启动冲压；启动机械手将冲头下方的产品取出；系统自动启动送料将边角料推出冲头范围，送料在到达设定长度后停止；然后冲压机再次自动启动冲压，重复上述过程。

3）增加触摸屏，可以设定送料长度、显示实际送料的长度；记录冲压产品的个数；半自动与全自动运行中，如果由于钢板平整度不足导致与支托辊接触不良或产品未取出时，系统将停止工作并报警，等待操作员确认并重新启动后，从送料开始半自动或全自动生产。

(4) 具体需求分析 形成控制柜一台，包含以下主要设备：① PLC 一台，用于实现系统的自动运行；② 光电编码器一个，用于检测送料长度；③ 变频器一台，用于控制平整机中的减速电动机；④ 文本屏一台，用于设置送料长度，显示送料实际长度与冲压产品个数。

1）设备已经拥有手动操作设备，用接触器直接操作电动机工频正反转；但由于增加了变频器，因此原手动操作设备中需进行如下改造：将原手动电路重新设计，使手动操作电动机正反转的信号接至变频器。

2）为检测送料长度，在平整机出口处的支托辊上使用联轴器连接光电编码器，采集到的高速脉冲信号送入 PLC 中进行脉冲计数。

3）为提高送料效率，半自动与全自动送料不使用电动机反转的信号；同时为保证送料精度，采用两段速式送料法，即在送料长度为 0 到一段距离（如总长度的 2/3）时采用较高速度送料以保证效率，剩下的距离采用低速送入以保证精度。

4）由于现场已有为冲压机供气的气源，因此在全自动中增加的取料机械设备采用单向式气缸（无定位开关），并在伸出杆头部固定安装电磁铁，高度略大于产品高度。当冲压完成后，使气缸电信号接通，气缸杆伸出，同时电磁铁通电；1s 后吸取产品气缸电信号断开，气缸杆收回，隔一段时间（约 1s 后）电磁铁断电使产品下落至传送带；传送带上安装接近开关，当产品经过时产生正脉冲信号，为产品计数，同时确保产品已取出，可启动下次冲压。

5）冲压完成后，冲压机中的行程开关会在冲头回归原位后发出 +24V 的正脉冲信号，因此可用上述正脉冲信号起动气缸。

6）经检测后可知，当钢板与平整机支托辊之间由于接触不良导致支托辊无法旋转时，光电编码器在此后一段时间（3 ~ 6s）内发送的高速脉冲数小于 100，可将此项指标作为判定不良接触的条件；此外，在自动运行时，如在电磁铁断电 2s 后没有接收到传送带接近开关的信号，视为产品未取出。分别在平整机与冲压机附近安装报警灯，当以上两种故障出现时分别点亮，只有当操作员在文本屏上确认后方可停止。

7）启动检测不良的故障排除后，操作员需在手动送料后重新启动半自动或自动操作。

8）在文本屏上添加屏幕，分别显示工作模式与状态、设定进料长度、当前进料长度、冲压产品个数，同时增加两种报警提示。

根据以上分析，可做出系统设备的粗略连接图，如图 7-16 所示。

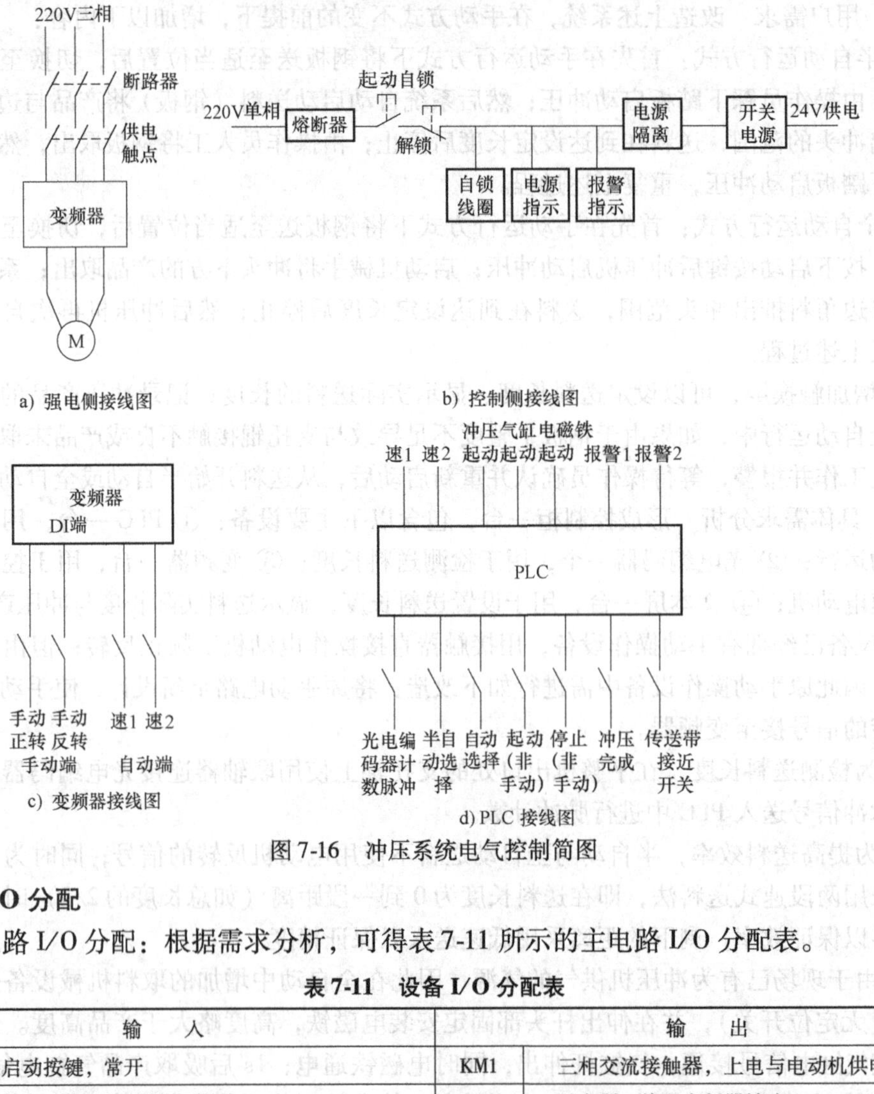

图 7-16　冲压系统电气控制简图

3. I/O 分配

主电路 I/O 分配：根据需求分析，可得表 7-11 所示的主电路 I/O 分配表。

表 7-11　设备 I/O 分配表

输　入		输　出	
SF1	启动按键，常开	KM1	三相交流接触器，上电与电动机供电
SS1	停止（急停）按键，常闭	KA1	继电器，接通变频器转速 1
SA1	三位旋钮，手、自动选择	KA2	继电器，接通变频器转速 2
SB1	手动正转按键，常开	KA3	继电器，接通冲压起动
SB2	手动反转按键，常开	KA4	继电器，接通气缸起动
SB3	全自动启动按键，常开	KA5	继电器，接通电磁铁起动
SB4	全自动停止按键，常闭	KA6	继电器，平整机处报警
SQ1	冲压机自带行程开关，常闭	KA7	继电器，传送带处报警
SQ2	传送带接近开关，常开	KA8	继电器，接通半自动模式
		KA9	继电器，接通自动模式

同时，根据PLC的连接图，设计出表7-12所示的PLC I/O分配表。

表7-12 PLC I/O分配表

输入			输出		
触点	元器件	功能	继电器	元器件	功能
I0.0	PG	光电编码器高速脉冲输入	Q0.0	KA1	继电器，接通变频器转速1
I0.1	KA9	半自动选择位	Q0.1	KA2	继电器，接通变频器转速2
I0.2	KA8	自动选择位	Q0.2	KA3	继电器，接通冲压起动
I0.3	SB3	全自动启动按键，常开	Q0.3	KA4	继电器，接通气缸起动
I0.4	SB4	全自动停止按键，常闭	Q0.4	KA5	继电器，接通电磁铁起动
I0.5	SQ1	冲压机自带行程开关，常闭	Q0.5	KA6	继电器，接通平整机处报警
I0.6	SQ2	传送带接近开关，常开	Q0.6	KA7	继电器，接通传送带处报警

4. 设备选型

根据计算可知电动机的额定电流为5.8A，由此可得到表7-13所示的选型清单。

表7-13 设备选型表

设备名称	型号	规格	订货号
变频器	Siemens MM440	恒转矩最大输出电流11.7A，重量3.3kg 尺寸149mm（W）×202mm（H）×172mm（D）	6SE6440-2UC22-2BA1
文本屏	Siemens TD400C	分辨率192×64，重量0.33kg，电流41mA 尺寸174mm（W）×102mm（H）×31mm（D）	6AV6 6640-0AA00-0AX0
PLC	Siemens S7-224CN	数字量7I/7O，为便于后期扩展，选取S7-220CN AC/DC/RLY，14输入/10输出	6ES7 214-1BD23-0XB0
按键（5）	LA19-11	绿（4）（开机、手动正转、手动反转、自动和半自动启动），红（1）（自动和半自动停止）	
急停按键	LA19-11/J	红（蘑菇头）	
旋钮	SA18-11	三位	
开关电源	OTD-120B	2A，用于向文本屏、变频器控制端及PLC输出端供电	
中间继电器（10）	------------	支持交流220V和直流24V，2A	
交流接触器	------------	220V，20A	
接近开关	------------	24V，两线制	
隔离变压器	OTD-120B	220V，4A	
指示灯（5）	AD11-25/40	220V，电源（绿）、报警（红）、手动（黄）、半自动（蓝）、自动（绿）	
熔断器（2）	αM1-5A，2A	4A，2A	
断路器	DZ47-60	20A	
气缸	------------	供电交流220V，最大伸出距离50cm	

（续）

设备名称	型　号	规　格	订货号
电磁铁	————————	供电交流 220V，最小吸力 10N	
风扇（2）	————————	220V，直径 120mm	
光电编码器	————————	DC24V，分辨率 1000，电压增量式	
备注：括号中表示数量			

5. 设计硬件电路图

根据电路设计草图、设备选型表绘制强电侧硬件电路图，如图 7-17 所示。

与 7.2 节中类似，总电路图中采用变频器对电动机进行控制，要求在断路器连接后整个系统才能得电，同时用按键与接触器组成自锁、解锁电路使控制电路与变频器得电。为实现控制柜内部的散热，在柜体两侧增加通风口与风扇口，在控制侧电路中增加两个 220V 供电的风扇。同时，利用继电器 KA4 ~ KA7 分别接通气缸、电磁铁与平整机和传送带的报警灯。为了指示当前设备工作模式，用三位旋钮分别接通不同颜色的指示灯，同时分别用 KA8 ~ KA10 实现电压转换，转为可向 PLC 输入的 24V 直流信号。增加隔离变压器为 PLC 和开关电源供电。

强电侧电路设计完成后，设计 PLC 侧的弱电侧控制电路，如图 7-18 所示。

首先，用开关电源为 PLC 的输出端和文本屏 TD400C 提供 24V 直流电源；用 PLC 自带的直流输出电源为行程开关、接近开关、光电编码器和 PLC 的输入端供电；用变频器自带 24V 供电电源为对应的端子排供电。

（1）PLC 输入端信号连接　根据 PLC 的 I/O 分配表，仅有 7 个输入信号，因此将 1M 端与 PLC 的直流输出端负极 M 端相连，将 7 个输入元器件一端与 PLC 的直流输出端正极 L + 连接后，分别接入 I0.0 ~ I0.6。

（2）PLC 输出端信号连接　由于选取的 PLC 是继电器型，因此 PLC 输出端为干结点，仅相当于一个开关，因此接线时可不考虑正负极的问题。根据 PLC 的 I/O 分配表，将 1L 与 2L 直接与开关电源输出直流的正极相连，而连接的继电器线圈在分别与对应的 Q 点连接后均连接至开关电源输出直流的负极。

（3）TD400C 的连接　TD400C 的连接相对简单，将供电端分别与开关电源直流供电端连接，同时用 RS485 电缆将 TD400C 的通信端与 PLC 的通信端连接即可。

（4）变频器的接线　在本例中没有模拟量控制。为使手、自动实现分离，将代表手动端的继电器（KA10）常开触点分别与正反转按键相连，从而确保非手动状态时手动正反转按键失效，避免出现意外事故；而自动端由于可采用程序进行控制，因此仅使用 PLC 输出控制继电器触点即可，如有需要，亦可将表示手动状态的继电器（KA10）常闭触点与上述触点串联，进一步提高系统的安全性。

在这里需要说明的是，手动正反转采用组合式的多用双向按键盒，该按键盒不安装于柜体内，通过采用端子排连接至控制柜。

（5）踏板部分的电气改造　原冲压机的冲压信号由踏板提供，在增加半自动和自动控制部分后，为确保在系统自动运行时不会因踏板踩下导致意外，需对原线路进行改造。因为手动和半自动模式均需依靠踏板作为启动信号，因此用代表自动状态的继电器（KA8）常开

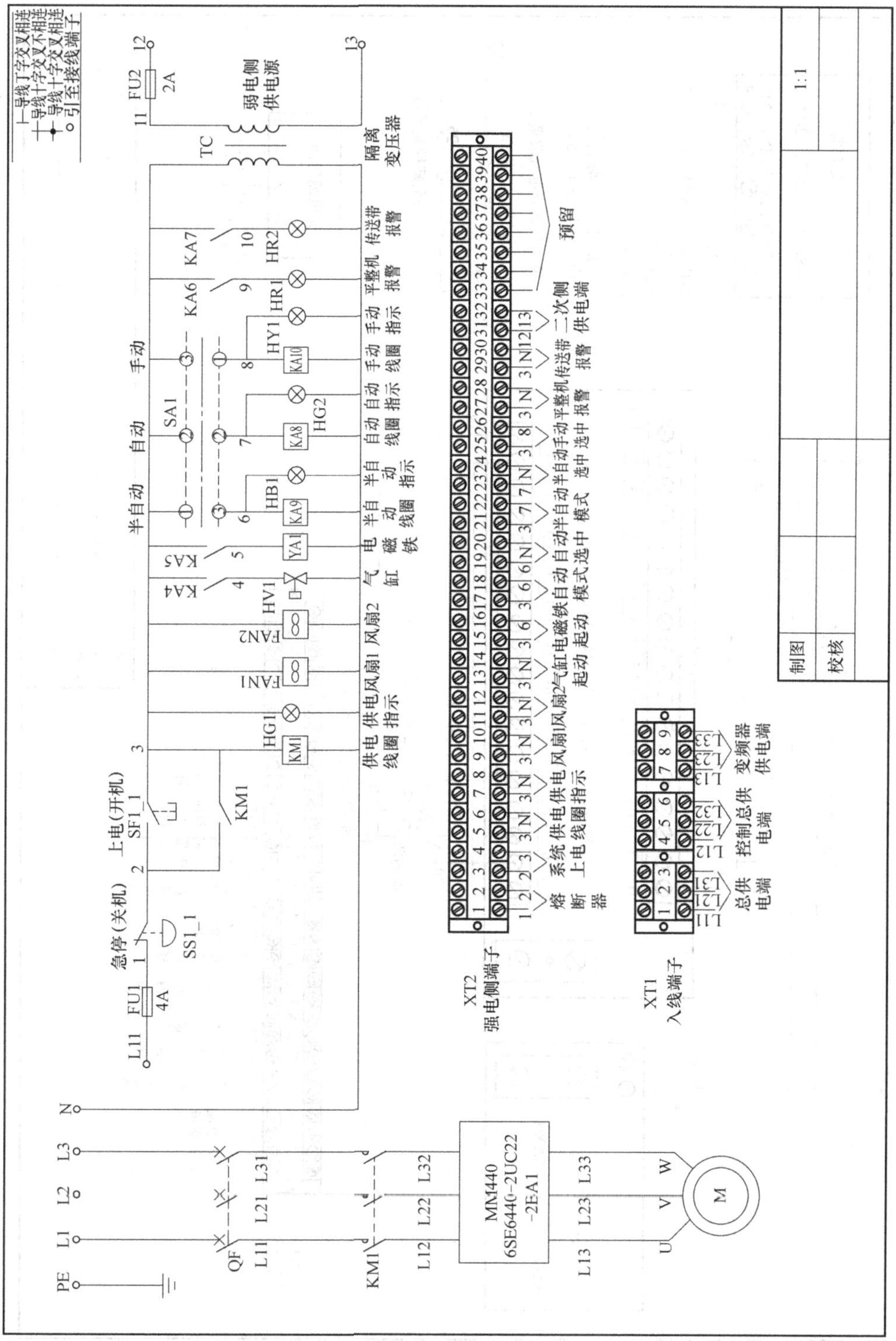

图7-17 冲压控制系统总电路图

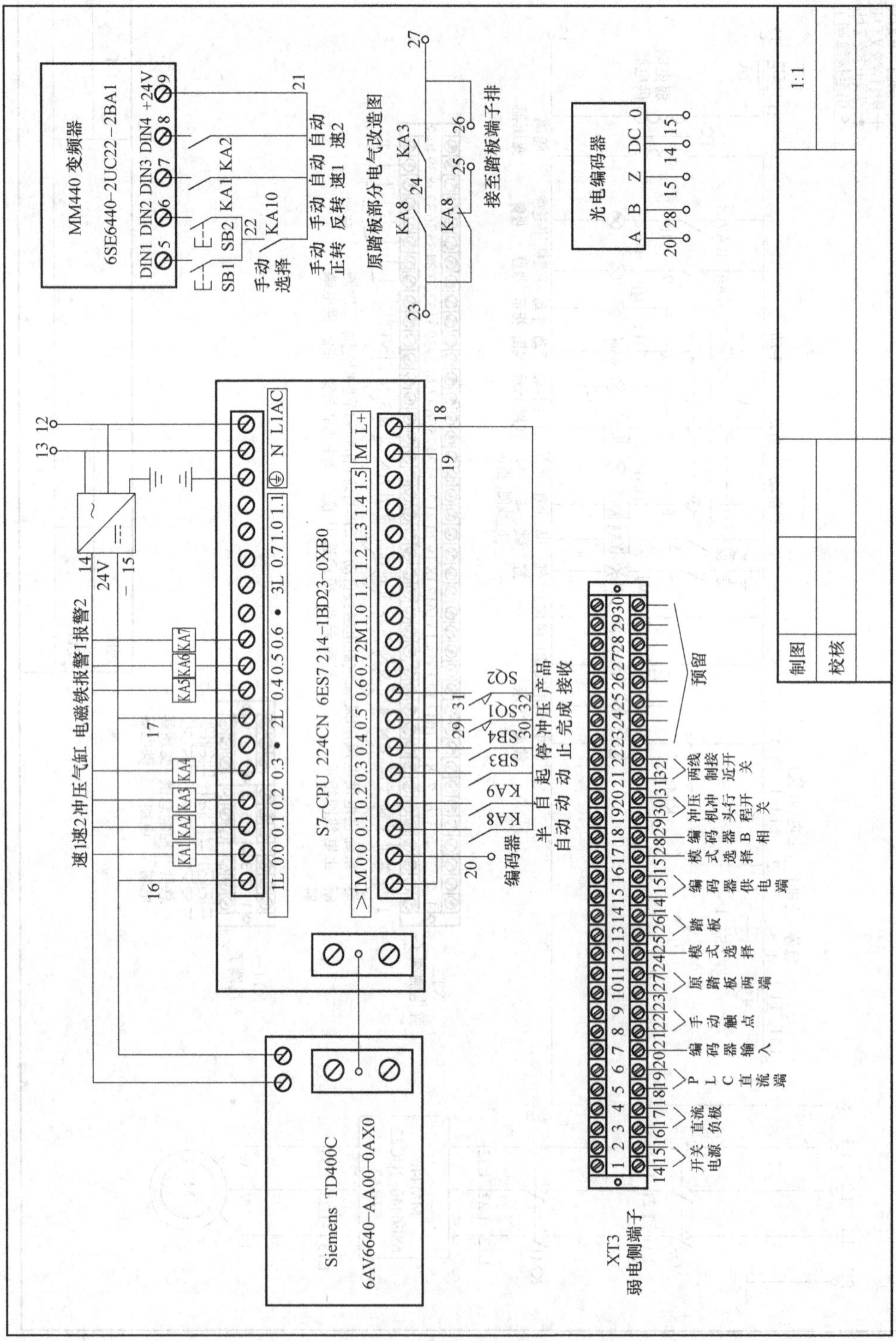

图 7-18　弱电侧控制电路图（PLC 连接图）

触点连接自动冲压起动信号（KA3），用常闭触点连接踏板；两种信号并联后连接至原冲压信号的两端。

（6）光电编码器的连接　购置光电编码器后，需用联轴器与平整机支托辊进行连接，如图 7-19 所示。

图 7-19　编码器安装图

光电编码器连接平整机的支托辊，因此需安装在控制柜外，先将对应的信号与控制柜内部的弱电端子排连接。由于仅需接收光电编码器的正向脉冲，因此除供电端 DC 与 0 端连接 PLC 直流输出端外，Z 端接直流电源负极，A 端通过端子排连接至 I0.0。

行程开关与接近开关的连接：冲压机冲头连接行程开关，该开关使用冲压机上提供的直流电源，因此本例中仅需将行程开关的常开触点的两端（电路端子编号 29 和 30）引至端子排（19 和 20），然后分别与 PLC 直流供电端（电路端子编号 18）与 I0.5 连接即可。选用两线制接近开关直接与 PLC 直流供电端（电路端子编号 18）和 I0.6 连接。

在强弱电电路图完成后，还需为控制柜设计柜体的正视图与侧视图（含柜门），如图 7-20与图 7-21 所示。

与正视图类似，在柜体上需标注柜体的深度，在左、右侧面的中轴线上方开孔（标注位置与直径），用于在柜体内侧安装风扇将柜体内空气排出；下方开防雨孔，用于进气。

柜体后视图如图 7-22 所示。

同样地，在控制柜后部开正方形孔，用于控制柜与外部设备电线连接。

除上述图样外，设计者还需为控制柜内部的元器件设计提供粗略的布置图，如图 7-23 所示。

控制柜内部增加一个背板，安装标准导轨，可将所有设备安装在柜体内。设备布置图中，需指出主要的电气设备在柜中的位置，为避免强电对弱电信号的干扰，应尽量将使用上述电信号的设备分开摆放。通常情况下，继电器与端子排位于柜体下部，同时强弱电端子排分开布置。

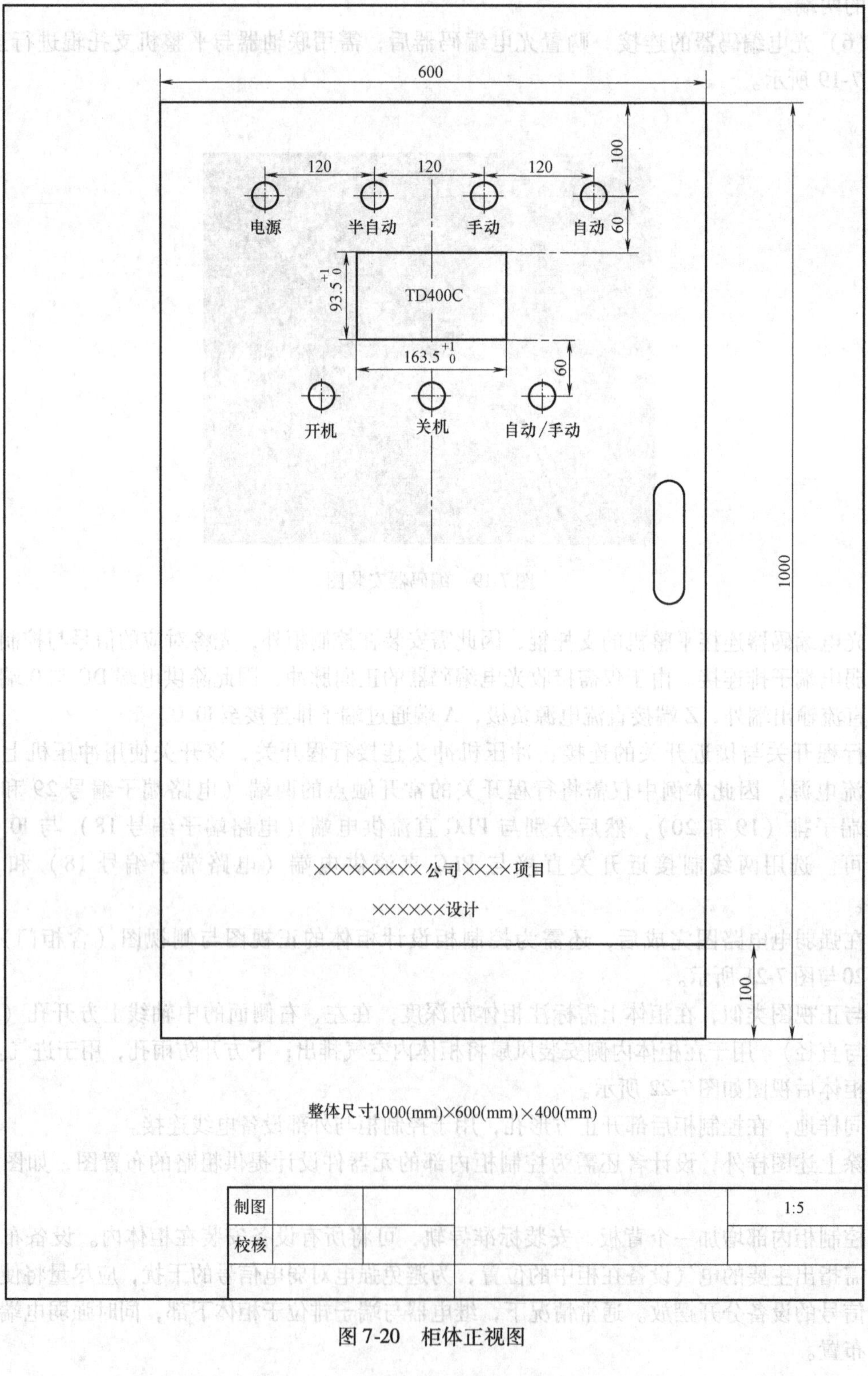
600
100
120
120
120
60
电源
半自动
手动
自动
93.5 +1 0
TD400C
163.5 +1 0
60
开机
关机
自动/手动
1000
××××××××× 公司 ×××× 项目
×××××× 设计
100
整体尺寸1000(mm)×600(mm)×400(mm)
制图
校核
1:5

图 7-20　柜体正视图

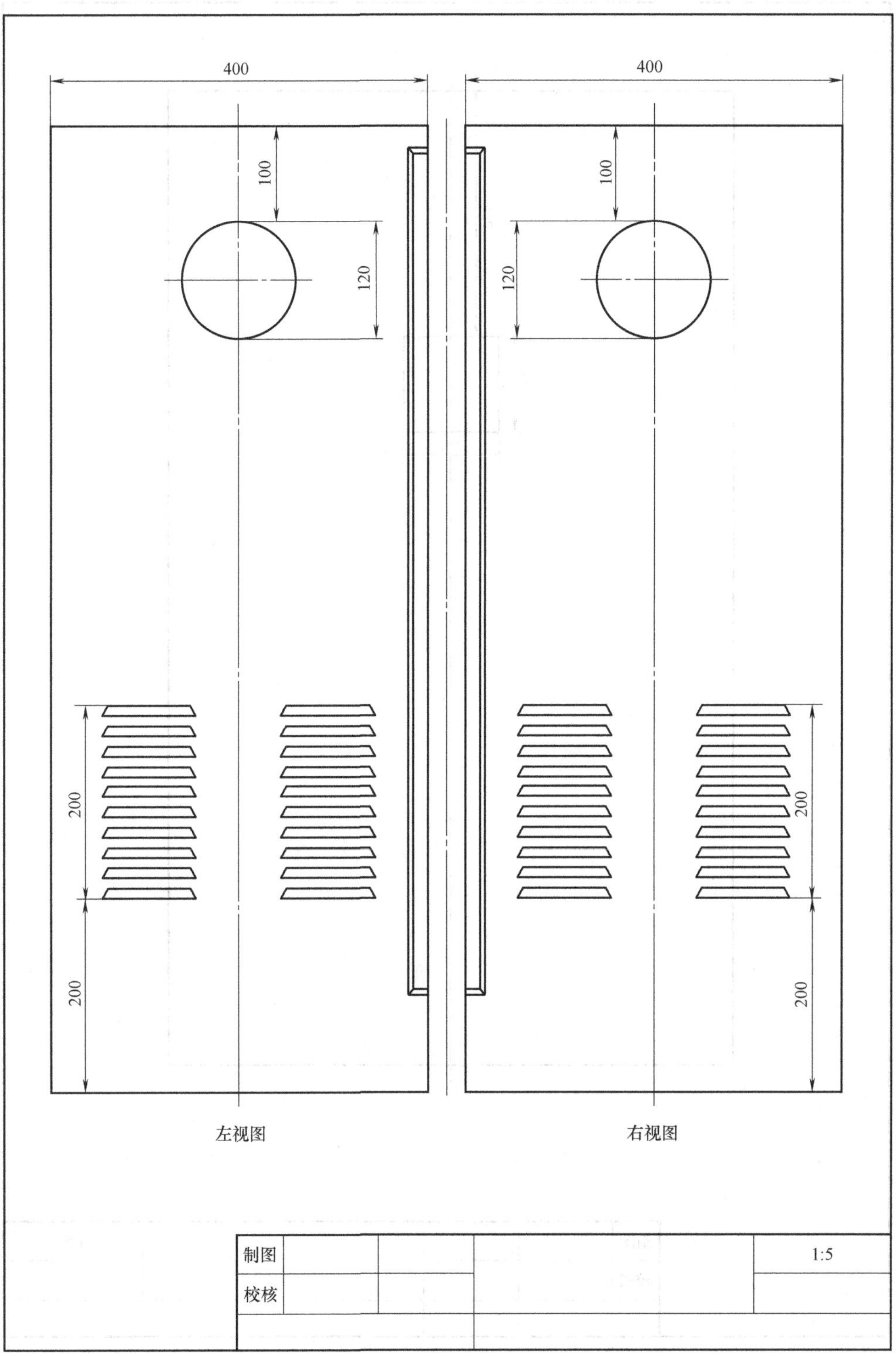

图 7-21　控制柜侧视图

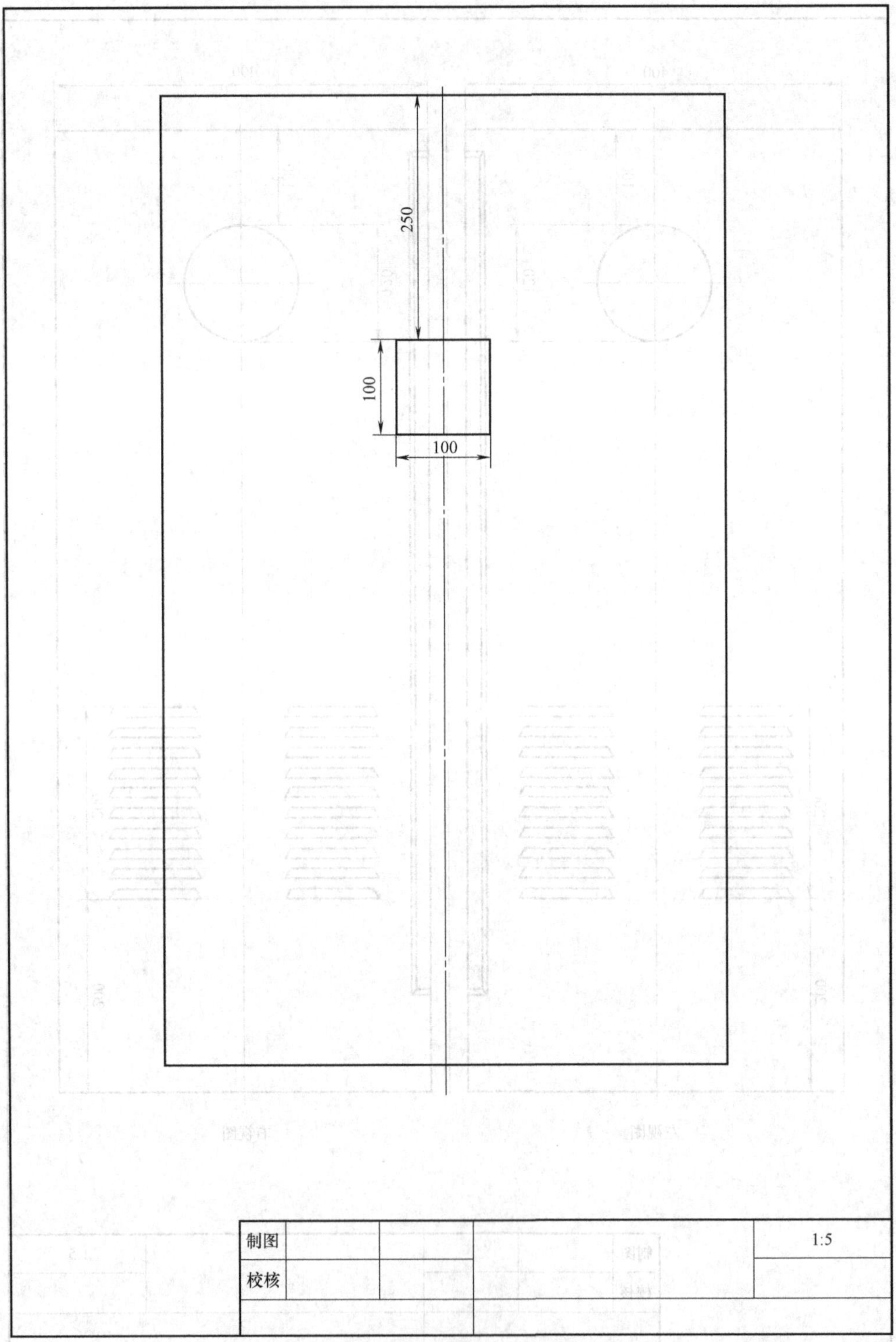

图 7-22　控制柜后视图

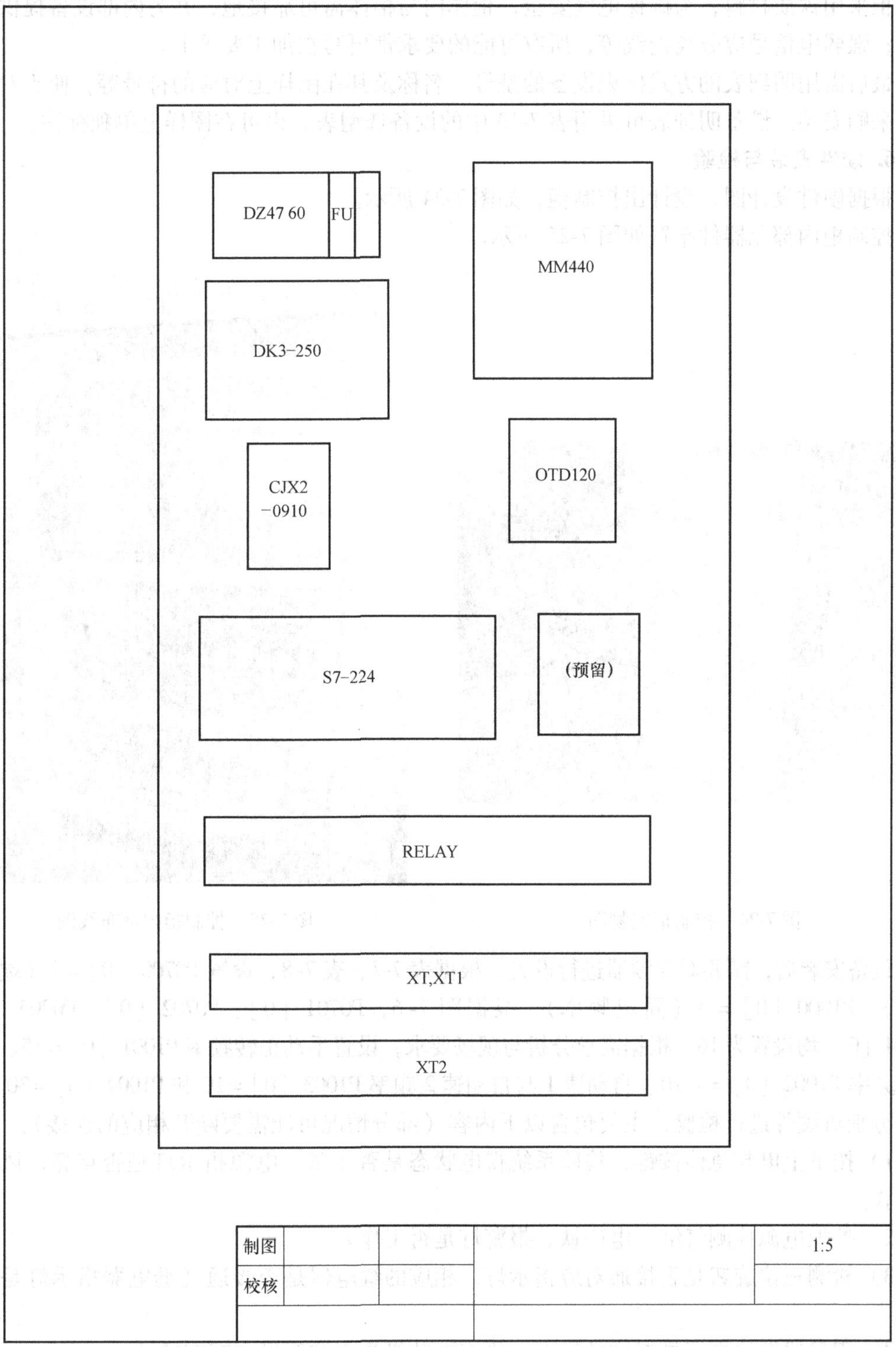

图 7-23　控制柜设备布置图

此外，还需为柜体加工单位提供加工要求，可在图样上标注或采用其他文本文档提供。

控制柜采用铁质材料，为确保电气安全，柜体门与柜体需可靠接地，并为内部设备提供接地信号；强弱电信号应分离走线等，所有可能的要求都要写在加工要求上。

最后需用明细表的方式标识设备的型号、名称及其在图样上对应的符号等，便于对设备进行采购安装。设备明细表可采用表 7-13 中的设备选型表，也可在图样上单独标注。

6. 硬件安装与检验

根据硬件设计图，设计出控制柜，如图 7-24 所示。

控制柜内部元器件布置如图 7-25 所示。

图 7-24　控制柜实物图

图 7-25　控制柜内部布线图

设备安装后，需要对变频器进行设置，根据表 7-7、表 7-8，设置 P0700［0］=2（端子排输入）、P1000［0］=3（固定频率）；根据图 7-6，P0701［0］、P0702［0］、P0703［0］、P0704［0］均设置为 16，根据需求分析与现场要求，设置手动正转频率 P1001［0］=15、手动反转频率 P1002［0］=－10、自动速 1 与自动速 2 频率 P1003［0］=10 和 P1004［0］=30。

分别对硬件进行检验，主要包含以下内容（部分情况可能需要断开相应的连接）：

1）按下上电与急停按键，检验系统得电状态是否正常，电源指示灯是否点亮，风扇是否工作。

2）外加电源检测气缸、电磁铁、报警灯是否工作。

3）检测三位旋钮是否接通对应指示灯，相应的继电器是否接通（继电器指示灯是否点亮）。

4）用导线短接端子排对应的触点，检查电动机是否按照设定频率转动。

5）检查改造后的踏板电路逻辑是否正常。

6）用 PC 连接 PLC，在软件界面下强制每个输出点，检查输出是否正常，对应的继电器是否工作；用金属物品靠近接近开关，检查接近开关输出是否正常；检测行程开关输出是否正常。

7）用万用表检查端子排接线。

7. 软件编制

首先绘制正常工作时的程序流程图，如图 7-26 所示。

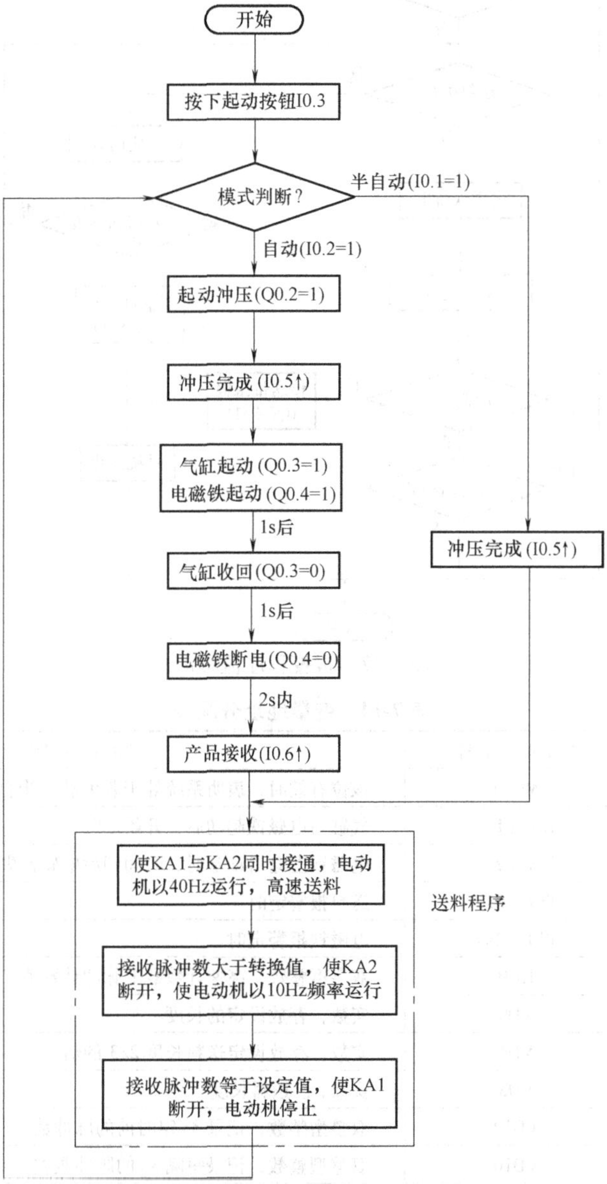

图 7-26　正常运行的程序流程图

需要说明的是，送料程序中前 2/3 距离 KA1 与 KA2 同时接通，此时变频器的运行速度为二者之和，即 10Hz + 30Hz = 40Hz。

对报警部分绘制软件流程图，如图 7-27 所示。

首先，为软件系统分配内部变量地址，见表 7-14 所示。

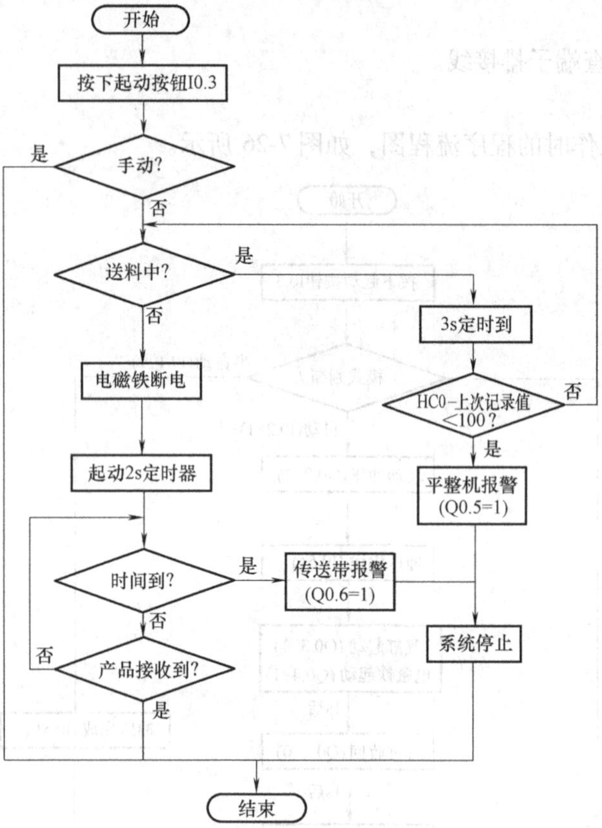

图 7-27　报警程序流程图

表 7-14　变量地址分配表

数据端子名称	PLC 端子名称	功 能 说 明
中间数据	M0.0	该位有效时，表明系统处于非手动（半自动或自动）状态
程序用数据	T37（1s）	气缸与电磁铁起动后，开始定时
程序用数据	T38（2s）	电磁铁上电启动定时，时间到后电磁铁失电
程序用数据	T39（3s）	送料报警定时
程序用数据	T40（2s）	电磁铁报警定时
程序用数据	HC0	双字型整数，高速计数器 1 脉冲计数值
TD400C（1）	VD0	实数，存放设定的长度
中间数据	VD4	实数，存放设定送料长度 2/3 的值
TD400C（2）	VD8	实数，已送料长度
程序用数据	VD12	双整型整数，记录 3s 定时前的脉冲数
中间数据	VD16	双整型整数，记录每隔 3s 的脉冲数差
TD400C（3）	VW20	字型数据，存放冲压产品的个数
中间数据	VD24	实数，将当前高速计数器计数值转换为实数型，以方便计算
TD400C（4）	VB30 ~ VB40	字符串数据，存放运行状态显示数据，第 1 个字节为数据个数，后 10 个字节为文本“手动模式”、“半自动模式”或“自动模式”
TD400C（4）	VB100 ~ VB624 *	为 TD400C 产生保留存储区

* 为组态后获得

建立逻辑分析表，见表 7-15。

表 7-15　冲压控制系统程序逻辑表

输出逻辑	自锁条件	解锁条件（反条件）
M0.0	I0.1 = 1（半自动）或 {I0.2 = 1（自动）且 I0.3↑（自动启动）}	{I0.1 = 0（半自动）且 I0.2 = 0（自动）} 或 {I0.4 = 1（停止）且 I0.2 = 1（自动）} 或 Q0.5 = 1（报警 1）或 Q0.6 = 1（报警 2）
Q0.0（速 1）	M0.0 = 1（系统启动）且 {{I0.1 = 1（半自动）且 I0.5↑（冲压完成）} 或 {I0.2 = 1（自动）且 I0.6↑（产品接收）}}	VD8 > VD0（已送料长度 > 设定送料长度）或 M0.0 = 0（系统停止）
Q0.1（速 2）	M0.0 = 1（系统启动）且 {{I0.1 = 1（半自动）且 I0.5↑（冲压完成）} 或 {I0.2 = 1（自动）且 I0.6↑（产品接收）}}	VD8 > VD4（已送料长度 > 设定送料长度 2/3）或 M0.0 = 0（系统停止）
Q0.2（冲压）	M0.0 = 1（系统启动）且 I0.2 = 1（自动）且 {M0.0↑（第一次按下启动按键）或 Q0.0↓}	M0.0 = 0（系统停止）或 I0.5 = 1（冲压完成）
Q0.3（气缸）	M0.0 = 1（系统启动）且 I0.2 = 1（自动）且 I0.5↑（冲压完成）	T37 = 1（气缸伸出时间到）或 M0.0 = 0（系统停止）
Q0.4（电磁铁）	M0.0 = 1（系统启动）且 I0.2 = 1（自动）且 I0.5↑（冲压完成）	T38 = 1（电磁铁通电时间到）或 M0.0 = 0（系统停止）
Q0.5（平整机报警）	M0.0 = 1（系统启动）且 T39 = 1（平整机报警定时）且 VD16 < 100（脉冲数差小于 100）	V164.7（平整机报警确认）*
Q0.6（传送带报警）	M0.0 = 1（系统启动）且 T40↑（定时到）	V165.7（传送带报警确认）*
T37（气缸 1s 定时 TON）	M0.0 = 1（系统启动）且 I0.2 = 1（自动）且 Q0.3 = 1（气缸起动）	
T38（电磁铁 2s 定时 TON）	M0.0 = 1（系统启动）且 I0.2 = 1（自动）且 Q0.4 = 1（电磁铁起动）	
T39（平整机报警 3s 定时 TON）	M0.0 = 1（系统启动）且 Q0.0 = 1（送料中） 说明：该定时器采用自复位方式，即每 3s 发出一个定时脉冲，接通中间继电器 M0.2	
M0.1（传送带 2s 报警检测锁定）	M0.0 = 1（系统启动）且 Q0.4↓（电磁铁）	M0.0 = 0（系统停止） 或 T40 = 1（传送带报警定时器）或 I0.6 = 1（产品接收到，行程开关接通若干个扫描周期）
T40（传送带报警 2s 定时 TON）	M0.0 = 1（系统启动）且 M0.1 = 1（传送报警检测锁定）	

* 表示该地址在组态后获得

可对时序逻辑进行如下简化：

1）M0.0 解锁条件中的“I0.1 = 0（半自动）且 I0.2 = 0（自动）”在取反后与“I0.1 = 1（半自动）或 I0.2 = 1（自动）”条件相同，即二者为必要条件，可将其串联入电路中。

2）除 M0.0、Q0.5、Q0.6 外，所有输出与变量中均包含 M0.0 = 1 的正条件和 M0.0 = 0 的反条件，即 M0.0 可作为一个必要的触点连接，因此该条件可从每个继电器自锁条件中取消，甚至作为继电器线圈自锁条件取消，串联在触点中作为线圈自锁的直接条件。

3）观察定时器可以发现，由于选取的是 TON 定时器，其使能条件中 M0.0 的条件重复。以 T37 为例，Q0.3 =1 的前提条件是 M0.0 =1，而 T40 的条件中 M0.1 =1 的前提条件是 M0.0 =0，因此所有定时器的使能条件中 M0.0 =1 可省。

冲压控制系统程序逻辑表见表 7-16。

表 7-16　冲压控制系统程序逻辑表（简化版）

输出逻辑	串联条件	自锁条件	解锁条件（反条件）
M0.0（系统启动）	I0.1 =1（半自动）或 I0.2 =1（自动）	{I0.2 =1 且 I0.3↑（自动启动）} 或 I0.1↑	{I0.4 =1（停止）且 I0.2 =1（自动）} 或 Q0.5 =1（报警 1）或 Q0.6 =1（报警 2）
Q0.0（速 1，接通代表正在送料）	M0.0 =1	{I0.1 =1（半自动）且 I0.5↑（冲压完成）} 或 {I0.2 =1（自动）且 I0.6↑（产品接收）}	VD8 > VD0（已送料长度 > 设定送料长度）
Q0.1（速 2）	M0.0 =1	{I0.1 =1（半自动）且 I0.5↑（冲压完成）} 或 {I0.2 =1（自动）且 I0.6↑（产品接收）}	VD8 > VD4（已送料长度 > 设定送料长度 2/3）
Q0.2（冲压）	M0.0 =1	I0.2 =1（自动）且 {M0.0↑（第一次按下启动按键）或 Q0.0↓}	I0.5 =1（冲压完成）
Q0.3（气缸）	M0.0 =1	I0.2 =1（自动）且 I0.5↑（冲压完成）	T37 =1（气缸伸出时间到）
Q0.4（电磁铁）	M0.0 =1	I0.2 =1（自动）且 I0.5↑（冲压完成）	T38 =1（电磁铁通电时间到）
Q0.5（平整机报警）	----------	M0.0 =1（系统启动）T39 =1（平整机报警定时）且 VD16 < 100（脉冲数差小于 100）	V164.7（平整机报警确认）
Q0.6（传送带报警）	----------	M0.0 =1（系统启动）且 T40↑（定时到）	V165.7（传送带报警确认）
T37（气缸 1s 定时 TON）	----------	I0.2 =1（自动）且 Q0.3 =1（气缸起动）	
T38（电磁铁 2s 定时 TON）	----------	I0.2 =1（自动）且 Q0.4 =1（电磁铁起动）	
T39（平整机报警 3s 定时 TON）	----------	Q0.0 =1（送料中） 说明：该定时器采用自复位方式，即每 3s 发出一个定时脉冲，接通中间继电器 M0.2	
M0.1（传送带 2s 报警检测锁定）	M0.0 =1	Q0.4↓（电磁铁）	T40 =1（传送带报警定时器）或 I0.6 =1（产品接收到，行程开关接通若干个扫描周期）
T40（传送带报警 2s 定时 TON）	----------	M0.1 =1（传送报警检测锁定）	

为使编程时方便，进一步将表 7-16 中的解锁条件转换为正条件（即直接进行取反运算），简化改进版的逻辑表见表 7-17。

表7-17 冲压控制系统程序逻辑表（解锁正条件版）

输出逻辑	串联条件	自锁条件	解锁条件（正条件）
M0.0（系统启动）	I0.1=1（半自动）或I0.2=1（自动）	{I0.2=1且I0.3↑（自动启动）}或I0.1↑	{I0.4=0（停止）或I0.2=0（自动）}且Q0.5=0（报警1）且Q0.6=0（报警2）
Q0.0（速1，接通代表正在送料）	M0.0=1	{I0.1=1（半自动）且I0.5↑（冲压完成）}或{I0.2=1（自动）且I0.6↑（产品接收）}	VD8≤VD0（已送料长度≤设定送料长度）
Q0.1（速2）	M0.0=1	{I0.1=1（半自动）且I0.5↑（冲压完成）}或{I0.2=1（自动）且I0.6↑（产品接收）}	VD8≤VD4（已送料长度≤设定送料长度2/3）
Q0.2（冲压）	M0.0=1	I0.2=1（自动）且{M0.0↑（第一次按下启动按键）或Q0.0↓}	I0.5=0（冲压完成）
Q0.3（气缸）	M0.0=1	I0.2=1（自动）且I0.5↑（冲压完成）	T37=0（气缸伸出时间到）
Q0.4（电磁铁）	M0.0=1	I0.2=1（自动）且I0.5↑（冲压完成）	T38=0（电磁铁通电时间到）
Q0.5（平整机报警）	----------	M0.0=1（系统启动）且T39=1（平整机报警定时）且VD16<100（脉冲数差小于100）	V164.7（平整机报警确认）
Q0.6（传送带报警）	----------	M0.0=1（系统启动）且T40↑（定时到）	V165.7（传送带报警确认）
T37（气缸1s定时TON）	----------	I0.2=1（自动）且Q0.3=1（气缸起动）	
T38（电磁铁2s定时TON）	----------	I0.2=1（自动）且Q0.4=1（电磁铁起动）	
T39（平整机报警3s定时TON）	---------	Q0.0=1（送料中） 说明：该定时器采用自复位方式，即每3s发出一个定时脉冲，接通中间继电器M0.2	
M0.1（传送带2s报警检测锁定）	M0.0=1	Q0.4↓（电磁铁）	T40=0（传送带报警定时器）且I0.6=0（产品接收到，行程开关接通若干个扫描周期）
T40（传送带报警2s定时TON）	---------	M0.1=1（传送报警检测锁定）	

在这里需要说明的是，Q0.0与Q0.1的解锁条件（①>②取反后应当为（①≤②）。

由于本例中使用的非布尔型变量（大变量）较多，因此亦可采用类似于逻辑分析表的方法对变量的访问时间及数值进行分析，见表7-18。

表 7-18　非布尔型变量分析表

数据地址	数据访问（修改）时间与数值			数据说明
	访问（修改）时间		数值	
VD0	PLC 第一次运行时（数据块定义并下载）		306.0	设定的送料长度
	触摸屏设定复位（F1↑）			
	触摸屏操作（需编程限定长度在一定范围内）		_ _ _ _ _ _ _	
VD4	每个扫描周期（SM0.0）		= VD0 ×2/3	设定送料长度 2/3 的值
SMD38	每次系统启动时（系统初始化）（M0.0↑）		0	修改高速计数器当前值（需重新启动 HSC0）
	送料前	半自动状态（I0.1 =1）冲压完成（I0.5↑）		
		自动状态（I0.2 =1）电磁铁断开（I0.6↓）		
VD8	每个扫描周期（SM0.0）		= HC0 × P	已送料长度
VD12	PLC 第一次运行时（数据块定义并下载）		0	记录 3s 定时前的脉冲数
	每次系统启动时（系统初始化）（M0.0↑）			
	送料前	半自动状态（I0.1 =1）冲压完成（I0.5↑）		
		自动状态（I0.2 =1）电磁铁断开（I0.6↓）		
	平整机报警（Q0.5↑）（分析后可省略）			
	3s 定时器接通时（M0.2↑）		= HC0	
VD16	PLC 第一次运行时（数据块定义并下载）		0	记录每隔 3s 的脉冲数差
	每次系统启动时（系统初始化）（M0.0↑）			
	送料前	半自动状态（I0.1 =1）冲压完成（I0.5↑）		
		自动状态（I0.2 =1）电磁铁断开（I0.6↓）		
	平整机报警（Q0.5↑）（分析后可省略）			
	3s 定时器接通时（M0.2↑）		= HC0-VD12	
VW20	PLC 第一次运行时（数据块定义并下载）		0	冲压产品的个数
	触摸屏设定复位（F2↑）			
	产品接收（I0.6↑）		= VW20 +1	
VB30	自动	每个扫描周期，模式切换（I0.2↑）	自动模式	显示工作模式的字符串
	半自动	每个扫描周期，模式切换（I0.1↑）	半自动模式	
	手动	每个扫描周期，模式切换（I0.1 = 0 且 I0.2 =0）	手动模式	

通常大变量较布尔量分析简单，但同样需要简化，方法是：数据块定义数据和每次扫描周期访问的变量必须保留，其他变量需结合布尔量逻辑分析表进行简化。例如，VD12 与 VD16 中“平整机报警（Q0.5↑）”条件可省，原因是：当平整机报警发生时，Q0.5 接通自锁，根据 M0.0 的输出逻辑，M0.0 会在下一扫描周期解锁，使 Q0.5 的自锁产生条件消除。此后即使报警确认（V164.7 有效）使 Q0.5 解锁，Q0.5 也不会再次连接。当系统再次启动（M0.0 =1）时，两变量会被系统初始化程序（见表 7-18 中 VD12 与 VD16 的第二个访问条件）置 0。

如果变量较多，为防止在编程时遗漏，可将其按时间进行划分后整理为表 7-19。

表 7-19　非布尔型变量访问时刻表

时间变量	对应子程序名及其调用时间说明	变　量	数　值	变量说明
数据块	PLC 第一次运行时	VD0	306.0	设定的送料长度
		VD12	0	记录 3s 定时前的脉冲数
		VD16	0	记录每隔 3s 的脉冲数差
		VW20	0	冲压产品的个数

（续）

<table>
<tr><th>时间变量</th><th colspan="2">对应子程序名及其调用时间说明</th><th>变量</th><th>数值</th><th colspan="2">变量说明</th></tr>
<tr><td rowspan="3">M0.0↑</td><td colspan="2" rowspan="3">每次系统启动时（系统初始化）子程序名：Init</td><td>SMD38</td><td>0</td><td colspan="2">修改高速计数器当前值（需重新启动 HSC0）</td></tr>
<tr><td>VD12</td><td>0</td><td colspan="2">记录 3s 定时前的脉冲数</td></tr>
<tr><td>VD16</td><td>0</td><td colspan="2">记录每隔 3s 的脉冲数差</td></tr>
<tr><td rowspan="2">M0.0</td><td colspan="2" rowspan="2">系统运行中，3s 定时器接通时（M0.2↑），程序名：主程序</td><td>VD12</td><td>= HC0</td><td colspan="2">记录 3s 定时前的脉冲数</td></tr>
<tr><td>VD16</td><td>= HC0-VD12</td><td colspan="2">记录每隔 3s 的脉冲数差</td></tr>
<tr><td rowspan="3">送料前</td><td colspan="2" rowspan="3">半自动状态（I0.1 = 1）冲压完成（I0.5↑）；自动状态（I0.2 = 1）电磁铁断开（I0.6↓）；子程序名：Reset</td><td>SMD38</td><td>0</td><td colspan="2">修改高速计数器当前值（需重新启动 HSC0）</td></tr>
<tr><td>VD12</td><td>0</td><td colspan="2">记录 3s 定时前的脉冲数</td></tr>
<tr><td>VD16</td><td>0</td><td colspan="2">记录每隔 3s 的脉冲数差</td></tr>
<tr><td rowspan="9">SM0.0</td><td rowspan="9">每个扫描周期子程序名：NHMI</td><td>触摸屏操作（需编程限定长度在一定范围内）</td><td>VD0</td><td>……</td><td colspan="2">设定的送料长度</td></tr>
<tr><td rowspan="5">无条件</td><td>VD4</td><td>= VD0 × 2/3</td><td colspan="2">设定送料长度 2/3 的值</td></tr>
<tr><td>VD8</td><td>= HC0 × P</td><td colspan="2">已送料长度</td></tr>
<tr><td rowspan="3">VB30</td><td>自动模式</td><td>I0.2↑</td><td rowspan="3">显示工作模式的字符串</td></tr>
<tr><td>半自动模式</td><td>I0.1↑</td></tr>
<tr><td>手动模式</td><td>I0.1 = 0　且
I0.2 = 0</td></tr>
<tr><td>产品接收（I0.6↑）</td><td>VW20</td><td>= VW20 + 1</td><td colspan="2">冲压产品的个数</td></tr>
<tr><td>触摸屏设定复位（F2↑）</td><td></td><td>0</td><td colspan="2">设定的送料长度</td></tr>
<tr><td>触摸屏设定复位（F1↑）</td><td>VD0</td><td>306.0</td><td colspan="2">设定的送料长度</td></tr>
</table>

程序编制过程如下：

（1）文本屏组态　运行文本指示向导，在用户菜单中添加“工作状态”与“产品计数”两个菜单，为“工作状态”增加三个屏幕，分别用于指示当前的工作状态、送料情况和产品计数，如图 7-28 所示。

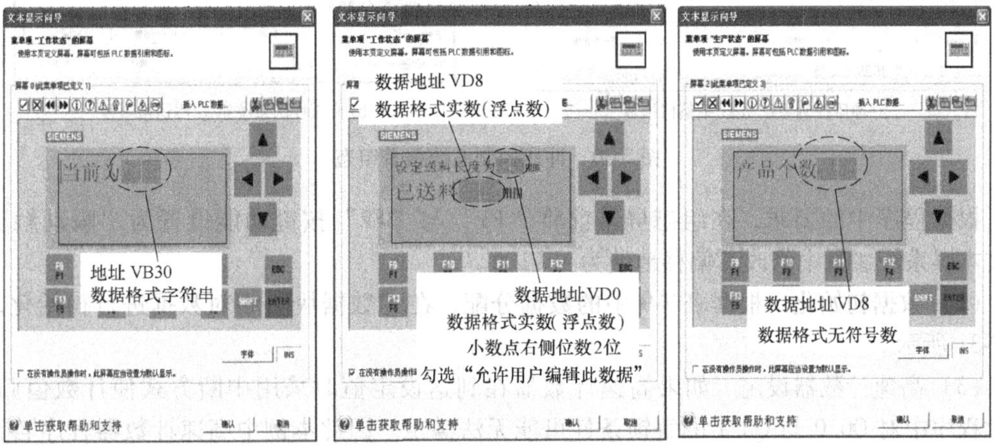

a) 建立菜单1屏幕1　　b) 建立菜单1屏幕2　　c) 建立菜单1屏幕3

图 7-28　冲压控制系统组态：建立菜单 1 屏幕

在第二个菜单中增加 1 个屏幕用于提示可置位或恢复默认的方法，如图 7-29 所示。

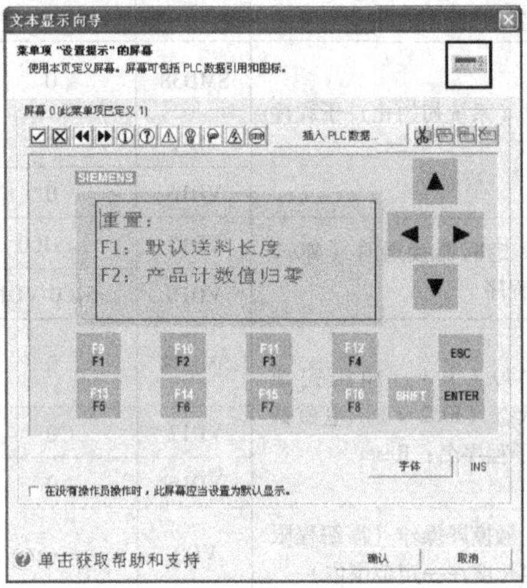

图 7-29　冲压控制系统组态：建立菜单 2 屏幕

在主界面下单击“报警”选项，报警支持信息长度选取“双行文本”，默认显示方式选取“用户屏幕”，增加两条报警信息，如图 7-30 所示。

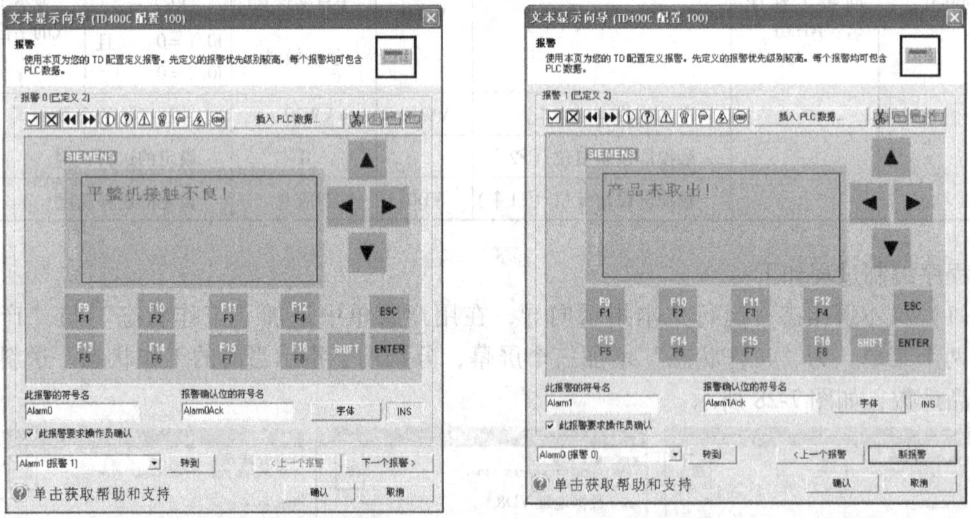

a) 冲压控制系统组态:平整机报警　　　b) 冲压控制系统组态:传送带报警

图 7-30　冲压控制系统报警组态

根据程序中的要求，在组态屏幕前将“F1”与“F2”按键功能设置为“瞬动触点”，在文本屏系统参数中修改其偏移地址为 VW100。

（2）数据初始化　根据表 7-9 中的数据分配，在“数据块”中对数据进行初始化，如图 7-31 所示。

（3）高速计数器设定　如果高速计数器在到达设定值时采用中断方式使计数值归零，因此程序中对 Q0.0 与 Q0.1 的解锁条件可能无法满足。因此本例中高速计数器程序自行编制，不采用向导完成。

```
//
//本页存放所有使用数据的名称、地址与初始值
//

设定值:VD0 306.0              //设定的的长度
前脉冲值:VD12 0               //记录3s定时前的脉冲数
脉冲差:VD16 0                 //记录每隔3s的脉冲数差
产品数:VW20 0                 //冲压产品的个数
```

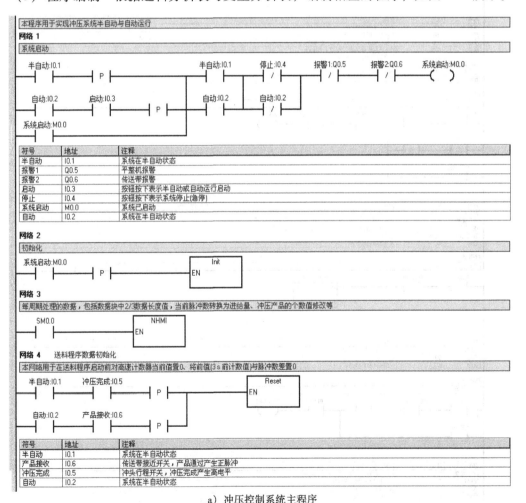

图 7-31　冲压控制系统数据块定义界面

（4）数据分析　经过现场采用游标卡尺测量，与钢板接触的支托辊直径为 25mm，可知其周长为 78.54mm，由于光电编码器的精度为 1000/r，可知 PLC 接收到一个高速脉冲代表的送料长度 P 为 0.07854mm。该数据可用于计算送料长度。

受钢带自身宽度限制，钢板送料长度不可能过长或过短，由工艺可知其范围约在 260 ~ 400mm 之间，因此高速计数器的最大接收脉冲数必小于 5100，可将该值设定为高速计数器的预置值（即最大值）。

（5）程序编制　根据逻辑分析表与变量分析表，编制相应的程序，如图 7-32 所示。

本程序用于实现冲压系统半自动与自动运行

网络 1

系统启动

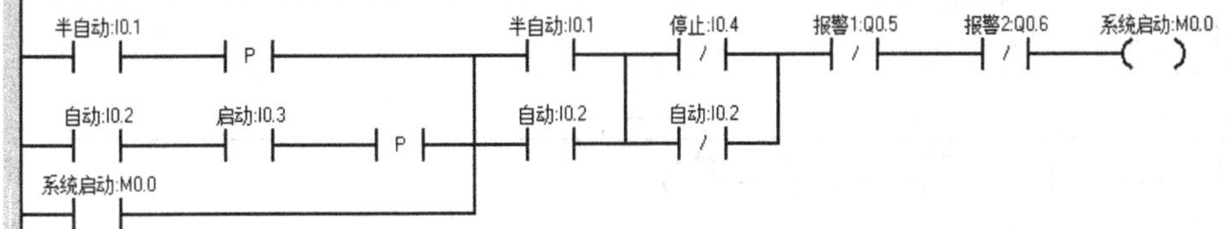

符号	地址	注释
半自动	I0.1	系统在半自动状态
报警1	Q0.5	平整机报警
报警2	Q0.6	传送带报警
启动	I0.3	按钮按下表示半自动或自动运行启动
停止	I0.4	按钮按下表示系统停止(急停)
系统启动	M0.0	系统已启动
自动	I0.2	系统在半自动状态

网络 2

初始化

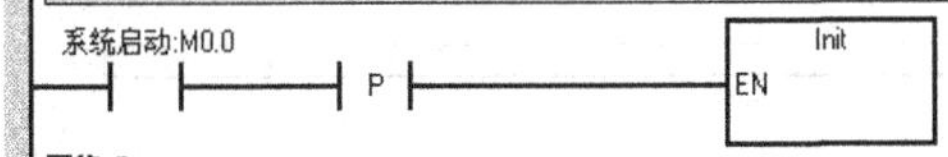

网络 3

每周期处理的数据，包括数据块中2/3数据长度值，当前脉冲数转换为进给量、冲压产品的个数值修改等

网络 4　送料程序数据初始化

本网络用于在送料程序启动前对高速计数器当前值置0、将前值(3s前计数值)与脉冲数差置0

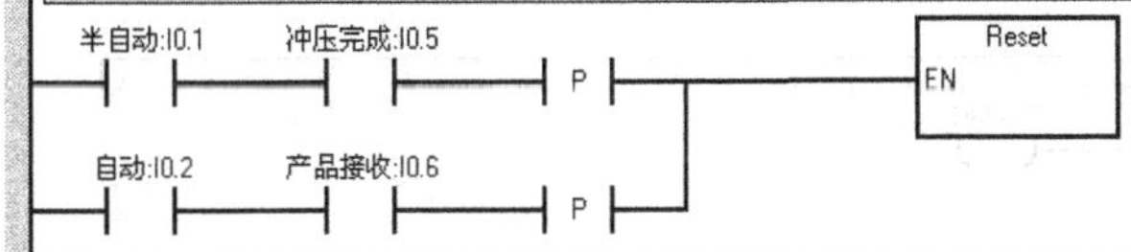

符号	地址	注释
半自动	I0.1	系统在半自动状态
产品接收	I0.6	传送带接近开关，产品通过产生正脉冲
冲压完成	I0.5	冲头行程开关，冲压完成产生高电平
自动	I0.2	系统在半自动状态

a）冲压控制系统主程序

图 7-32　冲压控制系统程序清单

网络 5

10Hz频率运行接通

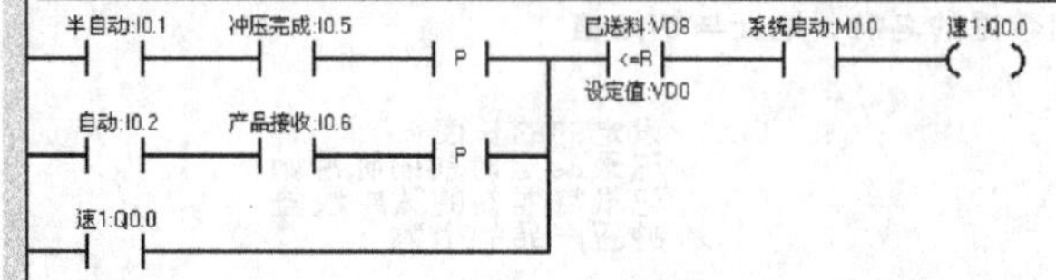

符号	地址	注释
半自动	I0.1	系统在半自动状态
产品接收	I0.6	传送带接近开关，产品通过产生正脉冲
冲压完成	I0.5	冲头行程开关，冲压完成产生高电平
设定值	VD0	设定送料长度，单位mm
速1	Q0.0	接通变频器10Hz运转；该点接通时代表送料
系统启动	M0.0	系统已启动
已送料	VD8	当前送料长度，单位mm
自动	I0.2	系统在半自动状态

网络 6

30Hz频率运行接通

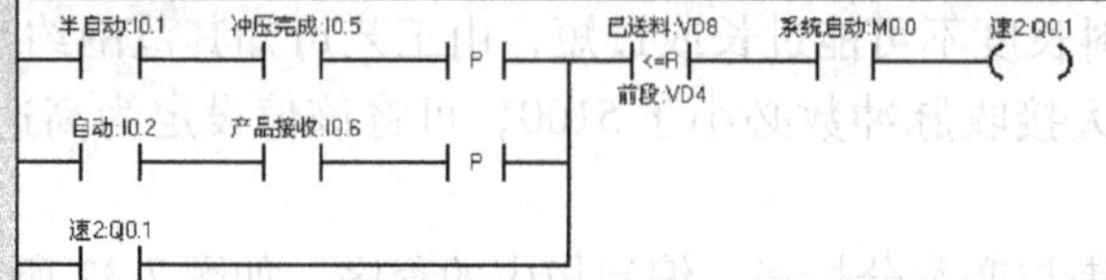

符号	地址	注释
半自动	I0.1	系统在半自动状态
产品接收	I0.6	传送带接近开关，产品通过产生正脉冲
冲压完成	I0.5	冲头行程开关，冲压完成产生高电平
前段	VD4	设定送料长度的前2/3长度，单位mm
速2	Q0.1	接通变频器以30Hz频率运行
系统启动	M0.0	系统已启动
已送料	VD8	当前送料长度，单位mm
自动	I0.2	系统在半自动状态

网络 7

冲压启动

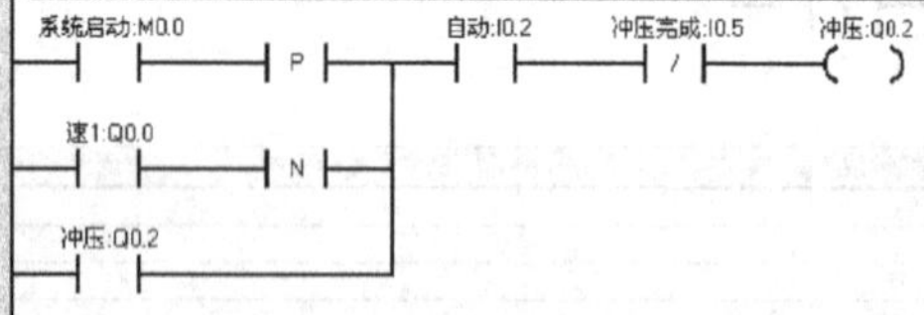

符号	地址	注释
冲压	Q0.2	自动模式下控制冲压
冲压完成	I0.5	冲头行程开关，冲压完成产生高电平
速1	Q0.0	接通变频器10Hz运转；该点接通时代表送料
系统启动	M0.0	系统已启动
自动	I0.2	系统在半自动状态

网络 8

气缸启动1s 定时

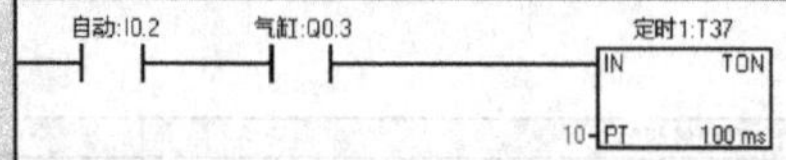

符号	地址	注释
定时1	T37	气缸启动定时器，定时1s
气缸	Q0.3	自动模式下控制气缸
自动	I0.2	系统在半自动状态

网络 9

气缸启动

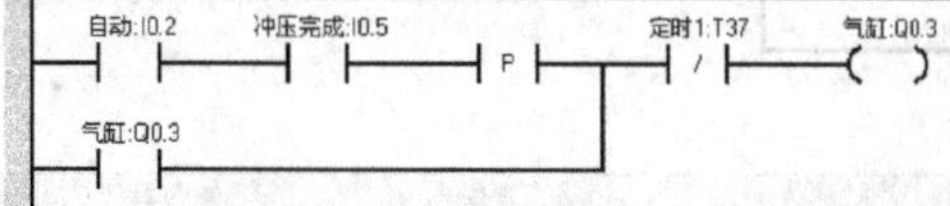

符号	地址	注释
冲压完成	I0.5	冲头行程开关，冲压完成产生高电平
定时1	T37	气缸启动定时器，定时1s
气缸	Q0.3	自动模式下控制气缸
自动	I0.2	系统在半自动状态

a）冲压控制系统主程序（续）

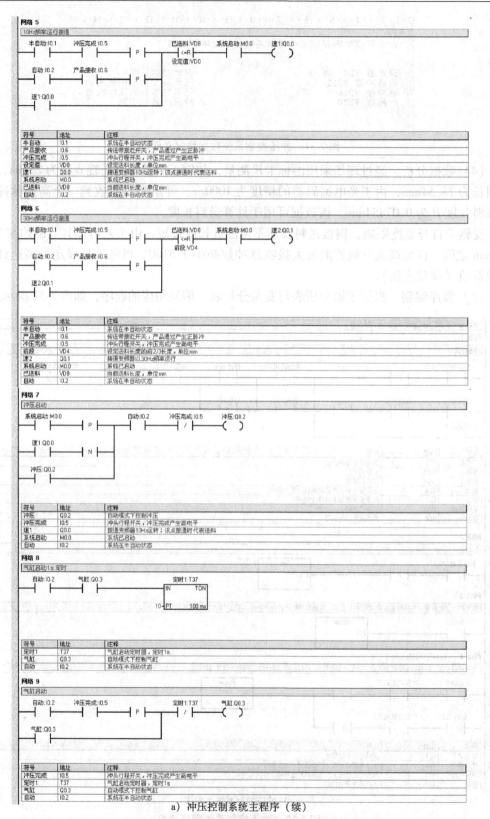

图 7-32　冲压控制系统程序清单（续）

网络 10

电磁铁起动2s定时

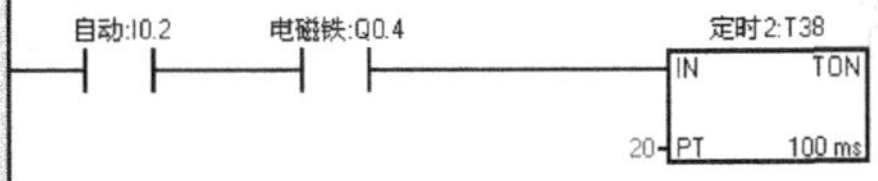

符号	地址	注释
电磁铁	Q0.4	自动模式下控制电磁铁
定时2	T38	电磁铁启动定时器，定时2s
自动	I0.2	系统在半自动状态

网络 11

电磁铁起动

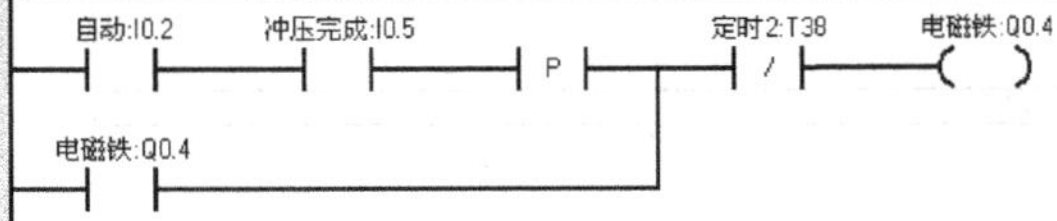

符号	地址	注释
冲压完成	I0.5	冲头行程开关，冲压完成产生高电平
电磁铁	Q0.4	自动模式下控制电磁铁
定时2	T38	电磁铁启动定时器，定时2s
自动	I0.2	系统在半自动状态

网络 12　以下三个网络用于完成平整机报警功能

送料时接通3s 定时器

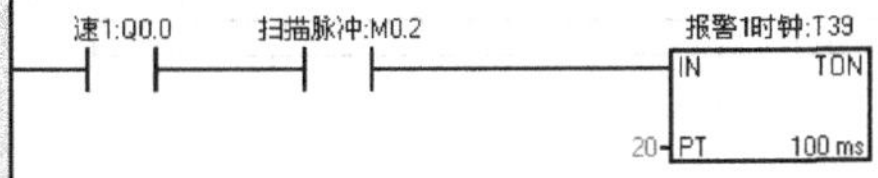

符号	地址	注释
报警1时钟	T39	送料时，进行3s 定时
扫描脉冲	M0.2	当接通送料时，每隔3s 产生一个扫描周期的脉冲
速1	Q0.0	接通变频器10Hz运转；该点接通时代表送料

网络 13

M0.2接通，计算当前值(HC0)与3 s 前保存的脉冲数(VD12)之差(VD16)，并将当前值存入VD12以便下次使用

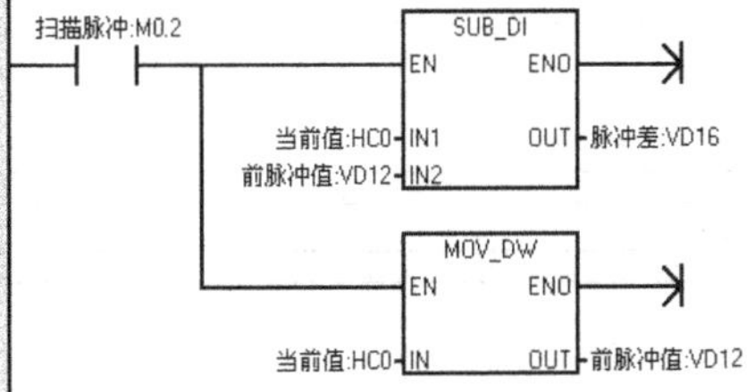

符号	地址	注释
当前值	HC0	高速脉冲当前值
脉冲差	VD16	记录高速脉冲当前值与3s 前脉冲值之差
前脉冲值	VD12	3 s 前的脉冲值
扫描脉冲	M0.2	当接通送料时，每隔3 s 产生一个扫描周期的脉冲

网络 14

平整机报警，Alarm0Ack为文本屏应答信号，只有报警被确认后报警才可消除(与系统启动或停止无关)

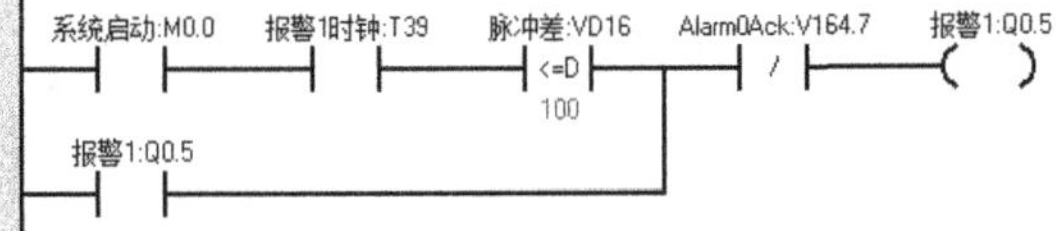

符号	地址	注释
Alarm0Ack	V164.7	报警确认位 0
报警1	Q0.5	平整机报警
脉冲差	VD16	记录高速脉冲当前值与3 s 前脉冲值之差
速1	Q0.0	接通变频器10Hz运转；该点接通时代表送料
系统启动	M0.0	系统已启动

a）冲压控制系统主程序（续）

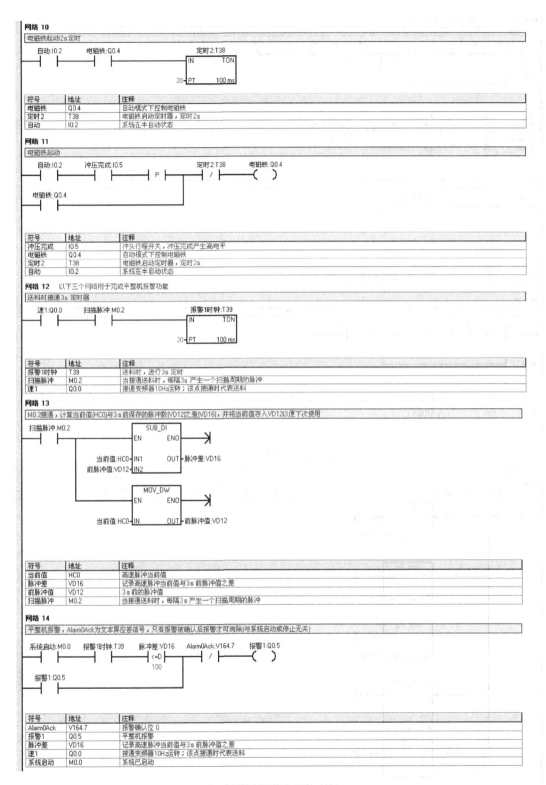

图 7-32　冲压控制系统程序清单（续）

网络 15　以下三个网络用于实现传送带报警

当电磁铁信号出现下降沿时，使报警检测辅助继电器M0.1接通

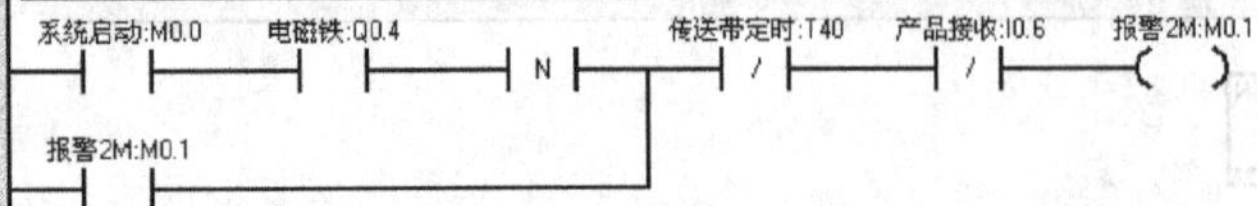

符号	地址	注释
报警2M	M0.1	传送带报警继电器，当其接通时代表报警检测开始
产品接收	I0.6	传送带接近开关，产品通过产生正脉冲
传送带定时	T40	用于对传送带接近开关接收信号进行报警
电磁铁	Q0.4	自动模式下控制电磁铁
系统启动	M0.0	系统已启动

网络 16

当M0.1接通的同时接通2s 定时器

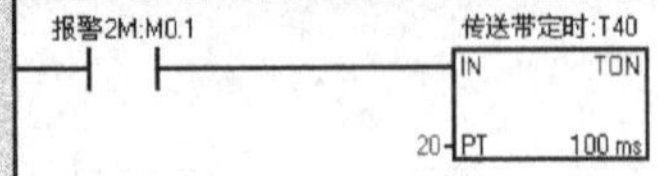

符号	地址	注释
报警2M	M0.1	传送带报警继电器，当其接通时代表报警检测开始
传送带定时	T40	用于对传送带接近开关接收信号进行报警

网络 17

传送带报警，Alarm1Ack为文本屏应答信号，只有报警被确认后报警才可消除(与系统启动或停止无关)

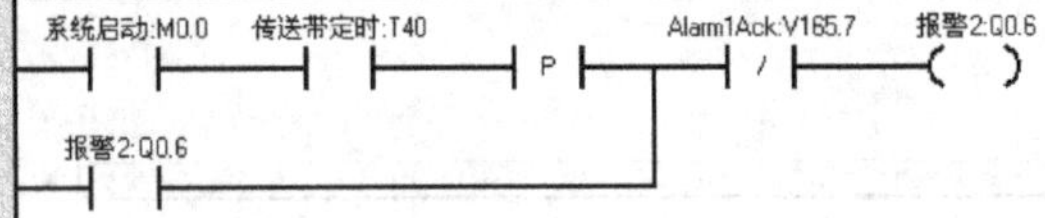

符号	地址	注释
Alarm1Ack	V165.7	报警确认位 1
报警2	Q0.6	传送带报警
传送带定时	T40	用于对传送带接近开关接收信号进行报警
系统启动	M0.0	系统已启动

a) 冲压控制系统主程序(续)

本子程序用于进行运行前的数据初始化

网络 1

本网络用于对高速计数器初始化

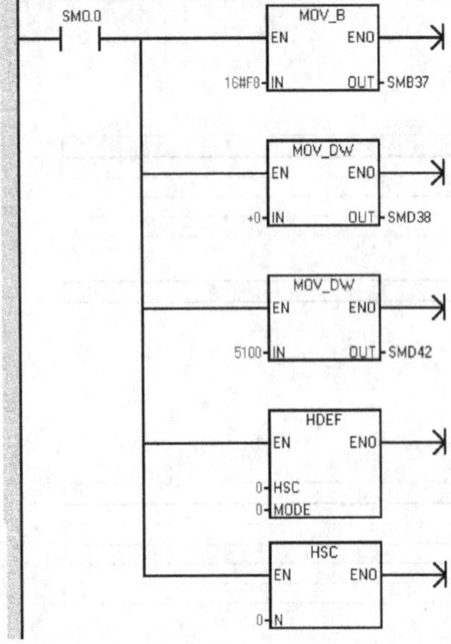

b) 系统启动初始化子程序（Init）

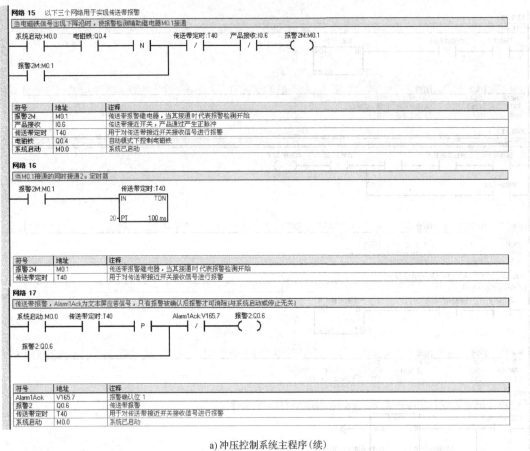

图 7-32　冲压控制系统程序清单（续）

网络 2

本网络用于实现在每次系统启动时将VD12、VD16置0

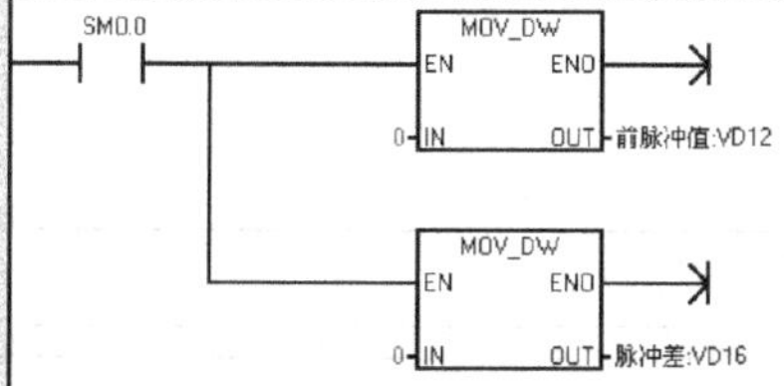

符号	地址	注释
脉冲差	VD16	记录高速脉冲当前值与3s 前脉冲值之差
前脉冲值	VD12	3s 前的脉冲值

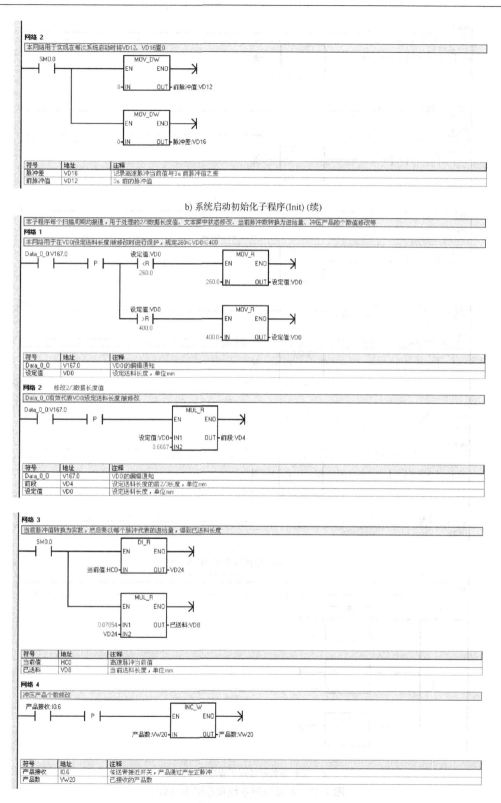

b) 系统启动初始化子程序(Init) (续)

本子程序每个扫描周期均接通，用于处理的2/3数据长度值、文本屏中状态修改、当前脉冲数转换为进给量、冲压产品的个数值修改等

网络 1

本网络用于在VD0(设定送料长度)被修改时进行保护，规定260≤VD0≤400

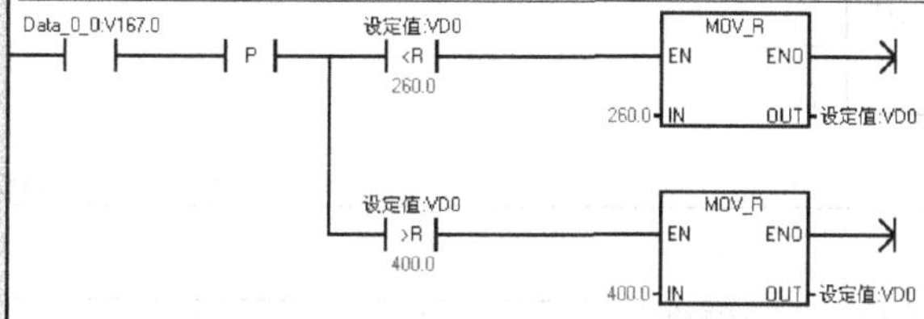

符号	地址	注释
Data_0_0	V167.0	VD0的编辑通知
设定值	VD0	设定送料长度，单位mm

网络 2　修改2/3数据长度值

Data_0_0有效代表VD0(设定送料长度)被修改

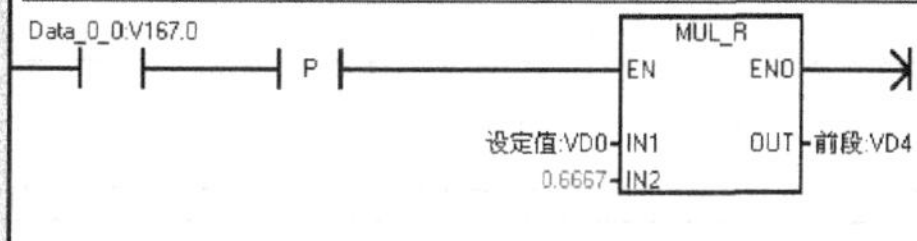

符号	地址	注释
Data_0_0	V167.0	VD0的编辑通知
前段	VD4	设定送料长度的前2/3长度，单位mm
设定值	VD0	设定送料长度，单位mm

网络 3

当前脉冲值转换为实数，然后乘以每个脉冲代表的进给量，得到已送料长度

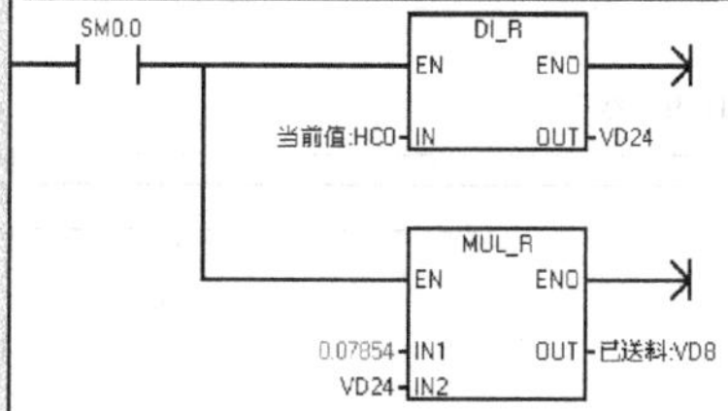

符号	地址	注释
当前值	HC0	高速脉冲当前值
已送料	VD8	当前送料长度，单位mm

网络 4

冲压产品个数修改

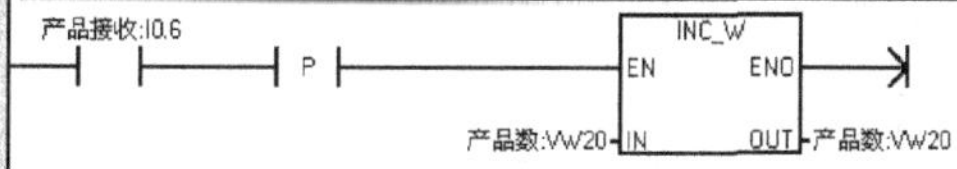

符号	地址	注释
产品接收	I0.6	传送带接近开关，产品通过产生正脉冲
产品数	VW20	已接收的产品数

c）始终执行的子程序（NHMI）

图 7-32　冲压控制系统程序清单（续）

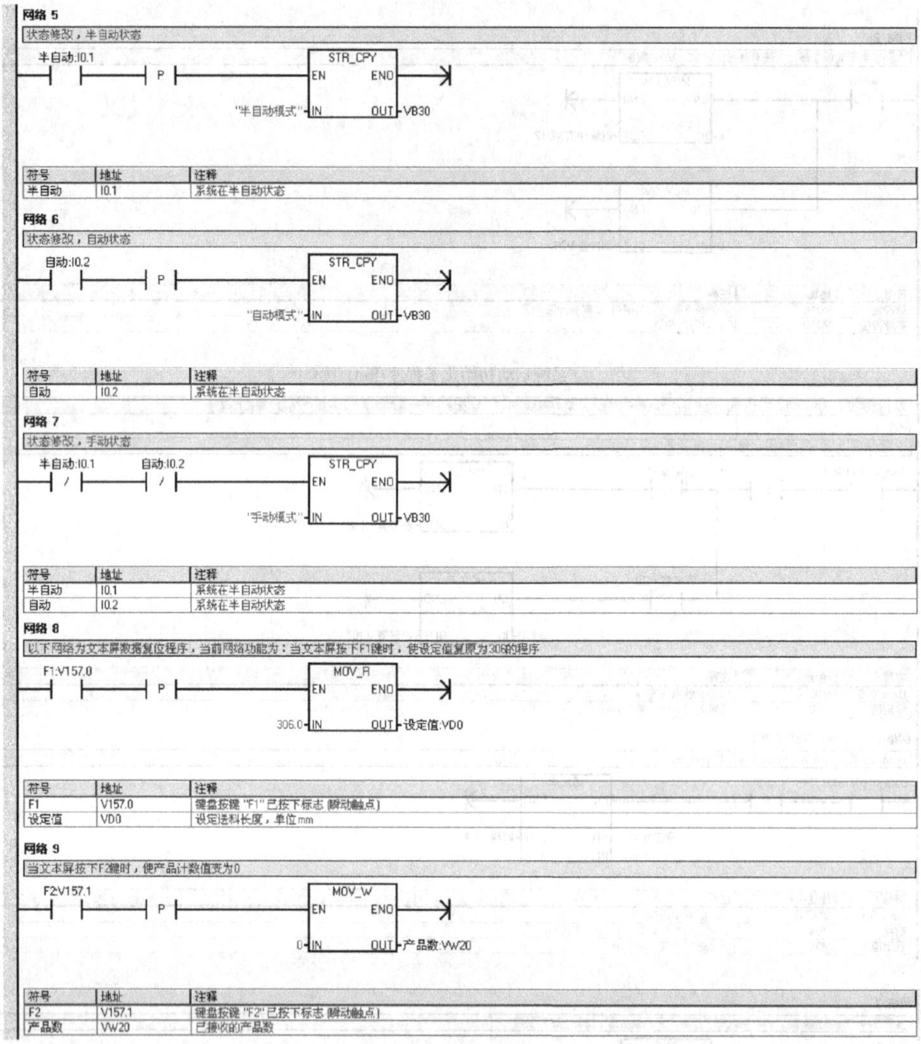

c) 始终执行的子程序(NHMI)(续)

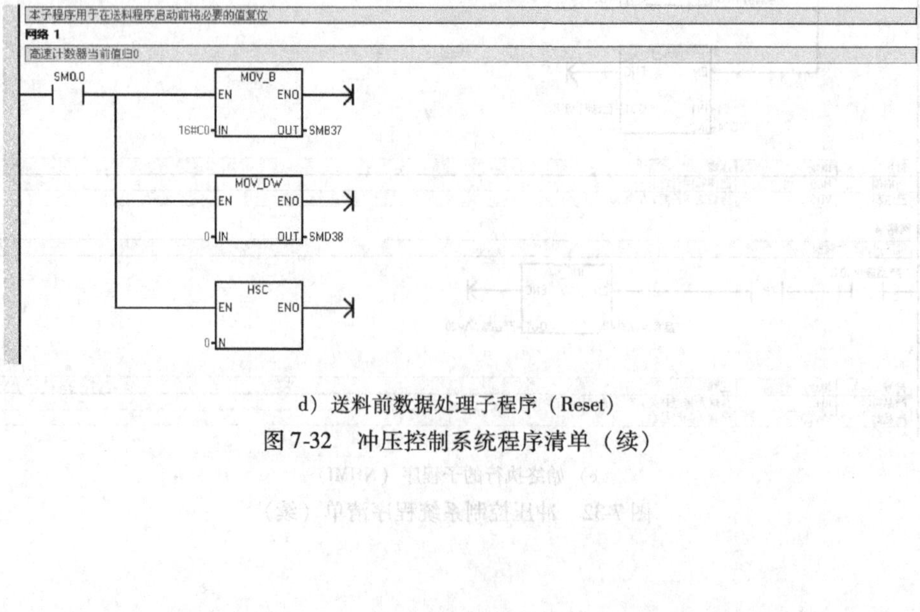

d）送料前数据处理子程序（Reset）

图 7-32　冲压控制系统程序清单（续）

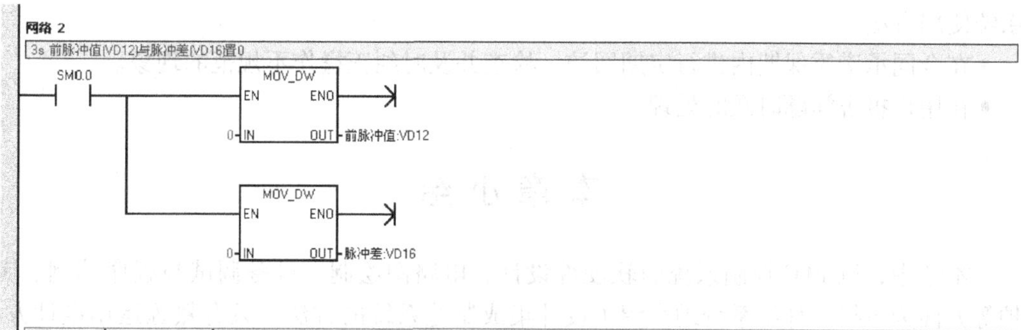

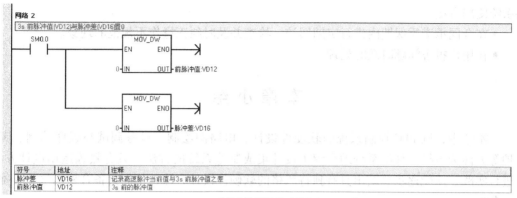

符号	地址	注释
脉冲差	VD16	记录高速脉冲当前值与3s 前脉冲值之差
前脉冲值	VD12	3s 前的脉冲值

d) 送料前数据处理子程序(Reset)(续)

图 7-32　冲压控制系统程序清单（续）

8. 现场调试

将设计系统与现场设备连接，并将程序与数据块下载至 PLC 后，对系统进行联调（联合调试）。

硬件是软件的设计基础，也需要对软件服务。在此过程中，对出现的问题进行分析并加以解决。如果是硬件问题，需修改电路图并对硬件电路进行修改；如果是软件问题，需要对软件进行修正（注意保存相应的版本，一般将修改内容以注释的形式放在主程序开始的位置，程序以“名称 + 日期 + 简短说明”的方式另存）；如果出现的问题无法简单通过软件解决，则需根据软件的要求对硬件进行调整。所有的修改过程都必须形成文档形式的材料，以便将来查询。

例如在本例中，强电侧电路图（见图 7-17）中，三位旋钮（切换开关 SA1）原来安排的工作模式从左到右依次为“手动-半自动-自动”。为确保每次都能准确切换工作方式，系统状态需要自动调整为初始状态。但在软件编程时发现，由于需要使用表示系统启动的中间继电器（M0.0），当切换开关在自动与半自动之间进行切换时，M0.0 的解锁条件无法满足（可参考表 7-17），不能确保自动断开；如果在程序中采用检测边沿信号的方法虽然可以解决该问题，但一方面增加了程序的工作量，另一方面可能存在的硬件问题（如接触不良等）将加大不稳定性。因此从硬件上着手，将三位旋钮的工作模式修改为“半自动-手动-自动”（修改接线端子的接线即可），这样当半自动与自动之间切换时，必须经过手动环节，中间继电器（M0.0）必然断开，从而使软件编程更加容易，且增加了系统的可靠性（柜体正视图中工作模式指示也进行相应的修改）。

9. 编写技术文档

在系统调试结束并运行一段时间（通常为 1 ~ 3 个月）后，需要为系统提供技术文档，主要是对系统的性能、操作方式以及注意事项进行说明，语言要条理清晰，通俗易懂，避免出现专业术语且不存在歧义，通常在打印后张贴在现场，以便于操作员按照要求进行操作以及处理故障与报警等。

附录 D 给出了冲压控制系统的操作说明。

10. 交付与后期维护

- 将硬件图样、软件程序以及技术文档交付用户，必要时还需对操作人员进行培训，熟悉系统使用方法。

- 在合同承诺质保期内进行定期回访，检查并及时纠正操作不规范的现象。
- 在用户报告问题时及时处理。

本章小结

在本章中，以 PLC 控制系统的软硬件设计、电路图绘制、设备调试与程序编制、工程维护等方面为主线，详细系统地介绍了设计集成制造系统的方法。只有熟练运用设计方法，多进行实践，才能逐步总结出具有独特风格的软硬件设计方法，从而具备合格电气工程师的基本条件。

习　　题

某恒压供水现场要求如下：

（1）2 台 15kW 三相异步交流电动机均直接与变频器相连，可分别控制两台水泵向同一管道供水；

（2）手动操作：可对每台变频器直接进行手动操作，用电位器控制电动机运行频率，手动操作独立于 PLC（即使 PLC 掉电也可完成）；

（3）自动操作：

1）正常运行时仅允许一台电动机位于运行状态；

2）采用 PID 算法对触摸屏设定水压进行控制；

3）两水泵在切换时水压需保持稳定，无大波动；

（4）人机界面配置触摸屏一台，可完成的主要操作：

1）显示当前的操作方式；

2）显示当前水压与变频器频率；

3）显示两电动机当前的运行状态、正在运行的水泵在切换后的运行时间与每台水泵的总运行时间；

4）可对水压进行设定，范围为 0 ~ 6kg，精确至小数点后 2 位，设定保护（即不能超出设定范围）；

5）可用两种方法设定水泵切换时间（切换时间包含在待切换水泵运行时间中），切换时显示切换提示：

① 水泵运行时间：例如规定每个水泵在运行满 12h 时切换；

② 在每天固定时间：例如在每天的 7 时、12 时、19 时切换，最多可设置时间为 3 个。

6）可采用人工方式直接将任一台泵退出，以便于进行维护。运行泵退出时另一水泵需立即起动减少水压波动；非运行泵退出时将停止水泵切换动作。

试根据要求完成电气柜的设计图（包含电气图与柜体机械图样）与软件程序。

附　　录

附录 A　S7-200 CPU 选型表

特　　性	CPU 221[1)]	CPU 222[1)]	CPU 224[1)]	CPU 224XP[1)] CPU 224XPsi	CPU 226[1)]
				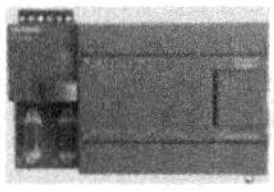	
集成的数字量输入/输出	6 DI/4 DO	8 DI/6 DO	14 DI/10 DO	14 DI/10 DO	24 DI/16 DO
数字量输入/输出/使用扩展模块的最多通道数量	—	48/46/94	114/110/224	114/110/224	128/128/256
模拟量输入/输出/使用扩展模块的最多通道数量	—	16/8/16	32/28/44	2 AI/1 AO-integrated32/28/44	32/28/44
程序存储器	4 KB	4 KB	8/12 KB	12/16 KB	16/24KB
数据存储器	2 KB	2 KB	8 KB	10 KB	10 KB
使用高性能电容存储动态数据	一般 50 小时	一般 50 小时	一般 100 小时	一般 100 小时	一般 100 小时
高速计数器	4 × 30kHz，其中 2 × 20kHzA/B 计数器可用	4 × 30kHz，其中 2 × 20kHzA/B 计数器可用	6×30kHz，其中4×20kHz A/B 计数器可用	4 × 30kHz，2 × 200kHz 其中3×20kHz + 1 × 100kHzA/B 计数器可用	6 × 30kHz，其中 4×20kHzA/B 计数器可用
通信接口 RS485	1	1	1	2	2
所支持的协议：				适用于两个接口	适用于两个接口
—PPI 主站/从站	√	√	√	√	√
—MPI 从站	√	√	√	√	√
—自由口（自由组态 ASCⅡ协议）	√	√	√	√	√
通信选项		—，PROFIBUS DP 从站和/或 AS-i 接口主站/以太网/互联网/调制解调器	√，PROFIBUS DP 从站和/或 AS-i 接口主站/以太网/互联网/调制解调器	√，PROFIBUS DP 从站和/或 AS-i 接口主站/以太网/互联网/调制解调器	√，PROFIBUS DP 从站和/或 AS-i 接口主站/以太网/互联网/调制解调器

（续）

特　　性	CPU 221[1)]	CPU 222[1)]	CPU 224[1)]	CPU 224XP[1)] CPU 224XPsi	CPU 226[1)]
集成 8 位数模拟电位器（用于调试，改变值）	1	1	2	2	2
实时时钟	可选	可选	√	√	√
集成的 DO24V 传感器供电电压	最大 180mA	最大 180mA	最大 280mA	最大 280mA	最大 400mA
可拆卸的终端插条	—	—	√	√	√
尺寸 $W\times H\times D$/mm	90 ×80 ×62	90 ×80 ×62	120.5 ×80 ×62	140 ×80 ×62	196 ×80 ×62

附录 B　S7-200 数字量与模拟量扩展模块选型表

表　B-1

数字量 I/O 模块	EM 223	EM 223	EM 223	EM 223
输入/输出数	4 DI（DC）/ 4 DO（DC）	4DI（DC）/ 4DO（继电器）	8DI（DC）或 8DO（DC）	8DI（DC）或 8DO（继电器）
输入数	4	4	8	8
输入类型	DC24V	DC24V	DC24V	DC24V
漏型/源型	×/×	×/×	×/×	×/×
输入电压	DC24V，最大 30V	DC24V，最大 30V	DC24V，最大 30V	DC24V，最大 30V
绝缘	—	—	√	√
每组的输入数	—	—	4 个输入	4 个输入
输出数	4	4	8	8
输出类型	DC24V	继电器	DC24V	继电器
输出电流/A	0.75	2	0.75	2
输出电压（DC）/V	20.4 ~28.8	5 ~30	20.4 ~28.8	5 ~30
（许可范围）AC/V	—	5 ~250	—	5 ~250
绝缘	—	—	√	√
每组的输出数	—	—	4 个输出	4 个输出
可拆卸的终端插条	√	√	√	√
尺寸 $W\times H\times D$/mm	46 ×80 ×62	46 ×80 ×62	71.2 ×80 ×62	71.2 ×80 ×62

表　B-2

常　　规	6ES7 231-0HC22-0XA8 6ES7 235-0KD22-0XA8	6ES7 231-0HF22-0XA0
双极性，满量程	－32000 ~ ＋32000	
单极性，满量程	0 ~32000	
DC 输入阻抗	≥2MΩ 电压输入 250Ω 电流输入	>2MΩ 电压输入 250Ω 电流输入

（续）

常规	6ES7 231-0HC22-0XA8 6ES7 235-0KD22-0XA8	6ES7 231-0HF22-0XA0
输入滤波衰减	-3dB，3. 1KHz	
最大输入电压	DC24V	
最大输入电流	32mA	
精度 双极性 单极性	11 位，加 1 个符号位 12 位	
隔离（现场与逻辑）	无	
输入类型	差分	差动电压，两个通道可供电流选择
输入范围	电压：可选择的，对于可用的范围，见表 5-29 电流：0～20mA	电压：通道 0～7 0～+10V，0～+5V 以及 ±2.5 电流：通道 6 和 7 0～20mA
输入分辨率	参见表 5-29	参见表 5-29
模拟到数字转换时间	<250μs	<250μs
模拟输入阶跃响应	1. 5ms-95%	1. 5ms-95%
共模抑制	40dB，DC-60Hz	40dB，DC-60Hz
共模电压	信号电压加上共模电压必须为≤±12V	信号电压加上共模电压必须为≤±12V
DC24V 电压范围	DC20. 4～28. 8V（等级 2，有限电源，或来自 PLC 的传感器电源）	

附录 C 循环冗余码生成程序与示例

循环冗余码（CRC）生成的方法很多，常用的有长除法、查表法、移位法、多项式法等，其中以移位法与查表法使用最为广泛，这里介绍易于在 PLC 中应用的移位法与查表法。

1. 移位法

移位法采用循环冗余码的生成原理完成，其最大特点是原理简单、易于实现、程序量小，但由于涉及多重循环，因此不宜用于计算速度较慢的设备。

在检查开始前，先调入一个值全为“1”的 16 位寄存器，然后对信息帧中连续的字节依次进行如下操作：检测寄存器中的最低位（LSB），如为 1 则将信息帧中的字节数据与寄存器中的低 8 位数据进行“异或”运算，如为 0 则不进行运算；右移 1 位，最高位（MSB）补 0；重复上述过程共 8 次后，引入下一个字节数据，重新开始该过程，直至所有数据全部检测完毕。该过程的流程图如图 C-1 所示。

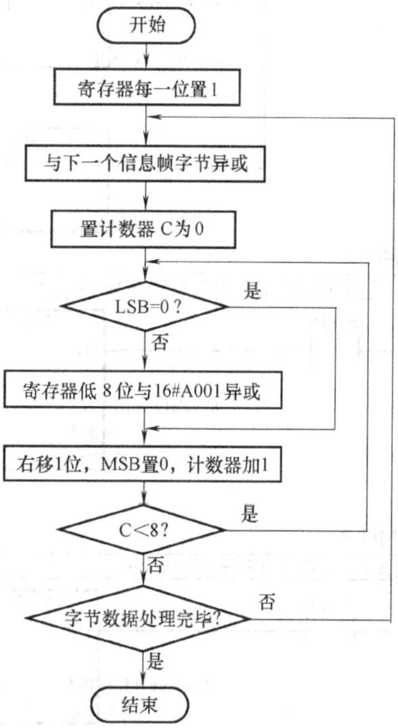

图 C-1 CRC 循环冗余检查流程图

发送方生成 CRC，用低位在前、高位在后的方式存入消息帧后。图 C-2 是 S7-200 中生成 CRC 码的子程序。

该程序在 CPU 224 REL 01. 22 上的扫描周期为 4ms。

	符号	变量类型	数据类型	注释
	EN	IN	BOOL	
LD0	TestAdr	IN	DWORD	待检测数据的起始地址
		IN		
		IN_OUT		
		OUT		
LW4	CRC	TEMP	WORD	输出冗余码
LW6	Counter	TEMP	WORD	计数器循环变量C
LW8	Cycle	TEMP	WORD	检测数据个数
LW10	Cycle1	TEMP	WORD	检测数据循环变量
		TEMP		

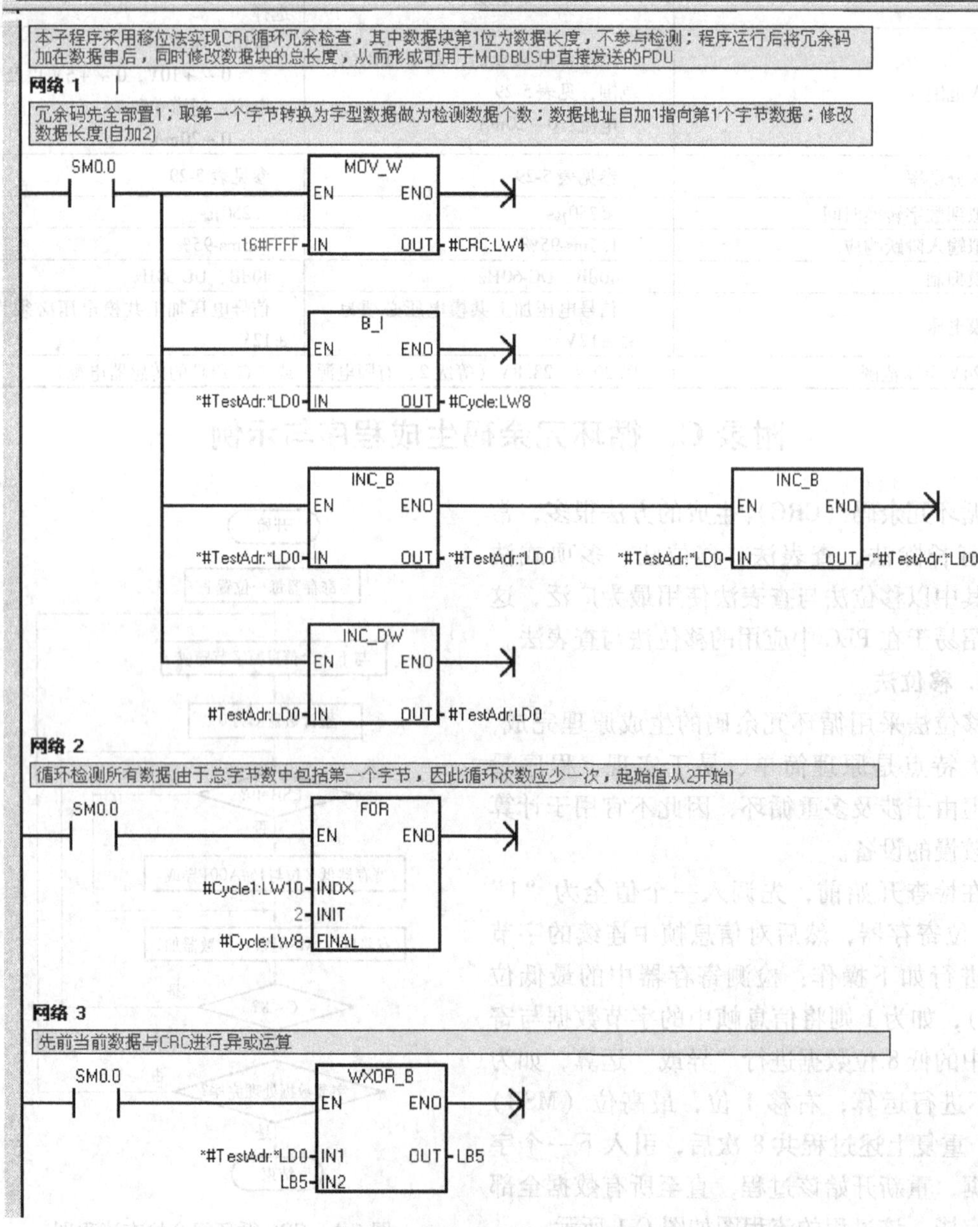
本子程序采用移位法实现CRC循环冗余检查，其中数据块第1位为数据长度，不参与检测；程序运行后将冗余码加在数据串后，同时修改数据块的总长度，从而形成可用于MODBUS中直接发送的PDU
网络 1
冗余码先全部置1；取第一个字节转换为字型数据做为检测数据个数；数据地址自加1指向第1个字节数据；修改数据长度(自加2)
SM0.0
MOV_W
EN
ENO
16#FFFF
IN
OUT
#CRC:LW4
B_I
*#TestAdr:*LD0
#Cycle:LW8
INC_B
*#TestAdr:*LD0
INC_DW
#TestAdr:LD0
网络 2
循环检测所有数据(由于总字节数中包括第一个字节，因此循环次数应少一次，起始值从2开始)
FOR
#Cycle1:LW10
INDX
2
INIT
#Cycle:LW8
FINAL
网络 3
先前当前数据与CRC进行异或运算
WXOR_B
IN1
IN2
LB5

图 C-2　移位法生成 CRC 子程序

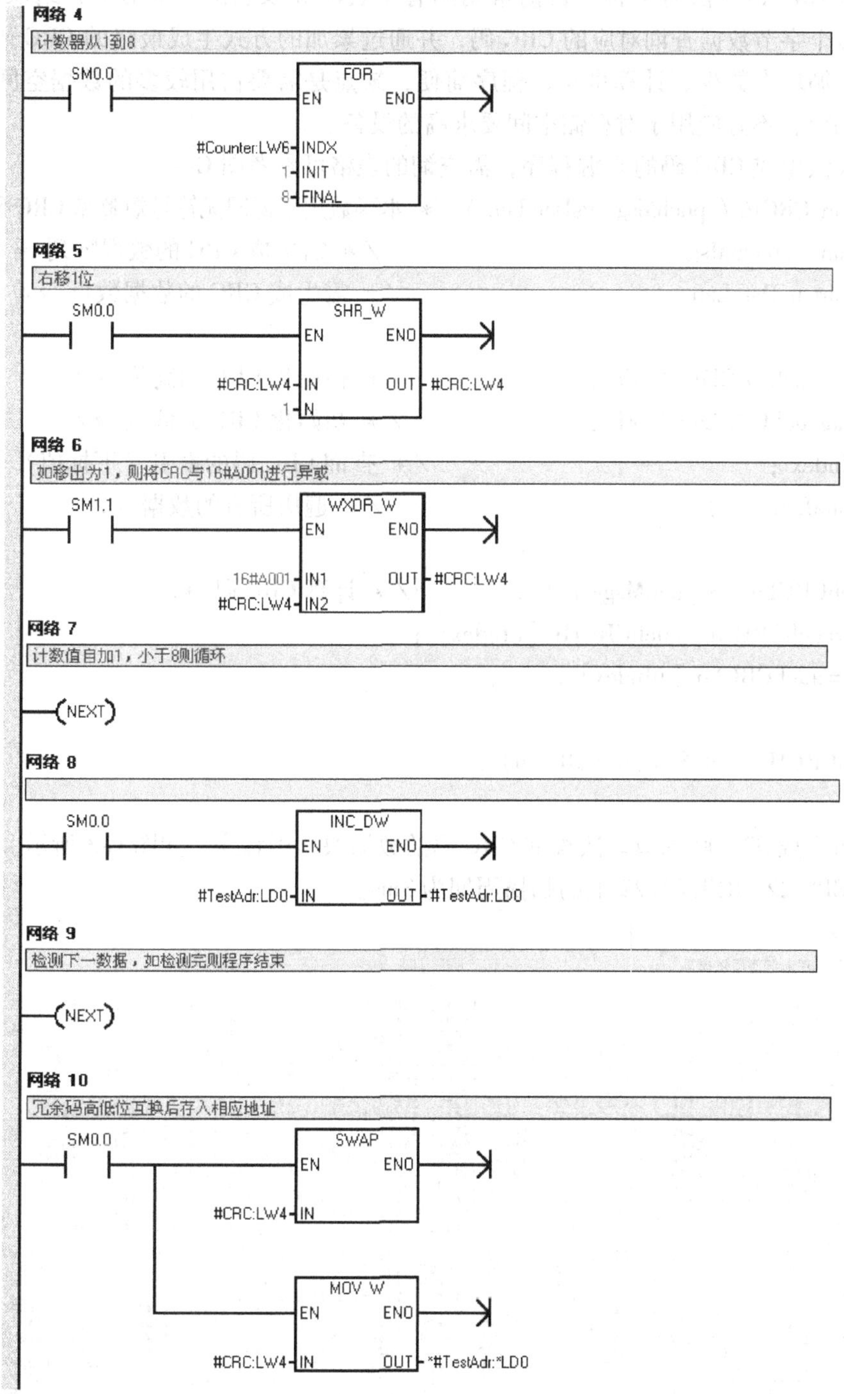

图 C-2　移位法生成 CRC 子程序（续）

2. 查表法

查表法生成 CRC 的方法有多种，目前常用的有单表法和双表法，本书中介绍双表法。双表法通过对每个字节数据查询对应的 CRC 码，并通过累加的方式生成最终的 CRC 码，该方法的优点在于循环次数少、计算量小、程序简便，缺点是需要占用较多的数据空间（最少需 1024 个字节），不宜应用于对存储空间要求高的设备。

下面是双表法生成 CRC 码的 C 源程序，需查询的表格可参考图 C-3。

```
unsigned short CRC16 ( puchMsg, usDataLen ) /＊ 本函数用于返回无符号短整型 CRC 码＊/
unsigned char ＊puchMsg ;                          /＊ 需生成 CRC 的数据阵列 ＊/
unsigned short usDataLen ;                         /＊ 需生成 CRC 的数据数量 ＊/
{
unsigned char uchCRCHi = 0xFF ;                    /＊ 初始化 CRC 的高位 ＊/
unsigned char uchCRCLo = 0xFF ;                    /＊ 初始化 CRC 的低位 ＊/
unsigned uIndex ;                                  /＊ 查询 CRC 码的索引（下标值）＊/
while（usDataLen - -）                              /＊ 遍历所有的数据 ＊/
{
uIndex = uchCRCLo ^ ＊puchMsgg + + ;               /＊ 计算 CRC 码 ＊/
uchCRCLo = uchCRCHi ^ auchCRCHi [uIndex} ;
uchCRCHi = auchCRCLo [uIndex] ;
}
return（uchCRCHi < < 8 | uchCRCLo）;
}
```

对应地，可生成 S7-200 的双表法查询 CRC 码的数据块与子程序，如图 C-3 所示。该程序在 CPU 224 REL 01. 22 上的扫描周期为 3ms。

```
//
//数据页注释
//
//按“F1”键获取帮助和示范数据页
//

VB200   16#0, 16#C1, 16#81, 16#40, 16#1, 16#C0, 16#80, 16#41, 16#1, 16#C0, 16#80, 16#41, 16#0, 16#C1, 16#81
        16#40, 16#1, 16#C0, 16#80, 16#41, 16#0, 16#C1, 16#81, 16#40, 16#0, 16#C1, 16#81, 16#40, 16#1, 16#C0
        16#80, 16#41, 16#1, 16#C0, 16#80, 16#41, 16#0, 16#C1, 16#81, 16#40, 16#0, 16#C1, 16#81, 16#40, 16#1
        16#C0, 16#80, 16#41, 16#0, 16#C1, 16#81, 16#40, 16#1, 16#C0, 16#80, 16#41, 16#1, 16#C0, 16#80, 16#41
        16#0, 16#C1, 16#81, 16#40, 16#1, 16#C0, 16#80, 16#41, 16#0, 16#C1, 16#81, 16#40, 16#0, 16#C1, 16#81
        16#40, 16#1, 16#C0, 16#80, 16#41, 16#0, 16#C1, 16#81, 16#40, 16#1, 16#C0, 16#80, 16#41, 16#1, 16#C0
        16#80, 16#41, 16#0, 16#C1, 16#81, 16#40, 16#0, 16#C1, 16#81, 16#40, 16#1, 16#C0, 16#80, 16#41, 16#1
        16#C0, 16#80, 16#41, 16#0, 16#C1, 16#81, 16#40, 16#1, 16#C0, 16#80, 16#41, 16#0, 16#C1, 16#81, 16#40
        16#0, 16#C1, 16#81, 16#40, 16#1, 16#C0, 16#80, 16#41, 16#1, 16#C0, 16#80, 16#41, 16#0, 16#C1, 16#81
        16#40, 16#0, 16#C1, 16#81, 16#40, 16#1, 16#C0, 16#80, 16#41, 16#0, 16#C1, 16#81, 16#40, 16#1, 16#C0
        16#80, 16#41, 16#1, 16#C0, 16#80, 16#41, 16#0, 16#C1, 16#81, 16#40, 16#0, 16#C1, 16#81, 16#40, 16#1
        16#C0, 16#80, 16#41, 16#1, 16#C0, 16#80, 16#41, 16#0, 16#C1, 16#81, 16#40, 16#1, 16#C0, 16#80, 16#41
        16#0, 16#C1, 16#81, 16#40, 16#0, 16#C1, 16#81, 16#40, 16#1, 16#C0, 16#80, 16#41, 16#0, 16#C1, 16#81
        16#40, 16#1, 16#C0, 16#80, 16#41, 16#1, 16#C0, 16#80, 16#41, 16#0, 16#C1, 16#81, 16#40, 16#1, 16#C0
        16#80, 16#41, 16#0, 16#C1, 16#81, 16#40, 16#0, 16#C1, 16#81, 16#40, 16#1, 16#C0, 16#80, 16#41, 16#1
        16#C0, 16#80, 16#41, 16#0, 16#C1, 16#81, 16#40, 16#0, 16#C1, 16#81, 16#40, 16#1, 16#C0, 16#80, 16#41
        16#0, 16#C1, 16#81, 16#40, 16#1, 16#C0, 16#80, 16#41, 16#1, 16#C0, 16#80, 16#41, 16#0, 16#C1, 16#81
        16#40
VB500   16#0, 16#C0, 16#C1, 16#1, 16#C3, 16#03, 16#02, 16#C2, 16#C6, 16#06, 16#07, 16#C7, 16#05, 16#C5, 16#C4
        16#04, 16#CC, 16#0C, 16#0D, 16#CD, 16#0F, 16#CF, 16#CE, 16#0E, 16#0A, 16#CA, 16#CB, 16#0B, 16#C9, 16#09
        16#08, 16#C8, 16#D8, 16#18, 16#19, 16#D9, 16#1B, 16#DB, 16#DA, 16#1A, 16#1E, 16#DE, 16#DF, 16#1F, 16#DD
        16#1D, 16#1C, 16#DC, 16#14, 16#D4, 16#D5, 16#15, 16#D7, 16#17, 16#16, 16#D6, 16#D2, 16#12, 16#13, 16#D3
        16#11, 16#D1, 16#D0, 16#10, 16#F0, 16#30, 16#31, 16#F1, 16#33, 16#F3, 16#F2, 16#32, 16#36, 16#F6, 16#F7
        16#37, 16#F5, 16#35, 16#34, 16#F4, 16#3C, 16#FC, 16#FD, 16#3D, 16#FF, 16#3F, 16#3E, 16#FE, 16#FA, 16#3A
        16#3B, 16#FB, 16#39, 16#F9, 16#F8, 16#38, 16#28, 16#E8, 16#E9, 16#29, 16#EB, 16#2B, 16#2A, 16#EA, 16#EE
        16#2E, 16#2F, 16#EF, 16#2D, 16#ED, 16#EC, 16#2C, 16#E4, 16#24, 16#25, 16#E5, 16#27, 16#E7, 16#E6, 16#26
        16#22, 16#E2, 16#E3, 16#23, 16#E1, 16#21, 16#20, 16#E0, 16#A0, 16#60, 16#61, 16#A1, 16#63, 16#A3, 16#A2
        16#62, 16#66, 16#A6, 16#A7, 16#67, 16#A5, 16#65, 16#64, 16#A4, 16#6C, 16#AC, 16#AD, 16#6D, 16#AF, 16#6F
        16#6E, 16#AE, 16#AA, 16#6A, 16#6B, 16#AB, 16#69, 16#A9, 16#A8, 16#68, 16#78, 16#B8, 16#B9, 16#79, 16#BB
        16#7B, 16#7A, 16#BA, 16#BE, 16#7E, 16#7F, 16#BF, 16#7D, 16#BD, 16#BC, 16#7C, 16#B4, 16#74, 16#75, 16#B5
        16#77, 16#B7, 16#B6, 16#76, 16#72, 16#B2, 16#B3, 16#73, 16#B1, 16#71, 16#70, 16#B0, 16#50, 16#90, 16#91
        16#51, 16#93, 16#53, 16#52, 16#92, 16#96, 16#56, 16#57, 16#97, 16#55, 16#95, 16#94, 16#54, 16#9C, 16#5C
        16#5D, 16#9D, 16#5F, 16#9F, 16#9E, 16#5E, 16#5A, 16#9A, 16#9B, 16#5B, 16#99, 16#59, 16#58, 16#98, 16#88
        16#48, 16#49, 16#89, 16#4B, 16#8B, 16#8A, 16#4A, 16#4E, 16#8E, 16#8F, 16#4F, 16#8D, 16#4D, 16#4C, 16#8C
        16#44, 16#84, 16#85, 16#45, 16#87, 16#47, 16#46, 16#86, 16#82, 16#42, 16#43, 16#83, 16#41, 16#81, 16#80
        16#40
```

图 C-3　查表法生成 CRC 码的子程序

	符号	变量类型	数据类型	注释
	EN	IN	BOOL	
LD0	TestAdr	IN	DWORD	待检测数据的起始地址
		IN		
		IN_OUT		
		OUT		
LW4	CRC	TEMP	WORD	输出冗余码
LW6	Cycle	TEMP	WORD	检测数据个数
LD8	TBL1	TEMP	DWORD	VB200开始代表的HI
LD12	TBL2	TEMP	DWORD	VB400开始代表的Lo
LW16	Cycle1	TEMP	WORD	检测数据个数循环变量
LD18	uIndex	TEMP	DWORD	查表值
LW22	uIndexW	TEMP	WORD	查表值对应字型
LD24	Adr	TEMP	DWORD	查表用地址

本子程序采用查双表法实现CRC循环冗余检查，其中数据块第1位为数据长度，不参与检测；程序运行后将冗余码加在数据串后，同时修改数据块的总长度，从而形成可用于MODBUS中直接发送的PDU

网络 1

冗余码置1；第一个字节转换为字型数据做为检测数据个数；数据地址自加1指向第1个字节数据；取2表首地址

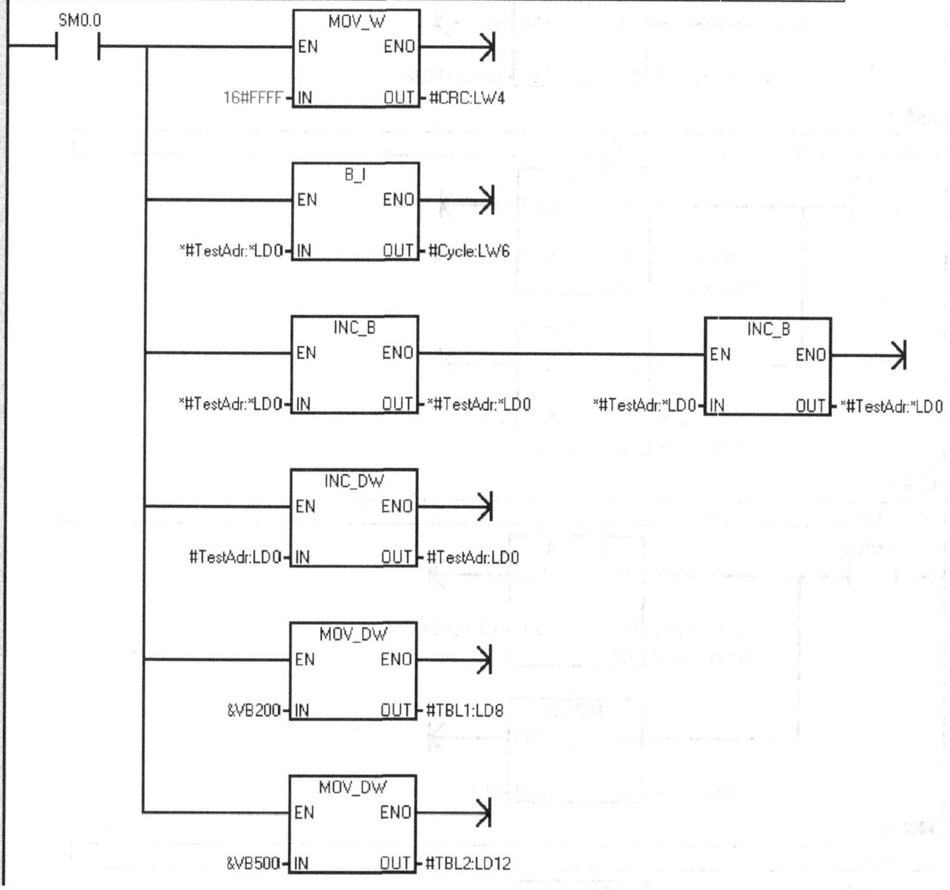

网络 2

循环检测所有数据(由于总字节数中包括第一个字节，因此循环次数应少一次，起始值从2开始)

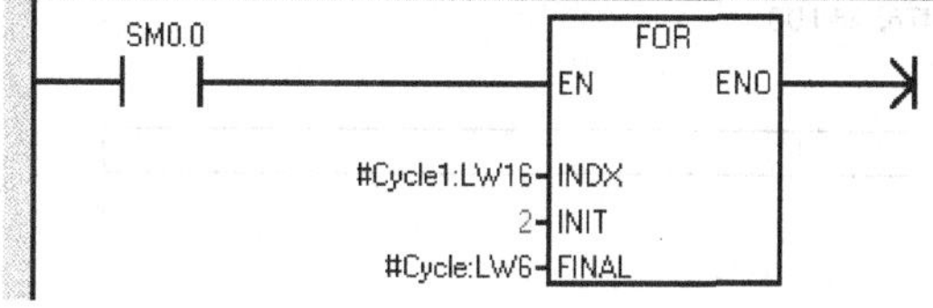

图 C-3　查表法生成 CRC 码的子程序（续）

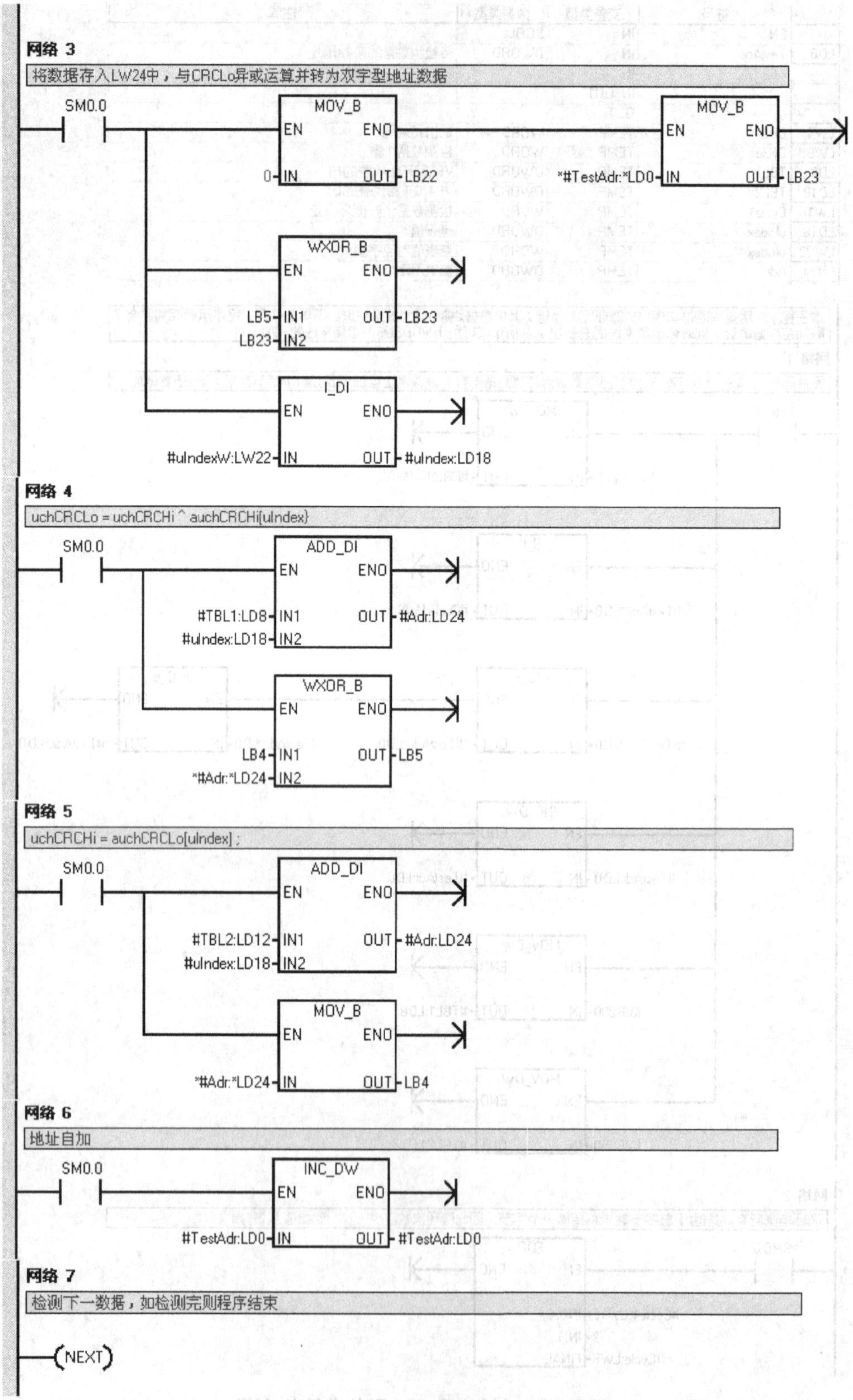

图 C-3　查表法生成 CRC 码的子程序（续）

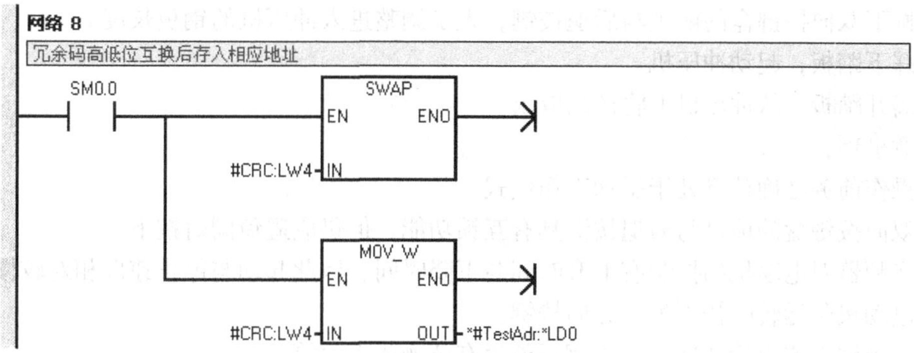

图 C-3　查表法生成 CRC 码的子程序（续）

附录 D　冲压控制系统操作规程

本系统为冲压控制系统提供一体化控制方案，采用西门子 CPU S7-224CN PLC 为中央处理器，可对落料机、平整机与冲压机进行手动、半自动和自动操作。为确保规范操作与安全生产，特制定本操作规程，望遵照执行。

1. 系统上电

系统上电前，需确认以下事项：

1）落料机上已安装钢卷，并送入平整机，平整辊调整将钢板夹紧。

2）平整机在送料后处于断电状态。

3）冲压机冲头位于起始位置，模具已安装，冲压机处于断电状态。

4）控制柜接地正常。

5）供电电源正常。

6）急停（蘑菇头形）按键已复位（旋转后弹出的位置）。

系统上电时，操作员需符合电工操作规范，以免发生触电等人身事故。操作流程如下：

1）将控制柜内的断路器切换至上方，为控制系统供电。

2）按下柜门上方的开机按键，为系统上电，此时控制柜左上方绿色供电指示灯亮；如操作后未上电，请检查急停按键是否复位、熔断器是否完好。

3）检查控制柜风扇是否起动；如未起动，请在断电后检查风扇接线。

4）检查柜体内变频器是否起动（变频器自带风扇是否起动，如有 BOP 操作面板，操作面板是否有显示）；如未起动，请断电后检查变频器三相入线。

5）检查柜体内 PLC 与柜门上的文本屏是否上电（PLC 电源指示灯亮，文本屏有显示）；如未上电，请断电后检查 PLC 与文本屏供电是否正常。

6）为平整机与冲压机上电。

2. 常规操作

系统上电后，常规操作包括手动、半自动与自动三种操作。

（1）手动操作

- 将控制柜门上的旋钮转至中间“手动”位置，此时黄色“手动”指示灯亮。

- 按下双向按键盒的前进与后退按键，人工调整进入冲压机的钢板长度。
- 踩下踏板，起动冲压机。
- 离开踏板，从冲压机上将产品取出。

注意事项：

- 操作前务必确认已处于手动工作模式。
- 双向按键盒的前进与后退按键具有互锁功能，但仍应避免同时按下。
- 变频器对电动机的控制有上升时间与下降时间，因此起动与停止速度相对较慢，尽量避免在电动机仍运转时按下另一方向按键。
- 踏板踩下前应确认冲头下除钢板外没有杂物或人手等。
- 冲压完成后，确认离开踏板后方可取出产品。

（2）半自动操作

- 确认冲头下方无产品。
- 将旋钮转至中间“手动”位置，此时黄色“手动”指示灯亮。
- 操作触摸屏，修改进料长度。
- 利用双向按键盒的前进或后退按键，调整冲头下的钢板至适当的位置。
- 将旋钮转至左方“半自动”位置，此时蓝色“半自动”指示灯亮。
- 按下“启动”按键，使系统启动。
- 踩下踏板，起动冲压机，离开踏板。
- 冲压完成后，系统自动启动送料，将产品推出冲头范围。
- 将产品取出。
- 生产结束后，按下红色“停止”按键，使系统停止。
- 将旋钮转至“手动”位置。

注意事项：

- 尽量在手动模式下，对设定进料长度进行修改。
- 踏板踩下前应确认冲头下除钢板外没有杂物或人手等。
- 冲压起动后，立即离开踏板。
- 在送料停止后方可取出产品。

（3）自动操作

- 确认冲头下方无产品。
- 将旋钮转至中间“手动”位置，此时黄色“手动”指示灯亮。
- 操作触摸屏，修改进料长度。
- 将旋钮转至右方“自动”位置，此时绿色“自动”指示灯亮。
- 按下“启动”按键，系统从冲压开始生产。
- 冲压后气缸自动伸出由电磁铁吸取产品。
- 约 2s 后产品接通检测开关，启动下一次送料。
- 生产结束后，按下红色“停止”按键，使系统停止。
- 将旋钮转至“手动”位置。

注意事项：

- 尽量在手动模式下，对设定进料长度进行修改。

●启动前应确认冲头下除钢板外没有杂物或人手等。

●启动后操作人员应远离设备，避免因意外发生人身事故。

3. 报警处理

系统自带报警功能，请参照本说明对报警进行处理。

（1）平整机报警　在自动与半自动模式下，当送料时钢板与支托辊接触不良时会出现平整机报警，此时系统自动停止送料，平整机附近的红色报警灯点亮，同时文本屏界面上闪烁“平整机接触不良!”的报警信息。

处理流程如下：

●将旋钮转至“手动”位置。

●操作文本屏：反复按下文本屏上的“ESC”按键，依次从用户界面、菜单中退出，直至出现“报警”选项的界面；按“Enter”键进入报警界面观测报警信息；按下“Enter”键确认该报警，此时报警解除，红色报警灯灭。

●处理支托辊与钢板间接触不良的问题。

●按自动模式或半自动模式流程操作，重新启动系统。

注意事项：

●在解除报警问题时必须确认不会发生带电操作或误操作。

●重新启动系统前必须反复确认已解决报警问题。

（2）传送带报警　在自动模式下，当电磁铁因速度过快、磁力不足等原因未吸取到产品，导致传送带检测不到有效信号时，会出现传送带报警，此时系统自动停止生产，传送带附近的红色报警灯点亮，同时文本屏界面上闪烁“产品未取出!”的报警信息。

处理流程如下：

●将旋钮转至“手动”位置。

●操作文本屏：反复按下文本屏上的“ESC”按键，依次从用户界面、菜单中退出，直至出现“报警”选项的界面；按“Enter”键进入报警界面观测报警信息；按下“Enter”键确认该报警，此时报警解除，红色报警灯灭。

●人工取出产品。

●按自动模式操作流程重启系统。

注意事项：

●在解除报警问题时必须确认不会发生带电操作或误操作。

●人工取出产品时需确认已离开踏板。

●重新启动系统前必须反复确认已解决报警问题。

4. 系统停止与断电

（1）系统停止

●在“自动”或“半自动”模式下，按下红色“停止”键使系统停止。

●将旋钮转至“手动”模式。

（2）断电

●确认设备已处于“手动”模式下。

●按下红色“急停”按键，使系统断电（此时电源指示灯灭、变频器停止）。

●将柜内断路器切换至下方，切断控制柜电源。

• 切断平整机与冲压机电源。

• 将“急停”按键复位。

5. 其他注意事项

• 为防止雷击等自然因素影响，确保接地正常并避免在雷雨天使用。

• 操作文本屏时，修改或复位送料长度数据尽量在手动模式下进行。

• 由于文本屏已送料长度为单方向测量，因此手动模式下该数据并不准确，仅供参考。

• 为确保设备运行正常，应定期安排专人对设备进行维护，包括清洁以及对支托辊等易于出现故障的位置进行检修。

• 进行维护与维修时，必须在系统断电后才能操作。

本操作规程从即日起开始执行。

××××年××月××日

参 考 文 献

[1] 龚运新，等. PLC 技术及应用——基于西门子 S7-200 [M]. 北京：清华大学出版社，2009.
[2] 陈志新，等. 电器与 PLC 控制技术 [M]. 北京：中国林业出版社，北京大学出版社，2006.
[3] 何波. 电气控制及 PLC 应用 [M]. 北京：中国电力出版社，2008.
[4] 西门子自动化与驱动集团. S7-200 使用手册. http：//www. ad. siemens. com. cn.
[5] 西门子自动化与驱动集团. MM440 安装与调试手册. http：//www. ad. siemens. com. cn.
[6] 西门子自动化与驱动集团. TD400C 使用说明. http：//www. ad. siemens. com. cn.